中国地质调查局
青藏高原1:25万区域地质调查成果系列

中华人民共和国

区域地质调查报告

比例尺　1:250 000

措勤县幅

（H45 C 001001）

项目名称　西藏1:25万措勤县幅(H45 C 001001)区域地质调查
项目编号　200100209086
项目负责　刘登忠
图幅负责　刘登忠
主　　编　刘登忠　马润则
报告编写　刘登忠　陶晓风　马润则　石　和
　　　　　朱利东　胡新伟
编写单位　成都理工大学地质调查研究院
单位负责　徐仕海(院长)
　　　　　肖渊甫(总工程师)

地质出版社
·北　京·

内容提要

本报告通过区域地质调查和专题研究搞清了测区地质构造格架和各类地质体的发育情况，合理划分了区域构造单元和地层区划，对各分区地层进行了系统划分和研究。达到了以专题研究带动面上调查、提高整体图幅质量和研究水平的目的。并在地层、构造、岩石及地质找矿等方面取得了很多新发现、新认识与重要新进展，对所取得的成果在图件与报告中得到充分反映，突出了本区的特色。本报告分为七章，对区内的地层、岩石、构造等方面进行了详细叙述和总结，为本区基础地质研究、地质找矿和能源评价提供了重要基础资料。

本报告为本区研究程度较高的基础地质资料，可供在该区从事地质调查、矿产勘查、环境调查等工作的相关人员参考。

图书在版编目（CIP）数据

中华人民共和国区域地质调查报告. 措勤县幅（H45 C 001001）：比例尺 1:250 000 / 刘登忠等著. — 北京：地质出版社，2015. 11

ISBN 978-7-116-09501-4

Ⅰ. ①中… Ⅱ. ①刘… Ⅲ. ①区域地质调查-调查报告-中国②区域地质调查-调查报告-措勤县 Ⅳ. ①P562

中国版本图书馆 CIP 数据核字（2015）第 275047 号

Zhonghua Renmin Gongheguo Quyu Dizhi Diaocha Baogao (1:250 000)
Cuoqin XianFu

责任编辑：关会梅　李　莉　郝梓国
责任校对：王　瑛
出版发行：地质出版社
社址邮编：北京海淀区学院路 31 号，100083
咨询电话：（010）66554646（邮购部）；（010）66554629（编辑室）
网　　址：http://www.gph.com.cn
传　　真：（010）66554629
印　　刷：北京柏力行彩印有限公司
开　　本：889 mm × 1194 mm　1/16
印　　张：13.75　　图版：16 面
字　　数：470 千字
印　　数：1—1000 册
版　　次：2015 年 11 月北京第 1 版
印　　次：2015 年 11 月北京第 1 次印刷
审 图 号：GS（2012）2303 号
定　　价：600.00 元
书　　号：ISBN 978-7-116-09501-4

前　　言

青藏高原面积达 260 万 km^2，平均海拔 4500 m 以上，是全球最年轻、最高的高原；青藏高原不仅影响着中国乃至全球的气候变化，也是我国主要大江、大河和一些重要国际河流的发源地；青藏高原不仅蕴藏着丰富的矿产资源，还记录着地球演化的最新历史，是研究岩石圈形成演化过程和动力学的理想区域，是"打开地球动力学大门的金钥匙"。开展青藏高原地质调查与研究，对于推动地球科学研究、保障我国资源战略储备、促进边疆经济发展、维护民族团结、巩固国防建设具有非常重要的现实意义和深远的历史意义。

1999 年国家启动了"新一轮国土资源大调查"专项，按照温家宝总理"新一轮国土资源大调查要围绕填补和更新一批基础地质图件"的指示精神，中国地质调查局组织开展了青藏高原空白区 1:25 万区域地质调查攻坚战，历史 6 年多，投入 3 亿多元，调集 20 余个来自全国省（自治区）地质调查院、研究所、大专院校等单位组成的精干区域地质调查队伍，每年都有大批地质工作者奋战在世界屋脊，徒步遍及雪域高原，实测完成了全部空白区 158 万 km^2、112 个 1:25 万图幅的区域地质调查工作，实现了我国陆域中比例尺区域地质调查的全面覆盖，在中国地质工作历史上树立了新的丰碑。

中华人民共和国 1:25 万措勤县幅区域地质调查项目是中国地质调查局新一轮国土资源大调查部署在青藏高原艰险区段的基础地质调查任务之一，由成都理工大学地质调查研究院承担。项目历时三年，2000 年 3 月开始，2002 年 12 月结束。

措勤县幅位于青藏高原西部腹地、冈底斯山西段，大地构造单元上属冈底斯 - 念青唐古拉板片；在次级大地构造单元上，主体属革吉 - 措勤复合弧后盆地，东北角跨狮泉河 - 申扎结合带，南部边缘跨隆格尔 - 江达断隆带，地质构造和地理情况复杂，自然条件十分恶劣。项目组采用先进的地质理论和 RS、GPS、ESR、同位素测年等一系列新技术和新方法，经过三年艰苦卓绝的野外调查、努力探索和深入研究，累计完成地质填图面积 15 876 km^2，地质路线 3415 km。实测地质剖面 213 km，各类分析测试样品 3180 件。提交了 1:25 万措勤县幅区域地质调查报告、西藏措勤中 - 新生代盆地演化专题报告、1:25 万措勤县幅地质图以及测区地貌图、水资源图、土地资源图、生物资源图等，全面完成了各项任务。成果符合 1:25 万区域地质调查技术要求和相关技术规定。

通过这次区域地质调查和专题研究，建立了测区地质构造格架，对沉积建造、构造变形、岩浆作用进行了综合分析，反演了区域地质演化史，大大提高了测区的地质研究程度，拓宽了调查服务领域，达到了以专题研究带动面上调查、提高图幅整体质量和研究水平之目的，并在地层、构造、岩石及地质找矿等方面取得了一系列新发现、新认识与重要新进展。主要成果有：①在本区坚扎弄组（P_3j）中首次发现有冈瓦纳植物群与华夏大羽羊齿植物群代表性分子的共存，证实了坚扎弄组所含植物群属华夏 - 冈瓦纳混合植物群，对该区晚古生代地质事件、古构造、多重地层研究具有重要意义；②以新获古生物和同位素年龄为依据，分别将测区原划达雄组（$J_{2-3}d$）订正划归则弄群上部（K_1Z^2）、原划乌郁群上部（N_2wy^2）订正为竟柱山组（K_2J）、原划乌郁群下部（N_2wy^1）订正为典中组（E_1d）；③新建了布嘎寺组（N_1b）和洁居纳卓组（N_2Q_1j）两个岩石地层单位：布嘎寺组由新发现的一套钾玄质 - 过碱性火山岩组成，火山岩中首次获得 15.8 Ma 和 15.9 Ma 的 K - Ar 年龄值；洁居纳卓组为一套半固结紫红色砂砾岩夹粉砂质泥岩，不整合于竟柱山组之上，属山间磨拉石建造，从中获得 2.9 Ma、3.5 Ma 两个 ESR 年龄值；④首次发现了新生代碱性正长岩体、中新世钾玄岩系列火山岩以及测区北部的麦堆蛇绿混杂岩带，填补了冈底斯北部及西段新生代富钾质岩浆活动的空白，为重塑青藏高原构造演化与岩浆作用历史提供了新的论据；⑤将区内岩浆岩由北而南划为三个构造 - 岩浆岩带，将岩浆活动划分为燕山期、喜马拉雅早期及喜马拉雅中 - 晚期三个岩浆旋回，建立了岩浆活动与地球动力学演化模式；⑥提出了夏康坚地垒剪切成因机制的新认识，该地垒是在高原隆升和南北两端断层的右行剪切活动联合作用下所形成的大型地垒构造，其主要形成及活动时期是中更新世，地垒的隆升速率达 2.7 mm/a，对同类构造模型的研究提供了有益借鉴；⑦对区内矿产资源、生态环境进行了系统调查，率先编制了 1:25 万地貌图、土地资源图、水资源图及生物资源图等系列图件。这些成果为地方农、牧、水利、交通和旅游等规划建设提供了重要的科学依据。最终成果报告经中国地质调查局组织专家验收被评为优秀级（94 分）。

参加本次区域地质调查工作的专业技术人员有：刘登忠、陶晓风、马润则、石和、朱利东、胡新伟、伍洪邦、余新勇、周家云、彭大勇、廖崇高、付修根；后勤人员有：何守忠、蒙永川、杨金保、罗红军、李金山、李和春、熊兴跃、李明国。承担本次区调测试分析和鉴定的单位主要有：成都理工大学地质学系、应用核技术研究所、沉积地质研究所，中国科学院广州地球化学研究所、南京地质古生物研究所、成都生物研究所，国土资源部天津地质矿产研究所、成都矿产综合利用研究所以及四川省地质矿产局攀枝花地矿检测中心等。伍祥丽负责数据库及计算机成图。

该报告是参加措勤县幅区调项目的所有成员在西藏高原空白区开展国土资源大调查的集体成果。报告第一、六、七章由刘登忠执笔、第二章由石和执笔、第三章由朱利东执笔、第四章由马润则执笔、第五章由陶晓风执笔，报告全文由刘登忠、陶晓风审编定稿。

本项目实施过程中，得到中国地调局张洪涛副局长、基础部庄育勋研究员、区调处翟刚毅、于庆文研究员，西藏项目办丁俊教授级高工、王全海高工、王大可高工，青藏高原地质研究中心潘桂棠研究员，项目办专家组王成善教授夏代祥总工、王义昭总工、李才教授、雍永源高工，刘鸿飞高工、地调局拉萨工作站李全文，成都理工大学刘家铎教授、学校科技处、地调院院长徐世海研究员、李金城副院长以及当地措勤县政府有关领导的大力支持和帮助，在此一并表示衷心的感谢！

鉴于本区调成果报告编写及出版工作时间紧，项目组工作经验和水平所限，书中错漏之处在所难免，敬请读者批评指正。

“青藏高原 1:25 万区调成果总结”项目组

2010 年 9 月

目　　录

第一章　绪　　论

第一节　目的任务和要求

为加快我国西部大开发，国土资源部部署了新一轮青藏高原空白区 1:25 万国家填图计划。中国地质调查局于2002 年 2 月将地质调查项目任务书（任务书编号 200100209086）下达给成都理工大学。学校指定我队承担措勤县幅（H45 C 001001）1:25 万区域地质调查任务。按任务书要求，本项目于2000 年 10 月 25 日前完成项目设计，2002 年 7 月提交野外验收成果，2002 年 12 月提交最终验收成果。

任务书中明确了本项目目标任务按照 1:25 万区域地质调查技术要求（暂行）及其他有关规范、指南，参照造山带填图的新方法，应用遥感等新技术手段，对调查区不同地质单元、不同的构造－地层单位采用不同的填图方法进行全面的区域地质调查。最终通过对沉积建造、变质变形、岩浆作用的综合分析，反演区域地质演化史，建立构造模式。

任务书明确指出，本着图幅带专题的原则，采用综合地层学方法，对不同构造单元的沉积岩系进行划分、对比，确定不同单元、不同地质时期的沉积岩相、古地理环境以及古生物群落及层序地层格架，研究和比较不同大地构造单元地层、古地理、古生物群落的差异；对调查区新生界第三系（古近－新近系）、第四系具有代表性的各种沉积类型的时空分布、古地理、古气候和古生态环境进行详细研究，探讨青藏高原环境变化趋势和隆升过程。

针对青藏高原空白区 1:25 万区调任务的特殊性、复杂性和紧迫性，在时间短、任务重、经费有限的情况下，我队在全面分析研究调查区地质资料和前人研究成果的基础上，经反复讨论确定了本次填图的指导思想是：发挥院校学科齐全的优势，采用多学科综合组队形式，坚持产、学、研相结合的原则，进行多学科互相渗透，发挥多学科技术优势，充分应用当代地质科学中的新理论、新观点、新技术和新方法，强调高起点、高标准、高质量完成各项基础地质研究工作。注重科研工作的原创性。强调整个调查研究资料的整体性、系统性和创新性。充分发挥遥感技术优势，把遥感应用贯穿区调过程始终。结合各种专题研究，全方位推动调查区各项调查研究工作，从而保证提交高质量的区调成果。

第二节　调查区自然地理概况

调查区位于青藏高原西部腹地阿里地区，距拉萨以西约 1100 km。地理坐标：东经 84°00′～85°30′，北纬 31°00′～32°00′。行政区划上跨措勤县、仲巴县、申扎县、改则县，面积 15 876 km^2（图 1－1）。

调查区内交通仅拉萨－改则公路纵贯调查区东部，南部为措勤－塔若错简易支线公路，雨季和冬季通行困难，大部分地区主要靠马、牛运行，交通困难。调查区南部，河、湖纵横，夏季常有陷车之弊，车辆行驶不便。

按自然地理区划，区内地势属藏北内陆湖盆区。由于高原面的破坏，地形较破碎，山文线大致以北西向为主。最低海拔 4423 m（扎布耶茶卡），最高海拔 6882 m（夏康坚），后者终年积雪。调查区平均海拔多在 5000 m 以上。区内河流短小，属内陆水系。较大的湖泊有塔若错、扎日南木错、扎布耶茶卡等。一系列的构造湖盆、湖泊、高山、极高山和草地，给通行造成很大困难。区内经济以牧业为主，工业尚属空白，仅有盐类、皮毛等产品外运。地方经济十分贫困，人烟稀少，给工作中的后勤保障带来诸多不便。

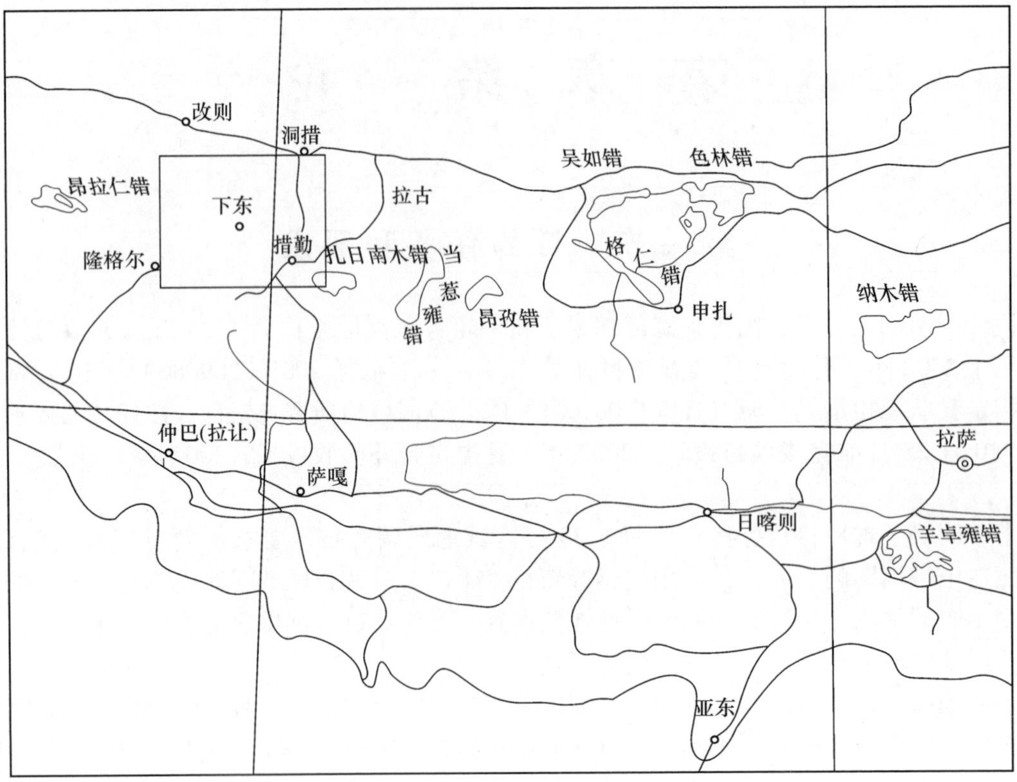

图 1－1　调查区交通位置简图

调查区由于地处高原腹地，受西伯利亚大陆性季风影响较强，属高原大陆性气候，以干燥寒冷著称，呈现出寒漠区的自然景观。一年内有 7 个半月为冰雪所封冻，年平均气温 0℃以下。年降水 200～300 mm，集中在 7～8 月。终年风沙较大，最大风力有时可达 11～12 级，高寒缺氧，自然条件十分恶劣，野外工作条件异常艰苦。

第三节　前人研究程度

调查区内地质工作总体较为薄弱，地质研究程度较低。自 20 世纪 60 年代以来，有关地矿单位分别进行过不同性质、不同目的、不同比例尺的地质调查和矿点检查（表 1－1）。由于调查区内所作地质工作大多为小比例尺或局部的专项地质研究，其资料较为零散，基本上属于空白区。1∶100 万日喀则幅区域地质调查期间，仅在调查区内布置了 3 条穿越路线。区内地层无层型剖面，仅引用了 3 条路线剖面，地层工作十分薄弱，个别地层（如乌郁群）古生物资料缺乏，年代依据需重新厘定。原江马—雪上勒断裂依据超基性岩体出露作为二级构造单元分界，依据不充分，与实际出入较大。涉及区内的岩浆岩测试分析数据极少，难以满足本次区调工作的要求。区内几处金属矿点均属踏勘矿（化）点，矿产调查工作亦有待深入。限于当时所用工作底图和比例尺限制，地质体标绘精度存在误差。如中仓一带石炭系错划为侏罗系，下东一带的石炭系、夏龙、可如勒等地数十平方千米的岩体均被遗漏。尽管前人 1∶100 万区调涉及本区的内容很少，但仍是目前调查区具参考价值的宝贵资料。

表 1－1　调查区研究程度及资料一览表

工作单位	工作时间	工作内容	工作区
西藏地质局藏北队	1962	扎布耶茶卡硼矿检查	调查区西侧扎布耶茶卡
西藏地质局第四地质队	1971	《改则—洞措—夏岗江一带地质工作总结报告》	调查区北侧川巴地区

续表

工作单位	工作时间	工作内容	工作区
西藏地质局综合普查大队	1974	仲巴县扎布耶盐矿点检查	调查区西侧扎布耶茶卡地区
西藏地质局区调队	1983	1:100 万日喀则幅区域地质调查	全调查区
西藏地质矿（产勘探开发）局	1993	西藏自治区区域地质志	全调查区
山东石油大学	1996	石油地质路线调查	近南北向横穿调查区中部
华北石油管理局	1997	1:10 万石油地质调查	调查区北东角
成都理工学院	1998	措勤盆地地层清理（室内工作）	含调查区
西藏地质矿产局区调队	1996	1:50 万区域化探扫面	含调查区
郭铁鹰等	1991	西藏阿里地区地质调查	调查区局部
中国科学院地球物理研究所	1991	古隆—鲁谷—三个湖地球物理综合剖面研究	穿越调查区
中国地质调查局航空物探遥感中心	2000	青藏高原中西部航磁	含调查区

注：分散在各刊物的科研论文未列入此表。

对于调查区地质工作而言，较有参考价值的资料是由西藏地矿局区调队于 1983 年完成并出版的《1:100万日喀则幅地质图》《1:100 万日喀则幅区域地质调查报告》及由西藏自治区地矿局 1993 年组织编写出版的《西藏自治区区域地质志》和《西藏自治区岩石地层》。前人所进行的艰苦卓绝的开拓性工作，后人将永远铭记。毫无疑问，正是前人在空白区所取得的地质成果，为我们本次 1:25 万区调奠定了坚实的基础。

第四节　工作概况及完成工作量

一、工作概况

1. 人员组织及技术装备

2000 年春季，成都理工大学根据任务书要求的工作目标，从原属四个区调队中，抽调出长期在羌塘、藏南、可可西里工作过的中青年教师等共 18 人组建西藏措勤区调队。其中教授 5 人、副教授、讲师 7 人，含地层古生物、岩石、构造、矿产、遥感、区调等多个学科。此外，还聘请从事过青藏高原研究的校内外专家数名为本队顾问。上述组织措施，为保质按期完成这次区调任务打下了良好基础。野外地质调查配备越野吉普车 4 辆、5 吨东风车 1 辆、车载电台 4 部、基地电台 1 部、小型发电机 1 台、GPS 4 台、照相机 6 部、笔记本电脑 3 台、台式计算机 1 台、摄像机 2 台、数码相机 1 台。

2. 工作概况

2000 年 3 月，系统收集、研究前人地质矿产、物探、化探、遥感资料，按新思路初步进行填图单元划分，编制遥感解译地质草图，并进行人员培训及后勤物资准备工作。

2000 年 4 ~ 8 月，全队人员从成都出发进入调查区，在区内横穿了 4 条路线进行野外踏勘，并进一步修正、建立遥感解译标志。完成 27 条地层、岩浆岩主干剖面的测制，后阶段对全区再次进行详细解译，编制遥感地质图，在此基础上，对调查区西部 6000 km^2 进行填图试点。

2000 年 9 ~ 12 月，全面进行野外资料和样品的整理，完成剖面资料及样品测试，同时编写设计，于 11 月在成都牧马山会议上通过图幅设计书评审，被评为优秀设计。

2001 年 1 ~ 3 月，根据设计评审意见，补充地层剖面的布置，编写该年度设计及工作计划，并报中国地调局审查批准。

2001 年 4 ~ 8 月，区调队在调查区全面开展填图扫面工作，并补测 8 条地层剖面，进行专题研究，同时进行矿产、水资源、土地资源、生态资源等调查工作。6 月底，中国地调局西南项目办专家组对区调队工作进行了实地检查，对区调队工作给予了充分肯定，并完成与东邻江西地质调查院，南邻四川地质调查院的接图工作。至此，填图扫面工作全部完成。

从2001年9月开始，进入室内进行全面资料整理、补充测试各种样品，完成地质图初稿。2002年3月中国地质调查局组织昆明会议，对青藏高原所有参加单位进行质量检查和成果汇报。6月，由西南项目办组织专家组对区调队进行野外验收，评定为优秀级。6~7月，为提高专题研究程度，再次进入调查区进行深入研究。回校后，补充部分测试，完成地质图、区调报告、说明书及专题研究工作。按任务书要求，于2002年12月完成最终验收前的一切准备工作。

二、质量评述

青藏高原自然地理的艰苦性，给地质调查工作造成了极大困难。需要一批业务能力强、不怕艰苦，具有敬业精神的队伍，才能保证区域地质调查的质量。区调队发扬多年在高原工作的优良传统，工作态度认真负责，从人员素质方面为调查质量打下了坚实的基础。全队人员工作方法熟练，记录格式规范，所有野外编录资料表现了系统性、完整性、真实性、准确性。

在项目执行过程中，我们建立了成都理工大学地质调查院－项目组－作业组三级质量保证体系，三年来运行良好，从组织上对质量进行有效的监控，并充分发挥专家、顾问的指导作用。注意重点突出，兼顾一般，对二叠系、白垩系及第三系（古近－新近系）火山岩进行了重点研究，以科研促生产，针对调查区地质问题，在《地质通报》等核心期刊上发表论文8篇。

本次区调野外手图，采用中国人民解放军总参测绘局1971年版1:10万地形图，同时采用同比例尺陆地卫星TM图像及遥感解译图作为参考。野外地质图底图采用总参1988年版1:25万地形图。上述中国人民解放军总参谋部测制的1:10万、1:25万地形图是当时精度最高的地形图。采用GPS定点并参考卫片连图等措施，为野外手图中地质界线的准确性奠定了坚实基础。室内成图采用中国地调局提供的数字地形图。最终采用MAPGIS，AC/INFO进行计算机制图，以保证最终地质图的精度。

在工作部署上，每个填图单位均有2~4条实测地层剖面控制，郎山组、石炭系、二叠系等地层单元有3~4条剖面控制，路线间距一般2~5 km，路线总长度较其他图幅多1000 km。所有测试分析均超额完成设计工作量，另外还增加了植物鉴定及河溪、湖泊的水质分析等项目。总之，整个工作实物工作量大大超过总体设计，其质量有显著提高。

为提高图幅质量，重视了新技术、新方法的应用。如遥感（RS）技术、GPS技术、自旋电子共振测年（ESR）技术等等。遥感技术贯穿于区调全过程。作为填图的手图，使用的是初步解译的1:10万地质草图，提高了野外工作的预见性。详细解译根据卫星图像进一步修正部分点间连图的人为性，使地质体边界的勾绘真实准确，大大提高了填图精度。

大调查过程中，我们重视了开拓区调的服务领域，做到“调查一次，多方受益”，为此，相应对矿产资源、地貌资源、土地资源、水资源、生态资源、旅游资源等进行了各方位的调查，并编制了与地质图同比例尺（1:25万）的系列图件，这些成果为当地经济可持续发展提供了科学依据。

三、完成的实物工作量

三年来，全队同志克服重重困难，安全、圆满地完成填图面积15 876 km^2，地质路线3415 km，实测剖面105 km，各项实物工作量见表1－2。

表1－2　完成的主要实物工作量

项　　目	2000年	2001年	总计	设计数	超额
填图面积	5000 km^2	10 876 km^2	15 876 km^2	15 876 km^2	
实测剖面	80 km	25 km	105 km	90 km	17%
简测岩浆岩、构造剖面	98 km	10 km	108 km	100 km	8%
地质路线	1067 km	2348 km	3415 km	3200 km	6.7%

续表

项目		2000年	2001年	总计	设计数	超额
地质点		1275个	1513个	2788个		
野外记录本		64本	46本	110本		
遥感解译面积		15 876 km^2		15 876 km^2	15 876 km^2	
同位素年龄样	Rb－Sr法	6件	3件	9件	5件	80%
	Ar－Ar法	9件	2件	11件	3件	267%
	K－Ar	6件	5件	11件	10件	10%
	锆石U－Pb法	8件	4件	12件	10件	20%
大化石鉴定		760件	340件	1100件	800件	38%
微体化石鉴定		36件	24件	60件	50件	20%
稀土元素		190件	25件	215件	120件	79%
微量元素		190件	25件	215件	120件	79%
岩石薄片样		874片	285片	1159片	1040片	11%
硅酸盐分析		63件	68件	131件	70件	87%
重砂样		12件	22件	34件	12件	183%
稳定同位素测定		28件	21件	49件	20件	145%
电子探针矿物		40件	20件	60件	40件	50%
包裹体测温、压		10	11	21件	20件	5%
电子自旋共振测年（ESR）		18	13	31	25件	24%
植物鉴定			30	30	无	额外
水质分析			32	32	无	额外

参加本次区调工作的有：刘登忠、陶晓风、马润则、石和、朱利东、胡新伟、伍洪邦、余新勇、周家云、彭大勇、廖崇高、付修根及后勤人员何守忠、蒙永川、杨金保、罗红军、李金山、李和春、熊兴跃、李明国。

承担本次区调测试分析和鉴定的单位主要有：成都理工大学地质教研室、构造教研室、应用核技术研究所、沉积地质研究所。中国地质科学院天津矿产研究所、广州地球化学研究所、峨眉矿产综合研究所、南京古生物研究所、成都矿产综合研究所、四川地质矿产局攀枝花地矿检测中心（MA质量认证）、中国科学院成都生物所等。我校伍祥丽负责数据库及计算机成图。

本报告是三年来我队教师在西藏高原空白区从事国土资源大调查的集体区调成果。报告第一、六、七章由刘登忠执笔、第二章由石和执笔、第三章由朱利东执笔、第四章由马润则执笔、第五章由陶晓风执笔，报告全文由刘登忠、陶晓风审编定稿。

本项目实施过程中，得到中国地质调查局张洪涛副局长、基础部庄育勋研究员、区调处翟刚毅、于庆文研究员，西藏项目办丁俊教授级高工、王全海高工、王大可高工，青藏高原地质研究中心潘桂棠研究员，项目办专家组夏代祥总工、王义昭总工、李才教授、雍永源高工，刘鸿飞高工、地质调查局拉萨工作站李全文，中国地质大学（北京）王成善教授，成都理工大学刘家铎教授及科技处、地质调查院院长徐世海研究员、李金城副院长以及措勤县政府有关领导的大力支持和帮助，在此对上述单位和个人表示衷心感谢。

第二章 地 层

调查区属滇藏地层大区的冈底斯－腾冲地层区，并以塔若错－扎日南木错断裂带为界分属两个地层分区，界线以北属班戈—八宿地层分区，以南属措勤—申扎地层分区。

调查区内出露的地层有上古生界的泥盆系、石炭系、二叠系，中生界的侏罗系、白垩系及新生界。其中，中生界（白垩系为主）在调查区广泛分布，约占调查区总面积的60%。新生界面积次之，约占30%。上古生界面积不足10%。上古生界—新生界古近系以北西—南东走向为主，以那木切—可如勒—沙那弄拉—达雄一线为界，北东侧发育沉积地层，南西侧则以发育火山岩—火山碎屑岩地层为特征。

按照1∶25万区调规范要求，区调队在调查区地质调查过程中共测制地层剖面31条，所有正式岩石地层填图单位皆有一至数条剖面控制。

调查区的地层区划及地层剖面位置见图2－1。

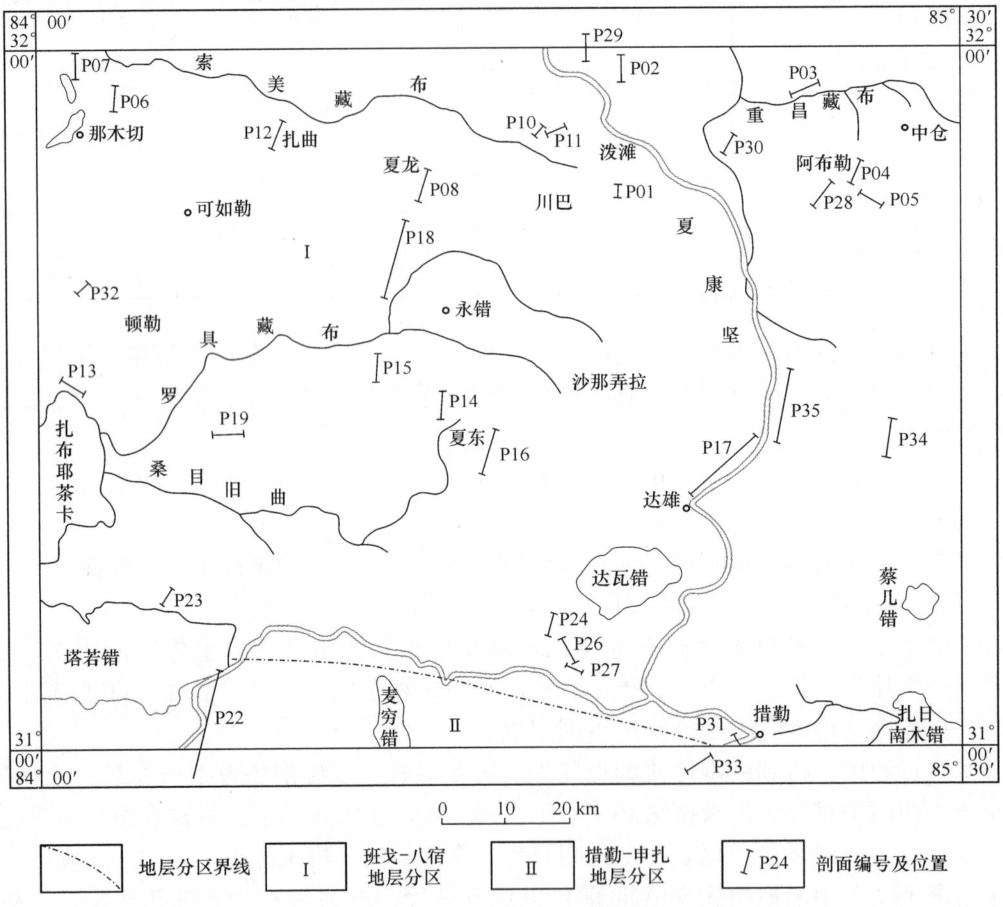

图2－1 工区地层分区及剖面位置图

第一节 岩石地层

调查区岩石地层系统主要以西藏区调大队1∶100万日喀则幅、亚东幅区域地层调查建立的岩石地层单位和西藏地矿局《西藏自治区岩石地层》的区域岩石地层清理方案作为基础，按照《国际地层指南》、《中国地层指南》等的岩石地层单位划分原则，结合本次区域地质调查的实际情况而最终确定。全区岩石地层单位系统见表2－1。

表2－1　调查区岩石地层单位划分简表

第四系			河流相、湖沼相、残坡积相、冰川堆积
新近系	洁居纳卓组 N_2Qp_1j		弱固结河湖相砾岩、砂岩、泥岩
	唢呐湖组 $N_{1-2}s$		杂色泥岩、泥灰岩、含藻泥灰岩、粉砂岩、砂岩，底部砾岩
	布嘎寺组 N_1b		粗面岩、粗安岩、粗玄岩火山岩组合
古近系	丁青湖组 $E_{2-3}d$		杂色泥岩、粉砂岩、夹泥灰岩、底部见砾岩
	典中组 E_1d^*		流纹岩、英安岩、安山岩、玄武岩组合
白垩系	‖‖‖‖‖‖‖‖‖‖		‖‖‖‖‖‖‖‖‖‖‖‖‖‖‖‖‖‖‖‖
	竟柱山组 K_2j		紫红色、灰绿色砂泥岩，夹灰岩透镜体，底部见砾岩
	郎山组 K_1l	三 段	灰岩、圆笠虫灰岩、生物碎屑灰岩，夹固着蛤灰岩
		二 段	泥页岩、泥灰岩、夹生物灰岩、灰质砾岩
		一 段	灰岩、圆笠虫灰岩、生物碎屑灰岩、夹钙质泥岩
	多尼组 K_1d		石英砂岩、岩屑砂岩、粉砂岩、泥页岩，夹砾岩、火山岩
	则弄群 K_1Z	上 部	砂岩、粉砂岩、凝灰岩，夹砾岩、灰岩
		下 部	安山岩、英安岩、流纹岩、凝灰岩，夹砂岩、砾岩、灰岩
侏罗系	接奴群 $J_{2-3}J$	上 部	火山碎屑岩，夹凝灰岩、流纹岩、砂岩、粉砂岩、砾岩
		下 部	砾岩、砂岩、粉砂岩、泥岩，夹灰岩、火山岩
三叠系	‖‖‖‖‖‖‖‖‖‖		‖‖‖‖‖‖‖‖‖‖‖‖‖‖‖‖‖‖‖‖
二叠系	坚扎弄组 P_3j		砂岩、砾岩、粉砂岩，夹煤层
	下拉组 P_2x		灰岩、生物碎屑灰岩、含鲢灰岩
	昂杰组 P_1a		砂岩、粉砂岩，夹生物碎屑灰岩、泥岩
二叠系/石炭系	拉嘎组 C_2P_1l		含砾砂岩、砂岩，夹杂砾岩及少量灰岩透镜体、泥页岩
石炭系	永珠组 C_1y		页岩、砂岩、粉砂岩互层，夹灰岩透镜体、砾岩
泥盆系	查果罗玛组 $D_{2-3}c$		灰岩、结晶灰岩

* 表示该组属措勤－申扎地层分区地层，其余属班戈－八宿地层分区地层。

以下按地层的从老至新顺序分述于后。

一、上古生界（Pz_2）

（一）查果罗玛组（$D_{2-3}c$）

为调查区最老地层。该组为夏代祥等（1979）创名于申扎县，杨式溥等（1981）、林宝玉（1984）、饶靖国（1988）等曾先后对该组进行过重新划分和含义修订，本报告沿用夏代祥的该组原始定义。

1. 剖面描述

改则县那木切乡普古抽拉查果罗玛组实测剖面（P06）

剖面位于改则县那木切乡北东约8 km的普古抽拉，起点坐标北纬31°54′38″，东经84°08′02″，终点坐标北纬31°56′08″，东经84°08′15″（图2－2）。

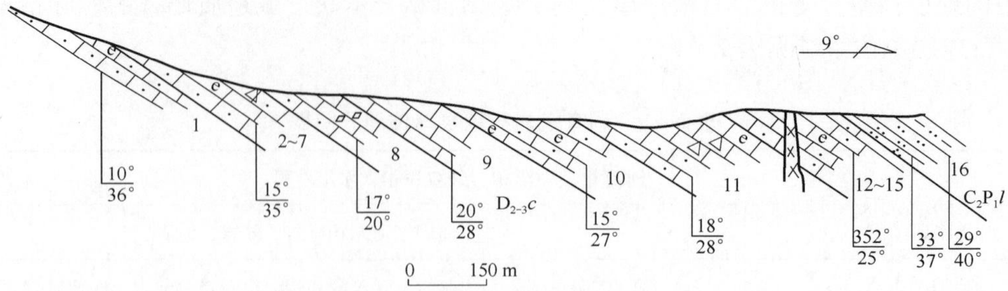

图 2-2　改则县那木切乡普古抽拉查果罗玛组实测剖面（P06）

上覆地层：拉嘎组（C_2P_1l）

16. 黄灰色中—厚层状中粒含钙岩屑石英砂岩夹灰绿色薄层状粉砂质泥岩。局部见有生物碎屑灰岩的夹层

═══ 断　层 ═══

查果罗玛组（$D_{2-3}c$）　厚 >725.11 m

15. 浅灰色薄层状砂屑灰岩与紫灰色、灰色中厚层状微晶灰岩不等厚互层，在灰岩中偶见生物碎屑　43.88 m
14. 浅灰色及紫灰色厚层状砂屑灰岩　5.54 m
13. 灰色厚层状细晶灰岩夹生物碎屑细晶灰岩，生物碎屑大都重结晶，从形态上看，推测为海百合茎　35.73 m
12. 浅灰红色中层状细晶砂屑灰岩夹微晶灰岩、含生物碎屑灰岩　30.53 m
11. 浅灰色中厚层状含砾屑砂屑生物碎屑灰岩夹含生物碎屑细晶灰岩，因重结晶作用，生物种类不明　130.68 m
10. 灰色厚层—块状砂屑灰岩夹浅灰色含生物碎屑灰岩，局部见有竹叶状砾屑灰岩　114.81 m
9. 浅灰色夹灰色中层状砂屑灰岩及微晶灰岩，局部夹浅肉红色微晶灰岩　64.49 m
8. 浅灰色夹灰色中厚层状细晶灰岩，夹薄层状砂屑灰岩，细晶灰岩中含少量生物碎屑，因重结晶强烈，生物碎屑种类不详，其大小多在 3~6 mm　92.1 m
7. 灰色角砾状砂屑灰岩，角砾可能为同生滑塌成因　9.08 m
6. 浅灰夹浅紫灰色砂屑灰岩，普遍含有少量白色生物碎屑，生物类型可能为腹足类和腕足类　28.76 m
5. 灰色厚层角砾状砂屑含生物碎屑灰岩，砂屑灰岩，生物碎屑为圆形—长椭圆形，局部见有珊瑚化石及腕足类碎片　29.16 m
4. 浅灰色及浅紫灰色中层状微晶灰岩夹角砾状砂屑含生物碎屑灰岩，局部夹介壳灰岩及含群体珊瑚的生物灰岩　6.40 m
3. 浅灰色、灰白色厚层—块状细晶灰岩夹中层状砂屑灰岩，岩石中含少量生物碎屑，但因重结晶，种属难以判断，估计有腕足类和珊瑚类，局部层位见有纹层状灰岩　42.98 m
2. 浅灰色厚层—块状砂屑灰岩，局部夹紫灰色中层状微晶灰岩，见有生物碎屑，推测为珊瑚类及腕足类　20.98 m
1. 浅紫灰色、肉红色中—厚层状砂屑灰岩及含生物碎屑砂屑灰岩，因重结晶作用生物的结构、纹饰不清，推测为腕足类及腹足类生物的碎屑（掩盖）　>69.81 m

2. 岩性特征及横向变化

查果罗玛组是本调查区内出露的最老地层，仅以断层夹片形式局部出露于调查区北西角的那木切—扎曲一带，出露面积 100 余 km^2。该组在出露区内皆呈单斜状产出，以北东倾斜为主，倾角中等，顶底因断层而出露不全。普古抽拉剖面上该组不完全厚度为 725 m，估计实际厚度为 2000 m 左右。

上述普古抽拉剖面中查果罗玛组的岩性组合基本代表了区内该组的岩性特征。该组岩性为一套灰色、浅灰色—浅紫红色中层—块状砂屑灰岩、(含生物碎屑)角砾状砂屑灰岩、(生物碎屑)微晶灰岩等的不等厚互层，局部夹介壳灰岩、生物灰岩、竹叶状砾屑灰岩等，各类灰岩皆已不同程度重结晶，并以此可与区内其他填图单位区别。该组灰岩中普遍见有生物化石及不同程度含生物碎屑，在普古抽拉剖面上因重结晶作用强烈而难以辨别化石属种，在填图中采集到的化石有：腹足 *Euryzone delphinuloides*；珊瑚 *Cladopora suni*, *C. elegans*, *C. Cylindrocellularis*, *C. ramosa minor*, *Thamnopora polygonalis*, *Sinocladopora* cf. *orbis*, *Cyathophyllum normale*（图版Ⅰ-1），*Phacellophyllum? crassoseptatum*, *Temnophyllum*；层孔虫 *Idiostroma hunanensis*, *Actinostroma devonensis* 等。

3. 基本层序

查果罗玛组发育两种类型基本层序（图2-3）。A型基本层序以生物碎屑、砂屑灰岩、竹叶状灰岩与微晶灰岩不等厚互层为特征，生物组合为正常浅水组合类型，反映了碳酸盐台地的岩石组合与生物面貌，其中微晶灰岩主要为滩间环境沉积，生物碎屑灰岩、砂屑灰岩及竹叶状灰岩代表了滩环境沉积；B型基本层序以发育角砾状灰岩为特征，代表了台地边缘的滑塌堆积作用。

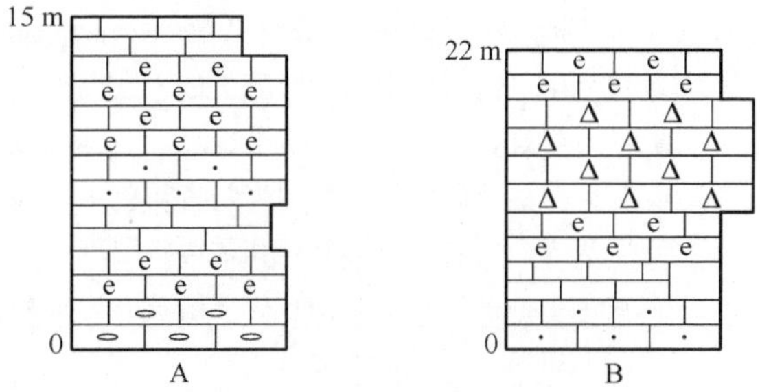

图2-3　查果罗玛组基本层序

（二）永珠组（C_1y）

该组名源自夏代祥等（1979）命名于申扎县永珠的永珠群下组，林宝玉（1982）、杨式溥等（1981）、西藏地质局区调队（1983）等先后修改过其含义，《西藏自治区岩石地层》（1997）将永珠群下组改称为永珠组，本报告中的永珠组即此含义。

1. 剖面描述

（1）申扎县剥康巴（中仓）央得勒永珠组实测剖面（P04）

剖面位于申扎县中仓南西约12 km的阿布勒，剖面起点坐标为北纬31°48′13″，东经85°20′09″，剖面终点坐标为北纬31°49′11″，东经85°20′25″（图2-4）。

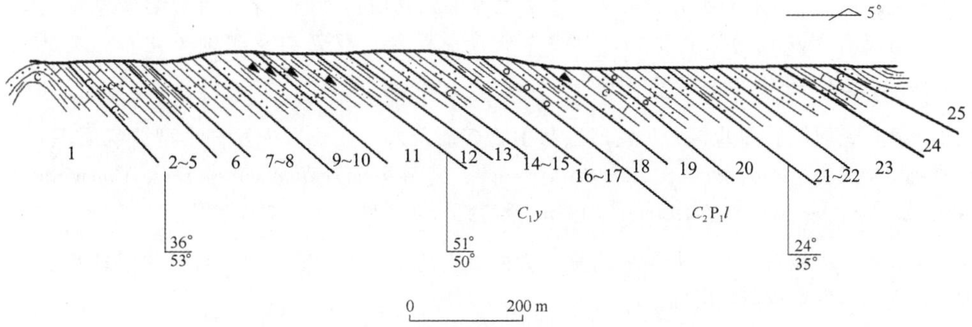

图2-4　申扎县剥康巴（中仓）央得勒永珠组、拉嘎组实测剖面（P04）

上覆地层：拉嘎组（C_2P_1l）

18. 黄灰色中—厚层状中粒石英砂岩，局部夹灰绿色薄层状粉砂质泥岩，砂岩层的底部常含砾及砾岩，砾岩中的砾石成分主要为石英岩及泥砾

——— 整　合 ———

永珠组（C_1y）　　厚593.06 m

17. 黄灰色中—薄层状中—细粒石英砂岩，灰绿色薄层状粉砂质钙质泥岩及灰色中层状生物碎屑灰岩互层，泥岩中发育水平层理，砂岩发育波状层理　　24.68 m

16. 深灰—灰黑色薄层状碳质粉砂质泥岩与深灰色中—薄层状生物碎屑灰岩互层，灰岩比泥岩约为1:3，泥岩中发育水平层理，在生物碎屑灰岩中见有海百合茎，腕足类、珊瑚类、双壳类等，腕足 *Eochoristiter* sp.，*Brachythyrina* sp.；双壳 *Limi-pecten* cf. *multistriatus*（Chao）（图版Ⅳ-1） 29.98 m

15. 黄灰色中—薄层状中—细粒石英砂岩，局部夹有少量灰绿色薄层状粉砂质泥岩，在砂岩中发育平行层理及波状层理，泥岩中发育脉状及透镜状层理 26.41 m

14. 深灰色薄层状碳质粉砂质泥岩夹灰色中—薄层状生物碎屑灰岩，灰岩比泥岩约为1:5，泥岩中发育水平层理，化石主要为腕足 *Productus* sp.，*Eochoristiter* sp.；双壳 *Limipecten* cf. *multistriatus*（Chao）；苔藓虫 *Stenopora spicata*（Basser） 42.89 m

13. 黄灰色中—薄层状中—细粒石英砂岩。局部夹少量灰绿色薄层状钙质粉砂质泥岩，砂岩中发育平行层理，泥岩中发育水平层理。产腕足类和珊瑚。含腕足 *Brachythyrina* sp. 64.66 m

12. 深灰色薄层状碳质粉砂质泥岩与青灰色中—薄层状中—细粒岩屑石英砂岩互层，局部夹生物碎屑灰岩，泥岩中发育脉状和透镜状层理 30.36 m

11. 青灰色中—薄层状中—细粒岩屑石英砂岩夹少量灰绿色钙质泥岩，砂岩中发育平行层理，其层面见虫痕，产双壳类化石 73.04 m

10. 青灰色中—薄层状中—细粒岩屑石英砂岩与灰绿色薄层钙质、碳质泥岩互层，在砂岩中发育平行层理和斜层理，在砂岩层的底部见有底冲刷。泥岩中夹生物碎屑灰岩。泥岩中发育水平层理和透镜状层理，产双壳类和腕足类化石。腕足 *Rugosochonetes* sp.，*Productus* sp.，*Unispirifer* sp. 28.39 m

9. 绿灰色薄层状钙质粉砂质泥岩夹青灰色中—薄层状细—中粒岩屑石英砂岩，砂岩中发育波状层理，泥岩中发育水平层理，产腕足 *Rugochonetes* sp. 31.37 m

8. 青灰色中—薄层状岩屑石英砂岩，中—细粒结构，砂岩中发育平行层理，泥岩中发育水平层理 24.08 m

7. 黄灰色中—薄层状中—细粒石英砂岩夹灰色薄层状粉砂质钙质泥岩，砂岩中发育平行层理，泥岩发育脉状及透镜状层理。产腕足 *Rugosochonetes* sp.（图版Ⅳ-13）；及双壳类化石 60.70 m

6. 深灰色薄层状粉砂质钙质泥岩夹黄灰色中—薄层状石英细砂岩。在砂岩中发育波状层理，泥岩中发育水平层理。砂岩与泥岩之比约1:8 41.15 m

5. 黄灰色中—薄层状中—细粒石英砂岩夹灰—深灰色薄层状钙质粉砂质泥岩，在砂岩中发育波状层理，局部见有深灰色薄层状生物碎屑灰岩，产腕足类、双壳类及珊瑚类化石。腕足 *Productus* sp.，*Trifdorostellum* sp.，*Allorhynchus* sp. 30.87 m

4. 黄灰色中—薄层钙质泥质细砂岩夹灰色薄层状生物碎屑灰岩。在砂岩中发育小型波状层理。生物碎屑灰岩中产腕足 *Productus* sp.，*Brachythyris* sp.；珊瑚 *Iranophyllum shirasakiense* Yamagiwa et Suzuki，*Zaphrentites* sp.，*Sychoelasma*（?）sp. 及海百合茎、腹足类、双壳类化石 6.69 m

3. 黄灰色中层状细—中粒石英砂岩夹深灰色薄层状粉砂质钙质泥岩，砂岩中发育板状层理及平行层理，在泥岩中发育透镜状层理 11.40 m

2. 深灰色薄层状碳质钙质页岩夹灰色中—薄层状细粒石英砂岩，砂岩比页岩约为1:5 16.48 m

1. 灰绿色薄层状粉砂质钙质泥岩，夹灰色薄层灰岩、中层状细砂岩透镜体，砂岩透镜体内见包卷层理含孢粉 *Gulisporites*，*Vallatisporites*（图版Ⅱ-21，22），*Punctatisporites*（图版Ⅱ-19，25），*Laeviga tosporites*，*Acanthotriletes*（图版Ⅱ-16，17，23），*Foveolatisporites triangulatus*（图版Ⅱ-20），*Lundbladispora*（图版Ⅱ-18），*Cordaitina*（图版Ⅱ-27）。 49.91 m

未见底

（2）措勤县夏东乡永珠组实测剖面（P14）

剖面位于措勤县夏东乡北西约4 km处，起点坐标为北纬31°28′12″，东经84°39′59″，终点坐标为北纬31°30′22″，东经84°39′12″（图2-5）。

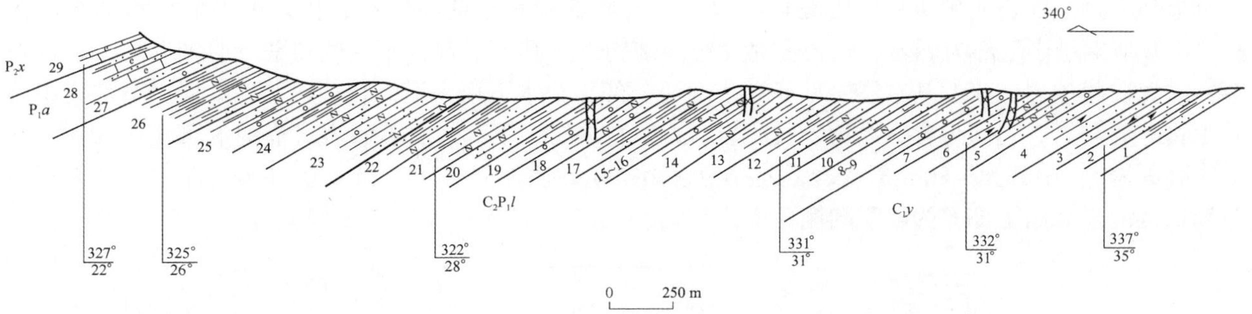

图 2-5 措勤县夏东乡永珠组、拉嘎组、昂杰组实测剖面（P14）

上覆地层：拉嘎组（C_2P_1l）

8. 灰色中—厚层状砾岩、灰绿色含砾细砂质中粒长石石英砂岩及生物碎屑灰岩 5.86 m

———— 整 合 ————

永珠组（C_1y） 厚 >502.24 m

7. 灰绿色厚层—块状含白云质含砾不等粒长石石英杂砂岩夹少量灰色中层状中粒石英砂岩，石英砂岩中发育平行层理，不等粒杂砂岩中层理不发育 99.89 m
6. 黄灰色中—薄层状中—细粒岩屑石英砂岩与灰绿色薄层状粉砂质泥岩互层，砂岩比泥岩约为 3∶1。砂岩中发育波状层理，泥岩中发育脉状及透镜状层理 49.63 m
5. 灰色中层状含钙不等粒长石石英砂岩与灰绿色厚层状含砾不等粒长石石英杂砂岩互层，在长石石英砂岩中发育平行层理 66.62 m
4. 灰色中—薄层状中—细粒岩屑石英砂岩夹黄灰色薄层状中—细粒岩屑石英砂岩，灰色砂岩中发育波状层理 102.75 m
3. 黄灰色薄层状含泥质岩屑石英粉砂岩与灰色薄层状粉砂质泥岩互层，在粉砂岩中发育波状层理，泥岩中发育水平层理和脉状层理 52.76 m
2. 灰色中—薄层状含泥质岩屑石英粉砂岩与灰绿色薄层状粉砂质泥岩互层，粉砂岩比泥岩约为 5∶1，在粉砂岩中发育波状层理 46.39 m
1. 黄灰色中层状含泥质石英粉砂岩夹少量灰绿色薄层状粉砂质泥岩，在粉砂岩中发育波状层理。（未见底） >84.20 m

2. 岩性组合及横向变化

永珠组在调查区小面积出露于阿布勒、夏东及那木切一带，与上覆拉嘎组（C_2P_1l）整合接触，向下因断层及掩盖而出露不全，可见最大厚度大于 600 m。

永珠组岩性为一套黄灰色中—薄层状中—细粒石英砂岩、长石石英砂岩、粉砂岩、含砾不等粒石英砂岩、灰绿色粉砂质泥（页）岩不等厚互层，在阿布勒一带的该组中还夹有灰色薄层状生物碎屑灰岩及含菱铁矿结核，并在砂岩、粉砂岩中常含较丰富的腕足类、双壳类化石及少量珊瑚类化石，并见遗迹化石。调查区内永珠组层理类型发育，砂岩中常见平行层理、波状层理、板状交错层理，泥岩中发育脉状层理、透镜状层理、水平层理，各种岩性多组成向上变细的旋回。该组中所含生物化石见腕足 *Brachythyrina* sp.，*Productus* sp.，*Trifdorostellum* sp.，*Allorhynchus* sp.，*Rugosochonetes* sp.，*Unispirifer* sp.，*Eochoristiter* sp.；双壳 *Limipecten* cf. *multistriatus*（Chao）；珊瑚 *Iranophyllum shirasakiense* Yamagiwa et Suzuki，*Zaphrentites* sp.，*Sychoelasma*（?）sp.（图版Ⅰ-4）；苔藓虫 *Stenopora spicata*（Basser）；及孢粉 *Gulisporites*，*Vallatisporites*，*Punctatisporites*，*Laeviga tosporites*，*Acanthotriletes*，*Foveolatispor ites*，*Triangulatus*，*Lundbladispora*，*Cordaitina*。

3. 基本层序

永珠组发育 5 种类型基本层序（图 2-6）：A 型及 B 型基本层序由下部的石英砂岩或岩屑石英砂

岩及上部的钙质泥岩或钙质粉砂质泥岩组成，砂岩底部发育重荷模构造，代表了斜坡环境的浊流沉积；C 型基本层序下部为砾岩，砾岩底部发育冲刷构造，其上发育粒序层理和平行层理砂岩，顶部发育钙质泥质粉砂岩，该型基本层序见于夏东剖面上部，为水下扇水道沉积；D 型基本层序下部为中薄层生物碎屑灰岩，上部为含钙质粉砂质泥岩；E 型基本层序下部为石英砂岩（有时底部见 1 m 左右的复成分砾岩），中部为生物碎屑灰岩，上部为含钙质粉砂质泥岩，D 型和 E 型基本层序主要发育在阿布勒地区的永珠组上部，为混积陆棚环境沉积。

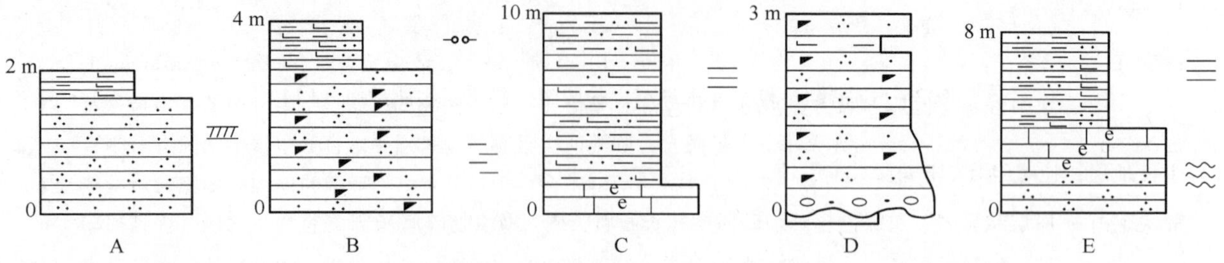

图 2－6　永珠组基本层序

（三）拉嘎组（C_2P_1l）

夏代祥等（1979）将其命名的永珠群分为上、下两组，上组被林宝玉（1983）改称为拉嘎组，本报告中的拉嘎组即沿用此含义。

1. 剖面描述

措勤县夏东乡拉嘎组实测剖面（P14），剖面图及剖面位置见前述永珠组部分。

上覆地层：昂杰组（P_1a）

27. 灰色中—厚层状中—粗粒石英砂岩与灰绿色中—薄层状粉砂质、砂质泥岩互层，夹灰黑色薄层状钙质碳质泥岩及灰色薄层灰岩。在砂岩层的底部多见有含砾粗砂岩

——— 整　合 ———

拉嘎组（C_2P_1l） 1519. 91 m

26. 灰色中—厚层状中—粗粒石英砂岩与灰绿色粉砂质泥岩互层。砂岩比泥岩约 1:2，砂岩层底部多为含砾粗砂岩。泥岩中发育水平层理及脉状层理，砂岩中发育粒序层理 196. 49 m
25. 灰色厚—中层状中—粗粒石英砂岩与灰绿色薄层状钙质粉砂质泥岩互层，砂岩比泥岩约为 1:1，此层底部见有一套厚约 4 m 的砾岩层，具有冲刷现象 124. 24 m
24. 灰—浅灰色中—厚层状中—粗粒石英砂岩与灰—灰绿色薄层状钙质粉砂质泥岩互层。在砂岩层的底部多为含砾粗砂岩，泥岩中发育水平层理及脉状层理，砂岩中发育粒序层理 115. 26 m
23. 灰—深灰色中—厚层状中—粗粒石英砂岩与灰绿色中—厚层状含砾不等粒砂岩互层。石英砂岩中发育粒序层序，不等粒砂岩中层理不发育 146. 20 m
22. 灰色中层状中粒石英砂岩与灰色—灰绿色钙质粉砂质泥岩互层，砂岩比泥岩约为 1:5。在砂岩层的底部多为含砾粗砂岩，砂岩发育粒序层理 80. 08 m
21. 灰色中—薄层状中—细粒长石石英砂岩与灰绿色薄层状钙质、粉砂质泥岩互层，砂岩比泥岩约1:2，砂岩层的底部起伏不平，具底冲刷现象，泥岩中发育水平层理及脉状层理，砂岩中发育波状层理 105. 32 m
20. 灰色中—薄层状中—细粒长石石英砂岩与灰绿—灰黑色中—厚层状含砾不等粒砂岩互层。不等粒砂岩中层理不发育 57. 24 m
19. 灰—灰绿色中层状含细砂质长石石英粉砂岩与灰绿色薄层状钙质粉砂质泥岩互层，底部见有厚约 30 cm 的砾岩 72. 73 m

18. 灰绿色中层状含砾不等粒长石石英杂砂岩，杂砂岩中层理不发育 54.24 m

17. 灰绿色中—薄层状细砂质长石石英粉砂岩与灰黑—深灰色薄层状碳质粉砂质泥岩互层，粉砂岩比泥岩约1:3。此层中偶见有生物碎屑灰岩夹层 54.87 m

16. 灰绿色薄层状钙质粉砂质泥岩，偶见有灰色薄层状石英砂岩的夹层，钙质粉砂质泥岩中发育水平层理及透镜状层理 56.66 m

15. 灰色厚层状含砾粗砂岩、灰红色中—厚层中砂质细粒长石砂岩及灰色薄层状生物碎屑灰岩，砂岩中发育粒序层理 12.87 m

14. 灰色薄层状中—细粒不等粒长石石英砂岩与灰黑色薄层状碳质粉砂质泥岩互层。砂岩比泥岩约1:7，在泥岩中发育水平层理 81.70 m

13. 灰色中—厚层状细—粗粒长石石英砂岩与灰绿色钙质粉砂质泥岩互层，在砂岩层的底部多为含砾粗砂岩，泥岩中发育水平层理，砂岩中发育粒序层理 86.25 m

12. 灰色厚—中层状中—细粒长石石英砂岩与灰绿色薄层状钙质泥岩互层。砂岩比泥岩约1:3，砂岩中发育平行层理，泥岩中发育水平层理 88.74 m

11. 黄灰色中层状中—细粒长石石英砂岩与深灰—灰黑色薄层状钙质碳质粉砂质泥岩互层，在砂岩层底部发育底冲刷，泥岩中发育水平层理 52.63 m

10. 灰绿色中—薄层状含生物碎屑不等粒长石石英砂岩与灰绿色薄层状钙质粉砂质泥岩互层，产腕足 *Eomarginifera* sp.，*Brachythyrina* sp.，*Martinia* sp. 及珊瑚类化石 59.39 m

9. 灰绿色薄层状钙质泥岩与灰色薄层状泥质石英粉砂岩互层，泥岩比粉砂岩约为3:1。泥岩和粉砂岩中均发育水平层理 69.14 m

8. 灰色中—厚层状砾岩、灰绿色含砾细砂质中粒长石石英砂岩及生物碎屑灰岩 5.86 m

———— 整　合 ————

下伏地层：永珠组（C_1y）

7. 灰绿色厚层—块状含白云质含砾不等粒长石石英杂砂岩夹少量灰色中层状中粒石英砂岩，石英砂岩中发育平行层理，不等粒杂砂岩中层理不发育

2. 岩性组合及横向变化

拉嘎组零星出露于阿布勒、夏康坚、永错、夏东、顿勒及那木切等地，除在夏东出露完全，地层厚度达1 520 m，与下伏永珠组及上覆昂杰组皆见整合接触外，其余地方皆因断层及新地层掩盖而出露不全。

拉嘎组岩性为灰色、灰绿色中—厚层状含砾不等粒长石石英杂砂岩、长石石英砂岩、含砾砂岩与灰绿色薄层状粉砂质钙质泥岩的不等厚互层，夹灰色中—厚层状砾岩、石英粉砂岩，并以最底部的砾岩层作为与下伏永珠组的分层标志，该组中偶见夹灰色薄层生物碎屑灰岩，偶见腕足类及珊瑚类化石。砂岩中发育平行层理、波状层理、粒序层理等，泥岩中见水平层理、透镜状层理，各种岩性多构成下粗上细的旋回。

在夏东乡剖面（P14）南侧该组中还见有珊瑚 *Wannerophyllum* sp.，在申扎县剥康巴（中仓）一带拉嘎组中化石较为丰富，见腕足 *Brachythyrina* sp.，*Chorister* sp.，*Chorister xainzaensis*（图版Ⅳ－15）；双壳 *Auiculopecten alternatoplieatus* Chao；珊瑚 *Amplexus* cf. *attenuatus* zeng（图版Ⅰ－2），*Amplexus* cf. *intermedius* zeng（图版Ⅰ－3）；在改则县夏龙乡该组中还获得孢粉 *Gorgonisphaeridium*，*Monilospora*，*Schulzospora*，*Pityosprites*，*Granulatisporites granulatus*，*Waltzispora*，*Tripartites*，*Cyclogramisporites*，*Florinites*，*Abiculiretusispora microgranulata*，*Apiculiretusispora*，*Vallatisporites*，*Acanthotriletes*，*Dictyotriletes*，*Pilasporites reticularis*，*Punctatisporites lacunosus maximus*，*Microreticulatisporites*。

3. 基本层序

拉嘎组基本层序有4种类型（图2－7）：A型基本层序由灰色含砾粗砂岩、灰红色中厚层长石石英中—细粒砂岩与灰色薄层生物碎屑灰岩组成的向上变细的沉积旋回；B型和C型基本层序为向上变粗再变细的基本层序，下部为粉砂质泥岩，砾岩构成了最粗的结构，砾岩的底部多发育冲刷构造，砾

岩之上发育含砾砂岩和砂岩，上部为灰岩；D 型基本层序为向上变细的基本层序，石英粗砂岩构成了下部的粗端，其上为灰岩，顶部为泥质粉砂岩。拉嘎组的基本层序反映了与冰水作用相关的水下扇沉积与浅海－半深海沉积。

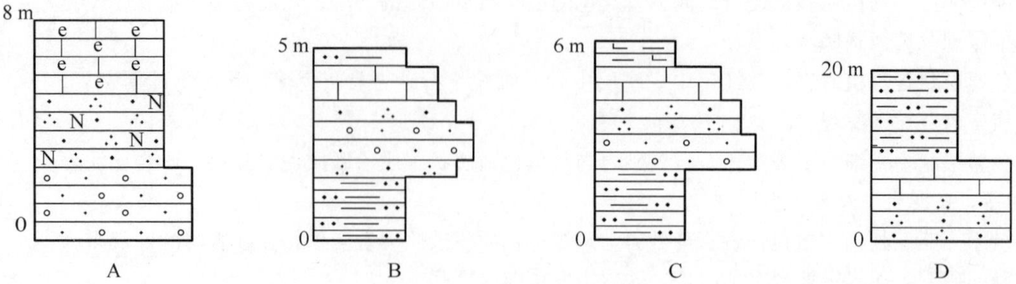

图 2－7　拉嘎组基本层序

（四）昂杰组（P_1a）

昂杰组系夏代祥等（1979）命名于申扎县永珠，杨式溥等（1982，1988）、1:100 万日喀则幅、亚东幅区调报告（1983）等曾修改过该组含义，本报告沿用该组的原始含义。

1. 剖面描述

（1）申扎县剥康巴（中仓）织日阿弄昂杰组实测剖面（P05）

剖面位于申扎县剥康巴（中仓）南西的阿布勒南东约 3 km，剖面起点坐标为北纬 31°47′21″，东经 85°21′36″，终点坐标北纬 31°46′42″，东经 85°23′20″（图 2－8）。

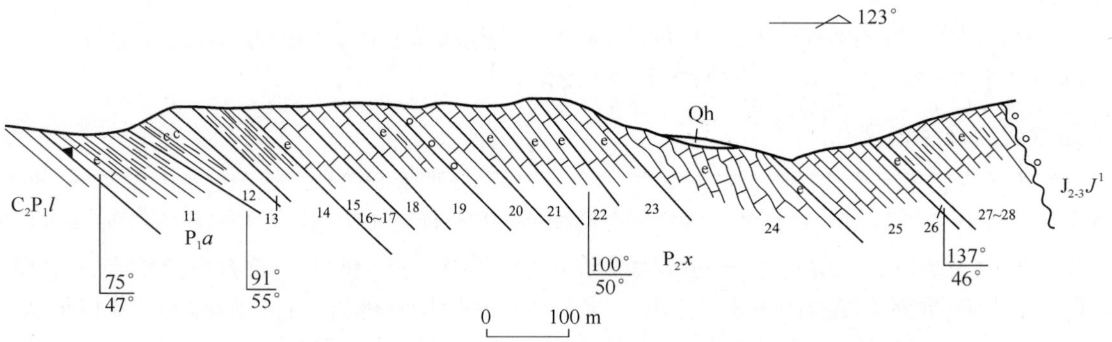

图 2－8　申扎县剥康巴（中仓）织日阿弄昂杰组、下拉组实测剖面（P05）

上覆地层：下拉组（P_2x）

15. 灰色—土灰色薄—中层状砂、泥质生物碎屑灰岩，生物碎屑的类型主要为海百合茎，次为少量腕足类、单体珊瑚及菊石。见菊石 *Paragastrioceros jossae*（Verneuil）（图版Ⅲ－16）

———— 整　合 ————

昂杰组（P_1a） 厚 166.68 m

14. 深灰色—灰绿色泥岩、粉砂质泥岩，多为薄层状 45.3 m

13. 褐色细粒石英砂岩，下部为含砾粗砂岩，砂岩中发育平行层理及小型交错层理，底部与第 12 层接触界面处见有重荷模，部分砂岩层理面上见有爬迹 10.22 m

12. 灰色薄层状碳质粉砂质泥岩夹黄灰色中—薄层状中—细粒石英砂岩，在砂岩中发育波状层理，泥岩中发育脉状及透镜状层理 60.06 m

11. 灰色中—薄层状中—细粒钙质长石石英砂岩、岩屑石英砂岩、深灰色薄层状砂质生物碎屑灰岩及深灰色碳质粉砂质泥岩，由砂岩→生物碎屑灰岩→泥岩构成基本层序。生物碎屑主要为海百合茎，砂岩层的底部常见有含砾粗砂岩，粒序层理发育，含海百合茎 *Cyclocyclicus* sp.；苔藓虫 *Polypora* sp.，*Fenestella perelegans* Meek. 51.1 m

——— 整　合 ———

下伏地层：拉嘎组（C_2P_1l）

10. 黄灰色中—厚层状中—细粒长石砂岩与灰绿色中—厚层状含砾不等粒砂岩互层，含珊瑚 *Wannerophyllum* sp.

2. 岩性组合及横向变化

昂杰组在工区仅见于阿布勒、永错、夏东等地，与下伏拉嘎组、上覆下拉组整合接触，地层厚度变化较大，在阿布勒厚约167 m，永错厚38 m，夏东一带最厚达198 m，其他地方的昂杰组厚度也变化在此范围内。

昂杰组岩性为灰色、深灰色石英砂岩、岩屑石英砂岩、长石石英砂岩、含砾粗砂岩、（钙质）粉砂质泥岩、碳质泥岩互层，夹灰色、深灰色中—薄层灰岩、生物碎屑灰岩，生物碎屑主要为海百合茎碎屑；化石见腕足类、苔藓虫、海百合茎及珊瑚、腹足类化石。砂岩中发育平行层理、大型交错层理、粒序层理、重荷模，波状层理，层面上可见遗迹化石，泥岩中可见脉状层理及透镜状层理。

3. 基本层序

昂杰组发育4种类型基本层序（图2-9）：A型基本层序为青灰色中—薄层石英砂岩与粉砂质泥岩韵律互层，粉砂质泥岩中多夹有介壳灰岩；B型基本层序以泥质岩夹丘状生物灰岩及薄层生物碎屑灰岩为特征；C型基本层序为灰色石英砂岩、灰岩和粉砂质泥岩的旋回互层为特征，砂岩底部常见含砾粗砂岩；D型基本层序以灰色中粗石英砂岩、细粒砂岩和泥岩韵律沉积为特征。A型和B型基本层序主要发育于夏东一带，代表了外陆棚环境，C型和D型基本层序主要发育在北部那木切和泼滩一带，代表了陆源碎屑为主的内陆棚沉积环境。

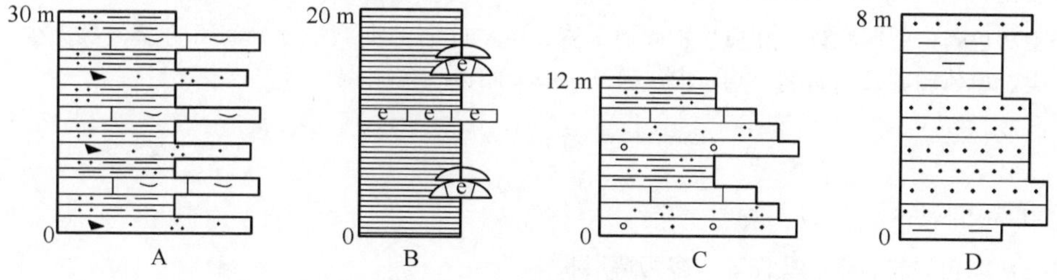

图2-9　昂杰组基本层序

（五）下拉组（P_2x）

下拉组为夏代祥等（1979）命名于申扎县永珠，林宝玉（1981）、杨式溥等（1982），先后修订过该组含义，本报告沿袭下拉组原始含义。

1. 剖面描述

（1）申扎县剥康巴织日阿弄下拉组实测剖面（P05）

剖面及其剖面位置见前述昂杰组（图2-8）。

上覆地层：接奴群（$J_{2-3}J$）

29. 褐灰色硅质砾岩及含砾砂岩，底部砾岩为褐色，可能为铁质胶结。砾石成分主要为深灰色硅质岩，极少量为灰岩砾石，层理不明显，多为块状

～～～～～ 角度不整合 ～～～～～

下拉组（P_2x） 厚868.54 m

28. 深灰色中层状含燧石团块含生物碎屑微晶灰岩 16.27 m

27. 深灰色中薄层状含燧石团块含生物碎屑微晶灰岩与浅灰色薄层状泥质灰岩互层，灰岩中含有珊瑚 *Lophocarinophyllum yakovleviforma minuta* Fomitschev（图版Ⅱ-5）及少量腕足类化石 74.02 m

26. 灰色、浅灰色中薄层状含生物碎屑含白云质微晶灰岩，夹燧石条带及燧石结核，灰岩中含有腕足类、珊瑚类化石，保存较差 18.99 m

25. 灰色厚层—块状微晶灰岩夹疙瘩状灰岩及中层状含生物碎屑灰岩，局部见有燧石结核 91.23 m

24. 深灰色薄层状含生物碎屑微晶灰岩，夹瘤状灰岩及硅质条带和硅质结核。见腕足 *Martinia orbicularis* 140.04 m

23. 深灰色薄层状含生物碎屑微晶灰岩夹薄层含生物碎屑硅质灰岩 43.62 m

22. 灰黑色中厚层状含生物碎屑微晶灰岩，岩石中可见少量珊瑚类及腕足类化石，但化石重结晶强烈，纹饰不清 58.14 m

21. 深灰色中薄层状含生物碎屑微晶灰岩，夹灰黄色硅质条带，在灰岩中含有少量珊瑚类化石 34.19 m

20. 灰黄色中层状含生物碎屑微晶灰岩。底部有一层1～1.5 m厚的灰、浅灰色砾岩。砾岩层由细—中砾岩构成，砾石成分主要为灰岩，少量为硅质岩及砂岩 44.98 m

19. 深灰色中薄层状粉晶灰岩夹薄层状微晶灰岩及泥质灰岩，另夹少量生物碎屑灰岩，岩石中偶见腕足类化石碎片 60.63 m

18. 深灰色中层状生物碎屑灰岩及含生物碎屑灰岩，局部含有大小不等的硅质团块，产腕足类、单体珊瑚、苔藓虫化石。苔藓虫 *Goniocladia* sp. 31.9 m

17. 深灰色中层状粉晶灰岩夹黑色薄层状硅质灰岩，及少量竹叶状内碎屑砾状灰岩，灰岩中含少量腕足 *Transennatia gratiosa* 22.97 m

16. 深灰色中层—薄层状生物碎屑灰岩，夹黑色硅质条带及团块。上部局部呈角砾状，具原生垮塌性质。见珊瑚 *Sinopora xainzaensis* Lin 26.75 m

15. 灰色—土灰色薄—中层状砂、泥质生物碎屑灰岩，生物碎屑的类型主要为海百合茎，次为少量腕足类、单体珊瑚及菊石类。菊石 *Paragastrioceros jossae*（Verneuil） 4.81 m

———— 整　合 ————

下伏地层：昂杰组（P_1a）：

14. 深灰色—灰绿色泥岩、粉砂质泥岩，多为薄层状

（2）仲巴县阿多嘎布下拉组实测剖面（P15）

剖面位于仲巴县甲不勒东10 km的阿多嘎布，起点坐标为北纬31°32′02″，东经84°33′43″，终点坐标为北纬31°33′57″，东经84°33′07″（图2-10）。

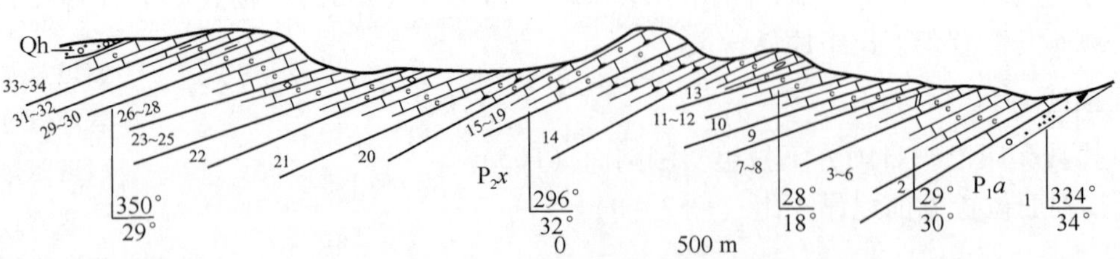

图2-10 仲巴县阿多嘎布下拉组实测剖面（P15）

第四系掩盖

下拉组（P_2x） 厚 > 1216. 56 m

34. 灰色、深灰色中—厚层含燧石结核白云石化、硅化生物碎屑灰岩，夹少量灰色薄层生物碎屑灰岩，夹少量灰色薄层生物碎屑灰岩，灰岩中含䗴 *Nankinella* sp. , *Pseudodoliolina* sp. ; 小有孔虫 *Pachyphoia* sp. ; 苔藓虫 *Ramipora* sp. ; 珊瑚 *Waagenophyllum* sp. >29. 26 m

33. 灰色中—厚层状砂屑砾屑灰岩 6. 56 m

32. 灰色、深灰色中—厚层生物碎屑灰岩夹中—薄层介壳灰岩，生物碎屑灰岩中的生物屑以海百合茎为主，含䗴 *Nankinella xizangensis* Huang et Shi（Ms）（sp. nov.），*Nankinella minor* Sheng, *Nankinella inflata*（Colani），*Nankinella* sp. （图版Ⅲ -7），*Rugososchwagerina shengi* Huang et Shi（Ms）（sp. nov.），*Rugososchwagerina* sp. （图版Ⅲ -10）；小有孔虫 *Pachyphoia* sp. ; 珊瑚 *Tibetophyllum sinense* He（图版Ⅰ -13），*Iranophyllum splendens* Douglas 30. 72 m

31. 灰色厚层块状含生物碎屑微晶灰岩，块状构造。生物碎屑在灰岩中分布不均匀，一般较稀疏，局部可富集 20. 03 m

30. 深灰色中—薄层含燧石结核生物碎屑灰岩。灰岩中可见苔藓虫 *Fistulipora basleoensis* Bassler; 藻类 *Vermiporella* sp. 及已重结晶的䗴化石 23. 31 m

29. 深灰色中—厚层生物碎屑灰岩夹中层介壳灰岩，二者之比约 10∶1。介壳灰岩中介壳主要为小型腕足类介壳。生物碎屑中见珊瑚 *Iranophyllum splendens* Douglas 及䗴化石 16. 34 m

28. 灰色厚层块状白云石化残余生物碎屑灰岩夹中层珊瑚礁灰岩。生物碎屑灰岩中含有丰富的生物化石，主要是䗴 *Nankinella* sp. , *Rugososchwagerina* sp. ; 小有孔虫 *Nodosaria* sp. ; 腕足 *Transennatia* sp. ; 腹足类等。珊瑚礁灰岩可见大型块状和枝状皱纹珊瑚、单体皱纹珊瑚及枝状横板珊瑚 *Multithecopora* cf. *cateniformis* Lin, *Pavastehphyllum simplex*（Douglas），*Praewentzelella simplex*（sp. nov.），*Thomasiphyllum spongifolium*（Smith），*Paraipciphyllum* cf. *subelongatum* H. D. Wang, *Ipciphy - llum persicum*（Douglas），*Wentzelella multiseptata* Wu et Zhao, *Wentzelella multiseptata* Wu et Zhao, *Wentzelella* sp. , *Iranophyllum splendens* Douglas（图版Ⅰ -12）；藻 *Mizzia cornuta* Kochansky et Herak, *Eogoniolina johnsoni* Endo , *Zoporellabaxoensis* Mu *Permacalcula* sp. 8. 77 m

27. 灰色厚层状微晶灰岩。灰岩中偶见较小的不规则状燧石结核，含少量生物碎屑及单、复体珊瑚化石 *Pseudoroemeripora xizangensis* Lin, *Sinopora xizanensis* Lin, *Tibetophyllum* cf. *sinense* He, *Iranophyllum*? sp. , *Waagenophyllum virgalense mongoliense* Grabau; 䗴 *Rugososchwagerina shengi* Huang et Shi（Ms）（sp. nov.），*Pseudodoliolina ozawa* Yabe et Hazawa 47. 40 m

26. 灰色中—厚层残余生物碎屑灰岩。灰岩中含燧石结核，下部较多，向上渐少。含少量生物化石，主要见䗴 *Nankinella inflata*（Colani），还可见珊瑚、层孔虫、腹足类等，但保存较差 82. 37 m

25. 灰白色、乳白色厚层块状结晶灰岩，见少量生物碎屑 21. 79 m

24. 深灰色薄层含生物碎屑灰岩，夹少量中层含生物碎屑灰岩，二者比 10∶1，可见苔藓虫 *Polypora sinovaricellata* Yang et Hu; 海百合茎 *Cyclocyclicus* sp. ; 藻类 *Mizzia longiporosa* Endo, *Anthracoporalla* sp. 及少量䗴化石（多已重结晶） 3. 43 m

23. 灰色中层夹薄层及厚层生物碎屑粉—细晶灰岩，三者之比约 7∶2∶1。灰岩中的生物碎屑含量不均匀，可见珊瑚 *Neomultithecopora* sp. , *Pseudoroemeripora* cf. *bulegensis* Ding , *Sestrophyllum*? sp. , *Sazhiphyllum xizanense*（sp. nov.），*Pavastehphyllum* sp. ; 小有孔虫 *Geinitzina* sp. 及䗴化石 42. 14 m

22. 深灰色中—厚层生物碎屑粉—细晶灰岩、含䗴灰岩互层，夹褐灰色薄层含石英砂生物碎屑灰岩。灰岩中䗴 *Rugososchwagerina shengi* Huang et Shi（Ms）（sp. nov.），*Rugososchwagerina* sp. （图版Ⅲ -9）；丰富的小有孔虫 *Climacammina* sp. , 但大多已重结晶，含石英砂生物碎屑灰岩中含有少量珊瑚 *Multithecopora* cf. *cateniformis* Lin, *Neomultithecopora xizangensis* Lin , *Rossopora* cf. *intermedia* Lin, *Wentzelellites xizanensis*（sp. nov.）；海绵? *Amblysiphonella* sp. ; 藻类 *Pseudovermiporella* sp. , *Epimastopora* sp. ; 腕足 *Phricodothyris* sp. ,? *Terebratuloides* sp. . 40. 32 m

21. 深灰色厚层含生物碎屑灰岩。灰岩以厚层为主，夹少量块状及中层灰岩，皆含有不规则燧石结核，产珊瑚 *Neomultithecopora xizangensis* Lin，*Lonsdaleiastraea rosiformis* Wu et Zhao（图版Ⅰ-11）；海绵 *Amblysiphonella randuiensis* Deng；腕足 *Phricodothyris* sp.；藻类 *Vngdarella* sp.，*Permocaleulus fragilis* Pia；小有孔虫 *Climacammina elegantula Reitliger* 及蜓（多已重结晶）化石 41.85 m

20. 灰白色、乳白色含燧石结核生物碎屑不等粒结晶灰岩，厚层块状为主，夹中层及少量薄层，生物碎屑较少，燧石结核下部较多，向上逐渐减少 21.99 m

19. 灰、深灰以中层生物碎屑灰岩、微晶灰岩互层。灰岩中含少量燧石结核，不规则状或条带状，所含生物碎屑一般在微晶灰岩中也有少量。灰岩中含蜓 *Nankinella* sp.；珊瑚 *Lophophyllidium zaphrentoidea*（Huang），*Waagenophyllum indicum crassiseptatum* Wu，*Waagenophyllum virgalense*（W. et. W.），*Waagenophyllum hunanense* Jiang（图版Ⅰ-10）；腕足 *Spirigerella obesa* Huang；苔藓 *Polypora sinovaricella* Yang et Liu，*Meekopora prosseri* Ulrich；藻类 *Ungdarella uralica* Maslov；海绵 *Amblysiphonella jiaojiaensis* Deng 及腹足类等化石 26.47 m

18. 灰色薄—中层生物碎屑燧石结核及条带灰岩，偶见夹厚层。岩层中发育深灰色燧石结核或条带，一般占岩石表面的10%～30%。含腕足类? *Neospirifer* sp.；苔藓虫? *Polypora* sp.；及层孔虫、珊瑚类等化石 5.69 m

17. 灰色厚层块状生物碎屑泥晶灰岩。生物碎屑中海百合茎明显、较大，见珊瑚 *Liangshanophyllum* cf. *Zhesiense*（Ting）；海绵 *Amblysiphonella radicifera* Waagen et Wentzel 及蜓化石。 5.76 m

16. 灰色厚层块状白云石化硅化生物碎屑燧石结核灰岩。生物碎屑中以海百合茎保存较好，含珊瑚 *Lophophyllidium pendalum*（Grabau），*Trachpsammia xizangensis* Lin，*Pseudofavosites aberrans* He；藻类：*Mizzia* sp.；钙藻 *Permocalculus* sp.；苔藓虫 *Meekopora prosseri* Ulrich；海绵、腕足类等化石。燧石结核可占岩石表面的10%～40% 31.84 m

15. 灰色中—厚层状生物碎屑灰岩与微晶灰岩互层。岩石中皆含有少量燧石结核，一般占岩石表面的不足5%，不规则状 22.56 m

14. 深灰色中层夹厚层含生物碎屑燧石结核泥晶灰岩。中层与厚层灰岩之比为4:1。燧石结核极为发育，在局部可达岩石表面50%，产珊瑚 *Carinotachylasma shimenense* Xu（图版Ⅰ-8）；苔藓虫：*Meekopora incrassata* Lin；海绵 *Waagene llaxizangensis*?；及腕足类等化石 67.74 m

13. 浅灰色中—厚层状含苔藓虫灰岩与生物碎屑灰岩互层。苔藓虫灰岩中以苔藓虫 *Meekopora prosseri* Ulrich，*Girtypora* sp. 常见为特征，其他还见少量珊瑚：*Thomasiphyllum*? sp.，*Paracaninia* sp. 及海绵：*Amblysiphonella jiaojiaensis* Deng。灰岩中皆含有少量燧石结核，局部可达岩石表面近20% 187.09 m

12. 灰色中层生物微晶灰岩与生物碎屑灰岩互层。生物灰岩块状构造，见少量燧石结核。生物碎屑灰岩多为块状构造，局部可见水平层理，含珊瑚 *Cytvolasma* cf. *asymmetricum* Soshkina；藻 *Oligoporella* sp.；水螅 *Spongiomorpha* sp.；腕足类：*Phricodothyris* sp.，*Allorhynchus* sp.；蜓：*Nankinella* sp. 及其他小有孔虫化石 *Geinitzina* sp. 28.76 m

11. 深灰色中—厚层状生物碎屑灰岩。中、厚层之比约为2:1.5，下部约20 m还夹有少量薄片状微晶灰岩或砂屑灰岩。产珊瑚 *Thomasiphyllum multiseptatam* Wu et Zhao，*Iranophyllum zhongguoensis* Zhang（图版Ⅰ-7），*Pseudomultithecopora xizangensis* Lin；苔藓虫 *Polypora* cf. *megastoma* Koninck；小有孔虫：*Nodosaria* sp.；藻类 *Mizzia cornuta kochansky* et Herak，*Mizzia velebitana* Schubert 及腕足类、蜓化石 46.73 m

10. 深灰色中—厚层状生物碎屑灰岩夹中层生物灰岩，含燧石结核。见较丰富的化石，珊瑚 *Wentzelella salinaria irregularis* Wu et Zhao，*Iranophyllum* cf. *rotiforme* Wa et Zhao，*Praewentzelella steroseptata* Wu et Zhao；蜓 *Nankinella xizangensis* Huang et shi（Ms）（sp. nov.），*Nankinella inflata*（Colani）（图版Ⅲ-8），*Nankinella minor* Shang，*Nankinella* sp.；苔藓虫 *Meekopora* cf. *elliptica* Yang 及棘皮、腕足类化石 118.20 m

9. 浅灰色块状生物碎屑灰岩，块状构造，生物碎屑一般占岩石中的15%～30%，以海百合茎为主 92.92 m

8. 灰色、深灰色中—厚层生物碎屑灰岩。含较丰富的生物化石，珊瑚 *Multithecopora* sp.，*Laophyllum* cf. *cylindricum* H. D. Wang，*Ipciphyllum timoricum regulare* Wu（图版Ⅰ－6）及䗴、非䗴有孔虫、腕足类、腹足类等　26.64 m

7. 灰色厚层块状白云石化生物碎屑灰岩，白云石化不均匀，使岩石呈斑块状，块状构造，生物碎屑中海百合茎保存较完整，分布不均　25.24 m

6. 灰色、褐灰色中层夹薄层及厚层白云石化生物碎屑灰岩，白云石化不均一，岩石呈斑块状　5.78 m

5. 灰色中—厚层生物碎屑灰岩。块状构造、生物碎屑丰富，其中海百合茎较多　21.67 m

4. 灰色薄层夹中层燧石条带生物碎屑灰岩　25.62 m

3. 灰色中层夹薄层及厚层燧石条带生物碎屑灰岩。燧石在层中呈条带状或断续条带状。生物碎屑较少　21.80 m

2. 灰色厚层块状生物碎屑灰岩。夹有少量中层生物碎屑灰岩，生物碎屑中海百合茎最为丰富，显示向上变细的粒序特征　19.77 m

——— 整　合 ———

下伏地层：昂杰组（P_1a）

1. 灰绿色中—厚层状含砾岩屑石英砂岩，夹黄绿色中—薄层石英砂岩及深灰色页岩。砂岩中可见平行层理，但以块状构造为主

2. 岩性组合及横向变化

下拉组是调查区内出露最广的晚古生代地层，约占整个上古生界出露面积的70%，但出露都不完全，与下伏的昂杰组、拉嘎组多为整合接触。但顶部多因断层或被新地层不整合掩盖而出露不全，最大可见厚度在阿多嘎布，厚度大于1200 m。

下拉组岩性为一套碳酸盐岩，以灰色、深灰色中—厚层微晶灰岩、生物碎屑灰岩、燧石结核灰岩、砂（砾）屑灰岩互层为主，上部有时可见白云岩或白云质灰岩。但本组岩性及含化石情况大致以拉果错—扎曲—扎贡拉—雪上勒为界有一定差异，反映了该组沉积时期在工区内北深南浅的古地理特征：

界线以北的下拉组化石稀少，但偶见少量的小型单体无鳞板珊瑚、菊石、腕足类化石，生物碎屑灰岩夹层少且生物碎屑含量低，属台地内坳陷沉积环境。界线以南的下拉组中化石丰富，为含䗴灰岩、珊瑚礁灰岩、介壳灰岩与其他灰岩的互层，所含化石以丰富的底栖生物䗴、群体珊瑚、腕足类、双壳类、腹足类、海绵、藻类及其他小有孔虫等为特征，属台地内隆起沉积环境。

此外，在顿勒一带的下拉组碳酸盐岩沉积层之上还见有厚度大于419 m的一套灰黑色、深灰色薄—中层硅质岩与灰白色中—薄层细粒石英砂岩呈韵律条带状互层，夹深灰色薄—中层细晶灰岩的岩石组合，不含化石，因出露局限，暂将其划归下拉组上部。

3. 基本层序

下拉组基本层序可分为两大类：台地内坳陷带沉积基本层序和台地内隆起带环境沉积基本层序。台内坳陷带基本层序又分为5种类型（图2－11）：A型、B型和C型基本层序为深灰色燧石结核（或条带）灰岩与微晶灰岩（可含少量生物碎屑）呈不等厚互层或夹层；D型基本层序为含燧石结核的白云岩与白云质砾屑灰岩互层；E型基本层序为微晶灰岩夹含生物碎屑灰岩。台隆带的基本层序分为5种类型（图2－12）：A型基本层序以生物碎屑灰岩为主；B型基本层序为生物碎屑灰岩与含燧石结核生物碎屑灰岩互层；C型基本层序为燧石结核灰岩与含生物碎屑燧石结核灰岩互层；D型基本层序为生物碎屑灰岩夹含生物碎屑珊瑚礁灰岩；E型基本层序为生物碎屑硅化灰岩夹生物碎屑灰岩。

（六）坚扎弄组（P_3j）

在调查区的夏康坚雪山东坡的坚扎弄沟一带，最早由西藏地质局第四地质大队（1971）发现一

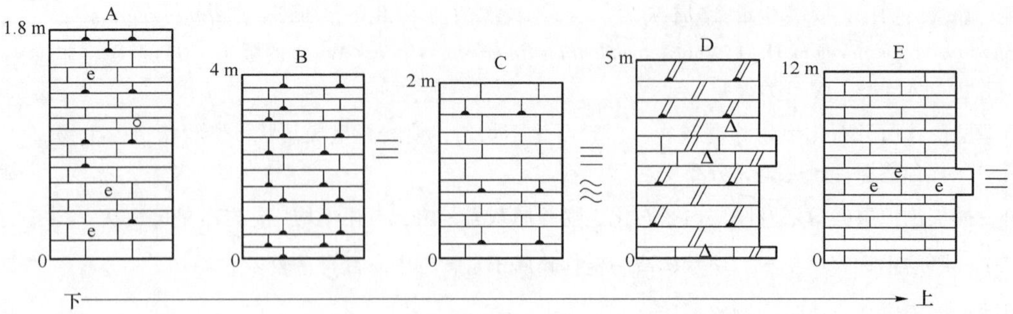

图 2-11　台地内坳陷带下拉组基本层序

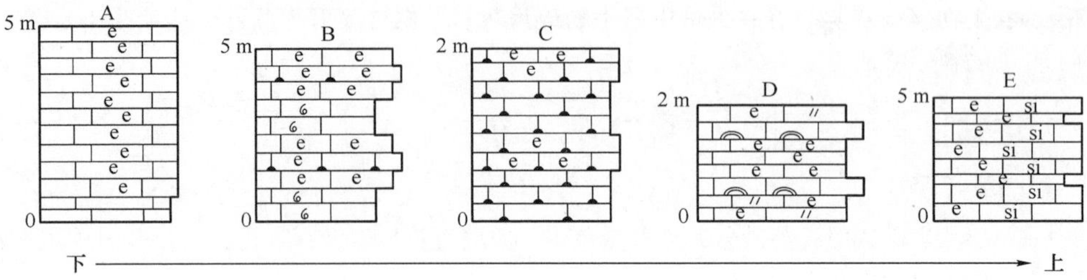

图 2-12　台地内隆起带下拉组基本层序

套含煤碎屑岩地层，称为尖扎辽旺组，推测其地质时代可能为侏罗纪或三叠纪—侏罗纪。吴一民、傅在斌（1983）测制了该剖面并在其中采集到一些植物化石，经李星学等（1985）鉴定后，认为时代为二叠纪，或可能为二分的早二叠世晚期，吴一民等将此套地层命名为坚扎弄组。《西藏自治区岩石地层》（1997）采用坚扎弄组一名，并将其时代暂归二分的晚二叠世。

坚扎弄组在调查区中仅在夏康坚雪山东坡的坚扎弄沟零星出露，岩性为灰白色中—薄层石英砂岩、粉砂岩、含砾砂岩与黑色、深灰色碳质泥岩、页岩的不等厚互层，夹砾岩和薄的劣煤层或煤线，下未见底，上部被郎山组圆笠虫灰岩不整合覆盖，厚度约 730 m。现将吴一民和傅在斌（1983）测制的坚扎弄组命名剖面引述如下：

坚扎弄组　厚 >723.60 m

上段（包括第四系掩盖，下同）　223.88 m

23. 浅灰色细砂岩与黑色页岩互层　119.95 m
22. 浅灰色细砂岩夹黑色页岩　33.94 m
21. 灰色粉砂岩，偶夹灰色薄层细砂岩或黑色页岩　69.99 m

中段　398.01 m

20. 灰色细砾岩　19.98 m
19. 深灰色粉砂岩，产丰富的植物 *Phyllotheca* sp. （cf. *P. australis*），*Pecopteris* aff. *arcuata*，*P.* sp. 1，*P.* sp. 3，*P.* sp.，*Schizoncura* sp. （cf. *Sch. gondwanensis*），*Noeggerathiopsis hislopii*，*Noc.* spp.，*Carpolithus* sp.，*Sphenopteris* sp.，? *Alcthopteris* sp. ?，*Cardiocarpus* sp.　18.93 m
18. 冲积或坡积物　45.75 m
17. 深灰色粉砂岩　29.64 m
16. 冲积或坡积物　43.26 m
15. 深灰色泥岩　4.29 m
14. 黑色碳质泥岩夹煤线　0.86 m
13. 煤层，黑色，条痕褐黑色，金刚光泽，碎块状，含菱铁矿结核。煤质属中灰、低硫、中发热量的贫煤　0.30 m

12. 顶部为灰黑色泥岩，其余为深灰色粉砂岩，含植物 *Phyllotheca* sp. （cf. *P. australis*），? *Schizoncura* sp. （cf. *Sch. gondwanensis*），*Sphenopteris xiagangjiangensis*，*Pecopteris* sp.，? *Plagiozamites ablongifolius* 26.58 m

11. 上部黑色泥岩、碳质泥岩，含煤屑；中下部灰黑、黑色细砂岩 27.62 m

10. 灰、深灰色泥岩，夹薄层粉砂岩，含菱铁矿结核 30.49 m

9. 灰色细砂岩与细砾岩互层，偶夹深灰色泥岩 27.29 m

8. 灰、深灰色泥岩，局部夹灰色粉砂岩和细砂岩 48.25 m

7. 灰、深灰色粉砂岩与细砂岩互层，硅质胶结，产植物化石碎片 27.71 m

6. 冲积或坡积物 53.06 m

下段 >101.71 m

5. 黄褐色细砾岩夹浅灰色石英细砂岩，砾径一般 4~6 cm，最大可达 15 cm 27.60 m

4. 浅灰色粗砂岩 14.55 m

3. 浅灰、灰色含砾粗砂岩与细砾岩互层，砾径大小悬殊，一般为 5 cm，最大者在 15 cm 以上，滚圆度中等 13.49 m

2. 冲积或坡积物 25.57 m

1. 灰白、灰色粉砂岩，中部夹黄褐色细砾岩，砾石成分以大理岩为主，次为石英岩，砾径 1~10 cm，以 3~4 cm 者居多，为半滚圆状。产植物：? *Squamous* leaf，*Pecopteris* sp.，*Noeggerathiopsis* sp. >20.50 m

未见底

本次区调在吴一民、傅在斌（1983）等测制的坚扎弄沟剖面上补采了一些植物化石标本及孢粉样品（图 2-13），经南京地质古生物研究所分析鉴定，孢粉样品中皆未分析出孢粉化石，植物化石（皆采自于剖面中部，采样号为 X_3f 和 X_4f，相当于吴一民描述剖面的 12，19 层）见有：*Glossopteris* sp.，*Noeggerathiopsis* sp.，*Pecopteris*（*Ptychocarpus*）sp.，*Pecopteris* sp.，? *Yuania* sp.，*Pterophyllum* sp.，*Dicranophyllum*? sp.，*Phyllotheca exgr. australis Brougn*，? *Phyllotheca* sp. 等。角度不整合于坚扎弄组之上的郎山组灰岩底部灰岩样 X_7f 中含有大量的圆笠虫化石：*Orbitolina*（*Orbitolina*）*birmanica* Sahni，*O.*（*O.*）*aliensis* Zhang 及其他有孔虫化石：*Cuneolina immatura* He，*C. camposaurii Sartonii et Grescenti* 等。

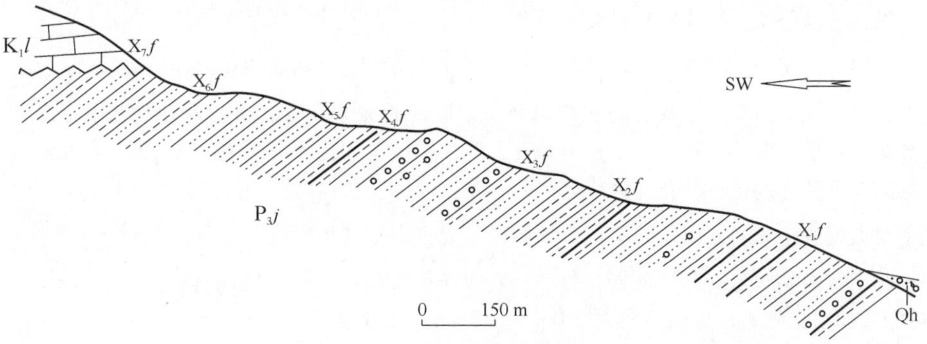

图 2-13 坚扎弄沟二叠系坚扎弄组采样位置示意图

二、中生界（Mz）

中生界在调查区的班戈—八宿地层分区中分布广泛，以下白垩统最为发育，上白垩统仅见于南部的塔若错—虾格子—扎日南木错一线；侏罗系仅见中上统，主要分布于调查区东北角；未见三叠系。

（一）接奴群（$J_{2-3}J$）

接奴群系西藏区调大队 1:100 万日喀则幅、亚东幅区调中命名（1983），之前李璞（1955）、青海石油普查大队（1957）、西藏第四地质大队（1968，1973，1974）都曾给予此套地层不同的名称。

1. 剖面描述

(1) 申扎县剥康巴（中仓）字岗接奴群下部实测剖面（P28）

剖面位于申扎县剥康巴（中仓）南西阿布勒的字岗，起点坐标为北纬 31°48′07″，东经 85°14′50″，终点坐标北纬 31°49′10″，东经 85°17′35″（图 2-14）。

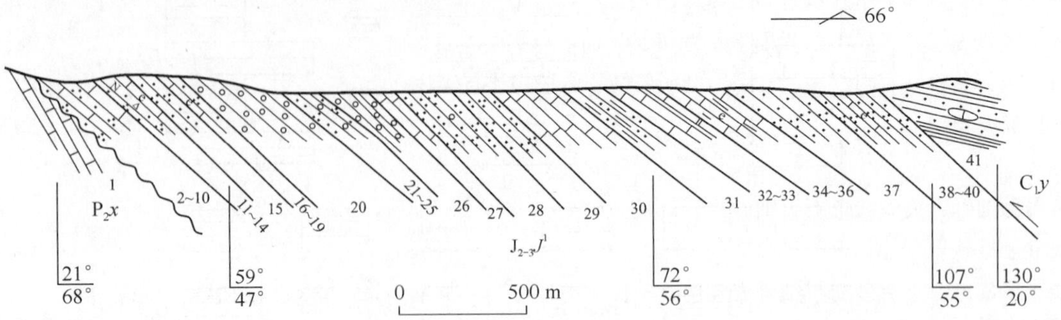

图 2-14 申扎县剥康巴（中仓）字岗接奴群下部实测剖面（P28）

接奴群下部（$J_{2-3}J^1$）： >2516. 12 m

40. 灰白色中—厚层状石英砂岩，含微量黄铁矿晶粒，砂岩多具平行层理，少数为块状构造，夹石英质粗砂岩透镜体和灰色含生物碎屑灰岩透镜体 >42. 39 m

39. 深灰色灰黑色厚层状含生物碎屑灰岩，砾屑结构，块状构造，砾屑成分主要为海百合茎碎屑 *Cyclocyclamina* sp.，*Pleuronia* sp.，*Cellaria* sp，及少量双壳类化石碎片 7. 13 m

38. 灰白色中—厚层状石英砂岩，砂岩为中粒结构，具平行层理，少量块状构造，层面上有不均匀分布的黄铁矿晶粒 76. 13 m

37. 褐灰色中—厚层状石英砂岩，中粒结构，岩石具平行层理，部分具块状构造和小型沙纹交错层理，砂岩中局部可见少量砾石，夹绿灰色薄片状具水平层理的粉砂质泥岩，上部还夹有粗砂岩透镜体和含海百合茎碎屑的微晶灰岩透镜体 258. 45 m

36. 灰色—灰黑色—厚层状生物碎屑灰岩夹海百合茎灰岩，二者皆呈砾屑结构、块状构造 42. 31 m

35. 灰色薄—中层钙质泥岩，泥质结构，岩石具水平层理，层面上可见细的波纹构造和遗迹化石 55. 09 m

34. 紫红色中—厚层含生物碎屑泥灰岩与灰绿色薄—中层钙质泥岩互层，夹有灰色薄层状灰岩。泥灰岩具波状水平层理，生物碎屑主要为海百合茎；钙质泥岩为水平层理；灰岩局部见水平层理，层面上可见遗迹化石及介壳碎片 78. 76 m

33. 灰白色中层大理岩化灰岩，粗粒结构，块状构造，岩石中含有灰黑色灰岩角砾 94. 40 m

32. 灰色中—厚层状微晶灰岩夹砾屑灰岩。微晶灰岩为块状构造，可见生物化石碎片（见双壳碎片），见泥质团块；砾屑灰岩中砾屑大小 0. 2 ~ 0. 5 cm，含量约 20% 114. 68 m

31. 绿灰色、灰色粉砂质泥岩，夹灰色薄层含海百合茎灰岩透镜体 142. 37 m

30. 灰色、深灰色中—厚层状微晶灰岩，含燧石结核，含少量细小的生物碎屑 240. 07 m

29. 灰绿色薄层状石英粉砂岩，具水平层理、小型沙纹层理 194. 16 m

28. 褐灰色中层夹薄层中粒石英砂岩，上部夹灰白色粗粒长石石英砂岩，岩石具平行层理、块状构造，薄层石英砂岩中见沙纹层理 154. 66 m

27. 灰黑色薄—中层微晶灰岩，岩石中见少量介壳化石碎片 73. 44 m

26. 灰色厚层状砾岩。砾岩中砾石成分主要为微晶灰岩、泥晶灰岩、砂屑灰岩质，少量为石英砂岩、粉砂岩、硅质岩质，砾径多为 1 ~ 4 cm，大者可达 8 cm，磨圆多中等，砾岩呈颗粒支撑，分选差，砂质为填隙物，钙泥质胶结 118. 98 m

25. 灰白色厚层与中—薄层状石英砂岩互层，夹紫灰色薄层细砾岩，下部以厚层状石英砂岩为主夹中薄层石英砂岩，向上渐过渡为中薄层石英砂岩为主夹厚层石英砂岩 67. 14 m

24. 褐灰色薄层状长石石英砂岩夹灰黑色薄层状介壳灰岩、砾屑灰岩。砂岩成分以石英长石为主，见少量岩屑，局部显水平层理，砂岩与灰岩岩比约为5:1 24. 32 m

23. 灰色中层夹薄层砾岩，砾石成分主要为灰岩，少量石英砂岩质，大小多为0. 5 ~ 1. 5 cm，最大可达12 cm，多呈次棱角状—次圆状，分选差 33. 84 m

22. 灰黑色中层夹薄层含生物碎屑灰岩，上部夹1. 5 m厚的中层状石英砂岩，灰岩含少量生物碎屑，见腹足类化石碎片，局部夹砂屑灰岩；石英砂岩见平行层理 9. 52 m

21. 灰色薄层状石英砂岩，细粒结构，块状构造、岩石中含有微量的黄铁矿，岩石具平行层理 37. 50 m

20. 灰色、浅灰色厚层状砾岩，砾岩砾石成分主要为灰岩（约85%），少量石英砂岩（10% ±）、硅质岩（5% ±），砾径多为0. 3 ~ 1 cm，大者见15 cm，多为次棱角状—次圆状，分选差，颗粒支撑，钙泥质胶结，砂质填隙 22. 98 m

19. 灰白色中层状石英砂岩，风化色为褐色、黄褐色、中粒结构、块状构造，平行层理为主，局部为块状构造，见细粒状黄铁矿 17. 41 m

18. 灰色厚层状砾岩，砾石成分主要为灰岩（60% ~70%），其次为石英砂岩、硅质岩，砾径多为0. 3 ~ 1 cm，最大者见6 ~ 7 cm，次棱角状—次圆状为主，分选差，杂基支撑为主，部分为颗粒支撑，砂质充填，钙质胶结 33. 85 m

17. 灰白色中—厚层状石英砂岩，夹含砾砂岩，砂岩为中粒结构，块状构造，平行层理，少数为块状构造，硅质胶结 14. 49 m

16. 灰黑色中—厚层状含生物碎屑灰岩，偶夹砾屑灰岩透镜体 24. 28 m

15. 灰色、浅绿灰色薄—中层状石英砂岩，多为中粒结构，少数为细粒结构，含少量黄铁矿颗粒，具平行层理，少数为块状构造，薄层石英砂岩中可见植物化石 94. 82 m

14. 灰黑色、深灰色厚—中层状含生物碎屑微晶灰岩，含水螅 *Spongiomorpha robasta* Yang et Wang，*Cladocoropsis* aff. *mirabilis* Felix，岩石中含少量介壳化石碎屑 26. 02 m

13. 灰白色薄层状与中层状岩屑长石石英砂岩不等厚互层，二者之比约2:1，主要成分为石英（85% ±），长石约10%，岩屑约5%。薄层砂岩见平行层理，层面上见植物化石碎片：*Equisetites* sp. ,? *Ginkgoites* sp. , *Podozamites* sp. ，中层砂岩为细粒结构，少数为粗粒结构，具块状构造，层面上见少量植物化石碎片及黄铁矿晶体 46. 22 m

12. 灰白色厚层状石英细砂岩，块状构造，块状构造，具球状风化现象 3. 42 m

11. 浅灰色灰白色薄板状岩屑长石石英砂岩，细—中粒结构，块状构造，具平行层理 4. 89 m

10. 灰黑色薄层状含砾屑砂屑灰岩，砂屑为方解石砂，＜1 mm，个别2 mm，砾屑多为次圆—次棱角状，层理不清 4. 43 m

9. 灰黑色中—厚层状微晶灰岩夹灰白色薄层状石英中—细粒砂岩，夹少量砾屑灰岩透镜体，石英砂岩中含少量介壳碎片，砂岩平行层理，含不均匀的石英砂岩质、石英岩质砾石 60. 43 m

8. 浅灰色、灰白色中—薄层细粒石英砂岩 3. 28 m

7. 灰黑色深灰色中—厚层微晶灰岩夹少量生物碎屑灰岩，生物碎屑灰岩中含少量双壳类、珊瑚化石及刺毛虫 *Bauneia capri*（de Angelis d'ossat)，保存差 49. 37 m

6. 灰白色中层状中粒石英砂岩，夹薄层状含砾石英砂岩，局部见黄铁矿，硅质胶结，具平行层理和少量块状构造、斜层理；含砾砂岩砾石为石英岩和硅质岩质，磨圆中等，砾径多为0. 2 ~ 0. 4 cm，多沿层面上分布 14. 96 m

5. 黄褐色中—厚层状砾岩夹灰白色薄层状石英砂岩、含砾石英砂岩。砾岩成分主要见石英砂岩、硅质岩，次棱—次圆状为主，大小一般0. 5 ~2. 5 cm，分选性较好；砂岩具平行层理，少量为斜层理 3. 71 m

4. 灰白色中—厚层夹薄层石英砂岩，中粒结构，块状构造，呈平行层理，少量块状构造，偶见含成分主要为石英质的砾石，磨圆中等，大小一般为0. 5 ~1 cm 5. 16 m

3. 灰黑色中—厚层状含生物碎屑微晶灰岩，夹灰黑色砾屑灰岩。灰岩中含有少量保存差的腹足类等介壳类生物化石；砾屑灰岩中的砾屑主要为灰黑色微晶灰岩，呈次棱角—次圆状，大小一般为0.5～2 cm。含水螅 *Cladocoropsis mirabilis* Felex，*Cladocoropsis* cf. *lata Feninger*，*Spongimorpha asiatica xaienzaensis* Dong 10.16 m

2. 灰白色中层状中粒石英砂岩，块状构造，硅质胶结，具平行层理、小型斜层理，夹含砾砂岩透镜体，砾石为砂岩质，呈角砾状，砾径2～4 cm 12.88 m

～～～～～ 角度不整合 ～～～～～

下伏地层：下拉组（P_2x）

1. 灰黑色深灰色薄—中层含生物碎屑微晶灰岩，夹有少量的砾屑灰岩。

（2）改则县洞错乡卡马接奴群上部简测剖面（P29）

剖面位于改则县洞错乡的卡马，起点坐标北纬31°58′49″，东经84°53′23″，终点坐标北纬32°01′28″，东经84°52′27″（图2－15）。

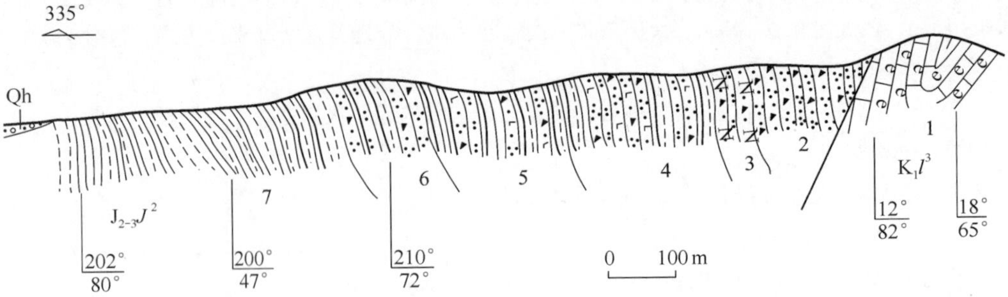

图2－15　改则县洞错乡卡马接奴群上部简测剖面（P29）

上覆地层：第四系

17. 冲洪积灰色松散砂砾堆积

～～～～～ 角度不整合 ～～～～～

接奴群上部（$J_{2-3}J^2$）： 853.33 m

7. 深灰色千枚状粉砂质板岩夹银灰色千枚岩。局部见有石英脉穿切，偶尔有呈近东西向分布的褐灰色碳酸盐化、褐铁矿化蚀变石英闪长玢岩岩脉，厚度0.7～1.5 m，近于直立，具片理化现象 344.25 m

6. 灰褐色薄—纹层状岩屑石英砂岩、细粒岩屑石英砂岩、粉砂岩夹银灰色千枚岩状板岩；砂岩具变质重结晶现象，砂岩、粉砂岩、泥岩之比约为3:2:1。片理构造及小揉皱构造发育，局部见石英脉分布，产状杂乱，多垂直于片理产出 53.08 m

5. 绿灰色千枚岩夹褐灰色薄层状钙质岩屑石英细砂岩及粉砂岩。三者之比为10:2:1。细砂岩中常见片理置换原生层理的现象。局部片理面上见褐铁矿化黄铁矿斑点。近顶部千枚岩发育，砂岩层减少 94.00 m

4. 灰色、深灰色中层钙质岩屑石英细砂岩、粉砂岩夹薄层状千枚状板岩。岩石变形较强，小型揉皱发育，砂岩局部可见小型沙纹交错层理，底面上见重荷模及小型槽模构造。有时层面上可见2～3 mm宽的爬行虫迹构造。向上板岩增多 155.00 m

3. 紫灰色中—中薄层状长石岩屑砂岩夹灰色、绿灰色薄层粉砂岩，二者岩比约5:1。层厚10～30 cm，粉砂岩略薄，多≤15 cm，可见小型沙纹层理及平行层理 24.00 m

2. 灰绿色中层状岩屑石英砂岩夹岩屑石英细砂岩，具平行层理。上部夹少量中层—中薄层状细砾岩及含砾粗砂岩，砾石大小多≤1 cm，以0.2～0.5 cm为主，磨圆及分选较差，砾石成分主要为硅质岩、白色石英 >183.00 m

断层接触

郎山组三段（K_1l^3）

1. 灰白色中—厚层状生物碎屑灰岩及砾状灰岩、泥晶灰岩。生物碎屑灰岩中生物碎屑见有介壳及圆笠虫

2. 岩性组合及横向变化

接奴群分布于调查区东北角的阿布勒、日翁布、卡马、索日阿嘎布一带。在阿布勒、日翁布一带，接奴群向下与下伏的石炭－二叠系呈角度不整合接触（图2－16，图2－17），向上可见被白垩系、古近系、第四系不整合覆盖，不完全厚度大于2500 m，属接奴群下部。岩性为：底部浅灰色、灰白色石英砂岩、岩屑石英砂岩、（含鲕粒）生物碎屑灰岩不等厚互层夹砾岩，含水螅 *SpongiomorpharobastaS. asiatica xaienzaensis* Deng，*Cladocoropsis mirabilis*，*C.* aff. *mirabilis*，*C.* cf. *lata*；海绵：*Phragmocoelia xizianensis*；刺毛虫 *Bauneia eapri*；植物碎片 *Equisetites* sp.，*Podozamites* sp. 等化石；下中部以砾岩为主，夹石英砂岩、生物碎屑灰岩；中上部以石英砂岩与生物碎屑砂（砾）屑灰岩、白云岩互层为主，夹长石石英砂岩、粉砂质泥岩、钙质泥岩。

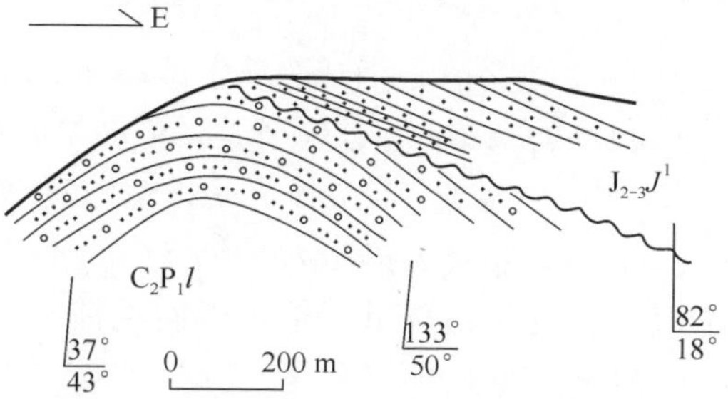

图2－16　那格拉垭口（D1593）拉嘎组、接奴群接触关系素描

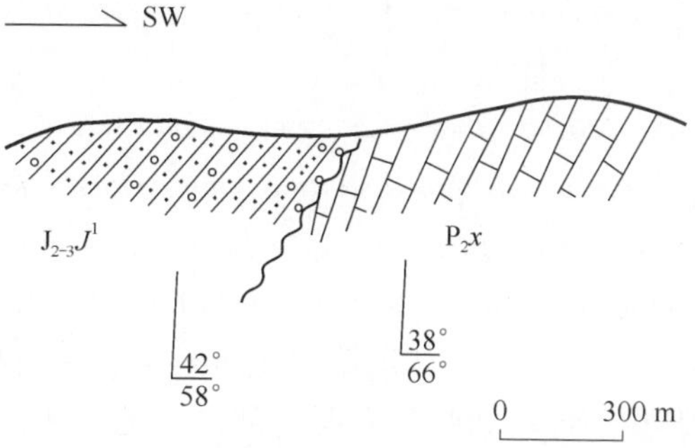

图2－17　罗格下沟西侧（D1600）下拉组、接奴群接触关系素描

在调查区北部边缘的卡马、索日阿嘎布一带，出露接奴群上部，岩性为绿灰色、紫灰色、褐灰色及灰色、深灰色中—薄层岩屑石英砂岩、长石岩屑砂岩、（钙质）岩屑石英粉砂岩与泥岩、粉砂质泥岩为主，夹细砾岩、含砾粗砂岩，顶底不全，不完全厚度大于500 m，未见化石。受班公错－怒江缝合带的影响，地层皆遭受剪切变形，岩石普遍片理岩化或千糜岩化。

3. 基本层序

接奴群基本层序有8种类型（图2－18）：A型基本层序为紫红色细砾岩与灰白色中—薄层石英砂岩的韵律互层；B型基本层序为灰白色石英砂岩夹含砾砂岩；C型基本层序为灰白色中层与薄层岩屑石英砂岩互层；D型基本层序为灰白色中层—厚层中粒石英砂岩夹石英粗砂岩、粉砂质泥岩和含生物碎屑灰岩透镜体；E型基本层序为灰绿色薄—中层钙质粉砂质泥岩夹紫红色中—厚层含生物碎屑泥灰岩；F型基本层序灰黑色中—厚层含生物碎屑砂屑灰岩夹灰色含砾石英砂岩；G型基本层序为深灰色厚层夹薄层含生物碎屑灰岩；H型基本层序为深灰色中—厚层含生物碎屑灰岩夹薄层钙质泥岩。其中A型、B型和C型基本层序为滨海环境沉积，砾岩主要为水下扇沉积，D型和E型基本层序主要为碎屑陆棚浅海沉积，F型、G型和H型基本层序以碳酸盐陆棚浅海沉积为主。

4. 关于原达雄群

西藏区调大队1:100万日喀则幅、亚东幅区调中在调查区的达雄区夏康坚雪山南端的朗荣嘎—雪上勒测有一砾岩、砂岩互层为主的地层，命名为达雄群，时代归属于中—晚侏罗世。本次区调中我们重测了此达雄群命名剖面，在此剖面中获得丰富的具早白垩世面貌的双壳类、腹足类及植物化石组合，其中双壳 *Pterotrigonia*（*P.*）cf. *brevicula*（Yehara），*Ludbrookia daxungensis* Gou，*Rasatrix* cf. *suzukii*

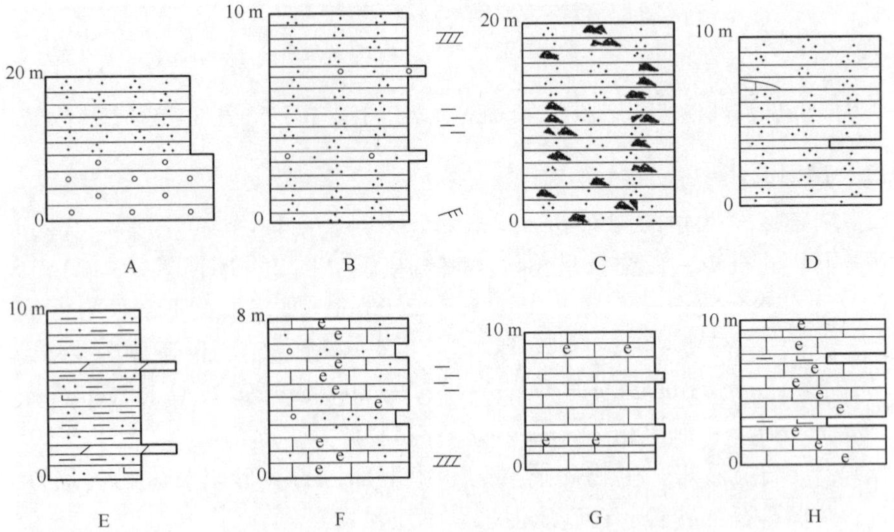

图 2－18　接奴群下部基本层序

Hayami, *Astarte subextensa* Gou, *Lopha* (*s. l.*) sp. , *Lopha* (*s. l.*) *trigona* Gou, ? *Arctica* cf. *forbesiana* Stol. , ? *Granocardium distortum* Gou, *Opis* (*Trigonopis*) cf. *subobliqua* Gou, *Opis* (*Trigonopis*) *taklansis* Gou, *Coelastarte* sp. , *Meleagrinella* sp. , *Goshoraia* cf. *laevigata* Gou；腹足 *Nerinea domaensis* Yu, *Nerinea* sp. , *Actaconella* sp. , *Psedomesalia* cf. *angustata* Pcelincev, *Haustator* sp. , *Biplica obliqua* (Gabb)；植物? *Zamiophyllum* sp. 等。根据此化石组合，原所称的达雄群时代应为早白垩世，结合岩性特征本报告废弃达雄群，将其划归则弄群上部，详见后述。

（二）则弄群（K_1Z）

青海石油普查大队黑河中队（1957）在申扎县不尔嘎命名了堡尔嘎岩系，西藏区调大队（1983）对命名剖面上的堡尔嘎岩系重新观察后，将下部的碎屑岩、中酸性火山岩－火山碎屑岩命名为则弄群，上部碳酸盐岩为主的部分命名为不尔嘎组。相当于这一层位的地层相变复杂，在 1:100 万日喀则幅（1983）、改则幅（1986）和噶大克幅（1987）中都有不同的划分，难以对比。但在本调查区则明显可分为上下两部，基本稳定，分布于调查区的班戈—八宿地层分区南部。

1. 剖面描述

（1）措勤县夏东乡则弄群实测剖面（P16）

剖面位于措勤县夏东乡南东 5 km，剖面起点坐标北纬 31°26′16″，东经 84°43′10″，终点坐标北纬 31°23′32″，东经 84°43′34″（图 2－19）。

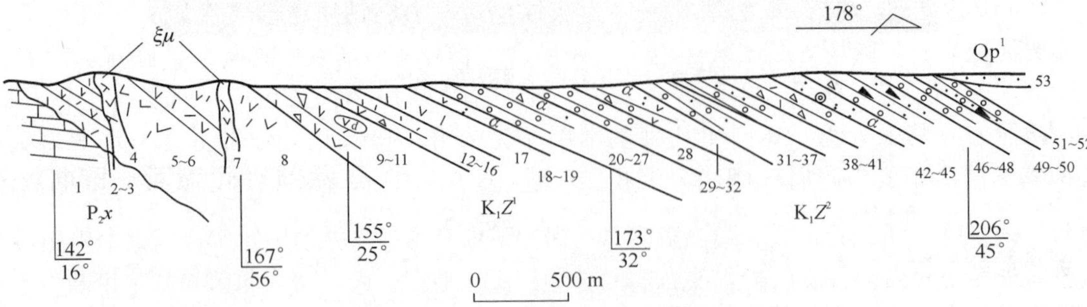

图 2－19　措勤县夏东乡则弄群实测剖面（P16）

上覆地层：第四系更新统

53. 滨湖相灰色松散砂砾层

~~~~~~ 角度不整合 ~~~~~~

则弄群（K_1Z）： 2688.42 m

则弄群上部（K_1Z^2）： 1593.09 m

52. 灰色厚层—块状砾岩夹含砾粗砂岩及粗粒、中粒岩屑砂岩。砾岩层厚 2 ~ 5 m 不等，砾径 5 ~ 20 cm 为主，最大可达 30 cm，砾石磨圆良好，分选较差，成分以灰白色英安质火山岩为主（占95%），少量流纹岩、硅质岩、石英细砾岩及石灰岩砾石。局部可见叠瓦状排列，显示古水流方向约为 90° 90.83 m
51. 灰色、黄灰色、绿灰色中层状岩屑砂岩、含砾岩屑砂岩夹中厚层砾岩，偶有英安质沉凝灰岩薄层。砂岩层厚 20 ~ 40 cm，可见平行层理；砾岩层厚 0.5 ~ 1.5 m，砾石大小 3 ~ 7 cm，最大可达12 cm，磨圆良好，分选中—差，砾石成分以英安岩为主 41.42 m
50. 灰色中厚层—厚层砾岩为主夹中层岩屑砂岩或透镜体。其中砾岩与砂岩比大于 9∶1；砾石成分以灰白色英安岩占绝对优势，少量细砾岩及流纹岩等砾石；砾径 5 ~ 15 cm，最大 25 cm，具向上变粗趋势，磨圆良好，分选较差，硅质胶结，砂质充填 71.64 m
49. 绿灰色中层状岩屑砂岩与中薄层状粉砂岩、凝灰质粉砂岩互层，局部夹沉凝灰岩。砂岩与粉砂岩之比约为 2∶1。岩石中含植物化石碎片。有辉绿岩脉穿切 36.72 m
48. 灰色、褐灰色中层状岩屑砂岩与浅灰色砾岩互层，局部夹（凝灰质砂岩及）粉、细砂岩。砾岩与砂岩之比相近。砾岩中砾石多为 5 ~ 10 cm，成分以流纹岩、英安岩居多。砂岩局部见平行层理，含植物化石碎屑。向上砾岩层变薄，砾石变小（多≤3 cm） 110.57 m
47. 灰色、浅灰色厚层—块状粗砾岩夹含砾粗砂岩透镜体。砾石成分大多为灰白色流纹质、英安质火山岩砾石，磨圆较好，分选较差，砾径 5 ~ 20 cm，最大达 30 cm。砂质充填，硅质铁质胶结。局部可见叠瓦状排列，指示古流向为 90°左右。局部见植物化石 53.30 m
46. 灰色、浅绿灰色中—薄层状英安质沉凝灰岩、含火山泥球沉凝灰岩夹凝灰质岩屑砂岩，偶夹凝灰质细砾岩。岩层多具平行层理，有时可见正粒序层理，局部凝灰质砂岩下部可发育小型冲刷面构造。沉凝灰岩中多见有 3 ~ 8 mm 的火山泥球构造 264.42 m
45. 浅灰色、浅绿灰色英安质火山角砾岩、角砾凝灰岩夹英安质沉凝灰岩。火山角砾岩中含有10% ~20% 的半定向或定向分布的塑性角砾。火山角砾岩与角砾凝灰岩、沉凝岩之比大约为 5∶3∶1，呈互层产出 23.96 m
44. 深灰绿色中厚层英安质细砾岩，局部夹中砾岩，由 0.5 ~ 1 cm 大小的安山英安质砾石组成，局部层位砾石可达 5 ~ 8 cm。砾石具一定的分选和磨圆性，成分单一 11.34 m
43. 灰白色英安质角砾凝灰岩。岩石层理不清，由 20% ~35% 的火山角砾（英安质及流纹质）和大量微细凝灰质构成，火山角砾大小不等，一般 5 ~ 15 mm，最大可达 10 cm，多棱角状，分布不均，向上变多 21.43 m
42. 紫灰色及绿灰色安山英安质火山角砾岩，局部夹熔结火山角砾岩。岩石颜色不均匀，为火山角砾结构，多具定向构造，含有定向分布的塑性岩屑。角砾大小多在 5 cm 以下，多呈棱角状。火山角砾成分为安山英安质 59.10 m
41. 灰色中层状细砾岩夹含砾砂岩及岩屑砂岩。砂岩、砾岩比例相近，构成向上变细的基本层序。砾石次圆状，分选不佳，粒径多 2 ~ 4 cm，其成分主要为安山英安质 11.27 m
40. 灰色块状辉绿玢岩，局部为安山英安质角砾凝灰岩 3.29 m
39. 灰色厚层—块状细砾岩、中—中薄层状岩屑砂岩及深灰色中薄层粉砂岩互层，局部夹沉凝灰岩或凝灰质砂岩。由若干个向上变细的沉积韵律组成。砾石成分主要为中酸性火山岩质，也有泥岩、砂岩等砾石，大小 5 ~ 15 mm，磨圆度中等。砂岩见平行层理 24.72m
38. 灰色中厚层砾岩、含砾砂岩夹岩屑砂岩。砾石砾径最大达 25 cm，一般为 5 ~ 10 cm，分选较差，次圆—次棱角状，成分以中酸性火山岩为主，其次见少量砂岩、粉砂岩等砾石。砂岩含有植物化石碎片，具平行层理。砂、砾岩之比约为 2∶3 44.54 m
~~~~~~

37. 灰色薄层状细砾岩、含砾粗砂岩、岩屑砂岩与深灰色泥质粉砂岩及灰黑色碳质页岩韵律互层。平行层理及水平层理发育，每一韵律下部为砾岩、含砾粗砂岩，底部可见重荷模构造。砾岩、砂岩、粉砂岩与页岩之比约为1:3:2:1，含植物化石 95.05 m

36. 灰色中—中薄层砾岩、凝灰质含砾粗砂岩及凝灰质砂岩。砾岩下部砾径一般为5~15 cm，上部多0.5~2 cm。砾石次圆状为主，主要砾石成分为安山质、英安质、少量碎屑岩砾石。砂岩具平行层理，含植物化石。该层内见辉绿岩、辉绿玢岩岩脉穿插 45.28 m

35. 浅绿灰色中薄层状长石岩屑砂岩、细砂岩，偶夹英安质沉凝灰岩，多具平行层理，含植物化石碎片和少量钙铁质结核 6.13 m

34. 灰色中厚—中薄层砾岩夹中—中薄层含砾粗砂岩。下部砾石多0.3~1 cm，上部可达10~20 cm；砾石磨圆中等，分选中等，砾石成分多为中酸性火山岩质，少量硅质岩、粉砂岩等。含砾粗砂岩层厚10~50 cm，占1/4左右，发育有板状交错层理、细层与层面夹角20°左右，古流向约为90°。砂砾岩中均见植物茎干化石碎片，大者可达3 cm×30 cm 19.26 m

33. 灰色、浅绿灰色中薄层—薄层凝灰质岩屑砂岩，岩屑粗砂岩夹细砾岩及沉凝灰岩。砾岩、砂岩与沉凝灰岩之比约为1:2:1。沉凝灰岩可见毫米级水平纹层理。砾岩中砾石成分大多为英安质、流纹岩质，磨圆较差。砂岩中可见植物化石碎屑，沉凝灰岩中有时含大量火山泥球，偶见钙铁质结核 28.80 m

32. 灰色、浅灰色中厚—薄层英安质晶屑玻屑沉凝灰岩夹中层凝灰质砂岩及中细砾岩。砾石成分大多为英安岩。凝灰质砂岩及沉凝灰岩中多具平行层理，有时可见低角度斜交层理，指示的古流向为由东向西。砾岩层中有时具正粒序层理。沉凝灰岩中有时含火山泥球或火山角砾。凝灰质砂岩中偶见植物化石 30.41 m

31. 灰色中—中厚层英安质火山角砾岩、凝灰火山角砾岩夹火山岩质砾岩及少量微薄层英安质玻屑凝灰岩。火山角砾岩中碎屑粒径多≤3 cm，火山岩质砾岩中砾径可大于5 cm，多3~5 cm，区别在于后者常为次棱角状。该层中见有蚀变辉绿岩脉穿切 23.56 m

30. 褐灰色中—中厚层火山岩质细砾岩、薄层含砾岩屑粗砂岩为主夹少量黄灰色、绿色薄层状英安质沉玻屑凝灰岩。三者之比约为5:2:1 35.99 m

29. 灰白色、浅褐灰色英安质火山角砾岩、玻屑凝灰岩夹英安岩。火山角砾多在1.5 cm以下，多棱角状，少数为半定向或定向分布的塑性角砾。英安岩具弱流纹构造，可含10%左右石英斑晶及少量长石斑晶 13.40 m

28. 灰色厚层—块状细砾岩与中砾岩互层。岩石风化面褐灰色，新鲜面灰色。上部夹有岩屑砂岩，其中发育平行层理及少量植物化石碎屑 123.30 m

27. 浅灰色、灰白色中层状英安质沉火山角砾岩、沉凝灰角砾岩、夹薄层英安质熔结凝灰岩及沉凝灰岩。沉火山角砾岩与凝灰岩比例约为5:1。后者可见平行层理及水平层理 67.37 m

26. 灰色中—薄层状英安质凝灰岩、浅绿灰色凝灰质砂岩夹灰色细砾岩。砾石大多为中酸性火山岩质。凝灰岩中有时可含火山泥球体。该层下部夹有少量蚀变玄武岩。凝灰质砂岩中有时见平行、正粒序层理 19.49 m

25. 浅灰色、黄灰色中层状细砾岩与含砾岩屑粗砂岩互层。偶见有正粒序层理 37.56 m

24. 灰色、深灰色安山岩夹少量安山质凝灰质角砾岩及角砾熔岩。局部为安山质熔结火山角砾岩。具绢云母化、碳酸盐化和绿泥石化 75.76 m

23. 灰色厚层块状流纹英安质粗—巨砾岩。砾石成分几乎全部为流纹质、英安质，大小不等，10~20 cm为主，最大达40~45 cm，磨圆度中等，分选差；砂质充填，硅质胶结　砾石定向不明显。粗砂岩有时具正粒序现象 68.68 m

22. 灰色、浅绿灰色块状流纹英安质中细砾岩。无明显层理，由流纹质、英安质砾石及砂屑充填物组成，硅质胶结，磨圆度中等，分选较差 13.02 m

21. 浅绿灰色中—薄层英安质沉凝灰岩夹凝灰质砂岩或含砾凝灰质砂岩。沉凝灰岩具水平层理，凝灰质砂岩具平行层理及斜交层理，局部含有英安质或流纹岩质细小砾石。 7.35 m

20. 灰色厚层流纹英安质砾岩夹绿灰色薄层岩屑砂岩及含砾岩屑砂岩透镜体。砂岩夹层厚 10 ~ 5 cm，延伸不很稳定　14. 13 m

则弄群下部（K_1Z^1）：　1095. 33 m

19. 灰白色、浅黄绿灰色中—中薄层状英安质沉凝灰岩；岩石较为细腻，断口平坦，局部有凝灰质砂岩薄层。有时具粒序层理或平行层理　10. 87 m

18. 褐灰色、灰色气孔—杏仁状英安岩。含少量细小斜长石斑晶，微晶质结构为主，杏仁状构造（2 ~ 15 mm）。含量 15% ~ 20%　8. 55 m

17. 灰色夹绿灰色英安岩。块状或流纹状构造，具绢云母化　98. 88 m

16. 灰色、浅灰色英安岩。微晶质结构，含少量斜长石斑晶；流纹状或石泡状构造。石泡最大可达4 cm，主要见于熔岩层上层面　8. 34 m

15. 灰色、褐灰色流纹岩、偶夹流纹质熔结火山角砾岩。局部熔结火山角砾岩主要由 1 cm × 4 cm 以下的火山碎屑组成，定向分布　54. 03 m

14. 浅灰色英安质凝灰熔岩。多具流动构造，有时为杏仁状构造　14. 06 m

13. 浅灰色、灰白色流纹岩　32. 94 m

12. 绿灰色英安质含火山角砾凝灰岩。火山角砾粒径 2 ~ 7 mm，棱角状为主，定向不明显状。该层中有后期辉绿岩、流纹斑岩岩脉穿插　23. 16 m

11. 灰色、绿灰色英安质火山角砾岩夹英安质角砾凝灰岩及沉凝灰岩。沉凝灰岩呈中薄层或透镜体产出，层厚一般≤20 cm，可含少量细小火山角砾　54. 96 m

10. 灰白色、浅灰色中—厚层英安质沉火山角砾岩夹薄层沉凝灰岩。其中沉火山角砾岩占四分之三左右，火山角砾 1 ~ 2 cm，多为次棱角状，成分主要为英安岩。沉凝灰岩层厚多≤20 cm，含有细小火山角砾　32. 85 m

9. 浅灰白、紫灰色流纹岩，灰白色蚀变流纹岩，局部夹角闪英安岩，底部为流纹质角砾熔岩　17. 11 m

8. 深灰色英安岩。风化表面可呈褐灰色。间夹有 0. 5 ~ 1. 5 cm 大小的杏仁状构造，与下伏第 6 层间有灰色蚀变辉石英安玢岩脉贯入　89. 23 m

6. 灰绿色蚀变杏仁状辉石英安岩。普遍含有数量不等（5% ~ 15%）的石英质杏仁体（1 ~ 15 cm）形态极不规则，有时呈玛瑙状圈层结构。岩石普遍具绿泥石化　17. 60 m

5. 深灰色、紫灰色流纹状辉石英安岩。岩石新鲜面深灰色，风化面紫灰色，普遍具斑状结构和流纹构造。与流层构造基本一致的节理发育。岩石具绿泥石化　341. 05 m

3. 灰色、紫灰色及绿灰色角闪辉石英安岩。蚀变后呈绿灰色，风化表面紫灰色。斑状结构，块状构造或流纹构造。该层底部偶见有粒径 0. 5 ~ 3 cm 不等的火山角砾　260. 71 m

2. 灰色、褐灰色流纹岩。具块状构造或流纹构造　30. 99 m

～～～～ 角度不整合 ～～～～

下伏地层：下拉组（P_2x）

1. 浅灰色夹紫红色厚层—块状结晶灰岩，岩石裂隙及方解石脉发育，局部有碎裂岩化现象

（2）措勤县郭龙则弄群上部实测剖面（P34）

剖面位于措勤县雪上勒东约 20 km 的郭龙，剖面起点北纬 31°24′32″，东经 85°23′26″，终点坐标北纬 31°28′00″，东经 85°24′41″（图 2 – 20）。

图 2 – 20　措勤县郭龙则弄群、多尼组实测剖面（P34）

上覆地层：多尼组（K_1d）

49. 浅灰色厚层—块层含砾粗粒长石石英砂岩夹灰色复成分砾岩。砂岩中砾石含量<10%，砾径1～3 cm，砂岩底部具重荷模，中上部见平行层理、大型板状交错层理。所夹砾岩比例约为1:20。分选差，厚0.6～1.2 m不等，砾石成分以灰岩为主、少量脉石英、火山质。砾径0.3～5 cm不等

——— 整 合 ———

则弄群上部（K_1Z^2）： 1606.26 m

48. 灰白色中层夹薄层中—粗粒石英砂岩，与浅灰绿色中层长石石英细砂岩不等厚互层。石英砂岩见块状构造 91.71 m

47. 黄灰色中层长石岩屑中—细粒石英砂岩，可见平行层理 69.52 m

46. 灰白色中层夹薄层及厚层岩屑石英砂岩，中、粗砂岩为主，少量为细砂岩，构成向上变细粒序砂岩以块状构造为主，局部见不明显的平行层理 61.78 m

45. 灰色页岩夹石英细砂岩，页岩中偶见深灰色近圆或椭圆状菱铁矿结核，最大者达5 cm。石英砂岩薄—中层状，皆为平行层理。页岩、砂岩之比约为4:1 83.56 m

44. 灰白色中层夹薄层中、粗粒岩屑石英砂岩。块状构造，构成向上变细粒序，粗砂岩底部含少量石英质为主的砾石。砂岩多呈块状构造，局部见不明显的平行层理 42.62 m

43. 灰色、浅黄灰色薄层状钙质泥岩夹浅黄灰色薄层石英粉砂岩。二者之比约8:1。钙质泥岩可见水平层理和块状构造；粉砂岩见水平层理和沙纹层理 83.07 m

42. 黄灰色中层中—细粒长石岩屑砂岩，块状构造，局部为粗粒岩屑砂岩透镜体 29.36 m

41. 灰白色中—厚层细—中粒石英砂岩夹少量粗砂岩。向上变细，以块状构造为主，少见平行层理，粗砂岩中偶见少量石英质细砾 20.78 m

40. 灰绿色中层中细粒长石岩屑石英砂岩，该层中部见一厚约2.5 m的砾岩，砾径多<10 mm，大者达15 mm，成分以石英质为主，次棱角状居多，杂基支撑 52.40 m

39. 灰色、黄灰色薄层钙质粉砂质泥岩夹黄灰色薄层粉砂岩。水平层理较发育，泥岩粉砂岩之比>20:1 6.70 m

38. 黄灰色中—厚层长石岩屑石英细砂岩夹灰色薄片状钙质泥岩。二者之比约为12:1。砂岩以块状构造为主，可见平行层理。钙质泥岩具水平层理 46.26 m

37. 灰白色—浅褐色中厚层石英中砂岩夹薄层石英粗砂岩。砂岩中可见平行层理，顶部见厚约4 m的浅绿灰色薄片状钙质粉砂岩 49.38 m

36. 深灰色薄层钙质粉砂岩，局部见水平层理，含少量菱铁矿结核 16.19 m

35. 黄灰色钙质薄层状粉砂质泥岩夹粉砂岩。泥岩一般厚<0.5 cm，显示水平层理，粉砂岩厚度多>1 cm，二者之比约10:1。该层顶部见有一厚约2 m的生物灰岩透镜体，含双壳 *Neithea*（*N.*）*syriaca*（Conrad），*Goshoraia laevigata* Gou（图版Ⅳ-5），*Solemya nyalamensis* Gou（图版Ⅳ-6），*Pholadomya miyamotoi* Nagao（图版Ⅳ-7），*Pholadomya* cf. *subpedelnalis* Nagao，*Corbula coqenensis* Gou（图版Ⅳ-8），? *Corbula* sp.，*Cuspidaria tibetica* Wen（图版Ⅳ-9），*Crassatella* cf. *macrodonta* Sow（图版Ⅳ-10），? *Seebachia bronni*（Krauss）；海胆 *Heteraster oblongus* d' Orbigny（图版Ⅳ-12）；腹足? *Pleurotomaria* sp.（图版Ⅲ-14），? *Pinna* sp. 及腕足类等 26.84 m

34. 灰色中层微晶灰岩夹深灰色薄层圆笠虫灰岩。含有较多的圆笠虫化石 *Orbitolina*（*Columnorbitolina*）*parva* Douglas（图版1-19） 21.01 m

33. 深灰色中—厚层圆笠虫灰岩与深灰色砾屑灰岩、砂屑灰岩、生物碎屑灰岩不等厚互层。灰岩中含圆笠虫 *Orbitolina*（*Palorbitolina*）cf. *discoidea* Gras，*Orbitolina*（*Columnorbitolina*）-*lepida* Zhang，*Neorbieolinopsis tibetica* sp. nov.，*Orbitolina*（*Orbitolina*）aff. *bangoensis* Zhang，*Orbitolina*（*Orbitolina*）*aliensis* Zhang（图版Ⅱ-17），*Orbitolina*（*O.*）*deltoidea* Zhang（图版Ⅱ-18），*Orbitolina*（*Orbitolina*）cf. *aperta*（Erman）其他有孔虫 *Parabudaia xizangensis* Gen et sp. nov（图版Ⅰ-19）。不均匀分布，还可见双壳、苔藓虫化石 33.09 m

32. 灰色中—厚层含砾粗砂岩、粗砂岩及中—细粒长石岩屑砂岩的不等厚互层。砂岩具少量平行层理及斜层理。砂岩中含植物化石？*Zamiophyllum buchianum*（Ettingshausen） Nathorst 71.67 m

31. 灰色黄灰色中—厚层岩屑长石石英砂岩。粗—细粒结构，组成向上变细的若干旋回，每旋回 5～12 m 不等。中、细砂岩中可见平行层理。粗砂岩底有厚约 2.5 m 的灰白色中层状石英质砾岩 62.18 m

30. 紫红色薄层岩屑石英砂岩与灰白色薄层石英细砂岩互层，具有向上变细粒序。岩屑石英砂岩中平行层理、交错层理皆见，该层中局部夹有薄片状（0.5～1 cm）的（沉）凝灰岩 17.03 m

29. 灰色、灰白色中—厚层石英质砾岩，块状构造，砾石成分主要为石英质（95%），砾径 2～4 mm，次圆—次棱角状为主，颗粒支撑－杂基支撑 2.31 m

28. 浅紫红色薄层粉砂岩，显示弱的沙纹层理或水平层理 8.20 m

27. 灰白色中—厚层石英质砾岩夹灰白色中—薄层石英砂岩。砾岩、砂岩之比约 7∶1。砾岩中砾石成分 95% 以上为石英质，磨圆度次圆—次棱角状为主，少数为棱角状，砾径以 4～2 mm，颗粒支撑－杂基支撑，中部及中上部各夹有一层厚约 2 m 的中—薄层中粒石英砂岩 44.21 m

26. 灰白色中层中粒石英砂岩夹紫红色薄层（厚约 4 cm）岩屑砂岩层。块状构造。砂岩中偶含细小石英质砾石 11.93 m

25. 灰色中—厚层石英质砾岩。砾岩砾石粒径以 2～3 cm 为主。砾石次圆—次棱角状为主，砾石成分以石英质为主。颗粒支撑，硅质胶结，块状构造 30.25 m

24. 灰白色、黄灰色中—薄层细砾岩、含砾粗砂岩、粗砂岩、中砂岩、细砂岩的旋回互层，每一旋回厚约 20～30 m，呈向上变细粒序 42.13 m

23. 灰白色中—厚层石英质砾岩夹灰黑色中—薄层长石岩屑石英砂岩。砾岩为块状构造，杂基支撑、砾石为灰白色石英质，次圆状，1～3 cm 为主，砂岩中含有一些双壳 *Pterotrigonia*（*P.*）sp.；小型腹足 *Loxonema trimorpha*？及腕足 *Lingula* sp. 27.59 m

22. 深灰绿色中层石英粉砂岩夹黄灰绿色凝灰岩。二者之比约 10∶1，砂岩中可见平行层理 19.18 m

21. 灰白色中—厚层含长石石英砂岩夹细砾岩透镜体。砂岩由含砾粗砂岩—粗砂岩—中砂岩—细砂岩组成向上变细粒序，平行层理常见，细砂岩中偶含植物化石 13.22 m

20. 灰色中—厚层含砾石英粗砂岩夹角砾岩、浅灰—深灰色凝灰岩。后者含 *Equise－tites* sp. 3.47 m

19. 浅灰色中—厚层含岩屑石英粗砂岩夹浅灰绿色中—薄层凝灰岩 30.62 m

18. 浅灰色中层中粒长石石英砂岩，块状构造 65.80 m

17. 灰色中—厚层状含角砾含晶屑流纹质凝灰岩。角砾成分以流纹岩质为主，含量 10%～20%。砾径大者 1～2.8 cm，岩石具流纹构造 37.24 m

16. 灰色中—厚层状含砾岩屑石英粗砂岩，砂岩皆呈块状构造构造 7.66 m

15. 灰色、浅灰绿色中层流纹质凝灰质砂岩夹浅灰绿色薄—中层含火山泥球凝灰岩。砂岩中平行层理常见，偶含植物化石？*Equisetites* sp.，*Ptilophyllum* cf. *boreale*（Hear） Seward（图版 4－18） 21.98 m

14. 灰色中—厚层流纹质凝灰角砾岩，向上变为流纹质含角砾含晶屑凝灰岩、含火山泥球凝灰岩。岩石中偶见植物茎干化石碎片 *Phyllotheca* sp.？ 13.05 m

13. 灰色厚层流纹质含角砾凝灰岩，底部具约 3 m 厚的灰色中层含凝灰质角砾岩与中层含砾粗砂岩互层。凝灰岩中角砾大小多在 2 cm 以下，含量少于 1%。角砾成分主要为流纹质 23.69 m

12. 灰色—黄灰色中—厚层凝灰质砂岩夹灰色、深灰色中层条带状含火山泥球凝灰岩。凝灰质砂岩显示沙纹层理 34.93 m

11. 灰白色中—厚层凝灰质砂岩，中—粗砂结构，粗砂岩多为块状构造，也可见平行层理，中砂岩以平行层理为主，可见交错层理 5.13 m

10. 灰绿色中—厚层状流纹质凝灰岩 3.56 m

9. 灰白—浅黄灰色厚层含晶屑含火山角砾流纹质凝灰岩。火山角砾以流纹质为主，砾径可达 4 cm，向上晶屑增多 10.59 m

8. 灰—黄灰色中—厚层状岩屑长石粗—中粒砂岩，块状构造或平行层理。砂岩中含少量细小砾石，岩层呈若干向上变细粒序 29.94 m

7. 灰色—深灰色中—厚层流纹质晶屑凝灰岩，块状构造，偶见含次棱—次圆状砾石，砾石成分见流纹质和安山质，砾径<1 cm 14.79 m

6. 黄灰色中—厚层细砾岩，向上渐变为灰白—浅黄灰色含砾粗砂岩，底部为一中厚层状石英质中砾岩，该层由向上变细的5个旋回组成，每个韵律底部为10~20 cm的细砾岩 46.80 m

5. 灰色、灰白色中—厚层含砾晶屑凝灰质粗砂岩夹中层凝灰质角砾岩，与灰色中层岩屑长石石英细砂岩互层。二者之比约2:1，多为平行层理，见少数交错层理 35.03 m

4. 灰色、深灰色中—厚层流纹质火山角砾岩，向上变为含火山角砾的晶屑凝灰岩。火山角砾多为流纹质，棱角状，砾径2 mm~1 cm，少量大者在3 cm以上。 32.57 m

3. 灰白色、黄灰色中—厚层状流纹质晶屑凝灰岩与灰色中—厚层含火山泥球凝灰岩互层，夹黄灰色薄层砂岩。薄层砂岩具平行层理，可见平行层面的遗迹化石。凝灰岩中含有较多的植物化石 *Sphenopteris obliqua* Li，*Phyllotheca* sp.，*P.* sp.，? *Zamiophyllum* sp. 18.48 m

2. 灰、浅黄色中—厚层中—粗粒凝灰质长石石英砂岩与深灰黑色中—薄层粉砂质细砂岩不等厚互层，多呈平行层理，二者之比约为1:2。细砂岩向上变细过渡为灰色硅质粉砂岩，发育沙纹层理，含有较丰富的植物茎干? *Equisetites* sp.，*Podo-zamites* cf. *distantinerris* Fontaine（图版Ⅳ-16），*Weichselia reticulata*（Stokes et Webb）Fontaine，*W.* sp.，*Sphenopteris obliqua* Li（图版Ⅳ-17）及少量叶片化石 6.79 m

——— 整　合 ———

则弄群下部（K_1Z^1）

1. 深灰色、灰绿色英安岩，夹黄灰色流纹质晶屑凝灰岩。英安岩为块状构造，显晶质斑状结构。背斜核部，未测全。

（3）措勤县达雄区亚角弄则弄群简测剖面（P17）

剖面位于措勤县达雄区亚角弄，起点为朗荣嘎（坐标：北纬31°22′15″，东经85°05′40″），终点为雪上勒（坐标：北纬31°26′31″，东经85°10′33″）。此剖面即为原西藏区调大队1:100万日喀则幅亚东幅中达雄群命名剖面（图2-21）。

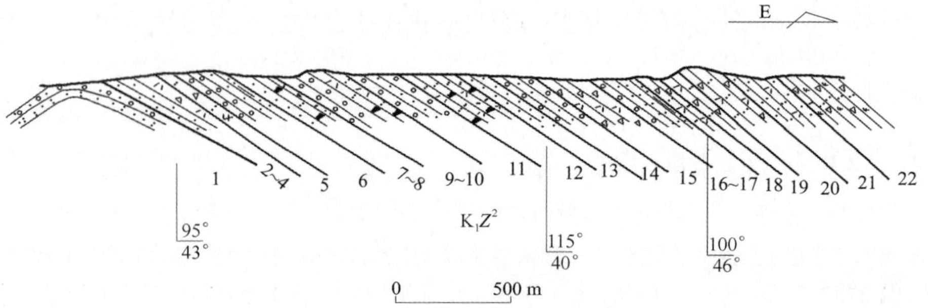

图2-21　措勤县达雄区亚角弄则弄群下部简测剖面（P17）

则弄群上部（K_1Z^2）： >2330.00 m

未见顶

22. 灰绿色中—薄层状安山质含角砾凝灰岩与紫红—紫色中层安山质凝灰岩。局部夹有英安质沉凝灰火山角砾岩，其中发育粒序层理。产双壳 *Pterotrigonia*（*P.*）cf. *brevicula*（Yehara），*Ludbrookia daxungensis* Gou（图版Ⅳ-2），*Rasatrix* cf. *zuzukii* Hayami（图版Ⅳ-3），*Astarte subextensa* Gou，*Lopha*（*s. l.*）sp.，*Lopha*（*s. l.*）*trigona* Gou（图版Ⅳ-4），? *Arctica* cf. *forbesiana* Stol.，? *Granocardium distortum* Gou，*Opis*（*Trigonopis*）cf. *subobliqua* Gou，*Opis*（*Trigonopis*）*taklansis* Gou，*Coelastarte* sp.，*Meleagrinella* sp.，*Goshoraia* cf. *laevigata* Gou；腹足 .*Nerinea domaensis* Yu，*Nerinea* sp.，*Actaconella* sp.，*Psedomesalia* cf. *angustata* Pcelincev，*Haustator* sp.（图版Ⅲ-12），*Biplica obliqua*（Gabb）（图版Ⅲ-13）；植物? *Zamiophyllum* sp. >140.00 m

21. 浅灰—灰白色中层状不等粒岩屑砂岩、灰绿色中—薄层状安山质沉岩屑凝灰岩夹深灰色薄层状流纹质凝灰岩 170.00 m

20. 灰—灰绿色厚层状流纹质火山角砾岩夹灰绿色中—薄层状含火山泥球英安质凝灰岩 110.00 m

19. 灰—灰紫色厚层—块状安山质凝灰岩夹灰—灰绿色厚层—块状安山质凝灰角砾岩，凝灰岩中发育大量火山泥球在火山角砾岩中发育粒序层理 120.00 m

18. 浅灰色中层状中—粗粒岩屑砂岩夹灰—灰绿色中—厚层状英安质凝灰岩，砂岩中发育平行层理和粒序层理 80.00 m

17. 灰白色中—厚层状中—粗粒长石石英砂岩与灰绿色粉砂质泥岩互层，在砂岩层的底部常有含砾粗砂岩，在砂岩中发育平行层理 130.00 m

16. 浅灰色块状石英质砾岩，砾石成分基本上为石英质，砾石具叠瓦状排列，推断其古流向为110° 30.00 m

15. 灰—灰绿色厚层—块状流纹质火山角砾岩及浅灰色中—厚层状凝灰质长石粗砂岩，二者之比约为3:1 170.00 m

14. 浅灰—灰白色厚层状—块状砾岩与灰白色中—厚层状中—粗粒不等粒岩屑石英砂岩互层，砂岩中发育平行层理、粒序层理及斜层理，根据斜层理判断其古流向为130°。产双壳 *Ludbrookia daxungensis* Gou，*Ludbrookia* aff. *daxungensis* Gou，*Rasatrix* cf. *suzukii* Hayami；腹足 *Nerinea domaensis* ? Yu. 130.00 m

13. 灰—浅灰色中—细粒凝灰质砂岩夹灰绿色薄层状沉凝灰岩，在砂岩中发育平行层理，在沉凝灰岩中发育水平层理 110.00 m

12. 灰绿色中—厚层状安山质含角砾晶屑凝灰岩夹深灰色—灰黑色中层英安质凝灰岩。前者与后者之比约为3:1。在英安质凝灰岩中发育火山泥球 210.00 m

11. 灰色厚层—块状砾岩与浅灰色中—厚层状中—粗粒岩屑砂岩互层，砾岩中砾石成分为石英质，砾石直径3～5 cm，砂岩中发育平行层理 185.00 m

10. 浅灰绿色中—厚层状英安质凝灰岩夹灰绿色薄层状沉凝灰岩，前者比后者约为5:1。沉凝灰岩中发育水平层理 80.00 m

9. 灰—浅灰色厚层—块状砾岩、灰—灰褐色中—粗粒石英砂岩及灰绿色薄层状沉凝灰岩互层。砾岩中的砾石成分为石英质，砾石直径约4～8 cm，在砂岩中发育平行层理 80.00 m

8. 浅灰—浅灰绿色厚层—块状英安质含晶屑含角砾凝灰岩夹少量浅灰绿色凝灰质砂岩，其中发育平行层理 75.00 m

7. 灰—灰绿色中层状英安质凝灰岩与浅灰色中层状中—细粒凝灰质砂岩互层。凝灰质砂岩比凝灰岩约为3:2，砂岩层理不发育（块状构造） 65.00 m

6. 灰色厚层—块状砾岩、紫红色中层状中—细粒砂岩及紫红色薄层状粉砂质泥岩互层，砾岩→砂岩→泥岩构成基本层序 140.00 m

5. 浅灰—灰白色中—厚层状英安质凝灰岩夹紫红色薄层状凝灰质细砂岩，在细砂岩中见有沙纹层理，凝灰岩中见有晶屑、角砾及火山泥球 60.00 m

4. 深灰—灰黑色中—厚层状英安质角砾凝灰岩与浅灰色中—薄层状英安质凝灰岩互层，二者之比约为1:4 45.00 m

3. 灰—灰绿色厚层—块状英安质沉火山角砾岩。砾石成分有流纹岩、安山岩、英安岩、往上部其结构变细，安山质、英安质角砾增加 65.00 m

2. 灰—灰绿色中—薄层状含粉砂质页岩夹灰色厚层状中—粗粒岩屑砂岩，在砂岩中发育平行层理，在此层的上部见有安山质凝灰岩及沉凝灰岩 50.00 m

1. 灰绿色中—厚层状粗粒含砾砂岩与灰—灰绿色薄层状凝灰质泥岩或沉凝灰岩互层。砂岩中发育平行层理；沉凝灰岩及泥岩中发育水平层理，未见底 >85.00 m

2. 岩性组合及横向变化

则弄群下部在调查区内大面积分布于扎日南木错—达瓦错—扎布耶茶卡一线、夏东东侧及弄巴康日—那木切间。向上与则弄群上部整合接触，向下可见与下伏的拉嘎组、下拉组呈角度不整合接触（图2－22，图2－23）。

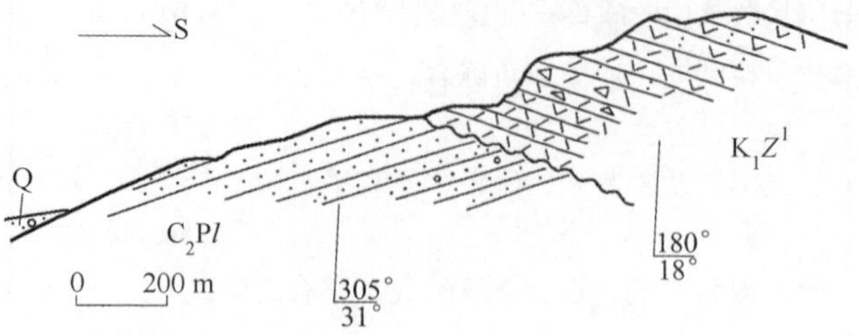

图2－22 马央南东拉嘎组与则弄群接触关系素描

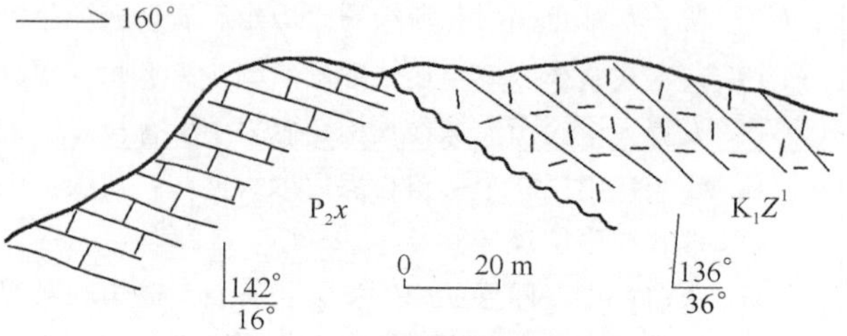

图2－23 日阿山下拉组与则弄群接触关系

则弄群下部以灰色、深灰色、紫灰色、绿灰色英安岩为主，夹浅灰色、灰白色、紫灰色流纹岩、安山玄武岩、中酸性（角砾）凝灰岩和火山角砾岩，少量沉凝灰岩及沉火山角砾岩、凝灰质粉砂岩、含砾粗砂岩屑长石砂岩等，偶见含植物化石 *Equisetites* sp. 等。地层厚度达1183.55 m。在达瓦错西侧（P24）则弄群下部之顶的安山玄武岩 K－Ar 年龄值为71.5 Ma，Ar－Ar 年龄值为128.64 Ma；在夏东乡剖面（P16）该段中获得95.7 Ma和103 Ma两个 K－Ar 年龄值及114～111 Ma的 Rb－Sr 年龄值。

则弄群上部在调查区出露较为完整，与下伏则弄群下部及上覆多尼组整合接触。岩性组合以下部的砂、砾岩及火山碎屑岩互层为主夹火山岩，向上逐渐过渡为正常沉积的砂岩、粉砂岩夹砾岩及少量碳酸盐岩为主。在调查区该则弄群上部分布区的东西两侧火山岩夹层少见而上部灰岩夹层较多，并含较多的植物、双壳、有孔虫等化石，郭龙一带厚度达1600余米。在中部则夹火山岩较多，灰岩夹层少见，并在夏康坚雪山南端的朗荣嘎—雪上勒一带下部以砾岩发育为特征，砾岩层多，砾径大，地层厚度最大，不完全厚度达2300余米，并以雪上勒一带为中心（如前所述，即原达雄群分布区），向四周总体上砾岩层减少、砾径相对变小，而灰岩夹层增多。在措勤县洁居纳卓乡虾格子则弄群上部厚仅524.14 m，并产较丰富的硅化木化石。

3. 基本层序

则弄群上部发育6种基本层序（图2－24）：A型基本层序以火山角砾岩发育为特征，代表了火山喷发沉积相；B型、C型和D型基本层序以砾岩、含砾砂岩、凝灰质砂岩和凝灰岩组成的向上变细旋回构成，代表了浅水砾岩相沉积；E型和F型基本层序由薄层砾岩、砂岩和粉砂岩与泥岩组成，为远离喷发中心的浅海相沉积。

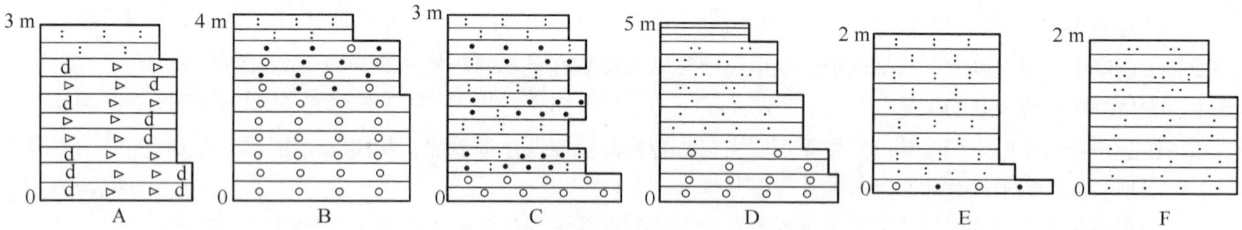

图2－24 则弄群上部基本层序

（三）多尼组（K_1d）

西藏第四石油普查大队（1968）在班戈县多巴命名了多巴组，包括下部的杂色层段和上部的灰岩段（后被改为郎山组）；西藏第四地质大队（1971）在改则川巴命名了川巴群，包括下部的坚扎辽旺组（前述坚扎弄组）和上部的川巴组；西藏地矿局区域地质调查大队（1979，1983）将原多巴组杂色层段和川巴群川巴组上部的含煤碎屑岩层合称为曲松波群；《西藏自治区岩石地层》（1997）将来自于李璞（1955）“多尼煤系”的多尼组取代曲松波群。本报告的多尼组即为此含义。

1. 剖面描述

仲巴县吉郎勒多尼组实测剖面（P18）位于仲巴县甲不勒北东约 15 km 处的吉郎勒，剖面起点坐标为北纬 31°38′53″，东经 84°34′40″，终点坐标北纬 31°43′49″，东经 84°38′56″（图 2－25）。

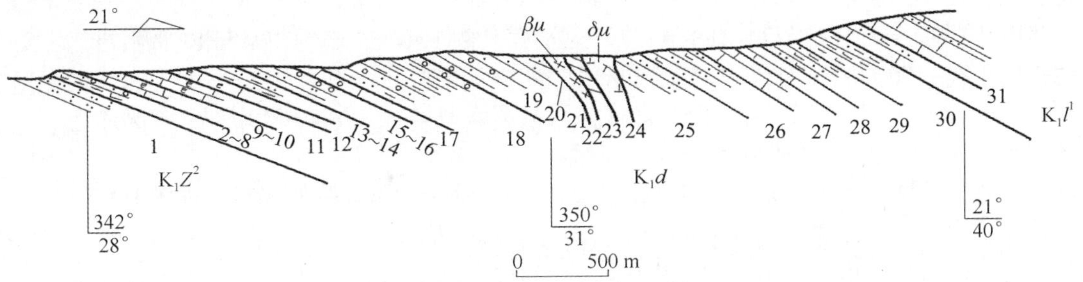

图 2－25　仲巴县吉郎勒多尼组实测剖面（P18）

上覆地层：郎山组（K_1l）

31. 深灰色厚层块状生物泥晶灰岩，含大量大个体厚壳型固着蛤、螺等，形成以固着蛤为主的生物礁。

——— 整　合 ———

多尼组（K_1d） 厚 2255. 62 m

30. 灰、浅灰色薄层状白云质钙质泥岩，发育水平层理，局部呈页片状 255. 84 m

29. 浅灰色薄层状钙质泥岩夹深灰色薄—中层状微晶灰岩、生物碎屑灰岩，往上灰岩单层变厚，生物碎屑增多，含圆笠虫 *Orbitolina*（*Columnorbitolina*）cf. *rutogensis* Zhang，*Orbitolina*（*Columnorbitolina*）cf. *pengboensis* Zhang 201. 39 m

28. 灰色薄层微晶灰岩，发育水平层理，并含少量黄铁矿晶粒 148. 98 m

27. 深灰色中—厚层状生物碎屑灰岩、圆笠虫灰岩、微晶灰岩互层。产圆笠虫 *Orbitolin* sp，*Orbitolina*（*Columnorbitolina*）*rutogensis* Zhang，*Orbitolina*（*Palorbitolina*）*discoidea* Gras；双壳 *Praeradiolites* cf. *biconvexus* Yang，Nie et Wu，*Praeradio lites* cf. *cylindracenus*（Des Moulins）；腹足？*Pseudamaura* sp.，*Glauconia trotteri*（*Feistmantel*） 107. 99 m

26. 灰色薄层状含石英粉砂生物碎屑砂屑灰岩、粉砂岩夹含泥微晶灰岩透镜体，后者可达 3 m × 1 m，该层普遍含黄铁矿晶粒 171. 96 m

25. 灰色钙质石英细砂岩、粉砂岩互层。细砂岩中偶见平行层理，含黄铁矿晶粒。与下伏层位间见出露宽度 85. 73 m 的灰色蚀变含石英闪长岩，具不等粒结构，块状构造 68. 07 m

23. 灰色薄层状钙质细粒石英砂岩，含黄铁矿晶粒，局部发育平行层理，劈理较发育。与下伏层位间见宽约 22. 71 m 的褐灰色蚀变不等粒辉绿岩 36. 43 m

21. 灰色薄层状钙质岩屑石英粉砂岩，具平行层理，含黄铁矿 81. 39 m

20. 灰色薄层状钙质细砂质中粒长石砂岩夹细砾岩，二者之比约 10:1，砾岩延伸不稳定，砾径一般小于 0. 5 cm，成分杂，次棱—次圆状 19. 39 m

19. 灰色—灰绿色中—厚层状粗—巨粒长石岩屑砂岩与同色中—细粒岩屑砂岩互层，偶夹细砾岩 235. 70 m

18. 灰色薄层状粉砂岩、粉砂质页岩与中—薄层状细—粗粒长石岩屑砂岩不等厚互层，偶夹中层状细砾岩。砂岩中发育平行层理，斜层理 300. 19 m

17. 深灰色中—厚层状含砾屑生物碎屑灰岩夹砂屑灰岩 33. 19 m

16. 灰—浅灰绿色中—厚层细砾岩、岩屑粗砂岩、中砂岩呈韵律互层，砂岩与砾岩之比约 10:1，总体向上变粗。砂岩中发育平行层理，偶见小型斜层理（古水流向西），砂岩具反粒序层理 42. 08 m

15. 灰色中厚层钙质粗粒岩屑砂岩夹灰色中—薄层中—细粒石英砂岩。发育水平层理，局部见块状构造 110. 53 m

14. 黄灰色薄层状粉砂质泥岩夹深灰色薄层含生物碎屑微晶灰岩，二者之比约15:1，泥岩中发育水平层理，偶含灰岩细砾，灰岩中可见水平层理 61.71 m

13. 深灰色中—厚层状含粉砂钙质泥岩夹深灰色中—厚层状生物碎屑泥晶灰岩。泥岩具水平层理，灰岩中偶含同生砾石 22.75 m

12. 深灰色中厚层生物碎屑、砂屑砾屑灰岩。含六射珊瑚 *Montlivaltia* cf. *xainzaensis* Liao；圆笠虫 *Orbitolina* sp.；小有孔虫 *Cuneolina camposaurii* Sartoni et Crescent 33.02 m

11. 深灰色中—薄层含生物碎屑砂屑灰岩与生物碎屑灰岩互层，二者之比约1:1。含珊瑚 *Iranophyllum zhonggouense* Zhang 64.19 m

10. 深灰色中—厚层状圆笠虫生物碎屑灰岩偶夹少量浅黄灰色薄—中层石英细砂岩，二者之比约7:1，灰岩中可见水平层理，砂岩具斜层理 42.03 m

9. 深灰色薄—中层微晶灰岩夹黄灰色薄—中层钙泥质粉砂岩，二者之比约3:1。灰岩偶见水平层理 52.16 m

8. 深灰色中—厚层钙质石英细砂岩与黄灰色中层状钙泥质粉砂岩互层，局部具平行层理 9.11 m

7. 浅灰色中—厚层状粗粒岩屑砂岩局部夹10 cm×60 cm大小的灰岩透镜体。风化后略显平行层理 17.64 m

6. 褐灰色厚层块状灰质角砾岩，角砾0.2～5 cm大小，向上粒度变细 1.09 m

5. 中—厚层条带状岩屑细—粉砂岩，发育平行层理，局部夹砾岩透镜体 6.03 m

4. 褐灰色厚层—块状砾岩，不显层理。砾石成分以火山岩为主，次棱角—次圆状，砾径1 cm左右，杂基支撑 7.52 m

3. 灰绿色厚层块状含砾岩屑粗砂岩，局部可见平行层理。砾石次棱状，成分较杂 10.51 m

2. 深灰色中层白云质钙质泥岩，含少量灰岩细砾 6.11 m

——— 整　合 ———

下伏地层：则弄群（K_1Z）

1. 灰绿色中—厚层夹薄层凝灰质粉砂岩偶夹含砾粗粒岩屑长石砂岩，局部发育水平层理。含植物碎片 *Equisetites* sp.

2. 岩性组合及横向变化

多尼组主要分布于调查区雪上勒—可如勒一线以北，整合于下伏的则弄群上部和上覆的郎山组之间，岩性组合以正常碎屑沉积岩为主，夹少量碳酸盐岩，偶夹火山岩或火山碎屑岩。

在措勤县郭龙一带该组为一套杂色（紫红、灰绿、黄灰色等）岩屑石英砂岩、粉砂岩、粉砂质泥岩的不等厚互层，夹灰白色石英砂岩、含砾砂岩及圆笠虫灰岩透镜体，并夹有少量英安质、流纹质火山岩、火山碎屑岩，以底部的浅灰色厚层块状含砾粗砂岩夹砾岩整合于则弄群上部之上，厚达2000 m。

在改则县夏龙一带，多尼组未见底，向上与郎山组整合接触，不完全厚度大于1700 m。岩性以灰色、灰白色中层状石英砂岩、岩屑石英砂岩与深灰色中—薄层状碳质、粉砂质泥岩互层，夹砾岩、含砾砂岩、粉砂岩及泥灰岩。

在仲巴县吉郎勒，多尼组整合于则弄群上部与郎山组灰岩之间，厚度为2255.62 m。下部为灰色、褐灰色砾岩、含砾砂岩、岩屑砂岩、粉砂质（钙质）泥岩与生物碎屑砂砾屑灰岩不等厚互层；中下部为灰色、灰绿色中—厚层岩屑砂岩、薄层粉砂岩、泥质粉砂岩互层，夹少量中层状细砾岩；中上部由灰色石英粉砂岩与生物碎屑灰岩互层向上过渡为深灰色生物碎屑灰岩、圆笠虫灰岩、微晶灰岩；上部则由薄层钙质泥岩夹中—薄层微晶（生物碎屑）灰岩过渡为薄层状白云质钙质泥岩。

此外，多尼组下部在局部地区，如川巴、阿布勒南的曲登沙勒等的砂、泥岩中还可见有碳质页岩夹煤线。

总的来看，调查区多尼组在东部的郭龙一带夹有的灰岩、圆笠虫灰岩、生物碎屑灰岩夹层或透镜体，而向西侧则逐渐减少。

多尼组碎屑岩中不同程度含有植物、双壳类、腹足类等化石，而灰岩中多含有圆笠虫、棘皮、珊瑚、腹足类、双壳类等化石。但在夏康坚雪山东侧所含生物化石相对丰富，而西侧化石含量明显较少。

3. 基本层序

多尼组基本层序有8种类型（图2－26）：A型基本层序为深灰色中—薄层微晶灰岩夹黄灰色钙质粉砂岩；B型基本层序为深灰色生物碎屑、砂屑灰岩与砂屑生物碎屑灰岩互层；C型基本层序为黄灰色薄层状粉砂质黏土岩夹深灰色薄层灰岩；D型基本层序为含钙质粉砂岩与钙质石英细砂岩的互层；E型和F型基本层序为由灰色粉砂质泥岩、粉砂岩、岩屑中—粗粒砂岩、细砾岩或含砾粗砂岩组成的向上变粗旋回组成；G型基本层序为灰色中粗粒长石岩屑砂岩（偶夹细砾岩）与中—细粒长石岩屑砂岩组成的向上变细旋回构成；H型基本层序为灰色钙质石英细砂岩、粉砂岩的不等厚互层。A型、B型和C型基本层序为浅海环境沉积，D型和H型基本层序为滨海环境沉积，E型、F型和G型基本层序为水下扇和三角洲沉积。

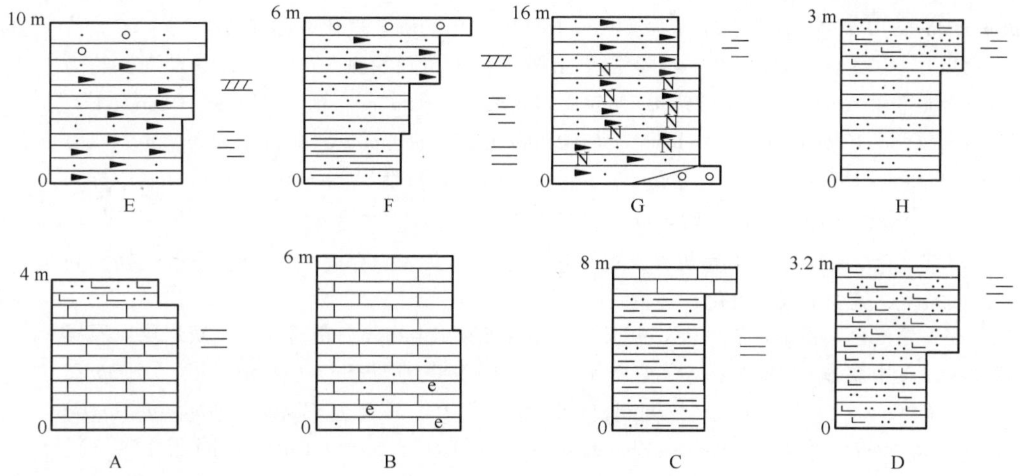

图2－26　多尼组基本层序

（四）郎山组（K_1l）

西藏地质局第四地质队（1973）将西藏第四石油普查大队的多巴组上部灰岩段改名为郎山组，本报告郎山组即为此广泛采用的含义。

1. 剖面描述

（1）改则县阿章郎山组实测剖面（P02）

剖面位于改则县马以东约5 km的卡阿章，剖面起点坐标为北纬31°54′56″，东经84°53′55″，终点坐标北纬31°59′09″，东经84°56′55″（图2－27）。

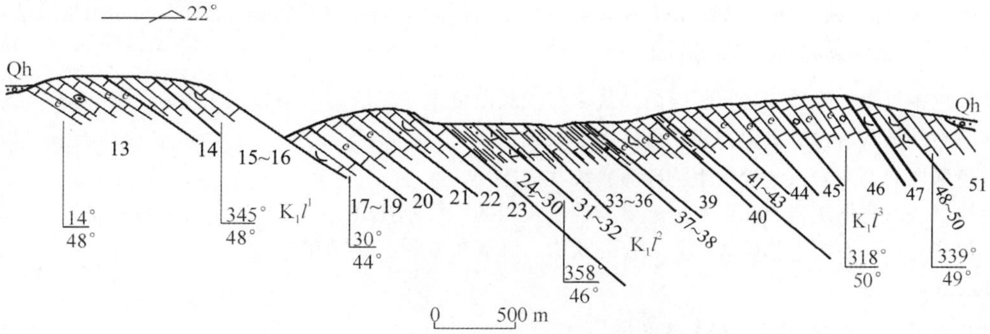

图2－27　改则县阿章郎山组实测剖面（P02）

郎山组（K_1l） 厚 >3494. 52 m

三段（K_1l^3） >1177. 16 m

51. 灰色薄层夹中层圆笠虫灰岩与微晶灰岩互层，可见水平层理。向上被第四系掩盖。圆笠虫 *Orbitolina aperta*（Erman），*Orbitolina*（*Orbitolina*）*aliensis* Zhang，*Orbitolina*（*O.*）*bangoinica* Zhang，*Orbitolina*（*O.*）*birmanica* Sahni（图版Ⅴ-13），*Orbitolina*（*O.*）*deltoides* Zhang，*Orbitolina*（*O.*）*concava*（Larmarck）（图版Ⅴ-12），*Orbitolina*（*Eorbitolina*）aff. *Prisca* Zhang；小有孔虫 *Cuneolina immatura* He *Cuneolina camposaurii* Sartoni et Crescent，*Pseudocyclamina lobata* He（图版Ⅴ-22），*Pseudocyclamina hedbergi* Maync >245. 04 m
50. 灰色薄—中层介壳灰岩，介壳皆为厚壳型双壳类化石，圆笠虫类少见。固着蛤化石 *Praeradiolites* sp. 5. 08 m
49. 深灰色中—厚层状圆笠虫灰岩，含圆笠虫 *Orbitolina*（*Palorbitolina*）*discoidea* Gras，*Orbitolina*（*Orbitolina*）*aliensis* Zhang，*Orbitolina*（*O.*）*deltoides* Zhang，*Orbitolina*（*O.*）cf. *Lhunzhuensis* Zhang（图版Ⅴ-11）*Orbitolina*（*O.*）*birmanica* Sahni，*Orbitolinaaperta*（Erman）*Orbitolina*（Columnorbitolina）cf. *lhünzhuensis* Zhang（图版Ⅴ-11）；小有孔虫 *Cuneolina immatura* He，*Cuneolina camposaurii* Sartoni et Crescent，*Cuneolina pavonia parva* Henson，*Pseudocyclamina hedbergi* Maync，*Pseudocycla-mina lobata* He。向上灰岩中的圆笠虫化石逐渐减少 34. 19 m
48. 灰色、浅红色中层夹厚层微晶灰岩、含圆笠虫微晶灰岩与圆笠虫灰岩互层，三者之比约为1:1:1。含圆笠虫 *Orbitolina*（*Orbitolina*）*aliensis* Zhang，*Orbitolina*（*O.*）*concava*（Lamarck），*Orbitolina*（*O.*）cf. *conica*（d' Archiac），*Orbitolina*（*O.*）*bangoinica* Zhang，*Orbitolina*（*O.*）*birmanica* Sahni，*Orbitolina*（*Eorbitolina*）*prisca* Zhang（图版Ⅴ-10），*Orbitolina aperta*（Erman）；小有孔虫 *Cuneolina camposaurii* Sartoni et Crescent，*Cuneolina immatura* He 71. 37 m
47. 灰白、浅紫红色中—厚层状介壳灰岩，夹少量中层砾屑灰岩。介壳主要为厚壳型双壳类介壳，分布杂乱，见少量圆笠虫化石 44. 57 m
46. 灰色（略呈紫红色）微晶灰岩、圆笠虫灰岩、砾屑灰岩、生物碎屑灰岩互层，灰岩层以厚层块状为主，夹中层及少量薄层，皆见水平层理。圆笠虫 *Orbitolina*（*Orbitolina*）*bangoinica* Zhang，*Orbitolina*（*O.*）*birmanica* Sahni，*Orbitolina*（*O.*）*aliensis* Zhang，*Orbitolina aperta*（Erman），*Orbitolina*（*O.*）*deltoides* Zhang，*Orbitolina*（*O.*）*aperta* Erman（图版Ⅴ-8），*Orbitolina*（*Eorbitolina*）*prisca* Zhang，*Orbitolina*（*E.*）aff. *prisca* Zhang，*Orbitolina*（*Palorbitolina*）*discoidea* Gras，*Orbitolina*（*P.*）*discoidea* Zhang，*Orbitolina*（*P.*）*umbellata* Zhang，*Orbitolina*（*Columnorbitolina*）cf. *pengboensis* Zhang，*Orbitolina*（*C.*）*lepida* Zhang（图版Ⅴ-9），*Orbitolina*（*C.*）*alticonica* Zhang，*Orbitolina*（*C.*）*rutogensis* Zhang，*Orbitolina*（*C.*）*scitula* Zhang（图版Ⅴ-7）；小有孔虫 *Daxia cenomana* Cuviller et Szakall，*Daxia* cf. *cenomana* Cuvillier et Szakal，*Daxia* sp.，*Cuneolina pavonia parva* Henson（图版Ⅴ-24），*Cuneolina immatura* He，*Cuneolina camposaurii* Sartoni et Crescenti；水螅 *Cladocoropsis* sp.；藻类 *Cymopolia* cf. *tibetica* Morellet 362. 51 m
45. 灰白色（略带红色）中—厚层含燧石结核灰岩，夹圆笠虫灰岩，皆以块状构造为主，偶见水平层理。灰岩中含少量生物碎屑及介壳碎片。含圆笠虫 *Orbitolina*（*Columnorbitolina*）*rutogensis* Zhang，*Orbitolina*（*C.*）*alticonica* Zhang，*Orbitolina*（*C.*）*lepida* Zhang；小有孔虫 *Pseudocyclamina lobata* He，*Cuneolina camposaurii* Sartoni et Crescenti，*Cuneolina immatura* He；藻类 *Cymopolia eochoristosporica* Elliott 101. 76 m
44. 浅紫红色中层生物碎屑灰岩、薄层微晶灰岩与浅灰白色中—厚层燧石结核灰岩互层。微晶灰岩与燧石结核灰岩含少量生物屑。可见水平层理 127. 55 m
43. 深灰色薄层微晶灰岩，含少量生物碎屑，块状构造 78. 64 m
42. 灰色厚层块状砾屑灰岩、介壳灰岩、生物碎屑灰岩的不等厚互层。砾屑灰岩中常见燧石结核 65. 45 m
41. 灰、深灰色中—厚层生物碎屑灰岩、介壳灰岩、砾屑灰岩的不等厚互层 40. 28 m

二段（K_1l^2） 956. 14 m

40. 灰白色钙质泥岩夹少量深灰色薄层灰岩 15. 04 m

39. 灰白色中层生物碎屑灰岩、介壳灰岩夹深灰色燧石结核灰岩。含圆笠虫 *Orbitolina* (*Columnorbitolina*) *alticonica* Zhang, *Orbitolina* (*Palorbitolina*) *descoidea* Gras, *Orbitolina* (*P.*) *megasphaerica* Zhang; 小有孔虫 *Cuneolina immatura* He　222.06 m

38. 灰色钙质泥岩夹深灰色薄层生物碎屑灰岩　37.04 m

37. 灰色中层含生物屑含泥灰岩，可见腹足类化石印模，含生物碎屑　9.56 m

36. 灰绿色钙质泥岩夹薄层灰色泥灰岩　240.03 m

35. 黄绿色厚层至块状砂岩与深灰色中—厚层泥晶灰岩互层。砂岩块状构造，偶含细砾；灰岩显示水平层理　6.23 m

34. 灰色钙质泥岩夹灰白色、深灰色薄层生物碎屑灰岩，灰白色灰岩为块状构造，深灰色灰岩可见显水平层纹　79.25 m

33. 灰色钙质泥岩夹深灰色薄层生物碎屑灰岩，二者之比约为3.5:1，具水平层理　36.69 m

32. 灰色钙质泥岩，偶夹深灰色薄层生物碎屑灰岩，生物碎屑灰岩多呈透镜状，见水平层理　18.17 m

31. 灰绿色钙质泥岩夹薄板状泥灰岩，二者之比约95:5，中上部夹深灰色中层含生物碎屑灰岩，钙质泥岩为块状构造，泥灰岩、灰岩可见水平层理及微小对称波　90.44 m

30. 灰色钙质泥岩夹中—薄层灰岩，灰岩夹层或为白色或为黑灰色，块状构造，黑灰色灰岩中少见生物碎屑并偶见水平纹层。泥岩、白灰岩、黑灰岩之比约为80:8:12　5.16 m

29. 深灰色中层夹薄层泥质灰岩，中层、薄层之比约4:1，以块状构造为主，可见少量微弱的水平层理　3.87 m

28. 浅灰绿色安山岩，块状构造、斑状结构，斑晶以白色、灰色长石为主，占岩石体积的20%左右，大者达5 mm，一般<2 mm，大斑晶近自形，小者半自形或他形，见少数白云母，该层呈透镜状　2.26 m

27. 灰色薄—中层钙质泥岩，夹有极少量薄层泥灰岩，钙质泥岩中偶见水平层理　27.03 m

26. 灰绿色安山岩，块状构造、斑状结构，斑晶以白色长石为主，偶见白云母斑晶，斑晶含量共占总体的20%，斑晶大者达5 mm，一般为1~2 mm。含双壳？*Sellaea* sp.　20.58 m

25. 黄灰色薄层钙质泥岩夹深灰色薄层泥灰岩。偶见水平层理，泥岩表面可见少量植物化石碎屑及介壳碎片。该层底部2 m为灰白色薄—中层钙质岩屑砂岩与深灰色薄层泥灰岩互层　11.38 m

24. 黄灰色薄层钙质泥岩夹深灰色薄层泥灰岩。偶见水平层理，泥岩中偶见黑色植物化石碎屑：*Pityophyllum* sp., *Equisetites* sp., *Zamiophyllum* sp.　130.72 m

一段（K_1l^1）　>1361.22 m

23. 深灰色中—厚层状含砂屑微晶灰岩，含少量介壳碎片，局部含少量圆笠虫化石　82.59 m

22. 灰、深灰色中—厚层夹薄层及块状砂屑灰岩、介壳灰岩、生物碎屑灰岩互层，夹砾屑灰岩、圆笠虫灰岩。含圆笠虫 *Orbitolina* (*Columnorbitolina*) *orientalus* Zhang, *Orbitolina* (*C.*) *minuscula* Zhang, *Orbitolina* (*C.*) cf. *minuscula* Zhang, *Orbitolina* (*C.*) *rutogensis* Zhang, *Orbitolina* (*Palorbitolina*) *discoidea* Gras, *Orbitolina* (*P.*) cf. *discoidea* Gras, *Orbitolina* (*P.*) *lenticularis* (Blumenbach)；小有孔虫 *Cuneolina immatura* He, *Cuneolina camposaurii* Sartoni et Crescenti, *Cuneolina pavonia parva* Henson；藻类 *Acicularia antiqua* Pia, *Acicularia* cf. *megasporica* Wang, *Cymopolia tibetica morellet Cymopolia* sp.；水螅 *Spongiomorpha asiatica xianzaensis* Dong, *Ptychochaetetes* (*Varioparietes*) aff. *andoensis* Dong；珊瑚 *Subaxopora* cf. *xizangensis* Deng；刺毛虫 *Pseudomillestroma reticulata* Deng（图版Ⅴ-26），*Bauneia cf. copri* (de Angellis d' Ossat)；双壳？*Praeradiolites* sp.　19.49 m

21. 深灰色中—厚层生物碎屑灰岩夹圆笠虫灰岩，块状构造为主，偶见圆笠虫灰岩。生物屑以介壳屑为主，可见圆笠虫 *Orbitolina* (*Columnorbitolina*) *pengboensis* Zhang（图版Ⅴ-6），*Orbitolina* (*C.*) *tibetica* Cotter, *Dibitolina* (*C.*) *rutogensis* Zhang（图版Ⅴ-5），*Orbitolina* (*Palorbitolina*) *megasphaerica* Zhang, *Orbitolina* (*P.*) *discoidea* Gras；小有孔虫 *Cuneolina immatura* He, *Cuneolina povonia parva* Henson, *Cuneolina camposaurii* Sartoni et Crescenti；藻类 *Acicularia antiqua* Pia 及少量海百合茎　87.54 m

20. 深灰、灰色中—厚层圆笠虫灰岩与生物碎屑灰岩互层，块状构造为主，生物碎屑灰岩中可见水平层理。含圆笠虫 *Orbitolina*（*Palorbitolina*）*discoidea* Gras，*Orbitolina*（*P.*）*complanata* Zhang，*Orbitolina*（*P.*）*lenticularia*（Blumenbach），*Orbitolina*（*P.*）*meqasphaerica* Zhang（图版Ⅴ－4），*Orbitolina*（*Eorbitolina*）*robasta* Zhang，*Orbitolina*（*Columnorbitolina*）cf. *minuscula* Zhang，*Orbitolina*（*C.*）cf. *lhnzhuensis* Zhang，*Orbitolina*（*C.*）*pengboensis* Zhang，*Orbitolina*（*C.*）cf. *pengboensis* Zhang，*Orbitolina*（*C.*）*rutogensis* Zhang，*Orbitolina*（*C.*）cf. *rutogensis* Zhang，*Orbitolina*（*C.*）cf. *alticonica* Zhang；小有孔虫 *Cuneolina camposaurii* Sartoni et Crescenti，*Cuneolina immatura* He；藻类 *Acicularia antigua* Pia　164. 65 m

19. 灰色厚层至块状圆笠灰岩夹薄层及少量中层圆笠虫泥灰岩，皆含少量大的介壳碎片。圆笠虫 *Orbitolina*（*Palorbitolina*）*lenticularis*（Blumenbach），*Orbitolina*（*P.*）*umbellata* Zhang（图版Ⅴ－2），*Orbitoline*（*P.*）*megasphaerica* Zhang，*Orbitolina*（*P.*）*discoidea* Gras，*Orbitolina*（*P.*）cf. *discoidea* Gras，*Orbitolina*（*Columnorbitolina*）*minuscula* Zhang（图版Ⅴ－3），（*C.*）*rutogensis* Zhang，*Orbitolina*（*C.*）*scitula* Zhang，*Orbitolina*（*C.*）*lepida* Zhang，*Orbitolina*（*C.*）*pengboensis* Zhang，*Orbitolina*（*Eorbitoline*）*prisca* Zhang *Orbitolina*（*E.*）*robasta* Zhang；藻类 *Cymopolia* sp.，*Niponophycus* sp.，*Acicula ameircana* Konishi et Epis；小有孔虫 *Daxia* sp.，*Cuneolina pavonia parva* Henson，*Cuneolina camposaurii* Sartoni et Crescenti，*Cuneolina immatura* He；珊瑚 *Actinastrea* cf. *Pseudominima major* Morycova；双壳？*Ctenostreon*　89. 01 m

18. 灰、深灰色厚层块状含圆笠虫微晶灰岩与厚层介壳灰岩互层，块状构造，圆笠虫在灰岩中呈蠕虫状，介壳以大型介壳为主，含少量小型介壳及生物碎屑。含双壳 *Praeradiolites* cf. *ngariensis* Yang，Nie et Wu　37. 20 m

17. 灰色、深灰色厚层块状含圆笠虫微晶灰岩。含少量蠕虫状圆笠虫及大型介壳碎片，块状构造。圆笠虫 *Orbitolina*（*Palorbitolina*）*complanata* Zhang，*Orbitolina*（*P.*）*discoidea* Gras，*Orbitolina*（*Columnorbitolina*）*microsphaerica* Zhang，*Orbitolina*（*C.*）cf. *chiinzhubensis* Zhang；小有孔虫 *Cuneolina camposaurii* Sartoni cf. *Crescenti*，*Cuneolina immatura* He；藻类 *Cymopolia* sp.　84. 02 m

16. 深灰色中层夹薄层含燧石结核微晶灰岩，含少量生物介壳及圆笠虫化石，灰岩中含燧石结核，从下往上燧石结核逐渐减少。圆笠虫 *Orbitolina*（*Palorbitolina*）cf. *discoidea* Gras，*Orbitolina*（*Columnorbitolina*）*rutogensis* Zhang，*Orbitolin*（*C.*）*pengboensis* Zhang；小有孔虫 *Cuneolina pavonia parva* Henson，*Cuneolina immatura* He，*Cuneolina camposaurii* Sartoni et. Crescenti　59. 78 m

15. 深灰色中层与薄层含燧石结核微晶灰岩互层，由下至上燧石结核逐渐减少，含少量蠕虫状圆笠虫 *Orbitolina*（*Columnorbitolina*）*alticonica* Zhang（图版Ⅴ－1），*Orbitolina*（*C.*）cf. *tibetica* Gotter，局部可成团分布。小有孔虫 *Cuneolina camposaurii* Sartoni et Crescenti，*Cuneolina immatura* He（图版Ⅴ－23）　40. 69 m

14. 深灰色中厚层夹薄层微晶灰岩，块状构造，含生物介壳，不均匀分布。含双壳 *Praeradiolites* sp.？*Petkovicia* sp.　171. 71 m

13. 灰色、浅黄灰色中—薄层状内碎屑灰岩、微晶灰岩互层。内碎屑可见核形石、团粒、团块、生物碎屑等，内碎屑大者达 5 mm 以上，小者一般为 2 mm，内碎屑类型及大小、含量分布不均匀。向下被第四系掩盖　>324. 54 m

（2）改则县那木切乡扎曲郎山组实测剖面（P12）

剖面位于改则县那木切乡东约 30 km 的扎曲沟，剖面起点坐标北纬 31°51′36″，东经 84°22′40″，终点坐标北纬 31°53′45″，东经 84°24′01″（图 2－28）。

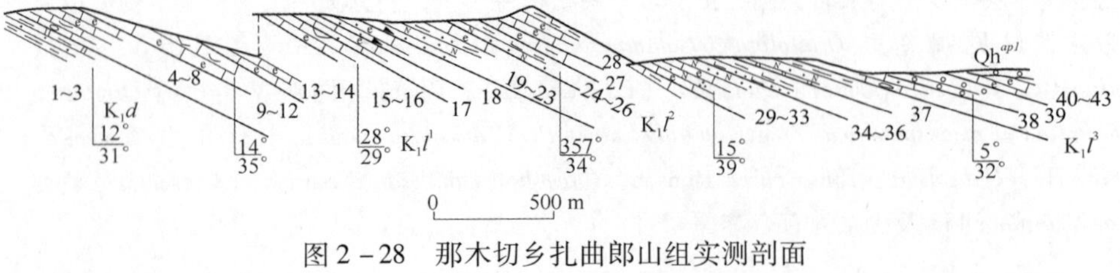

图 2－28　那木切乡扎曲郎山组实测剖面

上覆地层：第四系

43. 冲洪积砂砾层

~~~~~~ 不整合 ~~~~~~

郎山组（K_1l） 1455.34 m

三段（K_1l^3） >168.93 m

42. 深灰色厚层—块状含生物碎屑微晶灰岩，含少量圆笠虫；*Orbitolina*（*Orbitolina*）cf. *concava*（Larmarck），*Orbitolina*（*O.*）*birmanica* Sahni，*Orbitolina*（*Palorbitolina*）*discoidea* Gras；小有孔虫 *Cuneolina camposaurii* Sartoni et Crescent；腹足 *Nerinea* sp.，未见顶 25.16 m

41. 深灰—灰色中厚层状生物碎屑灰岩，富含介壳等生物碎屑 15.71 m

40. 深灰色厚层—块状生物碎屑灰岩夹中层状圆笠虫灰岩，产圆笠虫：*Orbitolina*（*Columnorbitolina*）cf. *pengboensis* Zhang，*Orbitolina*（*Palorbitolina*）*umbellata* Zhang；小有孔虫 *Cuneolina camposaurii* Sartoni et Crescenti 16.18 m

39. 灰色夹紫灰中—厚层状灰质砾岩。砾石成分主要为灰岩，磨圆度中等，含量达85%~90%，砾径1~4 cm，颗粒支撑，钙质胶结 49.76 m

38. 浅紫红—紫灰色中—厚层状砂砾屑灰岩夹灰质细砾岩、薄层泥岩及白云质灰岩，四者之比约为4:2:1:1。含圆笠虫 *Orbitolina*（*Columnorbitolina*）*tibetica* Cotter 62.12 m

二段（K_1l^2） 740.35 m

37. 浅绿灰色中—厚层状细砾钙质长石砂岩状细砂岩，紫灰色钙质泥岩互层，夹灰—紫灰色中厚层状灰质细砾岩，砾石成分主要为灰岩，次圆—次棱角状，砾径5~12mm，钙砂质胶结，砂岩发育平行层理及小型交错层理，局部可见波痕，含圆笠 *Orbitolina*（*Palorbi-tolina*）cf. *discoidea* Gras；小有孔虫 *Cuneolina* sp. 87.88 m

36. 浅绿灰色中—厚层状细粒钙质岩屑长石砂岩与紫红、浅绿灰色粉砂质泥岩互层，二者之比约为2:3。砂岩中发育小型板状交错层理、平行层理及底冲刷现象，其底部可见滞留泥砾（3~7 mm大小）。古流向为西 38.32 m

35. 灰色纹层—薄层状白云质灰岩夹浅绿灰色、紫红色钙质泥岩，二者之比约为2:1，向上泥岩增多。含双壳类化石 20.40 m

34. 浅绿灰色薄层状钙质泥岩夹紫红色薄层钙质粉砂岩及细粒钙质岩屑长石砂岩，三者之比约为5:1:1。砂岩中发育平行层理及小型交错层理 24.57 m

33. 灰色薄—中层状含生物碎屑微晶灰岩、绿灰色薄层状泥灰岩及紫红色钙质泥岩不等厚互层，偶夹薄层钙质长石细砂岩。发育水平层理，泥灰岩表面具干裂及波痕 65.07 m

32. 深灰色薄层状微晶白云质灰岩夹浅灰色泥灰岩，发育水平层理 12.17 m

31. 浅绿灰色钙质粉砂质泥岩夹灰色薄—中层状含生物碎屑灰岩、细粒钙质长石石英砂岩，3者之比约为5:3:1。砂岩中发育小型板状交错层理、平行层理，偶有变形层理，含生物碎屑灰岩中偶见鲕粒砂岩透镜体 46.04 m

30. 深灰色中—厚层状含圆笠虫灰岩与浅绿灰色钙质粉砂质泥岩互层，二者之比为1:3 17.16 m

29. 深灰色厚层状生物碎屑灰岩与浅绿灰色薄层状含白云质粉砂质灰岩互层，二者之比约为1:2。含腹足 *Ampullina xainzaensis* Yu 22.27 m

28. 深灰色中—厚层状生物碎屑灰岩与黄灰色薄层状粉砂质泥岩互层，二者之比约为2:1~1:1。生物灰岩风化后呈瘤状。含腹足类化石 128.96 m

27. 深灰色中层—块状生物碎屑含泥灰岩，富产腹足？*Nerinea* sp. 52.07 m

26. 浅紫红色中—薄层状细粒钙质岩屑砂岩夹灰紫色薄层状粉砂质泥岩，二者之比约为1:1~1:3。其中偶夹薄层含生物碎屑微晶灰岩。往上泥质增多。产腹足 *Ampullina xainzae-nsis* Yu，*Confusiscala xungmeiensis* Yv，？*Pseudoglauconia* sp. 5.00 m

25. 灰绿色中—薄层状细粒钙质长石砂岩与浅灰绿色薄层状粉砂质泥岩互层，二者之比约为1:4。砂岩中发育平行层理，泥岩中发育水平层理 49.94 m
~~~~~~

24. 灰绿色中层状细粒钙质长石砂岩与薄层状粉砂质泥岩互层，二者之比约为1:1～1:3，砂岩具平行层理，泥岩水平层理、脉状层理、砂岩中含黄矿晶粒 38.79 m

23. 深灰色中—薄层状生物碎屑微晶灰岩，产腹足类化石 29.12 m

22. 浅灰紫色—灰绿色中—薄层状细粒钙质长石砂岩与灰绿、紫色薄层状粉砂质泥岩互层，二者之比约为1:1～1:3。粉砂质泥岩中发育脉状层理，砂岩中发育斜层理（古流向250°） 29.79 m

21. 灰绿色薄—中层状细粒钙质岩屑石英砂岩与浅灰绿色薄层状粉砂质泥岩互层，砂岩中发育平行层理，泥岩中发育水平层理 5.28 m

20. 深灰色中—薄层状含生物碎屑微晶灰岩，往上层厚变薄，该层风化后貌似瘤状灰岩，含腹足类化石 5.16 m

19. 灰绿色薄至中层状细粒钙质岩屑石英砂岩与浅绿灰色薄层状粉砂质泥岩互层，二者之比约为1:1～1:2。砂岩中具星点状黄铁矿晶体 36.00 m

一段（K_1l^1） 457.17 m

18. 深灰色薄—中层状圆笠虫灰岩与黄灰色薄层状细粒钙质岩屑石英砂岩互层，往上砂岩增多。产腹足类化石 60.71 m

17. 灰色中层状含生物碎屑灰岩夹深灰色薄—中层状圆笠虫灰岩，二者之比约为7:1。沿层面产双壳 *Praeradiolites* cf. *nedini* Dowvill 46.27 m

16. 灰色中层状生物碎屑灰岩夹浅灰色中—厚层状介壳灰岩，二者之比约为5:1。富产双壳 Neithea（N.）sp 39.35 m

15. 深灰色中—厚层状微晶灰岩夹生物碎屑灰岩，后者约占1/6。产圆笠虫 *Orbitolina* (*Palorbitolina*) *megasphaerica* Zhang *orbitolina*（*P.*）*lenticularia*（*Blumenbach*）（图版Ⅴ-16），*Orbitolina*（*Columnorbitolina*）*pengboensis* Zhang；小有孔虫 *Pseudocyclamina lobata* He；腹足？*Tylostoma* sp. 28.36 m

14. 灰色夹紫灰色中—厚层状圆笠虫灰岩夹生物介壳灰岩，二者之比约3:1。产圆笠虫 *Orbitolina*（*Palorbitolina*）*lenticularis*（Blumenbach）；小有孔虫 *Cuneolina camposaurii* Sartoni et Crescent，*Cuneolina immatura* He；腹足？*Tylostoma* sp.，双壳？*Ctenostreon* sp 27.77 m

13. 灰色厚层状生物碎屑微晶灰岩夹灰色中层状圆笠虫灰岩和介壳灰岩，三者之比约6:3:1，产双壳类化石 21.86 m

12. 灰色薄—中层状介壳灰岩夹同色圆笠虫灰岩，产双壳？*Aeguipecten* sp.，？*Vertipecten* sp. 53.95 m

11. 灰色偶夹紫灰色薄—中层状圆笠虫灰岩夹灰色薄层生物碎屑灰岩及薄—中层状介壳灰岩 13.50 m

10. 灰色薄—中层状介壳灰岩，含固着蛤、双壳类化石 5.33 m

9. 灰色薄—中层状圆笠虫灰岩，具波状层理。含圆笠虫 *Orbitolina*（*Palorbitolina*）*megasphaerica* Zhang，*Orbitolina*（*P.*）*complanata*，*Orbitolina*（*P.*）*discoidea* Zhang（图版Ⅴ-15），圆笠虫含量可达80%；小有孔虫 *Cuneolina camposaurii* Sartoni et Crescent；见腹足类化石 17.84 m

8. 灰色薄—中层状圆笠虫灰岩、含生物碎屑灰岩呈不等厚互层，二者逐渐过渡，顶部夹一层介壳灰岩，厚约1 m，产腹足类化石 20.55 m

7. 灰色薄—中层状生物碎屑灰岩夹浅灰色中层状介壳灰岩，后者约占1/8。产圆笠虫 *Orbitolina*（*Palorbitolina*）*discoidea* Gras，*Orbitolina*（*Columnorbitolina*）*rutogensis* Zhang；双壳 *Praeradiolites* sp. 46.24 m

6. 浅紫灰色厚层—块状生物介壳细晶灰岩。介壳含量达50%以上，层理不发育。产双壳 *Praerdiolites* sp.，*Praeradiolites hamatuscostate* Gou. 30.33 m

5. 紫灰色厚层—块状含生物碎屑含白云质灰岩夹灰色中层状圆笠虫灰岩、黄色薄层状含泥质灰岩，三者之比约为5:2:1。产圆笠虫 *Orbitolina*（*Eorbitolina*）*prisca* Zhang，*Orbitolina*（*Palorbitolina*）cf. *discoidea* Gras；见腹足类化石 11.65 m

4. 灰—深灰色薄—中层状生物灰岩与同色砾屑白云质灰岩呈不等厚互层。产腹足类，含圆笠虫 *Orbitolina*（*Columnorbitolina*）cf.. *rutogensis* Zhang，*Orbitolina*（*Palorbitolina*）cf.. *discoidea* Gras 33.46 m

——— 整　合 ———

下伏地层：多尼组（K_1d）

3. 灰色薄层钙质泥岩夹褐灰色薄层状微晶泥质白云岩，泥质白云岩中发育水平层理　　26.37 m

2. 岩性组合及横向变化

郎山组是一套灰岩、生物灰岩和泥灰岩地层，在本调查区该组主要分布于雪上勒—可如勒以北，与多尼组相伴产出，按岩性基本可以分为三段，向下与多尼组整合接触（图2－29），也可见角度不整合于接奴群、坚扎弄组之上（图2－30），向上则被古近－新近系或第四系不整合覆盖。

郎山组一段为一套灰色、深灰色中—厚层为主的生物碎屑灰岩、圆笠虫灰岩、生物介壳灰岩、砂砾屑灰岩、燧石结核灰岩等的岩性组合，含丰富的圆笠虫及其他有孔虫化石、固着蛤等双壳化石及六射珊瑚、腹足类等。该段在调查区内总的来看东厚西薄，在阿章剖面上该段不完全厚度大于1360 m，在扎曲剖面上该段厚度减少，仅为396.46 m。

郎山组二段在阿章、夏龙、甲不勒一线以东，岩性为黄灰色、黄绿色、紫红色钙质泥岩夹灰色薄层泥灰岩、灰岩、砂岩、生物碎屑灰岩，向上生物碎屑灰岩逐渐增多，偶见含植物碎屑及腹足类化石。在阿章剖面上厚度为719.04 m，夹安山岩透镜体。在扎曲一带郎山组二段为浅绿色、紫红色的钙质、白云质、粉砂质泥岩与薄层细粒钙质岩屑长石砂岩、岩屑石英砂岩的互层，在中部及上部夹灰色薄—中层含生物碎屑灰岩，在中部则与生物碎屑灰岩呈不等厚互层，含腹足类化石，扎曲剖面上该段厚800余米。

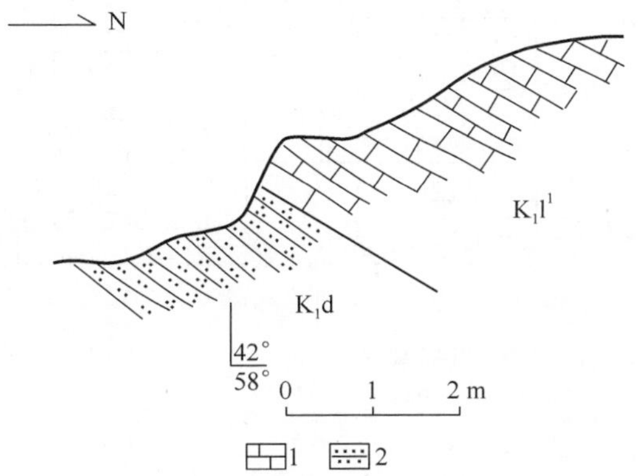

图2－29　多尼组与郎山组接触关系素描图
1—灰岩；2—粉细砂岩

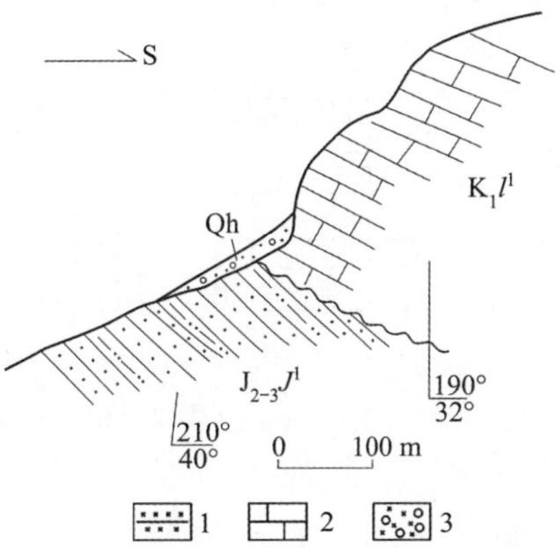

图2－30　接奴群与郎山组接触关系素描图
1—砂岩、泥质粉砂岩；2—灰岩；3—砂砾堆积

郎山组三段岩性为浅灰色、灰色、深灰色、浅红色圆笠虫灰岩、生物碎屑灰岩、介壳灰岩、微晶灰岩、砂屑灰岩、燧石结核灰岩不等厚互层，含丰富的圆笠虫等有孔虫化石、固着蛤等化石。在阿章剖面上该段上未见顶，不完全厚度达1414.26 m。在扎曲剖面上，该段中夹多层灰质砾岩、灰质细砾岩，不完全厚度约170 m。

综上所述，在郎山组沉积时期工区总的显示了西部水浅，而东部较水深的特点。

3. 基本层序

郎山组基本层序分为12种类型（图2－31）。在一段基本层序中：A型基本层序为深灰色中—厚层夹薄层微晶灰岩，偶含固着蛤介壳；B型和C型基本层序为含圆笠虫灰岩与介壳灰岩或生物碎屑灰岩的不等厚互层；D型基本层序为介壳灰岩、生物碎屑灰岩、圆笠虫灰岩和砂屑灰岩互层。二段基本层序中：E型、F型和H型基本层序为钙质泥岩夹泥灰岩和生物碎屑灰岩；G型基本层序为黄绿色厚层块状砂岩（偶含细砾）与深灰色中—厚层灰岩不等厚互层。三段基本层序中：I型、J型、K型和L型基本层序皆由生物碎屑灰岩、砾屑灰岩、介壳灰岩、微晶灰岩、含燧石结核灰岩、圆笠虫灰岩的不同组合构成。郎山组基本层序特征总体反映了一段和三段主要为碳酸盐台地沉积环境，二段主要为滨浅海沉积环境。

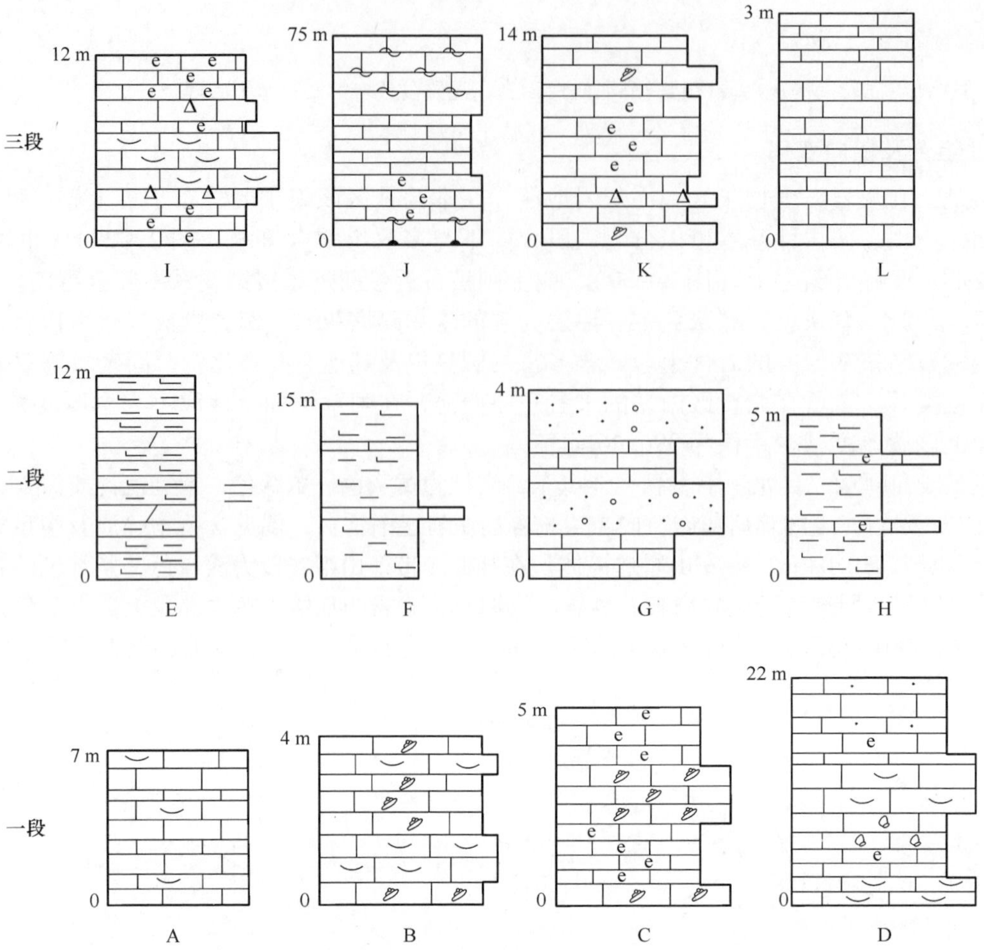

图 2－31　阿章剖面（P02）郎山组基本层序

（五）竟柱山组（K_2j）

竟柱山组系西藏第四地质大队（1973）命名于班戈县多巴区竟柱山，本报告沿用该组含义。

1. 剖面描述

措勤县洁居纳卓乡虾格子竟柱山组实测剖面（P24）位于措勤县洁居纳卓乡虾格子北，东距达瓦错约 7 km，剖面起点坐标为北纬 31°11′18″，东经 84°51′16″，终点坐标北纬 31°09′53″，东经 84°50′28″（图 2－32）。

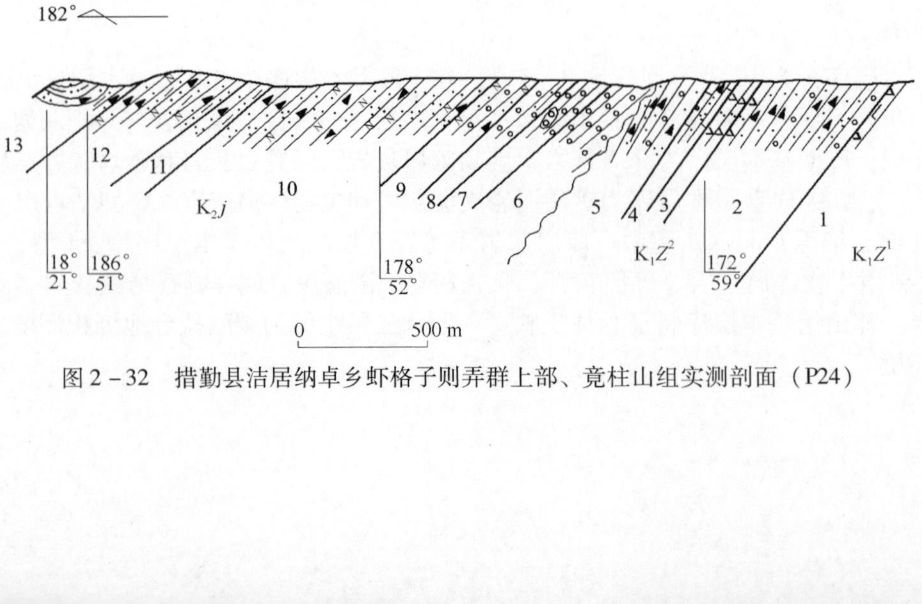

图 2－32　措勤县洁居纳卓乡虾格子则弄群上部、竟柱山组实测剖面（P24）

未见顶

竟柱山组(K_2j) >1602.63 m

13. 紫红色中层泥质石英粉砂岩与浅紫红色细粒中—薄层岩屑石英砂岩互层，偶夹灰绿色中—薄层岩屑石英砂岩。岩层中皆发育平行层理、波状平行层理及少量沙纹层理。砂岩中偶见泥砾，其层面上可见遗迹化石。 >180.83 m
12. 紫红色中层含钙粉砂质泥岩、灰褐色中—厚层长石岩屑砂岩与灰绿色中—厚层细粒岩屑石英砂岩、中层含粉砂质泥岩互层。岩层中主要发育水平层理或平行层理，砂岩、粉砂岩中可见变形层理、斜层理和沙纹层理，有时可含泥砾 159.12 m
11. 紫红、浅紫红色中层夹薄层含钙细粒岩屑石英砂岩、泥质粉砂岩互层，偶夹灰绿色中—薄层细粒岩屑石英砂岩。岩层中普遍发育平行层理，也可见变形层理和小型交错层理 98.83 m
10. 紫红色中—薄层长石岩屑砂岩与灰色中—薄层含钙细粒岩屑石英砂岩互层，夹灰绿色中—薄层含钙细粒岩屑石英砂岩、含钙泥质石英粉砂岩。岩屑石英砂岩中常含砾石，可在个别地方过渡为砾岩透镜体，砾石成分可为复成分，或为单一的紫红色粉砂质泥岩质。岩层中发育平行层理，斜层理常见，偶见变形层理，可见下粗上细的粒序 596.60 m
9. 浅紫红色中—薄层长石岩屑砂岩与紫红色薄层凝灰质岩屑石英粉砂岩互层，夹褐灰色中—厚层（少量薄层）含砾细粒钙质凝灰质岩屑砂岩及褐色中酸性火山质细砾岩，近底部有一层细砾岩，厚约4 m。岩屑砂岩层面上可见一些小型流水波痕，指示的水流方向分别为165°及70°。砂岩中的下层面附近多含有紫红色粉砂质或泥质砾石，少数为砂岩砾石。岩层以平行层理为主，偶见交错层理 136.46 m
8. 褐灰色厚层块状中酸性火山质砾岩，夹浅褐红色薄层岩屑长石石英砂岩透镜体。砾岩砾径一般大于5 cm。砂岩透镜体显示平行层理，砾岩主要为块状构造 96.78 m
7. 褐灰色厚层块状砾岩，夹中酸性火山岩质含砾岩屑粗砂岩透镜体。砾岩中砾石多见大于5 cm者，成分复杂，见流纹质、安山质、英安质等及其他沉积岩砾石，砂岩透镜体较少，为平行层理 120.04 m
6. 褐红色中—厚层夹块状砾岩，夹中—薄层褐灰色中酸性火山岩质含砾粗砂岩，砾岩的砾石成分以红色砂岩或复成分（砂岩、石英砂岩、石英岩、火山岩、泥岩质等）为主，因层而异，砾径多在2.5 cm以下，少数可达5 cm以上。粗砂岩平行层理发育。 213.98 m

～～～～ 微角度不整合 ～～～～

下伏地层：则弄群上部（K_1Z^2）

5. 褐、浅褐色中—厚层夹薄层岩屑石英砂岩、含砾粗砂质中粒岩屑石英砂岩与中酸性火山岩质砾岩不等厚互层。 128.53 m

2. 岩性组合及横向变化

竟柱山组仅见于调查区班戈－八宿地层分区的南缘，在扎日南木错—拍龙—塔若错之间呈近东西向展布，向下以微角度不整合覆于则弄群上部之上，向上则被新近系、第四系不整合覆盖，厚度大于1600 m。

竟柱山组在调查区内的岩性主要是一套紫红色、浅紫红色夹灰色、灰绿色长石岩屑砂岩、含（泥）砾砂岩、石英粉砂岩、泥质粉砂岩、粉砂质泥岩互层，夹砾岩、火山质砾岩、深灰色含生物碎屑或圆笠虫灰岩透镜体。本组底部以褐红色、褐灰色厚层—块状砾岩、中酸性火山质砾岩夹褐灰色、浅褐红色含砾岩屑粗砂岩透镜体与下伏地层呈角度不整合接触（图2－33），在虾格子一带此底部砾岩层厚达430.80 m，而向东、西

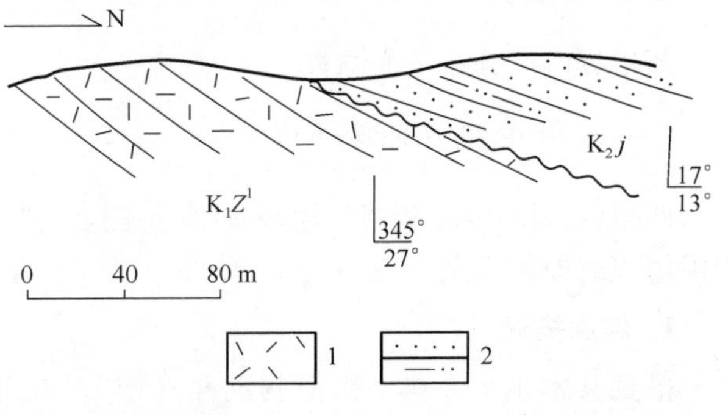

图2－33 竟柱山组（K_2j）与则弄群（K_1Z^1）微角度不整合
1—中酸性火山岩；2—砂岩夹粉砂质泥岩

两侧砾岩厚度减小，砾石砾径也有减小的趋势。本组各种岩性多组成下粗上细的旋回，沉积构造发育，多见平行层理、斜层理、交错层理、沙纹层理、大型及小型槽形层理、水平层理、变形层理、波痕、泥裂等。

3. 基本层序

竟柱山组基本层序有4种类型（图2-34）：A型基本层序为褐红色中厚层砾岩夹褐灰色中—薄层含砾石英砂岩；B型、C型和D型基本层序以砾岩、含砾砂岩、长石岩屑砂岩、含泥砾石英粉砂岩组成。竟柱山组基本层序特征反映了沉积环境以扇三角洲和三角洲为主。

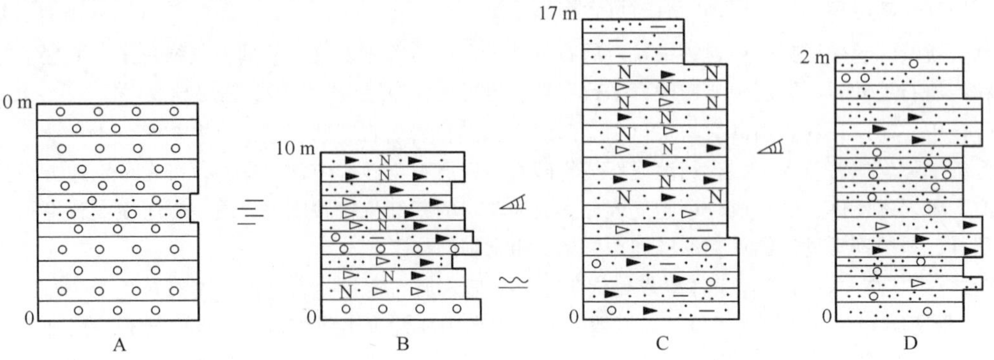

图2-34　虾格子剖面（P24）竟柱山组基本层序

4. 关于原乌郁群上部

乌郁群原为西藏第三地质大队命名于南木林县乌郁地区的日贡拉山，为新近系上新统的湖沼相杂色含煤线和油页岩的碎屑沉积。1:100万日喀则幅、亚东幅区调中，西藏区调队认为乌郁群由上下两部分组成，下部以中、酸性火山岩及火山碎屑岩为主夹砾岩，上部则为原始含义的乌郁群，并将本队的竟柱山组分布区的地层划归乌郁群上部。

本队发现在原1:100万日喀则幅在调查区划归乌郁群上部的碎屑岩地层中普遍夹有规模不等的灰岩透镜体，多含丰富的圆笠虫、少量固着蛤化石及其他海相生物碎屑。在次列勒、麦穷错北的灰岩透镜体含圆笠虫 *Orbitolina* sp.；其他有孔虫 *Cuneolina immatura* He，*Cuneolina composaurii* Sartoni et Creascenti（图版Ⅴ-25），*Pseudocyclamina* sp. *Daxia cenomana* Cuviller et Szakall（图版Ⅴ-21）等及腹足与固着蛤碎片；在达瓦错南的灰岩透镜体中含圆笠虫 *Orbitolina*（*Palorbitolina*）*complanta* Zhang，*Orbitolina*（*Columnorbitolina*）cf. *alticonica* Zhang，*Orbitolina*（*Orbitolina*）*bangoinica* Zhang；其他有孔虫 *Daxia cenomana* Cuvillier et Szakall，*Rotalipora* sp. 等。根据这些具早白垩世晚期至晚白垩世早期的海相生物化石面貌及岩性组合进行区域对比，原1:100万日喀则幅在调查区划归的乌郁群上部应为竟柱山组。

三、新生界（Kz）

新生界广泛分布于全调查区。

（一）典中组（E_1d）

西藏区调队1991年将原李璞1955年创名的林子宗火山岩解体为三分的下部命名为典中组，本报告沿用该组原始定义。

1. 剖面描述

措勤县木尔东乡典中组简测剖面（P33）位于措勤县木尔东乡北西约10 km处的仲曲河谷内，剖面起点坐标为北纬30°57′23″，东经84°58′26″，终点坐标北纬30°59′54″，东经85°00′26″（图2-35）。

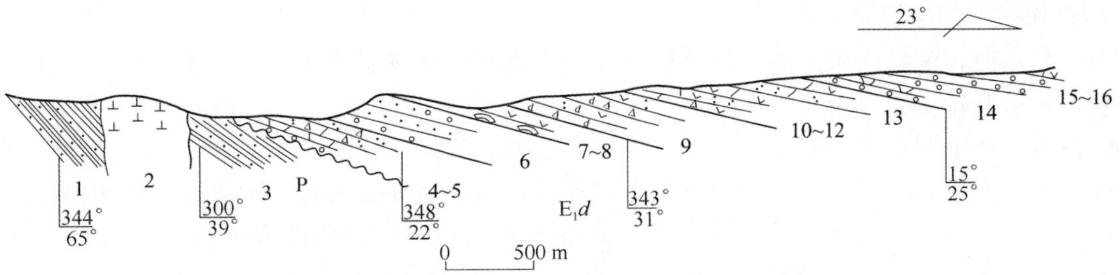

图 2-35　措勤县木尔东乡典中组简测剖面（P33）

未见顶

典中组（E_1d） 厚 >1157 m

16. 浅绿灰色、浅灰色流纹质含火山角砾沉晶屑凝灰岩、夹浅褐绿灰色凝灰质粉砂岩，中部夹有浅绿灰色隐晶质英安岩 >26 m
15. 绿灰色、褐灰色厚层块状流纹质沉火山角砾岩屑晶屑凝灰岩夹深绿灰色厚层块状凝灰质砾岩，二者之比约为 4:1。沉火山角砾凝灰岩中，火山角砾占 20% ~30%，粒径≤3 cm。凝灰质砾岩的砾石成分较为复杂，以中酸性火山岩砾石为主，具一定的磨圆，大小 0.5 ~2 cm，分选较差，砾石间被流纹质充填 65 m
14. 绿灰色块状流纹质晶屑岩屑凝灰质火山砾岩、浅绿灰色流纹质火山角砾晶屑岩屑（或岩屑晶屑）凝灰岩，夹少量灰白色流纹质晶屑凝灰熔岩。三者之比约为 3:4:1；火山角砾岩中角砾大小 0.5 ~2 cm，部分为塑性火山角砾 167 m
13. 浅绿灰色流纹质角砾岩屑晶屑凝灰岩、火山角砾岩屑玻屑晶屑凝灰岩。厚层块状，内部层理不明显 108 m
12. 褐绿灰色、紫灰色及少量紫红色安山岩，普遍具斑状结构，基质为交织结构，块状构造为主，偶有流动构造 45 m
11. 灰色、紫红色英安质火山角砾岩夹沉凝灰岩及凝灰质砂岩，局部夹含砾砂岩。岩石呈厚层块状，内部层理不发育，仅沉凝灰岩、凝灰质砂岩中有时可见平行层理及粒序层理 66 m
10. 深灰色厚层块状蚀变角闪安山岩，普遍发育柱状节理构造 33 m
9. 浅灰绿色安山质凝灰火山角砾岩夹安山岩及少量沉凝灰岩，三者互层相间产出，至少可构成三个韵律旋回 180 m
8. 绿灰色—浅绿灰色安山岩、杏仁状安山岩。中、下部以块状构造为主，斑状结构，上部以杏仁状安山岩为主，含量 10% ~25%不等，大小 1 ~4 mm 56 m
7. 浅绿灰色、紫灰色、灰色英安质火山集块岩、火山角砾岩。岩石具块状构造，由大小不等的火山碎屑物组成，最大者可达 40 cm，一般为 2 ~15 cm，呈棱角状，角砾成分十分单一，火山角砾或集块的含量可达 75%以上，而凝灰质充填物含量较少 113 m
6. 褐灰色厚层块状中酸性凝灰火山角砾岩夹浅灰色薄—中层凝灰质粗砂岩。火山角砾岩中，角砾多呈棱角—次棱角状，大小 0.3 ~1.2 cm，分选差，成分以中酸性火山岩角砾为主 66 m
5. 褐绿灰色蚀变英安质火山角砾凝灰岩、凝灰岩夹蚀变安山岩互层组成。火山角砾岩中角砾一般≤2 cm；岩石多呈厚层块状，局部劈理发育 211 m
4. 紫红色、褐灰色蚀变流纹质凝灰岩、沉火山角砾岩，凝灰质砂砾岩夹火山岩质含砾粗砂岩。该层基岩露头差 22 m

～～～～ 角度不整合 ～～～～

下伏地层：二叠系

3. 灰黑色板岩夹深灰色、褐灰色变质砂岩；板岩与砂岩之比为 10:1。该层向下与闪长玢岩呈侵入接触 >39 m

2. 岩性组合及横向变化

典中组是本调查区隆格尔－南木林地层分区中除第四系外所见的唯一岩石地层单位，分布于工区的措勤县城—塔若错一线以南。

典中组岩性在本调查区为一套绿灰色、浅绿灰色安山岩、角闪安山岩、杏仁状安山岩、流纹岩、中酸性火山集块岩、火山角砾岩、凝灰质火山角砾岩、火山角砾凝灰岩、凝灰岩的岩性组合，夹凝灰质砾岩、凝灰质砂岩、沉凝灰岩等。该组在调查区内未见顶，在伸曲河谷中可见该组向下与二叠系（?）角度不整合接触。在上述剖面上典中组下部以中酸性（角砾）凝灰岩、火山角砾岩、火山集块岩为主，夹凝灰质砂岩、安山岩等；中部以安山岩为主夹凝灰质角砾岩；上部以中酸性凝灰角砾岩、角砾凝灰岩、火山角砾沉凝灰岩为主，夹安山岩、流纹岩、凝灰质砾岩等。出露厚度 1157 m。

3. 关于原乌郁群下部

如前所述，1∶100 万日喀则幅（1983）所称的乌郁群下部属以中、酸性火山岩及火山碎屑岩为主夹砾岩的新第三系（新近系）上新统，在工区仅分布于措勤县城—塔若错一线以南，也未见与分布于其北侧的原乌郁群上部（即竞柱山组）的直接接触，向南则延出调查区。这套地层中未见化石，本队在仲巴县隆格尔塔若错南的该组英安岩中获得 63.9 Ma 的 K－Ar 年龄值，相当于古近系古新统下部的丹尼阶（Danian）。根据岩性组合、同位素年龄值以及与邻区地层的区域对比，原 1∶100 万日喀则幅在本调查区划归的乌郁群下部可与西藏区调队（1991）创名于林周县的古新统典中组相当。

（二）丁青湖组（$E_{2-3}d$）

丁青湖组一名来源于青海石油普查大队黑河中队 1957 年创名的丁青层，西藏第四地质队 1978 年改称为丁青湖组，本报告沿用丁青湖组原始含义。

1. 剖面描述

申扎县中仓乡共布勒丁青湖组实测剖面（P03）位于申扎县中仓乡重昌藏布北举日翁布一带的共布勒，剖面起点坐标为北纬 31°56′11″，东经 85°14′17″，终点坐标北纬 31°56′47″，东经 85°16′12″（图 2－36）。

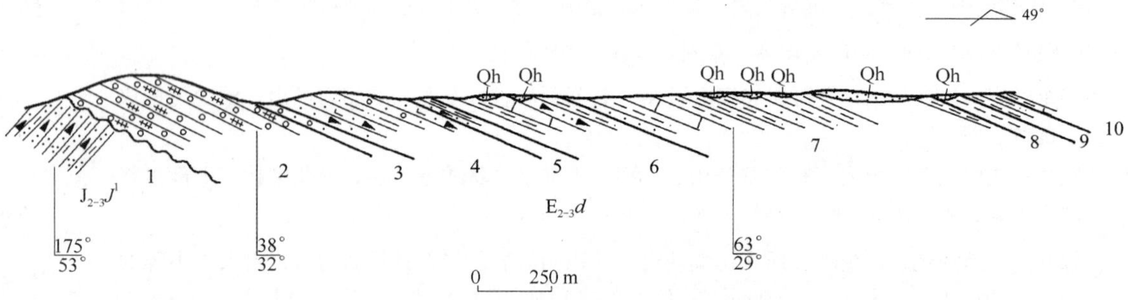

图 2－36　申扎县中仓乡共布勒丁青湖组实测剖面（P03）

未见顶

丁青湖组（$E_{2-3}d$）　　厚 >1388.34 m

10. 灰白色块状钙质泥岩夹中层含膏钙质粉晶白云岩及少量紫灰色泥岩。泥岩及钙质泥岩以块状构造为主，局部见水平层理，含少量介形虫 *Eucypris hengyangensis*，*Cypria* sp.，*Cyprinotus* sp.，*Limnocythere* sp. 等　15.29 m

9. 紫红色、浅绿灰色泥岩夹灰色、浅灰色中层砂岩、浅灰色钙质泥岩及灰白色含石膏钙质粉晶白云岩。砂岩中见平行层理及小型交错层理，底部可有含砾中粗粒岩屑砂岩，并见底冲刷面；含孢粉 *Pinus* sp.，*Artemisia* sp. 等及少量介形虫化石。砂岩、红色及浅绿灰色泥岩、钙质泥岩、白云岩厚度之比约为 1∶1∶4，并构成若干向上变细的韵律旋回，局部砂岩中可见有反粒序现象　63.20 m

8. 紫色浅灰绿色中层状泥岩，夹少量浅灰色中薄层岩屑细砂岩、灰白色薄层泥灰岩。砂岩具平行层理，向上有时过渡为粉砂岩；泥灰岩中见遗迹化石　5.84 m

7. 紫红色、灰红色、浅绿灰色厚层泥岩夹灰色薄层砂岩、灰白色中薄层白云质泥晶灰岩。砂岩多为平行层理，层厚不稳定，局部夹细砾岩或含砾砂岩透镜体；泥灰岩中见遗迹化石，含少量介形虫，砂岩、泥岩与泥灰岩之比约为 1:10:2 537.64 m

6. 灰红色、紫红色、灰白色厚层泥岩夹浅灰绿色中薄层岩屑砂岩、灰白色中薄层泥灰岩。岩屑砂岩层厚不稳定，见平行层理，槽形层理、板状层理及楔形交错层理；泥灰岩具水平层理，见遗迹化石；产介形虫 *Cypria* sp.，*Cypris* sp.，*Eucypris hengyangensis*，*Cyprinotus* sp.，*Condoniella* sp. 等 172.80 m

5. 灰色中薄层钙质细砂质中粒岩屑砂岩、含砾粗砂岩、红色粉砂质泥岩夹钙质泥岩、中薄层砂岩及泥灰岩。砂岩中见平行层理、楔状斜层理、槽状交错层理及雨痕等。上述岩性组成数个下粗上细的沉积旋回。该层内含介形虫 *Cypris subglobosa*，*C. subtera*，*cyprinotus lectus*，*Eucypris ventracurua*，*E.* sp.，*Candonlella* sp.，*Limnocythere jiangasuensis*，*Ilyocypris* sp. 等 31.54 m

4. 灰色块状钙质细砂质中粒岩屑砂岩、灰红色块状粉砂质泥岩夹厚层含砾粗砂岩、紫红色泥岩及灰白色中厚层泥晶灰岩。岩屑砂岩中发育平行层理、板状及楔状斜层理，粉砂质泥岩中发育水平层理、块状构造，泥晶灰岩呈页片状水平层理，含孢粉 *Pinus* sp.，*Quercus* sp.，*Ericaceae* sp.，*Artemisia*；介形虫 *Cypria* sp. *Cyprinotus* sp. *Candoniella* sp. 等，见遗迹化石。上述岩性构成数个向上变细的沉积旋回 211.48 m

3. 灰色细砾岩夹含砾钙质粗砂质中粒岩屑砂岩。砾岩层一般层厚为 50～200 cm，砾石成分以石灰岩质为主，其他还有砂岩、粉砂岩、硅质岩砾石，砾径多在 5～30 mm 之间，最大可达 8 cm；砂岩层厚多为 20～40 cm 24.26 m

2. 灰红色厚层块状复成分砾岩夹极少量砂岩透镜体。砾岩为块状构造。砾石成分以灰白色、灰色、深灰色、灰红色石灰岩为主，少量砂岩、粉砂岩、砾岩及硅质岩砾石；砾石磨圆度中等，分选很差，最大砾径可达 1 m 以上，一般在 5～30 cm 之间，向上砾径明显减小 277.34 m

~~~~~~ 角度不整合 ~~~~~~

下伏地层：接奴群（$J_{2-3}J$）

1. 深灰色中层含钙中砂质细粒岩屑石英砂岩夹深灰色薄层粉砂质泥岩、褐灰色中薄层铁质岩屑石英细砂岩，砂岩中多具平行层理

2. 岩性组合及横向变化

丁青湖组主要分布于调查区北东角的重昌藏布流域一带。岩性为一套灰色、浅灰色、浅绿灰色中、薄层至厚层岩屑砂岩、细砂岩与灰红色、紫红色、灰白色、浅绿灰色中厚层—块状泥岩、粉砂质泥岩互层，夹少量灰色含砾粗砂岩、杂色粉砂岩、灰白色中薄层泥晶灰岩、泥质白云岩（偶含石膏）的组合，泥岩及泥灰岩中常含介形虫化石。丁青湖组在共布勒以下部厚约 400 m 的灰红色厚层—块状砾岩与下伏接奴群角度不整合接触（图 2－37），上未见顶，不完全厚度为1388.34 m。

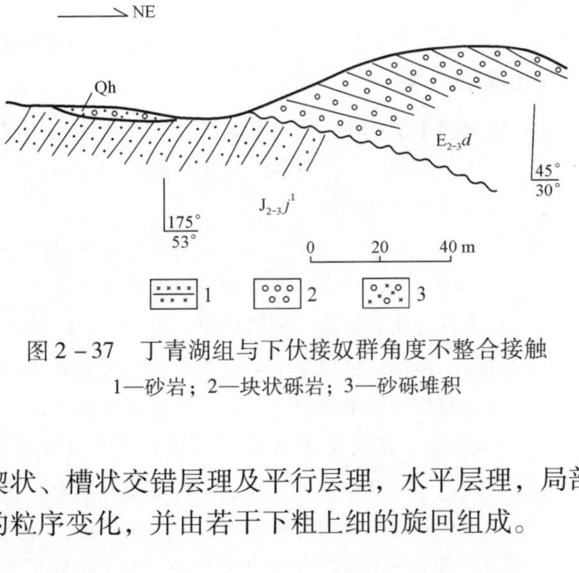

图 2－37　丁青湖组与下伏接奴群角度不整合接触

1—砂岩；2—块状砾岩；3—砂砾堆积

调查区丁青湖组中沉积构造发育，常见板状、楔状、槽状交错层理及平行层理，水平层理，局部见底冲刷构造及雨痕。本组岩性总体上呈下粗上细的粒序变化，并由若干下粗上细的旋回组成。

3. 基本层序

丁青湖组的基本层序主要有 4 种类型（图 2－38）：A 型基本层序为灰色细砾岩夹含砾粗砂岩组成；B 型、C 型和 D 型基本层序由灰色岩屑粗砂岩（底部可见含砾粗砂岩）、杂色泥岩与粉砂质泥岩、灰白色泥灰岩及白云质灰岩构成。丁青湖组的基本层序特征反映了山间小型湖泊与湖泊扇三角洲
~~~~~~

沉积环境。

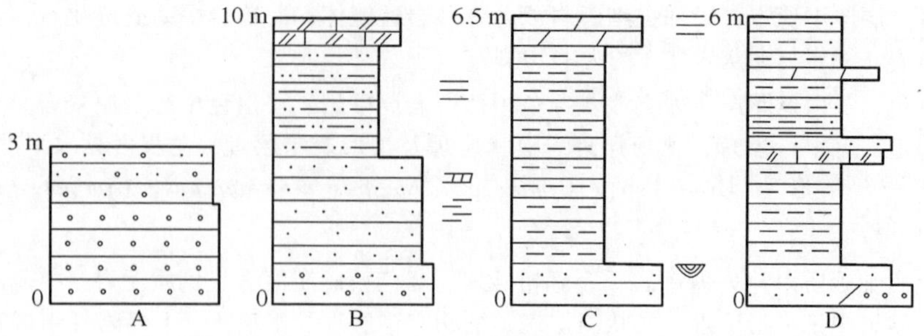

图 2－38 丁青湖组基本层序

（三）唢呐湖组（$N_{1-2}s$）

西藏区调队1986年命名于双湖县唢呐湖一带，本报告沿用此含义。

1. 剖面描述

改则县若嘎唢呐湖组实测剖面（P30）位于改则县若嘎，东距阿布勒约16 km，剖面起点坐标北纬31°50′59″，东经85°09″45′，终点坐标北纬31°51′48″，东经85°09′35″（图2－39）。

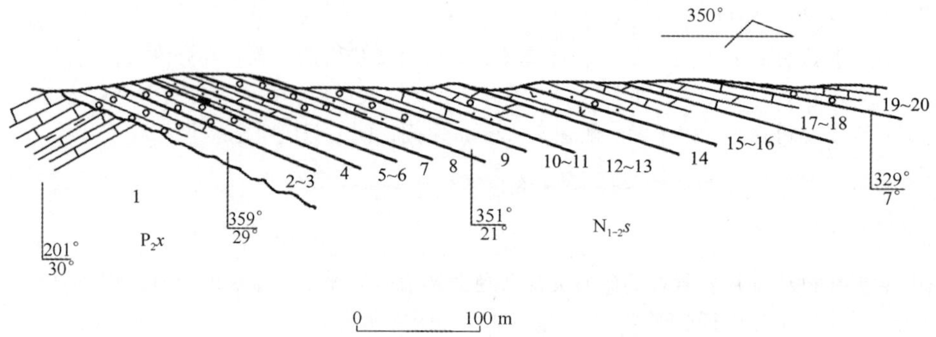

图 2－39 改则县若嘎唢呐湖组实测剖面（P30）

未见顶

唢呐湖组（$N_{1-2}s$） 厚>225.62 m

20. 浅灰色中层状中—细晶灰岩与浅灰白色中—薄层状泥灰岩互层，二者之比约2:1。泥灰岩发育大量晶洞，不规则状，直径一般3～5 mm，最大见10 mm，部分孔洞中见方解石晶粒，灰岩发育水平状纹层 9.20 m
19. 浅灰白色厚层—块状砾岩，砾岩中砾石含量约75%，砾石成分主要为深灰色和灰白色微晶灰岩，砾石分选性中—差，砾石以次棱角状为主，砾径一般5～8 cm，最大见15 cm。砾岩以颗粒支撑为主，砂质、钙质填隙。由下至上砾径逐渐变小，并见含砾砂岩透镜体 6.02 m
18. 浅灰白色中—薄层状中—细晶灰岩与浅灰色中—薄层状泥灰岩互层，二者之比约1:1，灰岩→泥灰岩构成韵律互层，每个韵律层厚约5 m。在泥灰岩中发育大量孔洞（晶洞），直径一般2～6 mm，最大见10 mm，部分孔洞见有方解石晶粒。向上层位泥灰岩增多 12.85 m
17. 浅灰色中—薄层状中—细晶灰岩夹浅白色中层状内碎屑灰岩，二者之比约为6:1。内碎屑灰岩中内碎屑类型均为灰质团粒，其粒径4～6 mm，圆形—椭圆形，团粒分选性良好，含量约为65%，团粒间为细晶灰质充填。向上内碎屑灰岩渐减少 4.11 m
16. 浅灰白色中—薄层状泥灰岩夹少量浅灰色薄层状灰岩，二者之比约6:1。泥灰岩中发育大量孔洞（晶洞），不规则状，直径一般2～5 mm，最大者见10 mm，部分孔洞中见有方解石晶粒，见遗迹化石；灰岩中发育水平纹层。向上灰岩层增多，与泥灰岩呈互层状 23.60 m

15. 浅黄灰色中层状砾岩，含砾粗砂岩及浅灰白色中—薄层状中粒长石岩屑砂岩互层。由砾岩→含砾砂岩→砂岩构成韵律旋回，每个旋回厚约 8 m，三者之比约为 2:4:1。砾岩中砾石成分主要为灰色微晶灰岩，次为脉石英和砂岩。砾石分选中等，砾石直径一般 5 ~ 8 mm，最大见有 15 mm，砾石以次圆状为主。砾岩为颗粒支撑，砾石之间为砂质及钙质充填 1.89 m

14. 浅灰白色中—薄层状中—细晶灰岩与浅灰色中—薄层状泥灰岩互层，灰岩比泥灰岩约 2:1，二者构成韵律旋回，每旋回厚约 6 m。泥灰岩中发育大量孔洞（晶洞），不规则状，直径 3.5 mm，分布不均；灰岩中发育水平状纹层。向上泥灰岩增多，并见有钙质泥岩的夹层 9.54 m

13. 浅灰白色中—薄层状泥灰岩及含砾屑泥灰岩。砾屑成分主要为灰色微晶灰岩，砾径一般 3 ~ 5 mm，次圆状为主。泥灰岩中发育孔洞（晶洞），不规则状，直径一般为 2 ~ 4 mm，多为顺层理方向分布，在泥灰岩中见有草根状遗迹化石。向上泥灰岩中的砾屑减少至无，并见有细—中晶的灰岩夹层 17.04 m

12. 浅黄灰色中－薄层状含砾岩屑粗砂岩与浅灰色中层状砾岩互层，二者之比约 2:1，砾岩→砂岩构成韵律旋回，每个旋回厚约 4 ~ 6 m 8.91 m

11. 浅灰白色中层砾屑砂屑泥灰岩。砾屑直径一般为 2 ~ 4 mm，成分主要为灰岩，次为脉石英，次圆为主。泥灰岩发育孔洞（晶洞），不规则状，直径一般为 5 ~ 8 mm，分布不均匀，泥灰岩中还见有植物化石碎屑 1.46 m

10. 浅黄白色中层状中—细晶灰岩与浅紫红色—白色泥灰岩互层，二者之比约 1:2，灰岩与泥灰岩构成韵律状，每个韵律层厚约 5 ~ 8 m。泥灰岩中发育 2 ~ 5 mm 孔洞、灰岩中发育水平状纹层。向上泥灰岩层增多 10.68 m

9. 黄灰—灰白色中—薄层状中粒钙质砂岩夹少量灰色中层状细砾岩。砾岩中砾石含量约为 70%，成分主要为灰色微晶灰岩，分选性中等，砾径一般 5 ~ 8 mm，次棱角状为主，颗粒支撑，砾石间为砂质和钙质充填 10.36 m

8. 黄灰色厚层—块状砾岩，砾石含量约为 75%，砾径一般 8 ~ 10 cm，最大见 30 cm，砾石分选性中等—差，次棱角状为主，成分主要为深灰色微晶灰岩（95%），次为黄灰色砂岩及石英岩，砾石扁平面顺层理分布。砾岩颗粒支撑－杂基支撑，向上砾岩中渐增含砾粗砂岩透镜体及条带 18.16 m

7. 浅黄灰色中层状中晶灰岩与浅灰白色中—薄层状含砂质泥灰岩呈韵律互层。每旋回厚约 8 m，中晶灰岩与泥灰岩之比约为 2:3。灰岩中发育细小孔洞（2 ~ 3 mm），孔洞多顺层分布；砂屑泥灰岩中的砂屑为暗灰色的细小砂粒，砂粒多呈相对集中顺层分布；在泥灰岩中见植物茎干化石：*Typha* sp. 13.57 m

6. 浅灰白色—浅黄灰色中—薄层状细晶灰岩夹浅紫红色中层状含铁质砂屑中晶灰岩。含铁质砂屑灰岩总厚约为 50 cm，横向延伸不规则，孔洞发育，孔径 1 ~ 3 mm，细晶灰岩中发育水平状纹层，也有细小的孔洞发育，多顺层分布 13.14 m

5. 黄灰色中—薄层状中—细岩屑砂岩夹灰白色—浅黄色中—薄层状泥灰岩，二者之比约 4:1。泥灰岩中发育 3 ~ 5 mm 孔洞 1.96 m

4. 浅灰色厚层—块状砾岩。砾岩中砾石含量约为 75%，砾石分选性中—差，砾石直径一般为5 ~ 8 cm，最大见有 20 cm，砾石以次棱角状为主，砾石成分主要为深灰色微晶灰岩（90%），次为石英岩（5%）和黄灰色岩屑石英砂岩（5%），砾岩以杂基支撑为主，砾石间为泥质充填，弱固结状。向上砾岩中砾径变细，局部见含砾粗砂透镜体夹层 21.68 m

3. 灰白色厚层—块状微晶灰岩夹灰色中层状泥灰岩，二者之比约 5:1。泥灰岩发育大量孔洞，多为不规则状，大小不等，密度较大，一般为 3 ~ 8 mm，最大见 15 mm，部分泥灰岩中见有草根印模化石。上部见紫红色厚层—块状微晶灰岩夹层 17.51 m

2. 灰白色块状砾岩。砾岩中砾石含量约 70%，成分主要为深灰色微晶灰岩，次为黄灰色岩屑石英砂岩。砾石分选性中－差，砾径一般 2 ~ 5 cm，最大为 15 cm，以次棱角状为主。砾岩杂基支撑为主，泥质充填，弱固结 23.94 m

～～～～～ 角度不整合 ～～～～～

下伏地层：下拉组（P_2x）

1. 深灰色中—薄层状微晶灰岩，局部夹有深灰色薄层状钙质泥岩

2. 岩性组合及横向变化

唢呐湖组零星分布于调查区北部的日翁布南和永错西等地。可见角度不整合于下伏的下拉组（图2－40）、接奴群、多尼组、郎山组及丁青湖组之上，向上则被第四系角度不整合，可见厚度大于225.62 m。

唢呐湖组岩性为浅灰色、浅黄灰色泥灰岩、灰岩砂屑（泥）灰岩与同色砾岩、含砾砂岩、砂岩不等厚互层。化石罕见，偶见含植物化石茎干碎屑及遗迹化石。

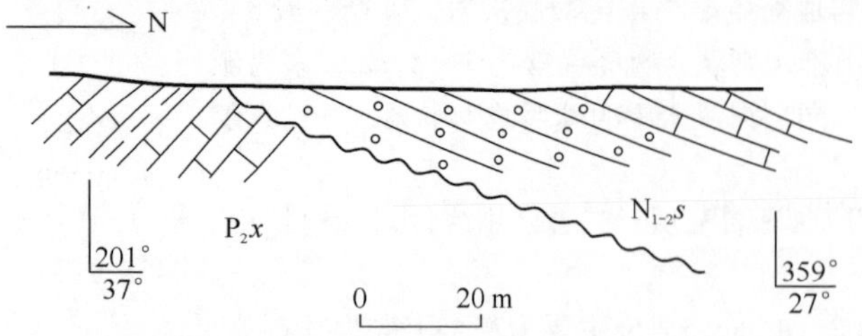

图2－40　若嘎沟唢呐湖组与下拉组不整合

3. 基本层序

唢呐湖组基本层序发育4种类型（图2－41）：A型基本层序为浅黄色砾岩、含砾砂岩和长石岩屑砂岩构成的向上变细的沉积旋回；B型基本层序为黄灰色中—薄层岩屑砂岩夹浅黄色中—厚层泥灰岩；C型基本层序为浅灰色砂屑灰岩、砾屑灰岩与泥灰岩互层；D型基本层序为浅灰色生物碎屑灰岩与泥灰岩的韵律互层。A型和B型基本层序为滨湖沉积，C型和D型基本层序为浅湖相沉积。

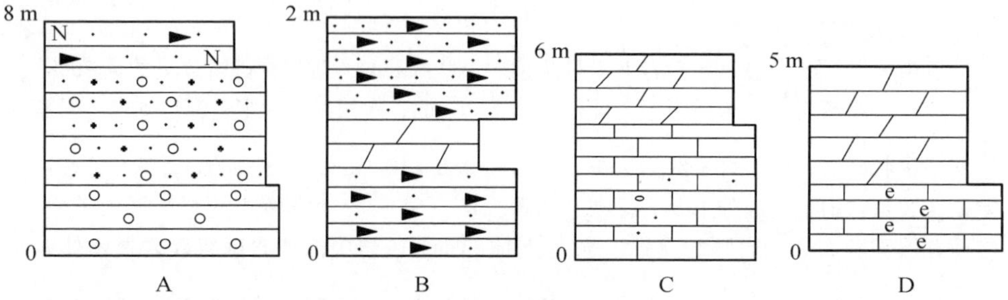

图2－41　唢呐湖组基本层序

（四）布嘎寺组（N_1b）

布嘎寺组是在调查区中新建的岩石地层单位。

1. 剖面描述

仲巴县朗青勒布嘎寺组实测剖面（P19）位于仲巴县巴日岗乡朗青弄巴沟口北侧，剖面起点坐标北纬31°29′53″，东经84°18′55″，终点坐标北纬31°30′16″，东经84°19′40″（图2－42）。

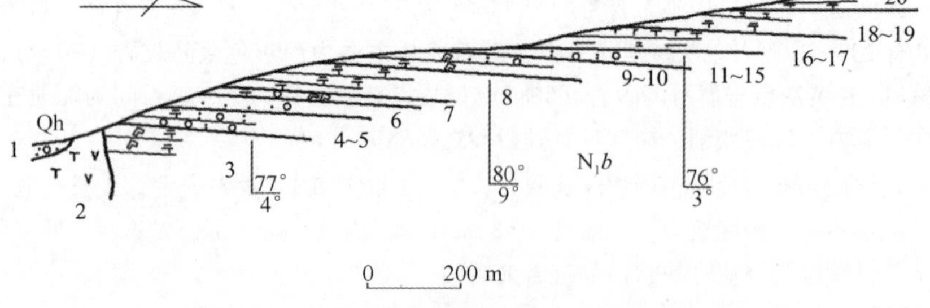

图2－42　仲巴县朗青勒布嘎寺组实测剖面（P19）

未见顶

布嘎寺组（N_1b）　　厚＞330.9 m

20. 以浅灰色粗面岩为主，下部夹少量浅绿灰色粗安岩。普遍具斑状结构，基质为粗面结构或交织结构；块状构造及流面构造，局部出现气孔状构造。斑晶含量15%～20%，以透长石、透辉石为主　　＞42.93 m

19. 以绿灰色、深灰色辉石粗安岩为主，上部出现辉石粗面岩；斑状结构，基质为交织结构或粗面结构；块状构造、气孔状构造，局部流面构造，斑晶含量18%左右，主要为透长石、透辉石及少量黑云母 10.49 m
18. 浅灰色、灰色及紫灰色辉石粗安岩，局部蚀变较强时可呈不均匀黄灰色。斑状结构，基质为粗面结构或交织结构；块状构造为主，局部气孔状构造或流面构造。斑晶成分以透长石、透辉石为主，含量20%左右，大小多≤3 mm 36.96 m
17. 以绿灰色、灰黑色粗面玄武岩为主，普遍具斑状结构，基质为粗面结构或玻晶交织结构、间隐结构；块状构造，上部多为气孔状构造，气孔5~15 mm不等，呈不规则拉长状定向分布、斑晶成分为透长石、透辉石，少量黑云母及伊丁石化橄榄石斑晶，斑晶含量15%~20%；其下部出现有辉石白榴石粗面岩，白榴石含量10%左右，呈细小等轴粒状分布于基质中。K-Ar年龄值15.9 Ma 17.19 m
16. 浅灰色、浅紫灰色辉石粗面岩。斑状结构，基质为粗面结构，块状构造，可含少量气孔。斑晶成分主要为透长石、透辉石，少量黑云母，斑晶含量20%左右；岩石中偶有暗色辉石质包体（10~20 cm） 16.25 m
15. 灰色、紫灰色及紫红色粗面质火山角砾岩。由大小不等的棱角状粗面质火山角砾及凝灰物组成，孔洞发育，胶结疏松；具火山角砾结构或凝灰角砾结构，块状构造，斑杂构造，角砾大小2~5 cm，角砾成分单一，该层底面起伏不平 4.47 m
14. 灰色凝灰质砾岩，凝灰质含砾粗砂岩及凝灰质岩屑砂岩。成层性良好，层理稳定。三种岩性之比相近，但砾岩单层厚度较大（0.5~2 m），砂岩厚度小（10~30 cm）；具有向上变粗的基本层序及反粒序层理。砾岩中砾石的成分以粗面岩、粗安岩为主，砾径10~30 cm者为多，大者可达0.5 m，多次棱角状，分选较差 18.96 m
13. 深灰色、灰黑色粗面玄武质火山集块岩夹集块角砾岩，局部呈紫灰色；该层厚度不很稳定，底部界面不平整，内部层理不清，孔洞发育。火山集块粒径以10~30 cm为主，多呈刚性棱角状，少数则具有塑性变形特征 3.62 m
12. 以深灰色、灰黑色粗面玄武岩为主，顶部少量深灰色黑云母粗面岩。具斑状结构，基质为间隐结构或玻晶交织结构、粗面结构；流面构造或气孔状构造。斑晶含量15%~25%不等，成分以透长石、透辉石为主，次为黑云母，有时出现伊丁石化橄榄石斑晶。气孔含量5%~15%，大小3~7 mm，多呈拉长状半定向或定向排布 11.25 m
11. 深灰色、灰黑色粗面玄武质火山集块岩。岩石颜色不均，局部灰红色，底面凹凸不平，厚度变化大，疏松多孔，岩石由大小不等的火山集块、角砾及凝灰物质组成，火山碎屑粒径多大于10 cm，一般在30~50 cm，呈刚性棱角状，部分具塑性变形特征，见火山弹及熔岩饼等。局部可构成熔结火山角砾集块岩。角砾、集块成分几乎全为粗面玄武岩质，且气孔构造发育 4.84 m
10. 灰色凝灰质砾岩夹凝灰质含砾粗砂岩、凝灰质岩屑砂岩及少量粗安质凝灰岩。砾岩层厚0.5~3 m不等，凝灰质砂岩或凝灰岩层厚多为10~30 cm，构成向上变细的基本层序。砂岩中偶有平行层理。砾石成分以粗安质、粗面质为多，次圆—次棱角状，砾径多≤20 cm，个别达70 cm，分选欠佳。该层顶部发育有0.6~0.8 m厚的砖红色古风化层，为层间喷发沉积间断的标志 22.29 m
9. 浅灰色、紫灰色粗安质火山集块岩及集块角砾岩，局部为熔结火山角砾岩。集块直径多在20~50 cm之间，个别达1.7 m，大小混杂，孔洞发育。火山碎屑成分几乎全部为粗安质，棱角状为主，也见有具塑性扭动特点的火山弹、熔岩饼等集块。该层厚度不稳定，底界面不平，内部无明显层理 13.26 m
8. 深灰色、紫灰色辉石粗安岩。风化面及裂隙面附近常呈紫灰色，下部主要为深灰色，具斑状结构，斑晶为透长石、透辉石及少量黑云母，斑晶长度≤3~4 mm，含量15%~20%，自下而上，辉石斑晶减少而黑云母增多，同时透长石斑晶粒径也有所变小。块状构造为主，局部流面构造发育。偶见有石英捕虏晶及绿帘石岩捕虏体。K-Ar年龄值15.8 Ma 55.46 m
7. 灰色、褐灰色粗安质火山角砾岩、集块岩。该层厚度变化大，局部近于尖灭。最大砾径可达1 m以上，多在20~40 cm之间，大小混杂，无分选性，多为刚性棱角状，少量具塑性变形特点（火山弹、熔岩饼等）。碎屑成分单一，均为粗安质，但集块或角砾的颜色、结构各异，气孔发育。上下层面清楚，内部不显层理 7.75 m

6. 灰色厚层凝灰质砾岩、含砾粗砂岩夹薄层凝灰质砂岩或透镜体，偶有沉凝灰岩夹层。凝灰质砾岩层厚一般 1 ~ 3 m，下部砾径较粗，可达 0.5 ~ 0.6 m，多为 0.2 ~ 0.3 m，向上逐渐变细。砾石磨圆中等偏差，分选一般，砾石成分主要为不同颜色、不同结构的粗安质。凝灰质砂岩层厚10 ~ 40 cm，具平行层理或正粒序层理，凝灰质砾岩与含砾砂岩及砂岩之比大约为 5:1:1　22.29 m

5. 白色、灰白色厚层至块状粗安质角砾凝灰岩。该层岩性均匀，块状构造，由 10% ~ 15% 的粗安质火山角砾（0.5 ~ 1.5 cm）和大量的凝灰物质组成，凝灰物包括有岩屑、玻屑、火山尘以及斜长石、透长石、透辉石、黑云母晶屑等。岩石普遍具高岭土化，从而使岩石较为疏松，密度较小，颜色变浅　21.01 m

4. 灰色中—厚层状凝灰质砾岩、含砾粗砂岩夹少量薄层状凝灰质砂岩及粉砂岩。基本层序表现为向上变细的特征；砾石成分几乎全部为粗安岩质或粗面岩质，砾径大小 1 ~ 20 cm 不等，次圆—次棱角状，分选较差，具正粒序特征；砂岩层中有时可见平行层理或低角度斜交层理　11.07 m

1. 以深灰色、紫灰色粗安质火山集块岩为主，局部夹火山集块角砾岩。岩石颜色不均，由不同结构、不同色调、不同构造的粗安岩质集块、角砾及凝灰质充填物构成，孔洞较多。角砾或集块多为棱角状，少量具塑性变形特征，大小混杂，层理不清。最大砾径可达 0.7 ~ 0.8 m，一般为 20 ~ 40 cm，上部与第 4 层之间界面起伏不平向下为深灰色辉石粗安玢岩（次火山岩体），部分被第四系覆盖，出露不全　>10.81 m

2. 岩性组合及横向变化

布嘎寺组主要分布于调查区扎布耶茶卡与夏东之间的江若拉一带，此外在夏东北东、中仓以南的多雄罗玛错也见零星露头。岩性主要为一套粗面质火山岩及其火山碎屑岩组合。在江若拉一带其下部为深灰色、深绿灰色、紫灰色粗安质火山集块岩、火山角砾岩与灰白色角砾凝灰岩、灰色凝灰质砾岩、凝灰质含砾粗砂岩及凝灰质岩屑砂岩为主，夹深灰色、绿灰色粗安岩及少量粗安质沉凝灰岩；上部以灰色、绿灰色、紫灰色粗面岩、粗安岩互层为主，夹深灰色、灰黑色粗面玄武岩、粗面质玄武质火山集块岩、角砾岩及灰色凝灰质砾岩、凝灰质含砾粗砂岩和凝灰质岩屑砂岩，偶夹白榴石粗面岩。

3. 基本层序及火山喷发韵律

布嘎寺组基本层序见 4 种类型（图 2 – 43）：A 型、B 型皆为火山质砾岩、凝灰质含砾砂岩和凝灰质砂岩组成的向上变细沉积旋回。此外，布嘎寺组火山岩地层自下而上，由岩性、岩相的规律性、周期性变化所构成的火山喷发韵律也较为发育，图 2 – 43C 和图 2 – 43D 为 P19 剖面上第一、第七喷发韵律：分别显示由粗安质火山集块岩→凝灰质砾岩→凝灰质含砾砂岩→凝灰质砂岩、由玄武粗安质火山集块岩→玄武粗安岩→粗面岩的变化特点。

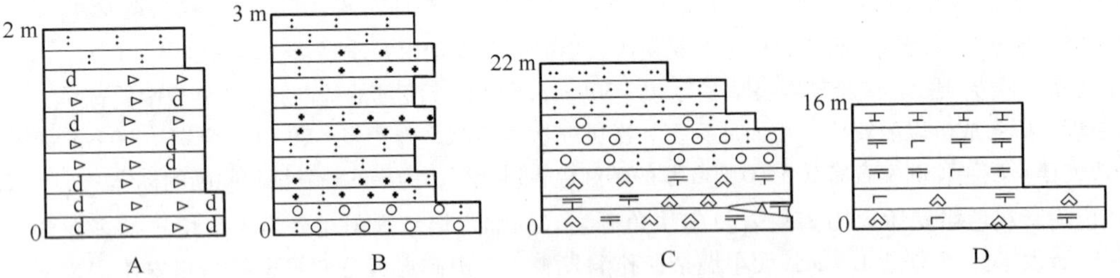

图 2 – 43　布嘎寺组基本层序及火山喷发韵律

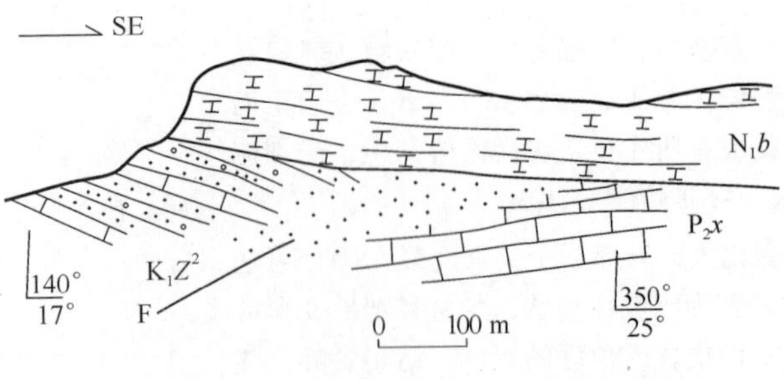

图 2 – 44　邦扎布嘎寺组与下伏地层接触关系

布嘎寺组在朗青勒剖面上厚度大于 330 m，在区内局部可见角度不整合于下拉组、则弄群、多尼组或郎山组之上（图 2 – 44）。

4. 关于新建布嘎寺组

在江若拉一带大面积出露的布嘎寺组在 1:100 万日喀则幅区调中曾被划归老第三系（古近系）达多群，《西藏自治区区域地质志》（1993）和《西藏自治区岩石地层》（1997）将达多群归并为源于李璞（1955）的“林子宗火山岩”的林子宗群。达多群（或林子宗群）在区域上为一套中—酸性钙碱性火山岩及火山碎屑岩为特征的岩性组合，而新命的布嘎寺组岩性为一套钾玄系列－过碱性火山岩，并在该组中获得15.8 Ma和15.9 Ma的K－Ar年龄值，大致应为新近纪中新世的火山岩地层，因而新建布嘎寺组。

（五）洁居纳卓组（$N_2Qp_1 j$）

洁居纳卓组是在本调查区内新建的岩石地层单位。

1. 剖面描述

措勤县达东乡洁居纳卓洁居纳卓组实测剖面（P27），位于措勤县达东乡的洁居纳卓村北西约8 km处，其起点坐标为北纬31°07′03″，东经84°52′37″，终点坐标北纬31°07′07″，东经84°52′26″（图2－45）。

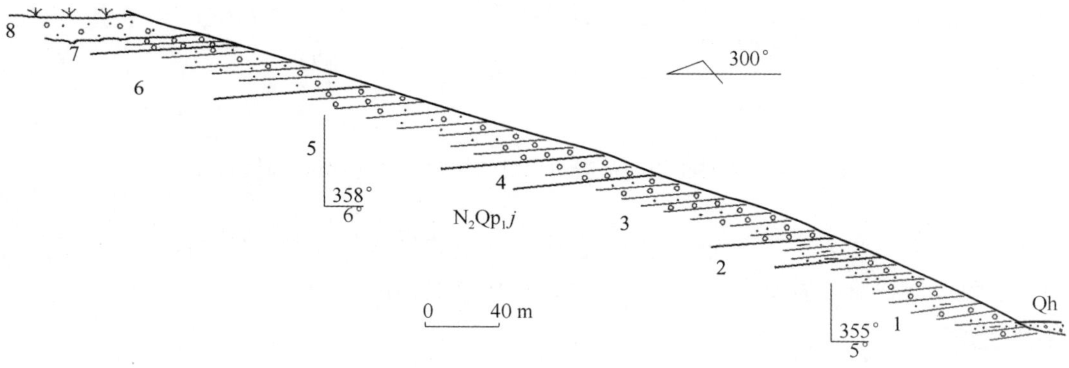

图2－45　措勤县达东乡洁居纳卓组实测剖面（P27）

上覆地层：第四系（Q）

8. 黄灰色砂砾层，未固结，砂砾层中的砾石成分主要为火山岩、次为石英岩，另见有少量紫红色砂岩砾石。砾石具叠瓦状排列，根据排列方向推断其古流向为85°

------------平行不整合------------

洁居纳卓组（N_2Qp_1j）	>118.29 m
7. 浅灰紫色块状砾岩，半固结，砾岩中砾石成分主要为火山岩、次为石英岩，砾石直径一般为3～8 cm，杂基支撑，砾石具叠瓦状排列，根据排列方向推断其古流向为155°	4.86 m
6. 浅灰紫色厚层—块状含砾粗砂岩，局部夹有少量浅灰紫色厚层砾岩。半固结至弱固结，块状构造，砂岩分选差，成分成熟度低。砾岩中砾石含量约50%～60%，杂基支撑。ESR年龄值为3.5 Ma	13.38 m
5. 浅紫红色中层状砾岩与浅灰紫色中—薄层状含砾粗砂岩呈韵律互层，砾岩中砾石成分主要为火山岩，次为石英岩，杂基支撑，砂、泥质充填。砂岩中发育平行层理和槽状交错层理	33.22 m
4. 浅紫红色块状砾岩，砾岩中砾石成分绝大部分为火山岩，少量为石英岩，颗粒支撑－杂基支撑，砾岩中砾石间为砂质泥质充填。砾石具叠瓦状排列，据此推断古水流方向为185°	8.78 m
3. 浅紫红色中—厚层状砾岩与浅紫红色中层状含砾粗砂岩呈韵律互层，砾岩→砂岩构成基本层序，每个基本层序厚约1～1.5 m。砾石成分主要为火山岩，次为石英岩，颗粒支撑－杂基支撑，砾石间为砂质、泥质充填。砾石具叠瓦状排列，据其排列方向，推断古流向为170°，砂岩中发育槽状交错层。ESR年龄为2.9 Ma	26.25 m
2. 砖红色厚层状粉砂质泥岩夹浅砖红色—紫红色中—薄层状粉—细砂岩。半固结状态，泥岩分选性差，层理不发育，含孢粉 *Pinus*	8.09 m

1. 紫红色—浅紫红色中—厚层状砾岩、含砾粗砂岩及砖红色厚层状粉砂质泥岩互层，砂岩为岩屑砂岩、块状构造，砾岩中的砾石呈叠瓦状排列，具此推断其古流向为175°，砾岩层的底部具冲刷面，含孢粉 *Pinus*，*Alnus*，*Gramineae* >16.66 m

未见底

2. 岩性组合及横向变化

洁居纳卓组仅见分布于调查区的班戈－八宿地层分区南部边缘，沿扎日南木错－洁居纳卓－普汤呈北西西－南东东方向分布，向下角度不整合于竟柱山组或则弄群之上（图2－46），上不见顶或被第四系覆盖，可见厚度在洁居纳卓一带约为118.29 m。

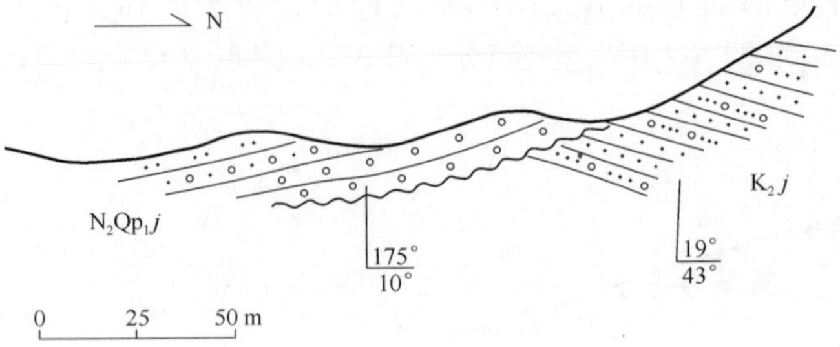

图2－46　竟柱山组与洁居纳卓组的接触关系（邱母多勒西）

洁居纳卓组岩性主要为一套半固结浅紫红色中—厚层状砾岩与浅紫红色中层状含砾粗砂岩呈韵律互层，夹砖红色厚层状粉砂质泥岩。可见平行层理和槽状交错层理。

3. 基本层序

洁居纳卓组基本层序有3种类型（图2－47）：A型基本层序为紫红色砾岩、含砾粗砂岩和粉砂质泥岩构成的向上变细沉积旋回；B型和C型基本层序为浅紫红色砾岩与含砾粗砂岩的韵律互层，含砾粗砂岩中发育槽形层理和平行层理。洁居纳卓组型基本层序为河流及泛滥平原环境沉积。

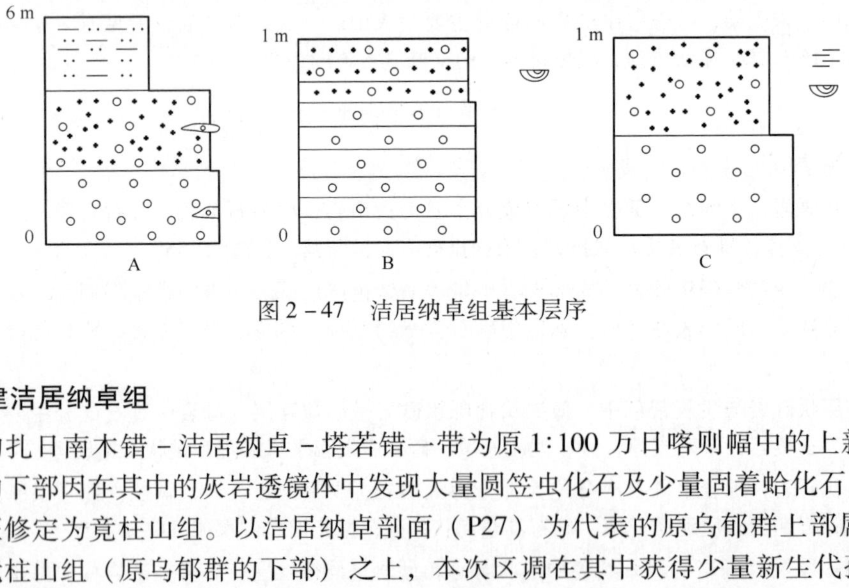

图2－47　洁居纳卓组基本层序

4. 关于新建洁居纳卓组

本调查区的扎日南木错－洁居纳卓－塔若错一带为原1:100万日喀则幅中的上新统乌郁群分布区。原乌郁群的下部因在其中的灰岩透镜体中发现大量圆笠虫化石及少量固着蛤化石，本次区调已结合区域岩性特征修定为竟柱山组。以洁居纳卓剖面（P27）为代表的原乌郁群上部属山间磨拉石建造，不整合于竟柱山组（原乌郁群的下部）之上，本次区调在其中获得少量新生代孢粉化石 *Pinus*，*Alnus*，*Granineae* 等及2.9 Ma和3.5 Ma两个ESR年龄值（属上新统），其岩层呈近水平产出，固结程度从下部的半固结向上渐过渡为松散状，据此，本报告新命名为洁居纳卓组。

（六）第四系（Q）

调查区第四系发育，广泛分布于全区，时代全且成因类型复杂多样，既有相对单一的成因类型，又有不同类型的成因组合。择其主要类型简述于后。

1. 湖积（Q^l）

更新世、全新世各时代湖相沉积分布于现代湖泊周围及河流两岸，时代越早其分布海拔越高，出露面积越小。在扎布耶茶卡北东侧，早更新世—全新世湖相沉积广泛分布于海拔 4530 ~ 4660 m 的湖盆地区。

（1）仲巴县扎布耶茶卡第四系实测剖面（P13）

剖面位于仲巴县扎布耶茶卡北岸，起点坐标北纬 31°30′47″，东经 84°02′52″，终点坐标北纬 31°30′37″，东经 84°03′41″（图 2－48）。

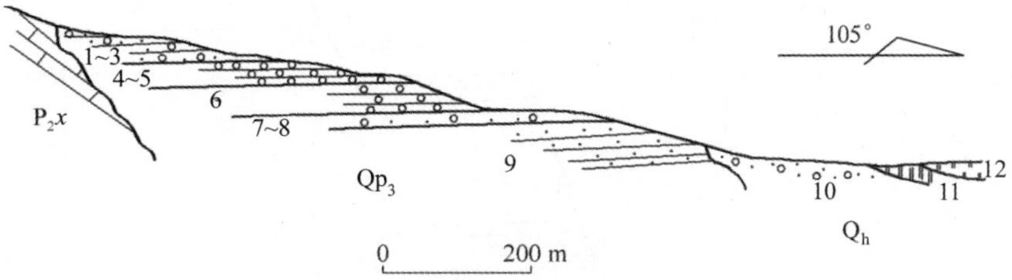

图 2－48　仲巴县扎布耶茶卡第四系实测剖面（P13）

全新统湖积（Qh^l）	> 41. 61 m
12. 灰白色盐沼沉积，主要为含盐钙质黏土，未见顶	0. 87 m
11. 灰色沼泽沉积，主要为灰色淤泥	1. 40 m
10. 灰色松散砂砾层，产状水平。砾石 2 ~ 10 cm 大小，成分以灰岩为主，砂岩、闪长岩砾石次之。砾石磨圆中等，杂基支撑，局部可见半固结砂岩透镜体	39. 34 m

～～～～～ 不整合 ～～～～～

晚更新统湖积（$Qp_3{}^l$）	97. 26 m
1. 灰色细砾层。砾石以灰岩、石英砂岩为主，磨圆较好，风化后呈松散状。ESR 测年为 15. 0 万年	6. 86 m
2. 灰色粗砾层，弱固结，略显层理。砾石成分主要为灰岩、砂岩，砾径 5 ~ 15 cm，磨圆较好。含孢粉 *Alnus*，*Aster*，*Gramineae*	2. 04 m
3. 灰色细—中砾层。砾石成分主要为石英砂岩、灰岩，砾径 1 ~ 5 cm，略显平行层理	15. 45 m
4. 灰色中细砾石层，分选较好，具成层性，半固结，颗粒支撑，砾径 1 ~ 5 cm。砾石成分主要为灰岩	8. 57 m
5. 深灰色中砾岩夹细砾岩。砾径 2 ~ 10 cm，砾石全为灰岩，颗粒－杂基支撑。半固结，略显平行层理	5. 73 m
6. 灰色中—细砾岩，略具板状层理。砾石次圆状，1 ~ 5 cm 大小，成分主要为灰岩、砂岩。钙质胶结	25. 44 m
7. 灰色细砾岩夹中层状含砾粗砂岩，后者具低角度板状交错层理	8. 07 m
8. 灰色中—细杂砾岩与薄—中层状含砾粗砂岩、砂岩呈不等厚互层。砂岩局部呈楔状、透镜状，具平行层理，大型板状交错层理，总体具向上变粗的特点。含孢粉 *Alnus*，*Aster*，*Gramineae*，该层 ESR 测年为 20. 3 万年	16. 59 m
9. 浅灰色中厚层状岩屑粗砂岩夹少量细砾岩及含砾粗砂岩，三者之比约为 4:1:1。砂岩具平行层理、板状交错层理。基本层序呈向上变细的退积结构	8. 51 m

～～～～～ 角度不整合 ～～～～～

下伏地层：下拉组（P_1x）

灰黑色薄—中层状细晶灰岩夹生物屑灰岩

（2）措勤县城西第四系简测剖面（P31）

剖面位于措勤县县城西约 2 km 的措勤河北岸，起点坐标为北纬 31°00′40″，东经 85°08′32″，终点坐标北纬 31°00′54″，东经 85°07′57″（图 2－49）。

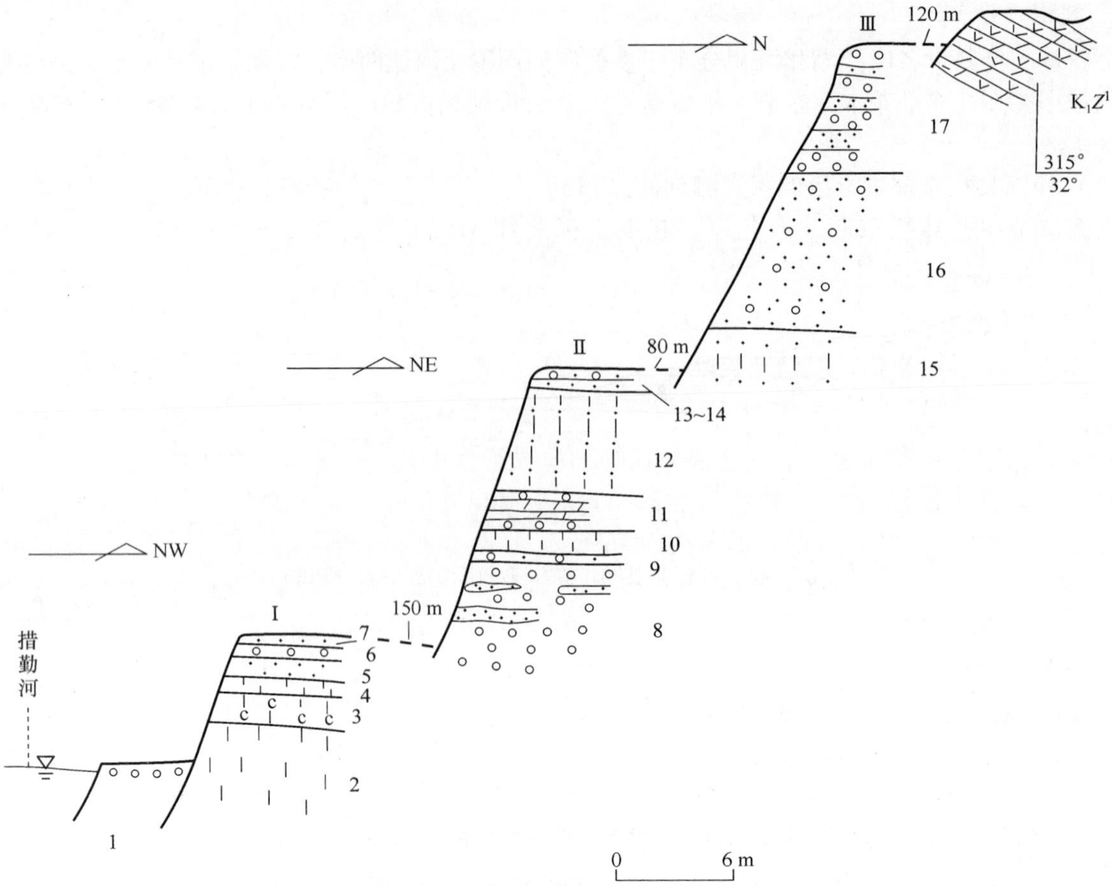

图 2-49　措勤县城西第四系简测剖面

1. 河漫滩冲积砾石层。砾石成分复杂，以火山岩为主，其次为灰岩及砂岩，呈次棱角—次圆状，砾径一般为 3 ~ 5 cm，最大可达 8 cm，结构疏松， >0.50 m

Ⅰ级阶地湖积（Qh^l） >7.71 m

7. 黄褐色含砾砂土层，该层中含细小砾石（0.1 ~ 1 cm 大小），含量约 5%，砂土中含植物根系 0.34 m

6. 灰色细砾层，砾石呈次棱角—次圆状，砾径 1 ~ 4 cm 为主，成分以火山岩为主，少量灰岩，砾石层略显层理，砾石 a，b 面近水平 0.80 m

5. 黄灰色细粒砂土层，具平行层理，上部见小型变形层理 1.30 m

4. 黄灰色薄层状亚黏土层，发育水平层理，细层厚 1 ~ 3 cm 0.87 m

3. 深黑色碳质黏土层，局部略显水平层理，风化表面为浅灰色 1.80 m

2. 浅灰色中—厚层状黏土层，略显水平层理，干结后呈块状，较坚硬，属重黏土，未见底 >2.60 m

Ⅱ级阶地湖积（Qh^l） >12.15 m

14. 黄灰色含砾松散亚砂土层。砾石为火山角砾，砂土中含植物根系 0.40 m

13. 灰白色薄层黏土层夹黄灰色薄层亚砂土层，单层厚 3 ~ 7 cm，略显水平层理 0.45 m

12. 灰黄色亚黏土层，发育垂直层面的小型节理，密度 1 条/2 ~ 3 cm，局部见水平层理 2.70 m

11. 黄灰色薄层状细砾层夹砂土层，具平行层理和小型低角度斜层理，砾径 0.5 ~ 2 cm，磨圆度、分选较好 2.10 m

10. 灰色黏土层，致密块状，干燥表面显贝壳状断口，较硬 1.30 m

9. 灰黄色含砾砂土层，上部具平行层理，底部具滞留砾石，砾石呈次棱角状，3 ~ 10 cm 大小，为火山岩砾石 0.50 m

8. 棕红色细砾层夹薄层砂土层（或透镜体），弱固结，砂层中发育小型斜层理，交错层理，斜层理反映古流向为115°。细砾层分选较好，磨圆度中等，砾径1～6 cm，成分以火山岩为主。未见底 >4.70 m

Ⅲ级阶地湖积（Qp_3^l） >21.80 m

17. 黄灰色中层状砾石层与同色粗砂层间互，半固结。砾石层下粗上细，略显层理，分选好，颗粒－杂基支撑，砾径1～5 cm占多数，次棱角状，略具定向，a，b面倾角10°～15°，示古水流方向为260°左右，砾石成分均为火山岩。粗砂层略显平行层理。该层顶部为坡角2°的平缓阶面，阶面宽120 m。向北与则弄群英安岩基岩不整合接触 7.40 m

16. 褐灰色砂砾层，出露于阶坎缓坡。砂砾层中砾石含量约30%，砾径1～11 cm，1～14 cm者居多，次棱角—次圆状，多为火山岩砾石 12.20 m

15. 灰色亚黏土、黏土层，略显水平层理。 >2.20 m

未见底

在此剖面中，Ⅲ级阶地（15～17层）阶地面海拔约为4710 m，岩性以半固结的砾、砂互层，底部可见2 m厚的亚黏土、黏土，厚度大于21.8 m，应属晚更新世的湖滨沉积，不整合于则弄群英安岩之上；Ⅱ级阶地（8～14层）阶地面海拔约4686 m，岩性为松散的含砾亚砂土、亚黏土、黏土互层，夹细砾岩，厚度大于12.2 m，属全新世的湖相夹河流相沉积；Ⅰ级阶地（2～7层）阶地面海拔4674 m，以松散的黏土层、碳质黏土层、亚黏土层为主，向上为细砂土层、细砾层和含砾砂土层，厚度大于7.7 m，属全新世湖相沉积，被现代河漫滩冲积砾石层覆盖。

2. 冲积（Q^{al}）

调查区内第四系各时代河流冲积沉积发育，分布广泛。其中全新世河流沉积沿现代河床分布，最为发育，而更新世各时代河流沉积则主要在河流两岸较高河谷阶地零星分布。多为灰色、褐灰色松散—半固结砾石和砂土沉积，砾石成分一般为灰岩、砂岩及少量火山质砾石，砾径一般2～10 cm，个别大于25 cm，磨圆度中等，呈圆—次圆状，产状近水平。部分地区冲积与洪积混合堆积。

3. 洪积（Q^{pl}）

调查区主要见有晚更新世和全新世洪积沉积，主要发育于基岩出露的山前河流出口处。岩性为砂、砾石、黏土混杂堆积，无层理，分选差。砾石大小悬殊，一般2～9 cm，最大见25 cm以上，棱角状、次棱角状或次圆状，因地而异。砾石成分可见砂岩、灰岩、砾岩、硅质岩等，其含量比例也各部位不同。

4. 沼泽沉积（Q^f）

调查区全新世沼泽相沉积较为发育，大多分布于现代湖泊边缘地带及河流周围的低洼处。主要为植物腐烂的高腐殖质黑色、深灰色黏土、砂质沉积，多呈半固结状，含大量植物根系。

5. 化学沉积（Q^{ch}）

在调查区湖泊边缘及较大河流入湖口附近常发育全新世化学沉积。在扎布耶茶卡化学沉积尤为发育，其剖面从上至下为：

5. 食盐层：为食盐、硼砂、芒硝的混合沉积，厚0.3～0.5 m，最厚1.27 m，局部夹硼砂透镜体；
4. 含白色—灰白色硼砂的灰绿色钙质黏土层，厚0.5～1 m，最厚处可达1.7 m；
3. 含粉末状硼砂及钙质黏土的芒硝层，厚1.5～2.5 m，最厚达4.3 m；
2. 黑色淤泥与硼砂互层。硼砂层2～5层不等，单层一般10 cm左右，淤泥层一般10～30 cm不等；
1. 灰色—灰黑色、灰绿色淤泥层，厚度大于5 m，含硼砂。未见底。

6. 冰川堆积（Q^{gl}）

调查区第四系冰川堆积主要发育于夏康坚雪山现代冰川周围。为砾、砂的混合堆积，砾石成分因地而异，砾石呈棱角状，无分选，砾径以10～20 cm居多，可达3 m以上，砾石成分主要为灰岩、砂岩、粉砂岩、火山岩等。中更新—全新世不同时期冰碛分布于海拔5000～5200 m，5200～5600 m，5600～5800 m间，可见冰碛堤、垄等冰川地貌。

第二节　生物地层及年代地层

一、上古生界生物地层及年代地层

（一）泥盆纪的生物地层及年代地层

Cladopora suni-Cyathophyllum normale 珊瑚组合。

查果罗玛组是一套普遍不同程度重结晶的碳酸盐岩性组合，化石稀少，即使见有化石也多因重结晶而难以鉴定。在那木切乡普古抽拉剖面中没发现可供鉴定的化石，但在填图路线中的局部结晶程度轻微的层位中见有化石。

在所发现的化石中，腹足 *Euryzone delphinuloides* 是泥盆纪典型分子，常见于中泥盆世地层中；珊瑚 *Cladopora suni*, *C. elegans*, *C. cylindrocellularis*, *C. ramosa minor*, *Thamnopora polygonalis*, *Sinocladopora* cf. *orbis*, *Cyathophyllum normale* 为中泥盆世的化石分子，*Phacellophyllum*? *crassoseptatum* 为晚泥盆世的化石，*Temnophyllum* 为中—晚泥盆世的化石；层孔虫 *Idiostroma hunanensis*, *Actinostroma devonensis* 常见于中泥盆统。综上所述，本区的珊瑚组合可称为 *Cladopora suni-Cyathophyllum normale* 组合，查果罗玛组属中—晚泥盆世地层。

（二）石炭纪的生物地层及年代地层

1. 永珠组的生物组合及时代归属

在调查区中，永珠组皆未见底，化石稀少，仅在央得勒剖面（P04）中夹有的一些薄层生物碎屑灰岩中，含有相对丰富的化石。

Vallatisporites - Laevigatoporites 孢粉组合：

在该剖面的底部（第1层）孢粉样中获得孢粉化石：皆为晚古生代—中生代孢粉类型，其中的 *Vallatisporites*, *Laevigatoporites*, *Foveolatisporites* 出现在黔南下石炭统旧司组，可称为 *Vallatisporites - Laevigatoporites* 组合。

Sychnoelasma - Zaphrentites 珊瑚组合：

剖面第4层中含有珊瑚：皆为小型无鳞板单体珊瑚，其中 *Sychnoelasma*（?）sp. 为石炭纪分子，*Zaphrentites* sp. 为石炭-二叠纪分子，可称为 *Sychnoelasma - Zaphrentites* 组合。

Eochoristites - Productus 腕足类组合：

剖面的第4~16层主要见腕足类化石：皆为晚古生代的腕足分子，可称为 *Eochoristites - Productus* 组合。其中的 *Eochoristites* sp.，*Productus* sp. 为早石炭世分子，*Brachythyrina* sp. 为石炭-二叠纪化石，但常见于下石炭统。

剖面上部14，16层中产晚石炭世双壳类 *Limipecten* cf. *multistriatus*。

综上所述，本调查区永珠组主要为下石炭统，其上部不排除有属上石炭统的可能性。

2. 拉嘎组的化石组合及时代归属

调查区中的拉嘎组化石稀少，仅在央得勒剖面（P04）、夏东乡剖面（P14）和阿布勒南剖面（P05）中分别采有珊瑚 *Amplexus intermedius* Zeng, *A.* cf. *intermedius* Zeng, *A.*? sp.，*Wannerophyllum cristatum* Gerth；腕足 *Eomarginifera* sp.，*Brachythyrina* sp.，*Martinia* sp.，*Choristites xainzaensis*, *C.* sp.；双壳 *Auiculopecten alternatoplieatus* Chao, cf. *Ducbarella papyraceus*（Sowerby）；在夏龙乡永错剖面（P10）的拉嘎组中含孢粉 *Gorgonisphaeridium*, *Granulatisporites granulatus*, *Waltzispora*, *Tripartites*, *Cyclogramisporites*, *Abiculiretusispora microgranulata*, *Apiculiretusispora*, *Vallatisporites*, *Acanthotriletes*, *Dictyotriletes*, *Pilasporites reticularis*, *Punctatisporites lacunosus maximus*, *Monilospora*, *Schulzospora*,

Florinites, *Pityosprites*, *Microreticulatisporites*。

Amplexus intermedius – *Amplexus attenuatus* 组合：

在这些化石中，孢粉皆为晚古生代至中生代的分子，其中大部分属石炭纪的组合；产于央得勒剖面（P04）第19~24层的珊瑚化石 *Amplexus*, *Wannerophyllum* 皆为小型无鳞板单体类型，为石炭-二叠纪分子，其中 *Amplexus intermedius*, *Amplexus attenuatus* 是晚石炭世的化石，可称为 *A. intermedius* – *A. attenuatus* 组合；双壳 *Auiculopecten alternatoplieatus*, cf. *Ducbarella papyraceus* 是晚石炭世的种；腕足化石皆为石炭-二叠纪的分子，其中的 *Choristites xainzaensis* 见于申扎永珠的上石炭统斯所组。

综上所述，调查区拉嘎组主要属晚石炭世地层，上部可包括部分下二叠统。

（三）二叠纪的生物地层及年代地层

1. 昂杰组的化石特征及时代归属

本调查区中昂杰组在阿布勒南（P05）采有苔藓虫 *Fenestella perelegans*, *Polypora* sp.；海百合茎 *Cyclocyclicus* sp.；在夏龙乡永错（P10）采有腕足 *Rugochonetes celticus*, *Wagenites sureshanensis*；在可如勒南路线调查中采有菊石 *Popanoceras bowmani*（图版Ⅲ-17）。

苔藓虫 *Fenestella perelegans* 是早二叠世的化石；菊石化石 *Papanoceras* 在国外见产于南乌拉尔、西伯利亚维尔霍扬、克里米亚、日本、加拿大北极区、克什米尔、帝纹等地的阿丁斯克期（Artinstian）地层，层位稳定。在我国则见产于隆林阶和罗甸阶。据此，本区昂杰组应属下二叠统上部至中二叠统底部（隆林阶—罗甸阶）。

2. 下拉组的化石组合及时代归属

如前所述，调查区下拉组大致以拉果错—扎曲—扎贡拉—雪上勒为界分为两种类型，以各具不同的生物组合为特征，反映不同的沉积环境。

界线以北的下拉组化石稀少，以含少量小型无鳞板单体珊瑚、菊石、腕足为特征。所见化石主要有：珊瑚 *Pseudoacaciapora* sp., *Sinopora xainzaensis* Lin；腕足 *Martinia orbicularis*, *ransennatia gratiosa*, *Permundaria* sp.；苔藓虫 *Meekopora* cf. *prosseri Ulrich*, *Streblotrypa* cf. *marmionensis* Etheridge, *Fistuliramus* aff. *lianxianensis* Li, *Goniocladia* sp.；水螅 *pongiomorpha* sp.；菊石 *Timorites curvicostatus* Haniel, *Paragastrioceras jossae*（Verneuil）等。在此化石组合中，菊石化石 *Paragastrioceras* 主要见产于四川、湖北、湖南、江西、浙江、安徽、江苏、内蒙古的茅口期地层，在工区内产于下拉组底部，与前述产于昂杰组中的菊石化石 *Popanoceras* 地层间距不大，因而工区产 *Paragastrioceras* 的下拉组底部应大致属祥播期地层；菊石化石 *Timorites curvicostatus* 产于工区下拉组中上部，*Timorites* 是北美开皮坦阶（Capitanian）的标志化石，还见于帝汶、西伯利亚、日本北海道、墨西哥等地的相当地层中，并见于滇西、西藏拉孜、昂仁等茅口期地层中，据此工区产 *Timorites* 的下拉组中上部应大致属冷坞阶地层。

其他腕足、珊瑚、苔藓虫、水螅等化石皆为二叠系或中二叠统的生物组合。

界线以南的下拉组中化石丰富，以含群体珊瑚、䗴及其他小有孔虫为特征，其余还见腕足、腹足、双壳、海绵、藻等化石。其中䗴化石组合可划分为两个：

Neoschwagerina craticulifera – *Nankinella minor* 䗴组合（下拉组下部）：

产䗴 *Neoschwagerina craticulifera*（Schwager）, *Nankinella inflata*（Colani）, *Nankinella minor* Sheng, *Nankinella* sp., *Nankinella xizangensis* Hang et Shi（Ms）（nov. sp.）, *Pseudodoliolina cuoqinensis* Huang et Shi（MS）（sp. nov.）, *Neoschwagerina* sp., *Pseudodoliolina regularis* Huang et Shi（MS）（sp. nov.）, *Pseudodoliolina xizangensis* Huang et Shi（MS）（sp. nov.）。可称为 *Neoschwagerina craticulifera* – *Nankinella minor* 组合，属孤峰期沉积；

Neoschwangerina pinguis – *Parafusulina shaksgamensis* 䗴组合（下拉组上部）：

含䗴 *Neoschwagerina pinguis* Skinner, *Neoschwagerina haydani* Dutkevidz et habakov, *Pravitoschwagerina* cf. *thailandensis* Toriyama, *Ozawainella* sp., *Pseudodoliolina ozawa* Yabe et Hazawa, *Pseudodoliolina regularis*

Huang et Shi（MS）（sp. nov.），*seudodoliolina xizangensis* Hang et Shi（MS）（sp. nov.），*Pseudodoliolina cuoqinensis* Huang et Shi（MS）（sp. nov.），*Pseudodoliolina* sp.，*Yangchiienia pulchella* Huang et Shi（MS）（sp. nov），*Parafusulina shaksgamensis* Reichel，*Parafusulina xizangica* Huang et Shi（MS）（sp. nov.），*Schwagerina* sp.，*Nankinella xizangensis* Huang et Shi（MS）（sp. nov.），*Nankinella inflata*（Colani），*Nankinella minor* Sheng，*Nankinella* sp.，*Rugososchwagerina shengi* Huang et Shi（MS）（sp. nov.），*Rugososchwangerna* sp. 等，可称为 *Neoschwangerina pinguis* – *Parafusulina shaksgamensis* 组合，属冷坞期地层。

综上所述，调查区内下拉组应属祥播期—冷坞期地层。

3. 坚扎弄组的化石组合及时代归属

Glossopteris – *Yuania* 植物组合：

本次区调在坚扎弄剖面（图 2 – 13）坚扎弄组中（X_3f，X_4f）采获植物化石 *Glossopteris* sp.，*Noeggerathiopsis* sp.，*Pecopteris*（*Ptychocarpus*）sp.，*Pecopteris* sp.，? *Yuania* sp.，*Pterophyllum* sp.，*Dicranophyllum*? sp.，*Phyllotheca* exgr. *australis* Brougn，? *Phyllotheca* sp. 等。此外，吴一民等（1985）也曾在坚扎弄组中采到植物化石? *Squamons leaf*，*Pecopteris* sp.，*Pecopteris* aff. *arcuata*，*Noeggerathiopsis* sp.，*Noeggerathiopsis hislopii*，*Phyllotheca* sp.（cf. *P. australis*），? *Schizoneura* sp.（cf. *S. gondwanensis*），*Sphenopleris xiagangjiangensis*，? *Plagiozamites oblongifolius*，*Carpolithus* sp.，? *Alethopteris* sp.，*Cardiocarpus* sp. 等。

Glossopteris 的首次在坚扎弄组中发现具有重要意义，*Glossopteris* 与 *Phyllotheca* exgr. *australis*，*Noeggerathiopsis* 等为冈瓦纳植物群代表性分子，新发现的 *Yuania* 与 *Dicranophyllum* 等为华夏大羽羊齿植物群的代表性分子，两种植物群的代表性分子的共存进一步证实了坚扎弄组所含植物群属华夏 – 冈瓦纳混合植物群，其植物化石组合可称为 *Glossopteris* – *Yuania* 组合。

坚扎弄组下未见底、向上被含圆笠虫化石：*Orbitolina*（*Orbitolina*）*birmanica* Sahni，*O.*（*O.*）*aliensis* Zhang 等及其他有孔虫化石：*Cuneolina immatura* He，*C. camposaurii* Sartonii et Grescenti 等的下白垩统郎山组圆笠虫灰岩不整合覆盖。植物化石 *Yuania* 的地史分布为早二叠世至晚二叠世早期，其他植物化石多见于二叠纪地层中。据此，坚扎弄组沉积时代应为中二叠世晚期至晚二叠世早期，大致为冷坞期至吴家坪期。

二、中生界生物地层及年代地层

（一）侏罗纪的生物地层及年代地层

接奴群的化石特征及时代归属

仅在调查区的申扎县剥康巴字岗剖面（P28）的接奴群下部中发现少数化石，水螅 *Spongiomorpha robasta* Yang et Wang，*Spongimorphy asiatica xaienzaensis* Deng，*Cladocoropsis mirabilis* Felix，*Cladocoropsis* aff. *mirabilis*，Felix *Cladocoropsis* cf. *lata* Feninger；刺毛虫 *Bauneia capri*（de Angelis d' Ossat）；海绵 *Phragmocoelia xizianensis*；苔藓虫 *Pleuronia* sp.；海百合茎 *Cyclocyclamina* sp.；植物化石 *Equisetites* sp.，? *Ginkgoites* sp.，*Podozamites* sp. 等。上述化石主要为侏罗纪的组合，其中 *Cladocoropsis* cf. *lata* 见于班戈中侏罗统雁石坪群，*Spongiomorpha robosta* 产于定日晚侏罗世地层中，*Bauneia capri* 见于欧洲、亚洲晚侏罗世地层。据此，暂将工区接奴群置于中—上侏罗统。

调查区内所称的接奴群上部地层仅局部见于北缘的卡马、索日阿嘎布，为一套未见顶、底的变质碎屑岩系，未见化石，西藏区调队在 1:100 万日喀则幅中将其划归接奴群。本队在测制剖面、填图及多次专门调查中也未能从中发现化石，现仍按前人意见将此套变质碎屑岩系暂称为接奴群，为与区内可见与下伏地层不整合接触的接奴群区别，暂将其作为接奴群上部，有待进一步工作以查明该段的时代属性及与其他地层单位的接触关系。

由于接奴群上部位于与工区北侧的班公错 – 怒江地层区紧邻的位置，并与此区内的中—上侏罗统木嘎冈日群在岩性、岩相、变形等特征上相似，因而不排除此套变质碎屑岩系属木嘎冈日群的可能。

（二）白垩纪的生物地层及年代地层

1. 则弄群的化石组合及时代归属

则弄群下部为一套以火山岩、火山碎屑岩为主的岩石组合，除偶可见植物化石碎片（*Equisetites* sp.）外，未发现其他化石。我们在达瓦错西侧（P24）则弄群下部之顶的安山玄武岩中获得一个71.5 Ma的K－Ar年龄值和一个128.64 Ma的Ar－Ar年龄值，在夏东乡剖面（P16）该段中获得95.7 Ma和103 Ma两个K－Ar年龄和114～111 Ma一个Rb－Sr年龄值。这些年龄值除71.5 Ma外，基本属早白垩世年龄范围，因而本区则弄群下部形成于早白垩世，可能下部包含晚侏罗世层位。

则弄群上部主要为沉积碎屑岩夹灰岩透镜体，其生物组合以郭龙剖面（P34）为代表：

Weichselia－*Ptilophyllum boreale* 植物组合（2～32层）：

产有植物化石 *Weichselia reticulata*（Stokes et Webb）Fontaine，*Weichselia* sp.，*Sphenopteris obliqua* Li，*Equisetites* sp.，*Podozamites* cf. *distantinerris* Fontaine，*Phyllotheca* sp.，？*Zamiophyllum buchianum*（Ettingshausen）Nathorst，？*Zamiophyllum* sp.，*Ptilohyllum* cf. *boreale*（Hear）Seward 等，其中 *Weichselia reticulata*，*Zamiophyllum buchianum*，*Ptilophyllum boreale*，*Podozamites distantinerris* 皆为早白垩世的植物组合；

Orbitolina（*Palorbitolina*）*discoidea*－*Orbilolina*（*Orbitolina*）*aliensis* 圆笠虫组合（33～35层）：

含丰富的动物化石，产于灰岩透镜体中，其中见圆笠虫 *Orbitolina*（*Orbitolina*）*aliensis* Zhang，*Orbitolina*（*O.*）cf. *aperta*（Erman），*Orbitolina*（*O.*）aff. *bangoinica* Zhang，*Orbitolina*（*Palorbitolina*）cf.. *discoidea* Gras，*Orbilolina*（*Columnorbitolina*）*lepida* Zhang，*Orbitolina*（*C.*）*parva* Douglas，*Neorbitoliopsis tibetica* sp. nov.。圆笠虫 *Orbitolina*（*Orbitolina*）*aliensis*，*Orbitolina*（*Columnorbitolina*）*lepida* 为早白垩世阿尔布期（Albian）的化石，*Orbitolina*（*Palorbitolina*）*discoidea* 为阿普特—阿尔布期（Aptian—Albian）的分子。

此外，本次区调中在原1∶100万日喀则幅的朗荣嘎－雪上勒达雄群剖面（P17）上采到较丰富的化石，双壳 *Pterotrigonia*（P.）cf. *brevicula*（Yehara），*Ludbrookia daxungensis* Gou，*Rasatrix* cf. *suzukii* Hayami，*Astarte subextensa* Gou，*Lopha*（*s. l.*）sp.，*Lopha*（*s. l.*）*trigona* Gou，？*Arctica* cf. *forbesiana* Stol.，？*Granocardium distortum* Gou，*Opis*（*Trigonopis*）cf. *subobliqua* Gou，*Opis*（*Trigonopis*）*taklansis* Gou，*Coelastarte* sp.，*Meleagrinella* sp.，*Goshoraia* cf. *laevigata* Gou；腹足 *Nerinea domaensis* Yu，*Nerinea* sp.，*Actaconella* sp.，*Psedomesalia* cf. *angustata* Pcelincev，*Haustator* sp.，*Biplica obliqua*（Gabb）；植物？*Zamiophyllum* sp. 等。在此化石组合中，*Ludbrookia*，*Rasatrix* 是欧洲、亚洲、美洲自早白垩世出现的属，*Astarte* 普遍分布于世界各地的早白垩世早、中期地层中，*Astarte subextensa* 见于含欧、亚、美阿尔布期（Albrian）菊石 *Hypacanthoplites* 的岗巴东山组中；*Pterotrigonia*（*P.*）cf. *brevicula*，*Opis*（*Trigonopis*）*suboliqua*，*Opis*（*Trigonopis*）*taklansis*，*Goshoraia laevigata*，*Granocardium distortum* 皆见产于拉萨彭波的巴雷姆－阿尔布期（Barremian－Albian）的塔克那组，*Pseudomesalia*，*Haustator*，*Nerinea* 常见于申扎、班戈、改则等地的下白垩统，*Biplica obliqua* 是早白垩世阿尔布期腹足类化石，此化石组合可称为 *Ludbrookia*－*Biplica obliqua* 组合。此外，苟宗海等（1995）曾在此剖面底部采到双壳 *Nuculana subspathulata*，*Pterotrigonia*（*P.*）cf. *brevicula*，*Nemocardium*，*Ludbrookia*，*Rasatrix*，*Isodomella* 等，被认为属欧特里夫－阿普特期（Hauterivian－Aptian）化石组合。

综上所述，结合岩性特征和地层间关系，原达雄群应与则弄群上部相当；根据上述则弄群上部的化石组合并结合上覆多尼组的生物化石面貌，调查区则弄群上部大致应为欧特里夫期至巴雷姆期的沉积产物。

2. 多尼组的化石组合及时代归属

多尼组在调查区夏康坚雪山东侧化石较为丰富，主要产于该组的灰岩透镜体中，西侧该组灰岩夹层少见，化石零星可见。

Orbitolina（*Columnorbitolina*）*microsphaerica* - *Orbitloina*（*Orbilolina*）*alisensis* 组合：

在郭龙剖面（P34）的56～71层中所含化石见有圆笠虫 *Orbitolina*（*Orbitolina*）*aliensis* Zhang，*Orbitolina*（*O.*）*burmanica Sahni*，*Orbitolina*（*O.*）*aperta*（Erman），*Orbitolina*（*O.*）*bangoinica* Zhang，*Orbitolina*（*Columnorbitolina*）*rutogensis* Zhang，*Orbitolina*（C.）*microsphaerica* Zhang，*Orbilolina*（C.）*parva* Douglas，*Orbilolina*（*C.*）*pengboensis* Zhang，*Neorbilolinopsis tibetica* sp. nov.，*Orbilolina* sp.；其他有孔虫 *Cuneolina camposaurii* Sarloni et Cresentti，*Cuneolina pavonia parva*（Erman），*Cuneolina immatura* He，*Daxia* sp.，*Pseudocyclamina lobate* He，*Pseudocyclamina hedbergi* Maync；珊瑚 *Calamophylliopsis xizangensis* sp. nov.，*Heliocoenia* sp.；水螅 *Spongiomorpha asiatica xainzaensis* Dong；刺毛虫 *Pseudomillestroma reticulata* Deng，*Blastochaetetes cretasia* sp. nov 等。

在此化石群中，*Orbilolina*（*Columnorbilolina*）*microsphaerica* 属晚巴雷姆期（U. Barremian）的分子，其余圆笠虫多为阿普特期（Aptian）或阿尔布期（Albian）的分子，结合上覆与下伏地层间的关系，调查区多尼组大致为巴雷姆期—阿普特期的沉积。

3. 郎山组的化石组合及时代归属

调查区郎山组以含丰富的有孔虫为特征，此外局部可见丰富的固着蛤类双壳化石，并形成固着蛤礁。在阿章剖面（P02）郎山组所含圆笠虫皆主要为早白垩世阿普特 - 阿尔布期（Aptian - Albian）圆笠虫组合，可划分为两个圆笠虫组合：

Orbitolina（*Palorbitolina*）*discoidea* - *Orbitolina*（*Columunorbitolina*）*rutogensis* 圆笠虫组合（下部，剖面的45层以下）：

产有：*Orbilolina*（*Palorbitolina*）*discoidea* Gras，*Orbitolina*（*P.*）*complanata* Zhang，*Orbitolina*（*P.*）*lenticularis*（Blumenbach），*Orbitolina*（*P.*）*umbellata* Zhang，*Orbitolina*（*P.*）*megasphaerica* Zhang，*Orbitolina*（*Eorbitolina*）*prisca* Zhang，*Orbitolina*（*E.*）*robasta* Zhang，*Orbitolina*（*Columnorbitolina*）*alticonica* Zhang，*Orbitolina*（*C.*）*chiinzhubensis* Zhang，*Orbitolina*（*C.*）*rutogensis* Zhang，*Orbitolina*（*C.*）*pengboensis* Zhang，*Orbitolina*（*C.*）*scitala* Zhang，*Orbitolina*（*C.*）*minuscula* Zhang，*Orbitolina*（*C.*）*lepida* Zhang，*Orbitolina*（*C.*）*tibetica* Cotter，*Orbitolina*（*C.*）*orientalus* Zhang，*Orbitolina*（*Orbitolina*）*aliensis* Zhang，*Orbitolina*（*O.*）*deltoides* Zhang，*Orbitolina*（*O.*）*burmanica* Sahni 等，及其他有孔虫，偶可见巴雷姆期的残余分子 *Orbitolina*（*Columnorbitolina*）*microsphaerica* Zhang。

Orbitolina（*Orbitolina*）*concava* - *Daxia cenomana* 圆笠虫组合（上部，46层以上）：

除上述下部组合的圆笠虫分子外，开始出现一些晚白垩世赛诺曼期圆笠虫分子 *Orbitolina*（*Orbitolina*）*bangoinica* Zhang，*Orbitolina*（*O.*）*concava* Lamarck，*Orbitolina*（*O.*）cf. *conica*（d'Archiac），*Orbitolina aperta*（Erman）等及晚白垩世小有孔虫：*Daxia cenomana* Cuviller et Szakall 等。

综合上所述有孔虫生物化石组合并结合下伏与上覆地层的生物群面貌，调查区郎山组应属阿普特 - 赛诺曼期沉积产物。

4. 竟柱山组的化石组合及时代归属

调查区竟柱山组的有孔虫组合可称为 *Cuneolina camposaurii* - *Rotalipora* 组合。

竟柱山组中的灰岩透镜体含有圆笠虫等有孔虫化石，在达瓦错南拍龙及麦穷错北侧采有圆笠虫 *Orbitolina* sp.，*Orbitolina*（*Columnorbitolina*）cf. *alticonica* Zhang，*Orbitolina*（*Palorbitolina*）*complanata* Zhang，*Orbitolina*（*Orbitolina*）*bangoinica* Zhang；小有孔虫 *Cuneolina immatura* He，*Cuneolina camposaurii* Sartoni et Creascenti，*Psendocyclamina* sp.，*Daxia cenomana* Cuvillier et Szakall，*Rotalipora* sp. 等。此有孔虫组合中，*Cuneolina immatura*，*Cuneolina camposaurii* 产于西藏噶尔、狮泉河、革吉、日土等地下白垩统中，其中的 *Cuneolina camposaurii* 是意大利南部凡兰吟期至阿普特期（Valangiman - Aptian）的标准化石；*Orbitolina*（*Palorbitolina*）*complanata*，*Orbitolina*（*Orbitolina*）*aliensis*，*Orbitolina*（*Columnorbitolina*）*alticonica*，广泛见于革吉、改则、申扎等地阿尔布期（Albian）地层中；*Orbitolina*（*Orbitolina*）*bangoinica*，*Daxia cenomana* 是晚白垩世赛诺曼期（Cenomanian）的常见分子；*Rotalipora*

是晚白垩世赛诺曼期—土伦期（Cenomanian - Turonian）的浮游类有孔虫。竟柱山组的有孔虫组合可称为 *Cuneolina camposaurii - Rotalipora* 组合。调查区竟柱山组沉积期大致为阿普特 - 赛诺曼期，可能包括部分土伦期。

调查区中的竟柱山组仅见覆于则弄群之上，也未见与郎山组、多尼组的直接接触，其有孔虫组合所指示的时限至少为阿普特 - 赛诺曼期，因而也不排除与郎山组、多尼组为同时异相地层的可能性。

综上所述，调查区中的则弄群上部、多尼组、郎山组和竟柱山组沉积总时限为早白垩世欧特里夫期—晚白垩世赛诺曼期（或土伦期），但相邻地层单位间生物组合互有重复，明显都为穿时的地层单位。

三、新生界生物地层及年代地层

（一）典中组的时代归属

典中组属隆格尔 - 南木林地层分区中除第四系以外的唯一岩石地层单位。北与班戈 - 八宿地层分区的则弄群下部及竟柱山组断层接触，向南则延出调查区，下未见底，向上则被第四系覆盖，为一套中酸性火山岩、火山碎屑岩，未发现任何化石。在仲巴县隆格尔塔若错南的该组英安岩中获得 63. 9 Ma 的 K - Ar 年龄值，相当于古近系古新统下部的丹尼阶（Danian）。根据岩性组合及其同位素年龄值，属林子宗群典中组。

（二）丁青湖组的化石组合及时代归属

Eucypris hengyangensis - Limnocythere? jiangsuensis 介形虫组合：

调查区丁青湖组不整合于二叠系下拉组、侏罗系接奴群及下白垩统之上，并被新近系唢呐湖组不整合覆盖。从丁青湖组中采获有介形虫 *Cypria* sp. , *Cypria subtera* Yang, *Cypris subglobosa* Sowerby, *Cypris* sp. , *Cyprinotus* sp. , *Cyprinotus lectus* Mandelstam, *Candoniella* sp. , *Eucypris ventracurva* Wei, *Eucypris hengyangensis* Guan, *Eucypris* sp. , *Limnocythere* ? *jiangsuensis* Yang, *Limnocythere* sp. , *Ilyocypris* sp. 等。该组合中，*Eucypris hengyangensis*, *Eucypris ventracurva*, *Cyprinotus lectus*, *Cypria subtera* 皆为始新世的介形虫分子，*Limnocythere jiangsuensis* 为渐新世的分子。据此，调查区丁青湖组应属始新世—渐新世的沉积产物。

（三）唢呐湖组的生物化石及时代归属

唢呐湖组在西藏羌塘盆地分布广泛，但化石少见，曾在羌塘地区的独泉湖该组中见淡水双壳、腹足类化石组合，《西藏自治区岩石地层》根据此化石组合将唢呐湖组置于中新统—上新统。

调查区中首次发现的唢呐湖组不整合于丁青湖组之上，其岩性组合及地层位置完全与羌塘盆地的唢呐湖组一致，在其中仅见植物化石 *Typha* sp. ，此植物分子在古近纪—新近纪地层中广泛分布，但在新近纪地层中最为丰富。根据此植物化石及区域地层资料，调查区唢呐湖组为新近纪时期沉积。

（四）布嘎寺组的时代归属

布嘎寺组为在本次区调中重新命名的地层单位，该组在原 1:100 万日喀则幅区调中被称为古近系达多群，后又被《西藏自治区区域地质志》对比为林子宗群。林子宗群为中 - 酸性钙碱性火山岩、火山碎屑岩组合，而本区的布嘎寺组为一套粗面质火山岩及火山碎屑岩组合，与达多群（或林子宗群）岩性明显有别。类似的粗面质火山岩地层在西藏主要见于藏北羌塘地区的鱼鳞山、美日切错、火车头山等地。从近年来积累的较多的 K - Ar，Ar - Ar 年龄值来看，主要应为新生代的火山地层。本调查区内该套粗面质火山岩仅见于江若拉—布嘎寺一带，产状近水平，可见不整合于二叠系下拉组和下白垩统郎山组之上，在郎青勒剖面（P19）该组中、上部分别获有 K - Ar 年龄值 15. 8 Ma，15. 9 Ma，相当于新近纪中新世中期的火山地层。

（五）洁居纳卓组的生物化石及时代归属

洁居纳卓组是调查区新发现、新命名的地层单位，为一套碎屑岩组合，从中获有新生代孢粉 *Pinus*, *Alnus*, *Gramineae*；获得ESR年龄值2.9 Ma，相当于新近系上新统皮亚森兹阶（Piacenzian）的年龄值；洁居纳卓组岩石呈弱固结状态，向下不整合于则弄群、竟柱山组之上，向上渐过渡为松散状沉积物。综上所述，洁居纳卓组为上新世至早更新世沉积产物。

（六）第四系沉积的时代划分

调查区第四系化石稀少，仅含有少量新生代孢粉，难以据其细分地层时代；在扎布耶茶卡剖面（P13）获有15万年和20.3万年的ESR年龄值也难以对全区广布、类型繁多的第四系进行划分，因而工区第四纪的年代地层主要根据成因类型及其组合、相对海拔高度、相互之间关系、参考前人工作成果确定。

第三章 沉积体系及地层格架分析

沉积岩的沉积体系分析方法出现较层序地层理论早，沉积体系（depositional system）的概念是Fisher和McGowan于20世纪60年代提出，是指“一种与现代的沉积体系相关的相、环境及伴随的过程组合”，因此，“古代沉积体系是成因上被沉积环境和沉积过程联系起来的相的三维组合”，沉积体系是某种沉积环境的特定沉积产物，这一概念强调了沉积体系内“相”在空间上的成因联系。组成沉积体系的基本单元是相。“相应该是在一定的沉积条件下形成的一种有特色的岩石，这种沉积条件反映一种特定的过程或环境”（Reading，1978）。国外一些学者Weimer（1981）和Galloway（1984）提出“成因相”或“成因单元”表示沉积体系分析中“相”的特定范畴。沉积体系和成因相的概念在国内被许多学者采用（李思田，1992，1996；焦养泉等，1995）。在沉积盆地分析中，国内的一些学者将沉积体系称之为“相组合”，也使用如“相”、“亚相”、“微相”的概念。

沉积体系分析方法与相模式研究的主要不同在于：相分析模式研究中突出了垂向层序研究，并以其作为模式特征的主要形式，尽管一些沉积学家也指出追索横向关系的重要性，但并未能从概念体系与工作方法上解决沉积体系内部构成和空间配置的三维研究。沉积体系分析的特色时强调相的三维组合关系，强调环境、过程与几何形态统一，因此，沉积体系分析在能源勘探中有很大的实用性，并成为当代沉积学最重要的概念之一（李思田，1996）。

沉积体系分析的方法在层序地层理论出现后赋予了新的含义，Brown和Fisher（1977）提出了沉积体系域（depositional system tract）的概念，其定义是同期相联结的一套沉积体系，它表现为有成因联系的沉积体系在平面上相互过渡的现象。层序地层学的关键问题是研究等时界面，并以此为基础重建盆地的等时性地层格架。在成因上有联系的一系列相和沉积体系是等时地层格架中的建造块，其三维配置规律的阐明是提供预测沉积体系的基础。而露头上的沉积体系和成因相研究是盆地层序地层格架确立和盆地构造演化研究的基础。

第一节 沉积体系特征及沉积相构成

研究区的沉积环境可分为三类：海相沉积、陆相沉积和海陆交互相沉积。依据岩石的自然属性和沉积特征以及发育的化石所反映的环境信息，共划分出7种沉积体系（表3-1）。

表3-1 沉积体系、沉积相及发育的主要层位

<table>
<tr><th>沉积体系</th><th colspan="2">沉积相</th><th>主要层位</th></tr>
<tr><td rowspan="3">碳酸盐台地</td><td rowspan="2">开阔台地</td><td>滩</td><td rowspan="2">查果罗玛组、下拉组
郎山组一、三段</td></tr>
<tr><td>滩间</td></tr>
<tr><td colspan="2">台地边缘相</td><td>调查区东北部郎山组</td></tr>
<tr><td rowspan="2">滨海沉积体系</td><td colspan="2">前滨相</td><td rowspan="2">接奴群</td></tr>
<tr><td colspan="2">近滨相</td></tr>
<tr><td rowspan="3">浅海陆棚沉积体系</td><td colspan="2">碳酸盐陆棚</td><td>郎山组一段下部</td></tr>
<tr><td colspan="2">混积陆棚</td><td>昂杰组</td></tr>
<tr><td colspan="2">碎屑陆棚</td><td>永珠组</td></tr>
<tr><td>斜坡沉积体系</td><td colspan="2"></td><td>永珠组</td></tr>
</table>

续表

沉积体系	沉积相	主要层位
冰海沉积体系	块状冰碛岩相	拉嘎组
	坠石纹层岩相	
	冰海水下扇	
三角洲沉积体系		坚扎弄组
扇三角洲沉积体系	水下分流河道	竟柱山组
	前积砂体	
	重力流沉积	
	间湾沉积	
湖泊沉积体系		丁青湖组
冲积－河流沉积体系		第四系

一、碳酸盐台地沉积体系

碳酸盐台地的经典地区是现代碳酸盐沉积区的巴哈马滩和波斯湾南岸，前者代表了四周为深水的孤立碳酸盐台地（isolated carbonate platform），后者与陆地毗连。Wilson（1975）认为正常的碳酸盐沉积作用可以有效地将碳酸盐缓坡（carbonate ramp）转化为碳酸盐台地，碳酸盐缓坡上的生物建造能形成陡峻边缘脊发育的碳酸盐台地。

碳酸盐台地以平坦而广阔的地势和浅海碳酸盐沉积为特征。台地的边缘多发育坡折明显的边缘带，台地内生物繁盛。碳酸盐台地沉积体系发育的大地构造背景以稳定大陆克拉通为主。调查区的碳酸盐台地沉积体系发育于泥盆系查果罗玛组、二叠系下拉组及郎山组一、三段，岩性以亮晶生物碎屑灰岩、颗粒灰岩和泥晶灰岩为主。生物有群体珊瑚、腕足类、腹足类、鲢等。台地边缘环境以发育棱角状—次圆状砾屑灰岩为特征。

（一）开阔台地相

在开阔台地上，由于海平面的升降和碳酸盐沉积速度的影响，形成了向上变浅或变深的沉积序列，在申扎县剥康巴织日阿弄二叠系下拉组开阔台地碳酸盐沉积有两个“深－浅－深”的沉积旋回构成，海水相对较深时期以发育深灰色微晶灰岩，海水相对较浅时以生物碎屑灰岩和砾屑灰岩为主。

开阔台地相中的微相主要有浅滩、滩前和滩间洼地。浅滩微相发育在海底较隆起的地区，代表了高能沉积环境。扎曲一带郎山组一段发育碳酸盐浅滩，以介壳灰岩，生物碎屑灰为主，内碎屑呈砂级或砾级，生物化石碎屑泥晶化较重，多形成生屑或内碎屑颗粒灰岩和泥粒灰岩。浅滩向海一侧的滩前或滩间则是低能环境，堆积有含上述生物的粒泥和泥状灰岩。

（二）台地边缘相

台地边缘相：包括边缘滩和边缘礁两种类型，调查区内台地边缘礁相较少。在早白垩世晚期的郎山组中仅见有规模较小的固着蛤礁灰岩（图3－1），并未构成台地边缘相的主体，而台地边缘滩相对发育，以调查区东北部郎山组三段为代表。台地边缘滩中的颗粒以生物碎屑和内碎屑为主，两者可共生，生物主要有双壳类、圆笠虫、腹足类和固着蛤。

二、滨海沉积体系

滨海是在正常浪基面以上的海洋区域，按海岸地貌特征可分为有障壁海岸和无障壁海岸，有障壁海岸发育的障壁地形将近岸的海域和大洋完全或部分隔开，海水呈局限或半局限的流动状态。无障壁海岸主要受波浪及沿岸流的作用，由海滩组成。调查区未发现有障壁海岸沉积，无障壁海岸沉积发育

图3-1 早白垩世郎山组固着蛤礁灰岩

于接奴群下部，可细分为前滨相和近滨相。

（一）前滨相

前滨是海滩的潮间地区（平均高潮位与平均低潮位之间），波浪的“冲流-回流”作用是前滨带的沉积构造以冲洗交错层理（图版Ⅵ-1）和平行层理（图版Ⅵ-2）为主，同时发育有小型的底冲刷构造（图版Ⅵ-3）。

（二）近滨相

近滨又称为临滨，深度范围在平均低潮线到正常浪基面之间，是远滨作用（陆架作用）与前滨作用之间的过渡区。在近滨带中波浪作用和生物作用十分强烈并呈现相互消长的特征，在高能条件下，由于生物成因构造不发育或保存的可能性小，原生构造占主要地位，而在低能条件下，生物改造作用十分强烈，致使沉积物变成均匀的、分选差、实际上无构造的沉积。接奴群的近滨相是高能环境沉积，生物扰动构造不发育，主要为高角度交错层理砂岩（图版Ⅵ-4），垂向上覆于前滨相平行层理砂岩之上。

三、浅海陆棚沉积体系

浅海陆棚沉积体系是指朝海岸方向与近滨或大陆相邻，朝滨外方向与斜坡或盆地相邻的浅水环境下沉积的陆源碎屑岩或碳酸盐岩。以碳酸盐岩为主的陆棚又称为碳酸盐陆棚，以陆源碎屑沉积为主的浅海陆棚沉积又称为碎屑陆棚，以碳酸盐岩和陆源碎屑沉积相伴发育的陆棚又称为混积陆棚。在陆棚环境内的生物化石具有保存完整和分异度高的特点。

调查区的浅海陆棚沉积体系以石炭纪的永珠组为代表，在申扎县剥康巴央得勒地区，永珠组发育三种类型的沉积组合：泥页岩-砂岩组合、泥页岩-灰岩组合及钙质泥岩-砂岩组合（图3-2）。其中砂岩为石英砂岩和岩屑石英砂岩，主要发育平行层理和波状层理，砂岩的顶面有时发育有双壳类化石构成的介壳层，砂岩和粉砂岩层面上还常见有平行层面的生物遗迹化石。泥页岩和钙质泥岩中发育水平层理和小型斜交层面的生物遗迹，灰岩主要为生物灰岩和泥灰岩。

（一）碳酸盐陆棚相

由于陆棚环境中坡度和陆源物质供给的色彩，碳酸盐陆棚较难形成大规模的沉积，在时空上或过渡成含较多陆源碎屑的混积陆棚，或演变成碳酸盐缓坡（台地）。郎山组一段的下部为碳酸盐陆棚沉

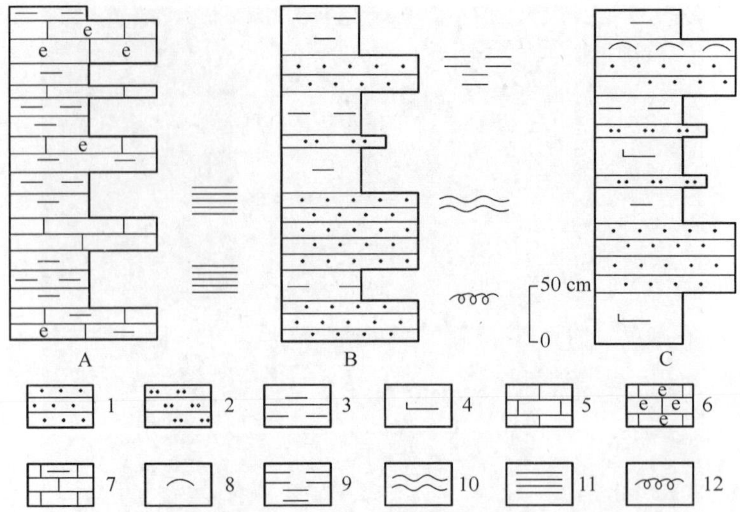

图 3-2　申扎县巴央得勒地区下石炭世永珠组陆棚沉积体系沉积组合

1—砂岩；2—粉砂岩；3—泥页岩；4—钙质泥岩；5—灰岩；6—生物灰岩；7—泥灰岩；8—介壳层；9—平行层理；10—波状层理；11—水平层理；12—生物遗迹

积，向上演变为碳酸盐台地。

（二）混积陆棚相

混积陆棚沉积中的陆源碎屑沉积以砂岩和泥岩为主，砂岩以席状砂体最为常见，泥岩发育水平层理或与砂岩互层产出，碳酸盐岩沉积主要为生物碎屑灰岩。在改则县那木切乡早二叠世昂杰组混积陆棚沉积中，早期发育生物碎屑灰岩夹石英砂岩，生物成分以海百合茎、腕足类和珊瑚为主，中期沉积了约 150 m 的中厚层状长石石英砂岩夹少量粉砂质泥岩，晚期为粉砂质泥岩夹石英砂岩。

（三）碎屑陆棚相

碎屑陆棚沉积以石炭系永珠组上部为代表，岩性以砂岩和泥页岩为主，横向上向岸与滨海沉积相邻，向海与斜坡沉积相接。永珠期沉积一般可分为砂岩亚相、混积亚相和泥岩亚相。砂岩亚相中陆源沉积以砂岩为主，砂岩中发育平行层理和波痕构造；混积亚相砂岩与泥页岩比在 2∶1 ~ 1∶2 之间，宏观上与浊积岩相似，砂岩中发育波状层理和平行层理，生物遗迹发育，介壳类化石发育在砂岩的顶面；泥岩亚相发育在陆棚近斜坡的位置，主要以泥岩和粉砂岩为主，平行层面的遗迹化石发育。

四、斜坡沉积体系

大陆斜坡位于外陆棚或陆棚与陆隆之间，地势较陡，一般在 3° ~ 6°。调查区的大陆斜坡沉积体系见于永珠组。措勤县下冬乡早石炭世永珠组为陆棚坡折外的斜坡沉积，其特征以发育浊积岩沉积为特征，岩性组合可分为三种组合（图 3-3）。组合 A 为发育平行层理的砂岩和发育水平层理的泥岩互层；组合 B 为块状含砾不等粒砂岩与平行层理石英砂岩互层；组合 C 为多个“含砾不等粒砂岩 - 平行层理石英砂岩 - 泥岩夹粉砂岩透镜体”沉积旋回构成。

除陆棚外的大陆斜坡之外还有碳酸盐台地边缘斜坡，发育在碳酸盐台地边缘的斜坡沉积一般缺少粗粒度的陆源碎屑沉积，滩地边缘的滩或礁在波浪、风暴浪和重力的作用下产生崩塌、滑动、在斜坡带沉积下来，台地边缘生物滩或生物礁灰岩破碎搬运砾屑灰岩或角砾状灰岩沉积。调查区东侧的郎山组中发育了大套含生物碎屑灰岩角砾的灰岩和砾屑灰岩，角砾成分为灰色亮晶灰岩与生物碎屑灰岩，粒径 10 ~ 35 cm，角砾间为灰泥与细砾级生物碎片或生物碎屑灰岩充填，无分选和磨圆（图 3-4），而在图幅内的郎山组则为一套台地相碳酸盐沉积。

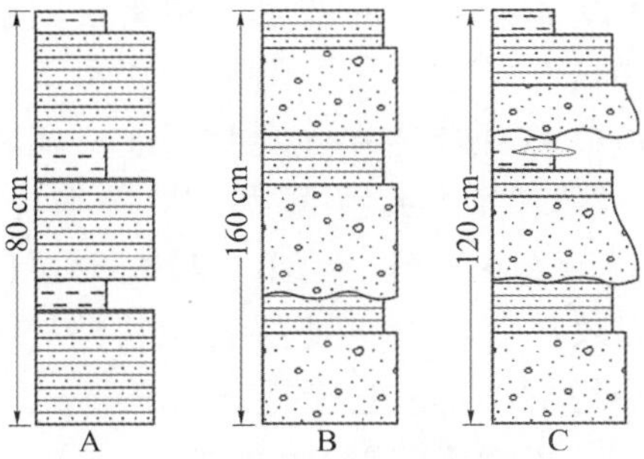

图 3－3　措勤县下冬乡早石炭世永珠组斜坡沉积体系沉积组合类型

图 3－4　调查区东部郎山组碳酸盐台地边缘斜坡相角砾灰岩

五、冰海沉积体系

冰海环境包括与濒海冰川或冰架邻接的海。这些冰块通过筏运和通过海水温度、盐度、密度和悬浮沉积物浓度的变化所引起的正常海洋过程的改变，从而影响沉积物的搬运。冰筏搬运的碎屑可搬运到远岸沉积，形成粗细两极悬殊的双众数分布，其中坠落的砾石可以穿透或撞弯下伏的纹层，在差异压实作用下，围绕坠石的纹层被挤在坠石的周围。而在冰川的末端，大量岩屑被释放到海底，形成冰碛砾岩带，冰碛砾岩带的加积和进积作用使沉积物失稳而引发滑塌作用。

在石炭纪早期，冈瓦纳大陆飘过南极，冰川中心发育于南美和非洲南部，至石炭纪晚期扩散到南极洲、印度及冈底斯地块和澳大利亚。调查区的石炭纪拉嘎组沉积了一套冰海沉积。主要发育块状冰碛岩相、坠石纹层岩和冰海水下扇沉积。

（一）块状冰碛岩相

块状冰碛岩结构特征为混杂结构沉积岩，缺乏内部层理，横向相对稳定，厚度在 2～10 m，分选性差或无分选（图版Ⅵ－5～8）。冰碛砾石可见有两级：毫米级和厘米到几十厘米级，其中毫米级砾石含量达 10%，砾石棱角状或次棱状，成分以石英岩、花岗岩和燧石质为主，无分选。厘米级到几十厘米级砾石以次圆状到次棱状为主，多为花岗质，零星状分散保存。块状冰碛岩在空间上以席状、舌状体和楔形体形式产出。块状冰碛岩的底部发育侵蚀面或与基底呈过渡接触。块状冰碛岩是冰川或冰盖延伸入海的沉积产物，冰川或冰盖携带的碎屑物质在卸载过程中与海水混合后形成块体流沿斜坡向深水区运动，块体流在运动的过程中对下伏沉积物的拖曳作用使下伏早期沉积的砂岩和泥岩产生变形，或形成底部的冲刷面。

（二）坠石纹层岩相

在海相纹层状泥岩中沉积的冰筏砾岩在空间上较块状冰碛岩远离冰川，海相沉积构成了该岩相的背景沉积，冰筏砾石“悬浮”在海相纹层状泥岩之内，在垂向上可过渡到块状冰碛岩沉积。

（三）冰海水下扇相

以发育水道砾岩为特征，空间上发育在单个冰海沉积旋回的晚期，下伏块状冰碛岩沉积，包括水道砾岩亚相、水道砂岩亚相和席状砂岩亚相三种类型沉积。水道砾岩亚相和水道砂岩亚相构成了冰海水下扇沉积的主体，并多以多个水道叠置体砾岩或砂岩构成的透镜状的砾岩或砂岩产出，水道内的砾石以圆状和次圆状为主，砾石颗粒支撑，颗粒之间为砂和细砾充填，水道砾岩的底冲刷面发育。席状砂发育于水道砾岩之上，呈席状或长透镜状展布，单层厚度一般小于 20 cm，发育平行层理。冰海水下扇发育于冰海沉积旋回的中晚期，水道沉积是冰川或冰盖在退却过程中单向水流携带碎屑物质冲刷和卸载的结果，席状砂岩为水道前缘漫流沉积产物。

拉嘎组的冰海沉积层序主要有三种类型：A 型层序（图 3-5A）的背景沉积为纹层状泥岩和含冰筏砾石的纹层状泥岩，块状冰碛砾岩直接叠覆于纹层状泥岩之上，中上部发育水下扇砾质水道和席状砂岩，顶部有时发育中层状生物碎屑灰岩，生物以海百合茎和腕足类为主，团粒、双壳类和珊瑚碎片次之，泥晶胶结，生物碎屑灰岩顶面为泥岩超覆面。A 类层序以上升半旋回为主、下降半旋回居次的完整沉积旋回，见于拉嘎组的下部；B 型层序（图 3-5B）以变形层理砂岩上发育块状冰碛砾岩和水下扇砾岩为特征，背景海相沉积以纹层状泥岩夹薄层席状粉砂—细砂岩为特征，为一向上变粗的沉积半旋回，该类型层序见于拉嘎组的中部；C 型层序（图 3-5C）发育于纹层状泥岩或含冰筏砾石纹层状泥岩之上，下部为含漂砾和砂球的变形层理砂岩，中上部为发育槽形层理的砂岩，层序的上部为席状细砂岩夹页岩，垂向上构成了细—粗—细的沉积旋回，该型层序发育于拉嘎组的上部。A 型层序和 B 型层序为靠近冰川一端的冰海环境沉积，C 型层序则相对远离冰川。

六、三角洲沉积体系

三角洲沉积体系是河流入海或入湖的扇状河口沉积。调查区的三角洲沉积体系仅见于二叠纪的坚扎弄组，坚扎弄组在调查区出露的范围有限，出露于夏康坚雪山东坡，岩性为灰白色中—薄层石英砂岩、粉砂岩与深灰色、黑色碳质页岩不等厚互层，夹薄层砾岩及煤层（线），下未见底。

七、扇三角洲沉积体系

扇三角洲是指从邻近高地直接进入稳定水体的冲积扇，Nemec 等（1988）强调扇三角洲是由冲积扇提供沉积物并主要发育于水下或完全发育于水下的楔状体，是活动的冲积扇与水体之间的沉积体。与三角洲沉积体系相比，扇三角洲具有沉积物粒度较粗的特点和空间上多与盆地边缘活动断层发育有关。调查区的扇三角洲沉积体系主要发育于白垩纪竟柱山组，竟柱山组扇三角洲沉积主要发育于水下，这类扇三角洲又被称为近岸水下扇。竟柱山组扇三角洲沉积体系主要发育以下几类沉积相：

（一）水下分流河道沉积

以下凸上平的透镜状砂岩或砾岩构成（图 3-6），或由多个透镜体构成的叠置体。底部冲刷面清楚，透镜体内发育槽形层理和向上变细的特征（图版Ⅶ-3）。

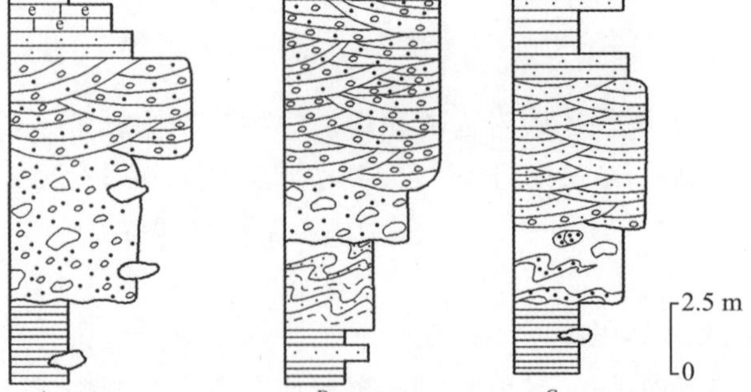

图 3-5　中石炭世拉嘎组冰海沉积层序类型

图 3-6　水下分流河道与间湾

（二）前积砂体沉积

在扇三角洲快速建造期在扇三角洲前缘沉积的以板状交错层理为特征的砂岩与含砾砂岩（图版

Ⅶ-1)，此外，在水下分流和到前缘也常见有低角度板状交错层理砂岩，两者构成了扇三角洲前积砂体沉积的主体。

（三）重力流沉积

由于高速率物质供给和构造陡岸地貌导致了在扇三角洲沉积中大量发育重力流沉积，主要的重力流有滑塌构造、水下泥石流、颗粒流和浊流。①水下滑塌构造（图版Ⅶ-4）是由于扇三角洲前缘沙坝（扇三角洲头部）沉积速率过快而导致沉积物失稳，未固结的沉积物沿陡坡向盆地滑动形成的，主要发育于重力流沉积的早期，以未扰动层之间的一个带出现，变性层的上接触面是渐变的，变形层内的构造型式不规则，滑塌构造层随沉积物岩性、固结程度、滑塌块体厚度和运移距离相关。水下滑塌构造继续发展可形成水下泥石流沉积，或减弱形成能量较低的砂质重力流（常发育有砂球构造，图3-8）。②水下泥石流（图版Ⅶ-6，7）是由含水的泥基质携带碎屑以高浓度流态搬运沉积的产物，底界面一般较平整，下部发育到粒序，碎屑为源区半固结的砂岩和粉砂岩。③颗粒流沉积（图3-7；图版Ⅶ-2，5）为中到厚层的砾岩或含砾砂岩构成，底界面发育负载构造或冲刷面，垂向上发育倒粒序→正粒序沉积序列，颗粒流是粒状沉积物在运动过程中相互撞击产生的分散压力使非黏性的沉积物块体发生流动，在运动的过程中由于动力筛效应使细粒碎屑向下沉淀，当分散压力减小时发生沉积作用。④浊流沉积以发育递变层理的中粒—细粒砂岩与泥页岩互层构成，砂岩的底界面发育冲刷构造。

（四）间湾沉积

间湾发育在水下分流河道之间，主要沉积物为分流水道的越岸沉积与湖泊泥质沉积，在近岸部位由于湖平面的升降可是沉积物短期暴露地表而形成“干裂”（图3-9a），水下部位以发育沙纹层理粉砂岩与越岸细砂岩为主（图3-9b），砂岩的顶面发育不对称波痕（图3-9c）和干涉波痕（图3-9d）。

图3-7　颗粒流沉积（粒序）

图3-8　竟柱山组粉砂质泥岩中的“砂球”

八、湖泊沉积体系

湖泊沉积体系主要发育于新生代地层中，渐新世丁青湖组湖泊沉积体系包括了底部的滨湖沉积和上部的浅湖沉积，沉积物以陆源碎屑沉积为主，岩屑砂岩和长石石英砂岩多见，滨湖沉积中夹有砾岩浅湖沉积发育于丁青湖组中部，岩性为浅灰绿色泥岩夹中薄层白云质泥晶灰岩、薄层砂岩，具水平层理。小型沙纹层理。中新世唢呐湖组湖泊沉积以褐灰色泥灰质岩为主，泥灰岩中发育砾屑、玛瑙纹状纹层和晶洞构造，产淡水型腹足类。在第四纪沉积中，盐湖相纹层状膏盐沉积发育（图3-10）。

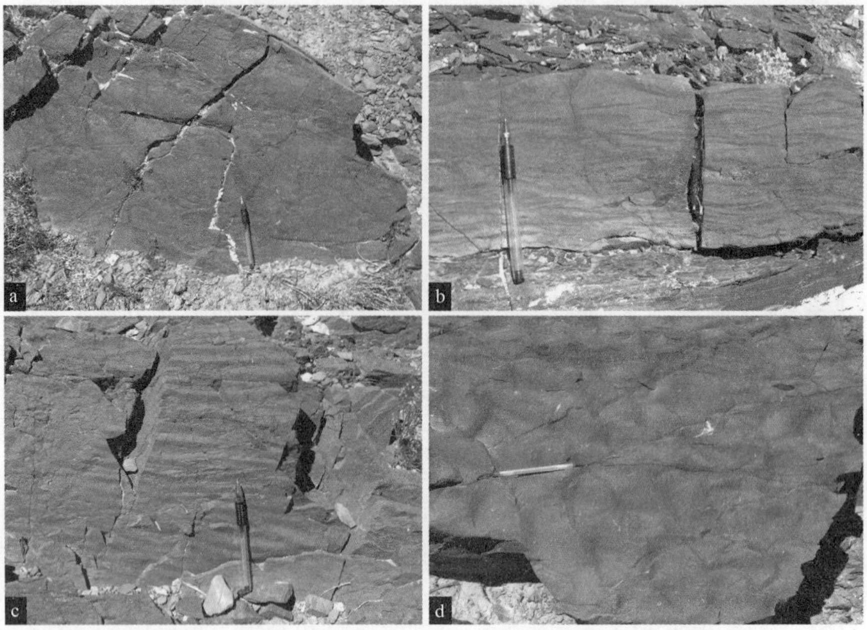

图 3－9　措勤县洁居纳卓竟柱山组扇三角洲沉积体系中的间湾沉积

a—泥岩中的泥裂构造；b—泥质粉砂岩中的沙纹层理与上部的重荷模砂岩；
c—细砂岩顶面的不对称波痕；d—细砂岩顶面的干涉波痕

图 3－10　第四纪盐湖沉积——膏盐层

九、冲积－河流沉积体系

冲积沉积体系与河湖沉积体系主要发育在新生代，是青藏高原隆升过程中的沉积记录。冲积沉积体系见于中新世唢呐湖组的下部，为一套厚层到巨厚层的砾岩夹砂岩，砾石的成分主要为盆地边缘山地的二叠纪灰岩，砾石之间被砖红色泥充填，砾石有一定的磨圆。此外，在山前带也常见有现代冲积扇沉积。河流沉积体系主要见于现代河流沉积与河流阶地沉积。

第二节 沉积相时空分布及演化

研究区发育的最老地层为中晚泥盆世查果罗玛组，整个晚古生代为构造相对稳定的海相环境。晚二叠世发生构造抬升，使调查区缺失晚二叠世晚期到早侏罗世的沉积。在中生代，本区以海相碎屑岩沉积为主，夹有火山喷发相和海相碳酸盐沉积。新生代，随着青藏高原隆升作用沉积了一套陆相碎屑岩，短时发育盐湖相沉积。

一、古生代沉积相特征

（一）中晚泥盆世查果罗玛组沉积相展布

调查区发育的最老地层为中晚泥盆世查果罗玛组，在改则县那木切乡普古抽拉，查果罗玛组主要为砂屑亮晶灰岩、砾屑亮晶灰岩（砾屑成分为泥晶灰岩）和纹层状灰岩，上部见有群体珊瑚、腹足类、腕足类化石。查果罗玛组的岩性和沉积构造说明其沉积环境少有陆源物质供给，主要为内碎屑，发育亮晶结构说明水体的开放性较好，化石门类较多和群体珊瑚的发育反映了当时的沉积环境为开阔台地环境。

（二）早石炭世永珠组沉积相展布

石炭纪永珠组分布于调查区中部的夏东和东北部的阿布勒（图 3－11）。在夏东，永珠组以重力流沉积为特征，垂向上向上变粗，为进积型浊积扇沉积，剖面的顶部出现砾岩相，代表了有较大坡度的斜坡环境。在阿布勒地区，永珠组总体呈现向上生物碎屑灰岩增多的特征。永珠组的沉积环境为陆棚海环境中的内陆棚亚相和混积陆棚亚相，该剖面中未出现砾岩，生物碎屑相对较为发育，说明当时的陆源碎屑供给相对较弱，水平状的虫迹发育也说明了同样的相对平静的环境。

（三）晚石炭世拉嘎组沉积相展布

拉嘎组在调查区以陆源碎屑岩沉积为主，夹有少量的生物碎屑灰岩。陆源碎屑主要有两种组合：砾岩－砂砾岩组合与砂岩－泥岩组合，其中砾岩－砂砾岩组合为冰泛期发育的水下扇近端沉积，砂岩－泥岩组合代表的是冰海环境下的水下扇远端沉积和浊流沉积。生物碎屑灰岩在调查区的北部发育有两层，在调查区中部的夏东仅见有上部层位灰岩，沉积环境是间冰期沉积（图 3－12）。调查区拉嘎组的横向沉积相特征和变化分述如下：

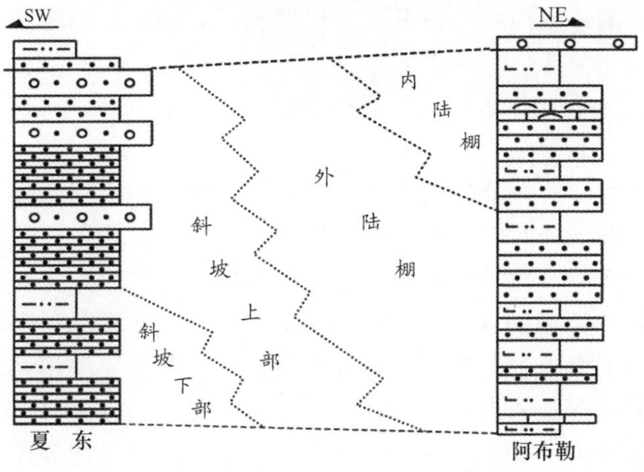

图 3－11 石炭纪永珠组沉积相对比图

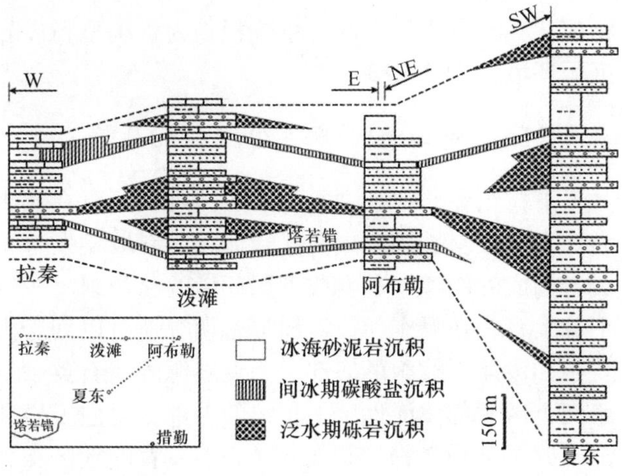

图 3－12 拉嘎组沉积相对比图

在调查区西北部的那木切，拉嘎组分为三个向上变细的沉积旋回，其中上部沉积旋回以发育䗴粒灰岩为特征，其中的䗴粒以高能真䗴为主，䗴粒灰岩中夹有砾屑，砾屑成分为䗴粒灰岩和结晶灰岩，此外还有少量的石英砂屑。中部旋回和下部旋回的底部发育砾岩和含砾砂岩，单个小旋回的上部常有亮晶生物碎屑灰岩。

在调查区北部泼滩一带，拉嘎组发育三套砾岩或含砾砂岩，其中中部的砂砾岩厚度最大，达 109.18 m，砾岩的底界面清楚，砂岩发育波痕和重荷模。该区的碳酸盐沉积主要为粉晶灰岩和微晶灰岩，而且灰岩的单层厚度较小，为薄层灰岩。

调查区东北部的阿布勒地区，拉嘎组由向上变细的两个沉积旋回构成，单个沉积旋回的下部以发育含砾石英砂岩夹薄层粉砂质泥岩构成，砾石成分为石英岩和再沉积泥岩，砾石直径 4 ~ 80 mm，垂向上发育粒序层理，底冲刷面发育，为水下重力流的近源沉积。旋回的上部为石英砂岩与中薄层生物碎屑灰岩与黑色薄层粉砂质泥岩构成的厘米级小旋回构成，生物碎屑灰岩中的生物成分以海百合茎、腕足类和双壳类为主，有少量的珊瑚化石。代表了相对稳定环境条件下的陆棚沉积，

在调查区中部夏东地区的永珠组最厚，达 1 520 m，与下伏永珠组整合接触，拉嘎组的总体特征为由细到粗再变细的垂向变化序列，陆源碎屑沉积占了总厚度的 90% 以上。拉嘎组中部的三套砂岩或含砾砂岩有砂体厚度向上变厚的特征，下部和上部的泥岩夹砂岩中的砂体单层厚度较小，内部的粒序层理发育，此外还夹有含砂生物碎屑灰岩，生物碎屑为海百合、海胆和腕足碎屑，灰岩中的砂粒为磨圆较好的石英。从总体特征上看拉嘎组的沉积环境为斜坡环境，沉积物的粒度粗细变化对应的是冰海环境的浊积扇近端或远端沉积，其成因与当时冰川活动强弱产生的物源供给变化有关。

（四）早二叠世昂杰组沉积相展布

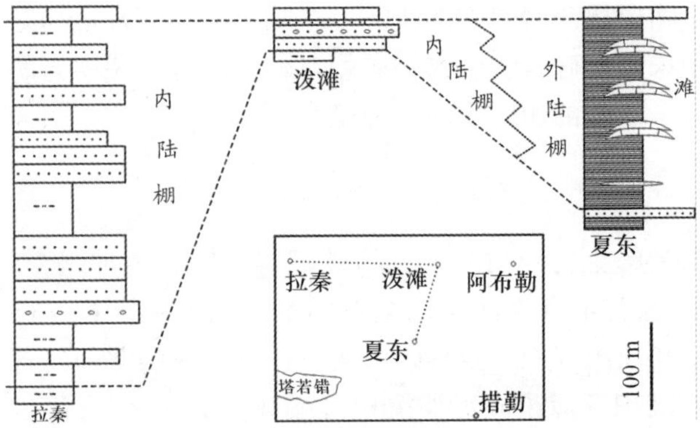

图 3 – 13　昂杰组沉积相对比图

昂杰组在调查区出露厚度较小，主要为陆源碎屑岩沉积。厚度最小的调查区北部泼滩地区仅 38 m，岩性为含砾石英砂岩、泥岩夹介壳灰岩，介壳灰岩中以腕足类为主，其次为双壳类。在调查区西北部的那木切以长石石英砂岩、粉砂质泥岩为主，下部夹少量的生物碎屑灰岩，生物门类有海百合、腕足类和珊瑚。泼滩赫那木切地区的昂杰组为内陆棚环境沉积，陆源碎屑供给较为丰富。在调查区的中部夏东，昂杰组为一套含透镜状生物碎屑的泥页岩沉积，生物碎屑灰岩在横向上不稳定，构成了散列的透镜体，为生物滩和生物丘，生物灰岩发育的背景沉积物为含小型粉砂岩透镜体或薄层的泥页岩，代表了远离滨岸的外陆棚沉积环境（图 3 – 13）。

（五）晚二叠世下拉组沉积相展布

下拉组在研究区主要为碳酸盐沉积，仅在调查区西部的顿勒为碳酸盐岩夹碎屑岩沉积，沉积相分为两大类：斜坡相和碳酸盐台地相。斜坡相发育于调查区的西部顿勒一带，为细粒薄层石英砂岩与泥页岩构成的韵律，是斜坡下部环境的浊积扇沉积（图 3 – 14）；碳酸盐台地相在调查区的中部和北部十分发育，在夏东、泼滩和那木切等地可以划分出 7 种类型的亚相（图 3 – 14）：①混积滩相发育于夏东和泼滩下拉组的底部，为夹陆源碎屑石英砂岩的生物碎屑灰岩和砾屑灰岩组合；②蒸发潮坪相见于调查区北部泼滩地区下拉组的上部，以白云岩和砾屑白云岩为特征，砾屑成分与基质相同，为风暴浪破碎再沉积产物；③生物滩相最发育的地区在夏东地区，以亮晶生物碎屑灰岩为主，生物门类多且丰度大，生物的生态类型以底栖和固着型生物为主；④滩 – 滩间相以泥晶灰岩和生物碎屑灰岩为主，偶夹含燧石结核泥晶灰岩，在调查区中部和北部出露广泛；⑤滩间相以泥晶灰岩和含燧石结核泥晶灰

岩为主，大套连续的滩间相沉积发育于调查区中北部夏东至泼滩下拉组的中部；⑥潟湖沉积见于调查区北缘和西北缘下拉组的中部，岩性为含硅质结核灰岩和硅质条带灰岩；⑦生物礁相发育于夏东地区下拉组的中上部，其特征为块状的格架生物灰岩，横向过渡为生物碎屑灰岩。

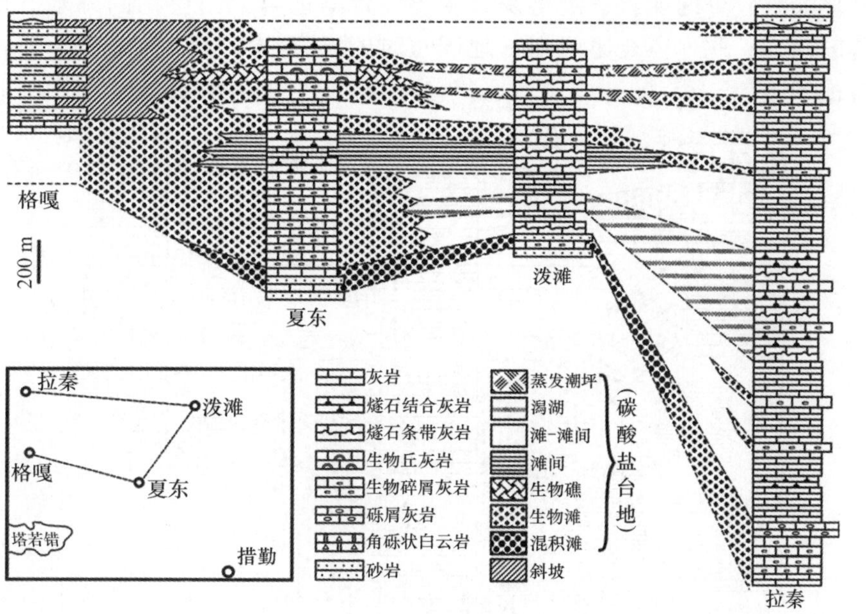

图 3－14　下拉组沉积相对比图

晚二叠世坚扎弄组仅见于夏康坚一带，为三角洲相沉积。由于二叠纪后的构造抬升使大部分地区遭受长期的剥蚀作用，区内仅零星见及。

二、中生代沉积相特征

（一）中晚侏罗世接奴群沉积相展布

中晚侏罗世接奴群的分布范围仅限于调查区的东北部。在阿布勒地区，接奴群下部为滨海相砾岩和砂岩，其上为火山岩和以火山喷发物为主要物源的水下扇沉积，火山喷发形成的陡地貌和火山岩碎屑沿斜坡相下运移，靠近火山的部位发育了砾岩相沉积，远端沉积了砂泥岩相（图3－15）。在泼滩北部，接奴群为碎屑岩沉积，砾岩中的砾石有较多的火山岩，在砂岩中发育重荷模构造，反映了陡坡重力流作用的存在。在该地区的底部发育碎屑陆棚浅海沉积，接奴群在调查区北部的沉积相时间和空间变化如图3－15。

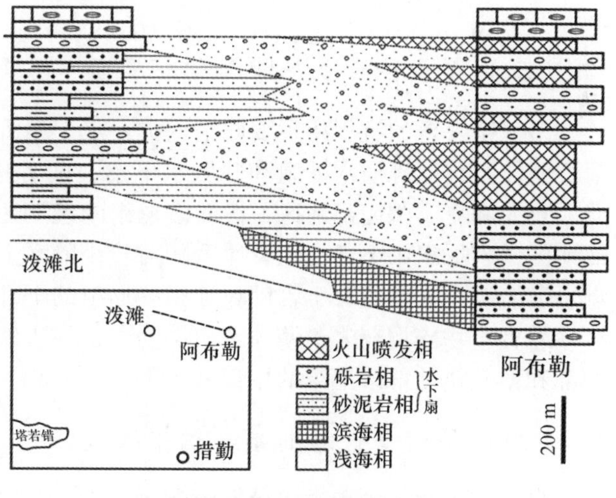

图 3－15　接奴群沉积相分布图

（二）早白垩世则弄群沉积相展布

则弄群在垂向上分为两段，下段为火山岩沉积，火山岩有喷溢相和喷发相。上端为火山碎屑为主的水下扇沉积，火山边缘发育的水下扇包括四种沉积相类型：塌积角砾岩相、砾岩相、砂泥岩相和沉凝灰岩相，塌积角砾岩发育在近火山处，火山的快速建造形成边缘的陡地貌，火山岩的失稳堆积在周围的斜坡，在夏东地区和夏康坚南不发育在则弄群二段的中部和下部，在蔡儿错北部地区仅见于则弄群二段的下部；塌积岩的外侧为水下扇的砾岩相，该相带在调查区分布广泛，主要是水体对塌积角砾岩搬运再沉积产物；在水下扇的远端沉积了砂泥岩相，砂岩内可见有植物碎片，说明有其他陆源成分的加入；沉凝灰岩主要发育与远离火山机构的外水下扇，该相带见于夏东地区则弄群的顶部。此外在夏康坚南部地区短时的发育浅海碳酸盐沉积，调查区则弄群沉积相的时空分布特征如图 3 – 16。

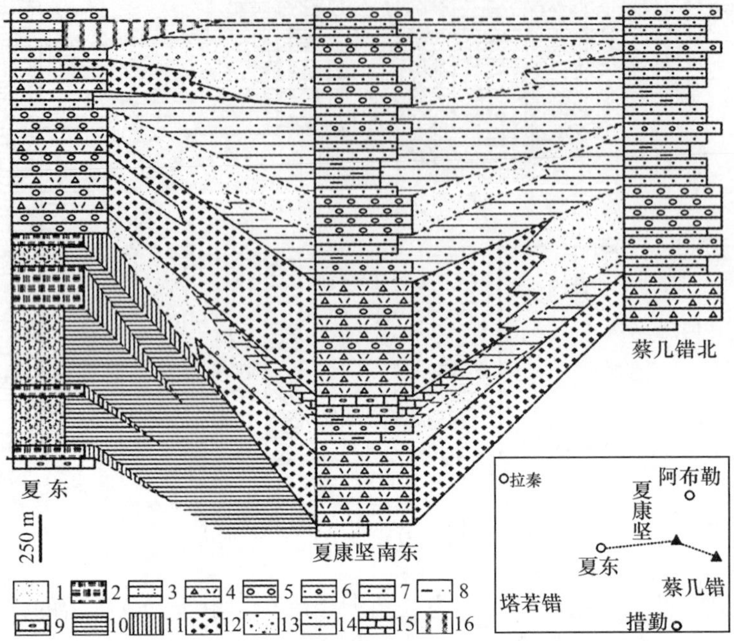

图 3 – 16　则弄群沉积相时空分布图

1—安山岩；2—英安质火山角砾岩；3—沉凝灰岩；4—火山质角砾岩；5—砾岩；6—含砾砂岩；7—砂岩；8—泥质粉砂岩；9—生物灰岩；10—喷溢相；11—爆发相；12—塌积角砾岩相；13—砾岩相；14—砂泥岩相；15—浅海碳酸盐相；16—沉凝灰岩相

（三）早白垩世多尼组沉积相展布

多尼组发育的沉积相主要归为两类：水下扇沉积体系和正常滨浅海沉积体系（图 3 – 17）。水下扇沉积体系包括砾质水下扇和砂质水下扇，两者构成空间或时间相邻的相带，水下扇主要发育在泼滩、夏龙和夏康坚南部地区，泼滩多尼组的晚期还发育了砾质水下扇沉积。在吉朗拉地区和蔡儿错北部地区，多尼组中下部也发育厚度相对较小的水下扇沉积，水下扇沉积具有北部规模大、粒度粗的特点。滨海沉积主要发育于吉朗拉地区多尼组的下部，主要为滨海砂岩和砾岩沉积。浅海相以泥岩与石英砂岩夹生物碎屑灰岩透镜体或薄层为主，在吉朗拉地区是多尼组的主体沉积相。夏康坚南部多尼组上部和蔡儿错北部多尼组的中部和上部以浅海相为主。

（四）早白垩世郎山组沉积相展布

早白垩世晚期郎山组以碳酸盐缓坡—台地沉积体系为特征，垂向上为“碳酸盐沉积 – 陆源碎屑沉积 – 碳酸盐台地沉积”，碳酸盐台地的边缘斜坡相的角砾状灰岩发育在调查区北部郎山组上部和调查区的东侧郎山组一段和三段，研究区内的郎山组三层段式结构清楚，横向稳定，反映了平坦—缓坡基底条件下的物源供给与海平面升降旋回：早期碳酸盐沉积的速率与海平面上升速率相当，沉积了生物碎屑灰岩和内碎屑灰岩，灰岩内的颗粒类型较丰富，有生物碎屑、核形石、团粒、内碎屑和圆笠虫；郎山组沉积中期，由于陆源沉积的增加和海平面上升，碳酸盐的生产率降低，调查区中部扎曲地区和朗吉拉地区沉积了一套滨海相岩屑石英砂岩、长石砂岩和粉砂质泥岩，北部的泼滩及以北地区沉积了浅海相泥岩和生物碎屑灰岩；郎山组沉积晚期，陆源碎屑供给减少和海平面上升减缓，生物碎屑灰岩沉积又重新成为沉积的主体，碳酸盐台地相的边缘带向西和向南迁移，发育了一套角砾状灰岩。郎山组沉积相空间变化和时间演化如图 3 - 18。

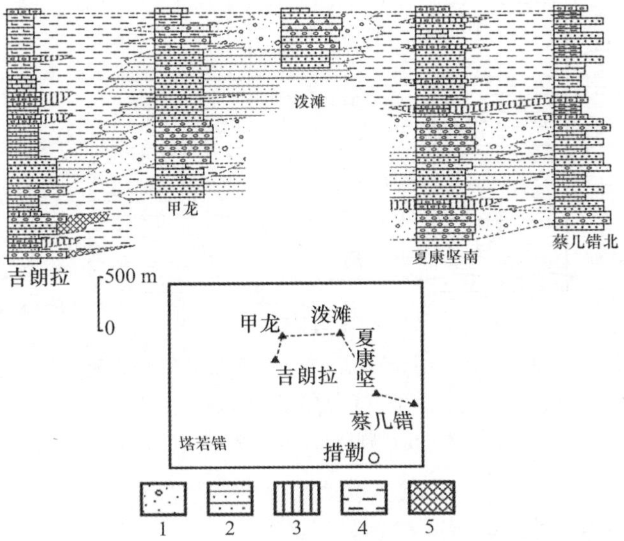

图 3 - 17　多尼组沉积相时空分布

1—砾质水下扇；2—砂质水下扇；3—生物滩（丘）；4—浅海陆棚；5—滨海

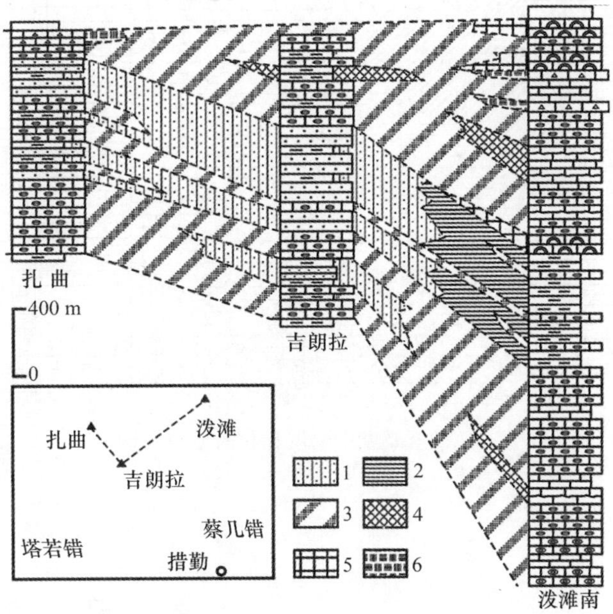

图 3 - 18　郎山组沉积相时空分布图

1—滨海相；2—浅海陆棚相；3—（生物）滩相；4—滩间相；5—生物礁相；6—台地边缘相

（五）晚白垩世竟柱山组沉积相展布

竟柱山组在调查区的南部呈东西向延伸的带状分布，沉积相呈南北向分异。靠近南部的竟柱山组以砂岩和泥岩沉积为主，发育三角洲相，三角洲中以河道沉积和河道间湾沉积为主，三角洲前积层理和河道沉积指示物源来源于南部。在竟柱山组分布区域的北部以发育砾岩的扇三角洲 - 水下扇为特征，扇体中的前积层理方向指示进积方向由北向南，说明物源来自北部，竟柱山组沉积相时空展布特征如图 3 - 19。

三、新生代沉积相特征

（一）古近 - 新近纪丁青湖组—唢呐湖组沉积相展布

丁青湖组和唢呐湖组分布范围相近，局限于调查区的东北部，岩相在横向上相对有较好的可比性。丁青湖组为陆相山间盆地冲积扇和洪泛平原沉积，短时发育小型湖泊，冲积扇沉积以灰红色块状复成分砾岩夹砂岩透镜体为主，砾石的成分与物源区的地层相关，丁青湖组沉积的晚期发育了洪泛平原相泥岩（图 3 - 20A）。唢呐湖组与丁青湖组或老地层呈角度不整合接触，底部发育扇三角洲相砾岩夹滨湖相砂质白云岩，上部为浅湖相泥灰岩和泥岩，夹有砂岩和砾岩，为小型内陆湖泊沉积（图 3 - 20B）。

（二）上新世洁居纳卓组沉积相展布

洁居纳卓组分布于调查区的南部，为一套冲积扇相砾岩夹洪泛平原相粉砂质泥岩，厚度相对不大而且横向较为稳定。

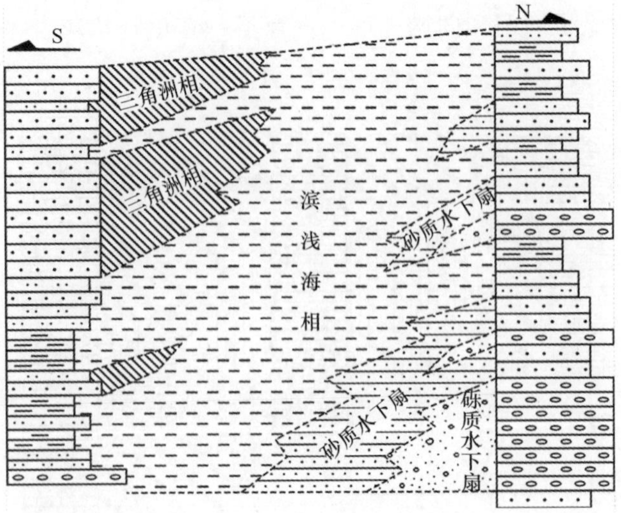

图3-19 竟柱山组沉积相时空分布图

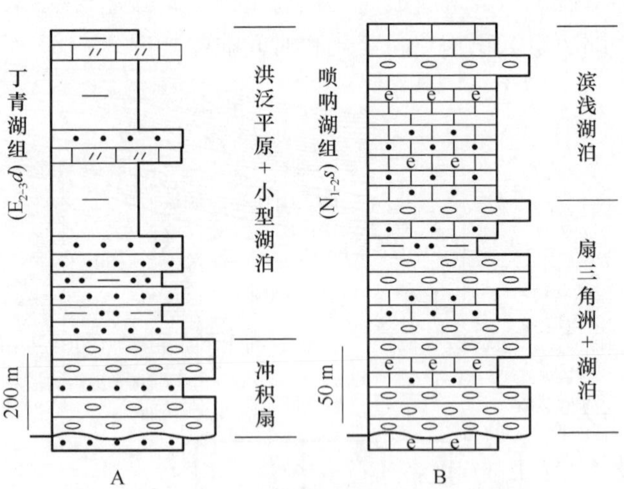

图3-20 古近-新近纪丁青湖组和唢呐湖组沉积相垂向变化

A—重昌藏布北；B—阿布勒西

第三节 地层格架分析

地层格架是区域性岩石地层序列的时、空有序排列形式，包括岩石地层格架和时间地层格架两类，岩石地层格架是岩石地层序列的结构和空间排列特征、几何形态、几何关系描述，是时间地层格架分析的基础。层序地层研究的是盆地内沉积物的空间展布特征和在时间序列上的演变型式，层序受控于构造、气候条件和海（湖）平面升降三个因素，层序的界面为不整合面。

调查区发育的沉积地层从晚古生代至新生代，仅缺失三叠纪，研究区北邻班公错-怒江构造带，南靠雅鲁藏布江构造带，沉积地层受构造影响十分显著，盆地中的沉积记录反映了研究区经历了三个大的演化阶段：泥盆纪—二叠纪稳定海相盆地、侏罗纪—白垩纪活动海相盆地和始新世—第四纪内陆小型盆地，三个演化阶段对应了三个构造层序（或称为超层序）。构造层序之间为构造层序界面分割，构造层序内依据海（湖）平面变化、构造活动和气候变化关系进一步划分出层序。

一、构造层序Ⅰ（泥盆纪—二叠纪）

构造层序Ⅰ为晚古生代一套海相—海陆交互相沉积地层，构造层序Ⅰ的下部未出露全。该构造层序发育的大地构造背景为稳定地块边缘，早期为碳酸盐台地沉积，中期以陆棚海环境为主，期间发育了一套冰海相沉积，晚期发育海陆交互相三角洲沉积。构造层序Ⅰ依据海平面变化又可划分出3个层序：层序$Ⅰ_1$（查果罗马组）、层序$Ⅰ_2$（永珠组、拉嘎组和昂杰组）和层序$Ⅰ_3$（下拉组和坚扎弄组），其中层序$Ⅰ_1$底界面性质不清，层序$Ⅰ_2$和层序$Ⅰ_3$为Ⅰ型层序。

（一）层序$Ⅰ_1$

层序$Ⅰ_1$为不完整层序，仅出露了层序上部的查果罗玛组高水位体系域，为一套碳酸盐台地沉积。

（二）层序$Ⅰ_2$

层序$Ⅰ_2$为Ⅰ型层序（图3-21），地层包括永珠组、拉嘎组和昂杰组，低水位沉积体系（LST）为永珠组下部低水位扇，发育在夏东及其以南地区；海侵沉积体系（TST）由永珠组上部和拉嘎组构成，为一套冰海砾岩相为主的沉积，在间冰期沉积了生物碎屑灰岩；高水位沉积体系（HST）由昂杰组构成，底部为泥页岩构成的最大海泛面与海侵沉积体系分隔，高水位沉积体系的晚期在近岸的北部发育了边缘进积砂岩，调查区中部近东西向发育了生物礁。

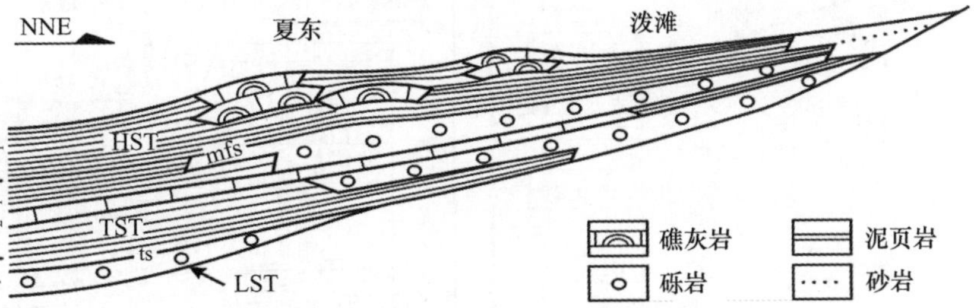

图3-21　层序Ⅰ$_2$构成与沉积相演变

LST—低水位沉积体系；TST—海侵沉积体系；HST—高水位沉积体系；

ts—初始海侵面；mfs—最大海泛面

（三）层序Ⅰ$_3$

层序Ⅰ$_3$为Ⅰ型层序（图3-22），地层包括下拉组和坚扎弄组。低水位沉积体系（LST）分布在夏东和顿勒一线以南，地层为下拉组底部，在顿勒地区的拉嘎组底部出露不全，推测可能有低水位砾质扇存在，在夏东一带发育浅海滩相沉积；海侵沉积体系（TST）由下拉组中部构成，为一套海相水下扇为主的沉积，在顿勒地区发育斜坡相复理石沉积；高水位沉积体系（HST）由下拉组上部和坚扎弄组构成，底部为泥页岩广布所代表的最大海泛面（mfs）与下部海侵体系域分隔，高水位早期在夏东一带发育生物礁灰岩，晚期盆地发育海陆交互相沉积。

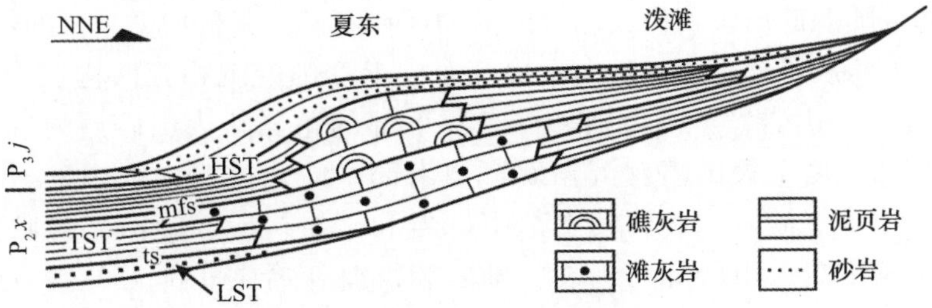

图3-22　层序Ⅰ$_3$构成与沉积相演变

LST—低水位沉积体系；TST—海侵沉积体系；HST—高水位沉积体系；

ts—初始海侵面；mfs—最大海泛面

二、构造层序Ⅱ（侏罗纪—白垩纪）

构造层序Ⅱ由多个空间叠覆的海相构造盆地构成，该阶段盆地的演化受南北两条近南东东向延展活动断裂的控制色彩浓烈，两条断裂为北部的“永错-泼滩-多雄罗玛错断裂（F_1）”和南部的“扎布耶茶卡-达瓦错-蔡几错断裂（F_2）”（图3-23）。依据盆地的空间叠置关系划分为5个层序：层序Ⅱ$_1$（接奴群），层序Ⅱ$_2$（则弄群），层序Ⅱ$_3$（多尼组），层序Ⅱ$_4$（郎山组），层序Ⅱ$_5$（竟柱山组）（如图3-24）。

（一）层序Ⅱ$_1$

层序Ⅱ$_1$与地层接奴群对应，分布于永错-泼滩-罗玛错断裂以北，物源来自于北部的班公错-怒江带。层序Ⅱ$_1$的底界为与古生代地层的角度不整合面，垂向上由两个向上变粗的旋回构成，每个旋回上部的粗端由北向南超覆，上部旋回的顶靠近北部火山物源区，发育了火山喷发岩（图3-24）。

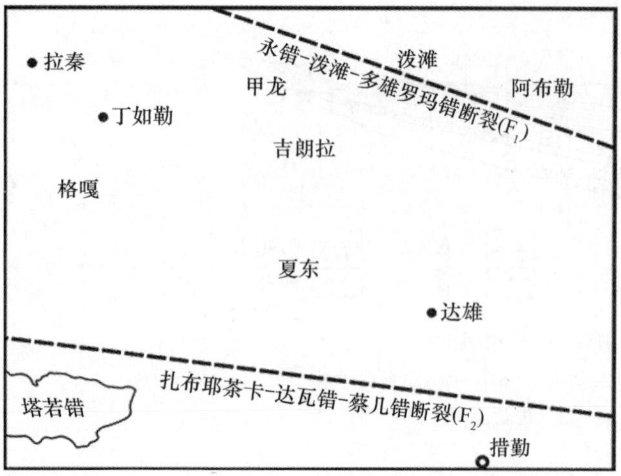

图 3-23　中生代控盆断裂在填调查区的位置

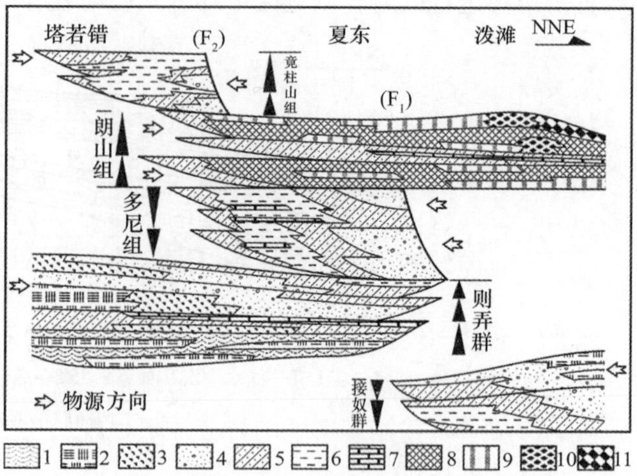

图 3-24　中生代盆地地层格架

1—喷溢火山岩；2—喷发火山岩；3—火山质角砾岩；4—砾岩；
5—砂岩；6—泥页岩；7—灰岩；8—生物滩相灰岩；
9—滩间泥灰岩与燧石结核灰岩；10—生物礁灰岩；
11—角砾状灰岩

（二）层序Ⅱ$_2$

层序Ⅱ$_2$与地层则弄群相对应，分布于永错－泼滩－多雄罗玛错断裂以南，总的特征为由火山喷发岩－火山碎屑沉积－陆源碎屑沉积构成。火山活动区在南部，并构成了主要的物源供给区。层序的底界为与古生代地层的角度不整合面，垂向上由三个向上变细的沉积旋回构成：旋回一下部为则弄群一段（喷发和喷溢）火山岩，上部为则弄群二段下部的角砾状火山碎屑岩和火山碎屑砂岩，顶部发育一层灰岩；旋回二底部火山喷发沉积发育与南部，向北过渡为火山碎屑角砾岩、火山碎屑成分为主的砾岩和火山碎屑砂岩，旋回的上部由砾岩和砂岩构成；旋回三与则弄群二段的上部对应，该旋回近物源的南部为火山碎屑角砾岩、砾岩和沉凝灰岩，北部为由砂岩到泥页岩的垂向变化（图 3-24）。

（三）层序Ⅱ$_3$

层序Ⅱ$_3$与地层多尼组对应，分布于永错－泼滩－多雄罗玛错断裂和扎布耶茶卡－达瓦错－蔡几错断裂之间，北部的永错－泼滩－多雄罗玛错断裂为主要活动控盆断裂，物源主要来自北部。层序Ⅱ$_3$底界面为与则弄群的整合与超覆面，在垂向上由两个向上变粗的旋回构成，单个沉积旋回的下部发育泥页岩和灰岩，上部由向南超覆的砾岩体构成，代表了两次低级别的构造—沉积事件（图 3-24）。

（四）层序Ⅱ$_4$

层序Ⅱ$_4$与地层郎山组对应，分布于扎布耶茶卡－达瓦错－蔡几错断裂以北，为富生物碎屑灰岩与陆源碎屑岩沉积，陆源物质来自于北部，层序底界在北部为与多尼组的整合与超覆不整合面，南部为与接奴群的角度不整合面，垂向上由两个向上变细的沉积旋回构成：旋回一对应于郎山组一段，南部地区的下部发育滨海相砂岩，北部为生物碎屑灰岩及泥灰岩超覆在接奴群之上，中上部以生物碎屑滩和滩间泥灰岩为主；旋回二对应于郎山组二段和三段，郎山组二段的滨海砂岩构成了旋回的粗端，郎山组三段生物碎屑灰岩和生物礁灰岩构成了旋回上部的主体，北部的泼滩一带在旋回的晚期发育了生物礁灰岩和礁前塌积角砾灰岩（图 3-24）。

（五）层序Ⅱ$_5$

层序Ⅱ$_5$与地层竟柱山组对应，分布于扎布耶茶卡－达瓦错－蔡几错断裂以北，为一套陆源碎屑沉积，扎布耶茶卡－达瓦错－蔡几错断裂对盆地的控制作用明显，断裂北部构成了盆地的主要沉积供给区，晚期来自南部的陆源物质增加。层序的底界位于则弄群的角度不整合面，垂向上由两个向上变细的沉积旋回构成，单个沉积旋回的下部为自南向北厚度增加的砾岩，上部以泥岩为主，上部旋回的上部有来自南部的三角洲相砂岩厚度向北减薄的特征（图3－24）。

三、构造层序Ⅲ（始新世—第四纪）

构造层序Ⅲ为多个陆相山间盆地构成，盆地的发育受扎布耶茶卡－达瓦错－蔡几错断裂和永错－泼滩－多雄罗玛错断裂影响的特征依然显现，构造层序的底界为与古生代和中生代地层的角度不整合面，该构造层序可进一步划分成4个层序：层序Ⅲ$_1$（丁青湖组），层序Ⅲ$_2$（唢呐湖组），层序Ⅲ$_3$（洁居纳卓组）和层序Ⅲ$_4$（中晚更新世－全新世）。

（一）层序Ⅲ$_1$

层序Ⅲ$_1$对应于丁青湖组，分布于永错－泼滩－多雄罗玛错断以南，层序底界为与下伏中生代地层的角度不整合面，为向上变细的碎屑岩沉积，该层序下部发育冲积扇砾岩相，中上部以洪泛平原和小型湖泊泥岩为主。

（二）层序Ⅲ$_2$

层序Ⅲ$_2$对应于唢呐湖组，分布区域与层序Ⅲ$_1$相似，位于永错－泼滩－多雄罗玛错断裂以南，层序的底界面为与丁青湖组或老地层的角度不整合面，垂向上由下向上变细，该层序下部和盆地边部发育扇三角洲相砾岩，中上部为浅湖相泥灰岩和含生物灰岩。

（三）层序Ⅲ$_3$

层序Ⅲ$_3$对应于洁居纳卓组，分布于扎布耶茶卡－达瓦错－蔡几错断裂以南，层序的底界面为与中生代地层的角度不整合面，为山前冲积扇砾岩和洪泛平原泥岩沉积。

（四）层序Ⅲ$_4$

层序Ⅲ$_4$为第四纪沉积，发育于山前、河流阶地和湖泊周围，厚度变化较大，现代活动断裂对沉积盆地的控制色彩浓烈。

构造层序Ⅲ内的层序之间也以角度不整合关系相叠，代表了新生代青藏高原隆升过程中的多次构造－沉积事件。

第四章 岩 浆 岩

调查区地处冈底斯－念青塘古拉构造带的北亚带，中新生代岩浆活动十分强烈。侵入岩、火山岩均有发育；其中以火山岩分布更为广泛，出露面积约2500 km^2，约占调查区面积的1/6；主要分布于调查区中南部地区；侵入岩总面积约900 km^2，呈北西向带状集中出露于调查区中部蔡几错—达娃错—甲布—顿勒—弄巴康日及夏龙—龙勒一带，调查区北东及南西地区仅偶尔有小型侵入体产出（图4－1）。区内岩浆岩主要受东西向和北西向构造控制，具有多类型、多期次、多阶段的特征。以永错－多雄罗马断裂（F_1）、塔若错—措勒断裂（F_{17}）为界，可把区内岩浆岩划为三个构造—岩浆岩带，即卡马－麦堆构造－岩浆岩带（Ⅰ）、格嘎－蔡几错构造－岩浆岩带（Ⅱ）及布多藏布－麦穷错构造－岩浆岩带（Ⅲ）。

第一节 火 山 岩

空间上，火山岩主要分布于雪上勒—甲布—可如勒—那木切一线以南，北东侧图幅边缘也有少量出露。时间上，均为中、新生代，最早始于侏罗纪，最晚至新近纪中新世；分布的层位集中在下白垩统则弄群、古新统典中组和中新统布嘎寺组（表4－1），另在中—上侏罗统接奴群、下白垩统多尼组、郎山组上部及上白垩统竟柱山组中也有少量火山岩产出。根据其岩石系列、岩性组合、产出时代，结合同位素年龄和构造背景，本报告将调查区火山岩分为燕山早期、燕山晚期、喜马拉雅早期和晚期四个活动期，各期火山岩具有不同的喷发环境、喷发类型和不同的岩石组合，其发育程度、喷发强度也有明显差异（表4－2）。其中以燕山晚期火山岩分布最广，厚度最大，岩石类型也较复杂，横向变化较大。而燕山早期火山岩出露最少，仅见于北东部调查区边缘局部地段。从早到晚，火山岩具有从海相→海陆交互相→陆相、从海盆地→弧后盆地→活动大陆边缘→陆内断陷环境的变化特点。

表4－1 调查区火山岩层位及时代分布对比

<table>
<tr><td rowspan="2">1:100万日喀则幅报告（1983）</td><td>$J_{2-3}jn$</td><td>$J_{2-3}dx$</td><td>K_1zl</td><td>K_1d</td><td>$K_{1-2}l$
$K_{1-2}j$</td><td colspan="2">N_2wy</td><td>$E_{1-2}dd$</td></tr>
<tr><td>接奴群❶</td><td>达雄群❶</td><td>则弄群❷</td><td>多巴组❶</td><td>郎山组❶
捷嘎组❶</td><td colspan="2">乌郁群❸</td><td>达多群❸</td></tr>
<tr><td rowspan="2">西藏自治区区域地质志（1993）</td><td>$J_{2-3}dx$</td><td colspan="2">$(J_3-K_1)\ zl$</td><td>K_1d</td><td>$K_{1-2}l$
$K_{1-2}j$</td><td colspan="2">N_2Qy</td><td>$(K_2-E_2)\ ln$</td></tr>
<tr><td>达雄组❶</td><td colspan="2">则弄群❷</td><td>多巴组❶</td><td>郎山组❶
捷嘎组❶</td><td colspan="2">乌郁群❸</td><td>林子宗群❸</td></tr>
<tr><td rowspan="2">本报告</td><td>$J_{2-3}J$</td><td colspan="2">K_1Z</td><td>K_1d</td><td>K_1l</td><td>K_2j</td><td>E_1d</td><td>N_1b</td></tr>
<tr><td>接奴群❶</td><td colspan="2">则弄群下部❷－
则弄群上部❸</td><td>多尼组❶</td><td>郎山组❶</td><td>竟柱山组❶</td><td>典中组❸</td><td>布嘎寺组❸</td></tr>
<tr><td>活动期</td><td>燕山早期
208～140 Ma</td><td colspan="5">燕山晚期
140～65 Ma</td><td>喜马拉雅早期
65～35.4 Ma</td><td>喜马拉雅晚期
23.3～1.64 Ma</td></tr>
</table>

❶火山岩很少；❷火山岩大量出现；❸火山岩较少。

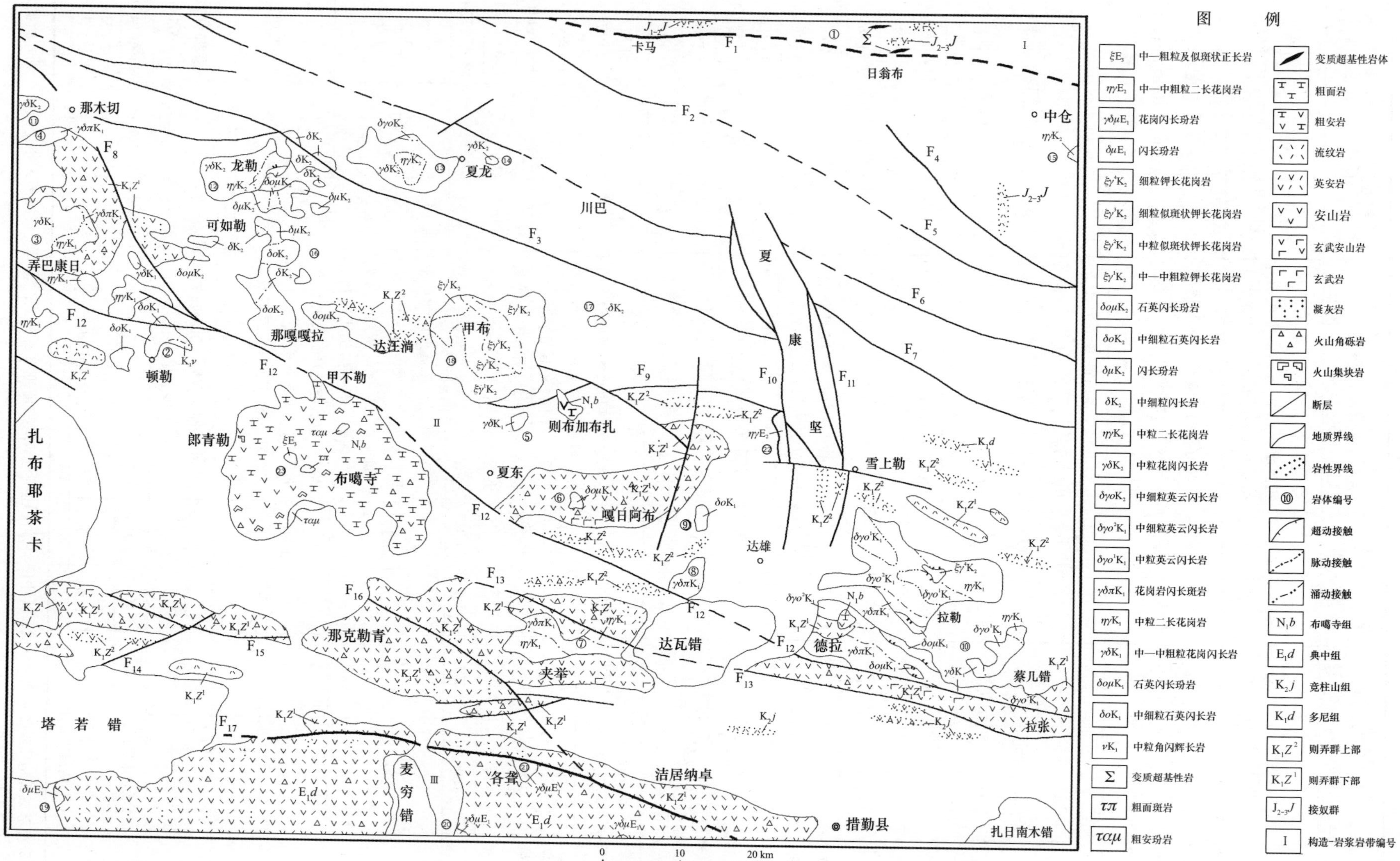

图 4-1　调查区岩浆岩分布图

表 4-2　调查区不同层位火山岩的发育情况

层位	地层厚度/m		火山岩比例	爆发指数	火山岩主要岩性	同位素年龄 Ma	统计地点或剖面
	总厚度	火山岩					
布嘎寺组（N_1b）	>331（未见顶底）	>284	≥86%	0.33	粗安岩、粗面岩、粗安质及粗面质火山角砾岩、集块岩、角砾凝灰岩；少量粗面玄武岩	15.8（K-Ar）① 15.9（K-Ar）①	布嘎寺（P19）
典中组（E_1d）	1158（未见顶）	1110	95%	0.79	安山岩、英安岩、流纹质角砾凝灰岩、少量火山集块岩、流纹岩、沉凝灰岩	63.9（K-Ar）① 61.0， 63.5（Rb-Sr）③ 63.8（K-Ar）④	木尔东（P33）
竟柱山组（K_2j）			5%±	0.70±	安山岩、安山质及英安质火山碎屑岩		古古拉北
	1603（未见顶）	0	0	0			P24
	1410（未见顶底）	0	0	0			P26
郎山组上部（K_1l^2）	719	23	3%	0	绿灰色安山岩		阿章（P02）
	740	0	0	0			P12
	545	0	0	0			P18
多尼组（K_1d）	2000	322	16%	0.91	中酸性凝灰岩、沉凝灰岩，少量英安岩及玻基安山岩		郭龙（P34）
	2155	50	2%	1.0	中酸性岩屑晶屑凝灰岩		松木多（P35）
	1730（未见底）	0	0	0			P08
	2256	0	0	0			P18
则弄群上部（K_1Z^2）	2330（未见顶底）	1050	45%	1.0	英安质晶屑岩屑凝灰岩（含火山泥球）沉凝灰岩，少量英安质、安山质火山角砾岩、英安岩、安山岩，偶有玄武岩夹层		亚角弄（P17）
	2707	980	36%	0.98			松木多（P35）
	1290（未见顶）	434	34%	0.95			下东（P16）
	524	171	33%	1.0			达东（P24）
	1606	239	15%	1.0			郭龙（P34）
则弄群下部（K_1Z^1）	1456	1254	86%	0.17	英安岩、英安质火山角砾凝灰岩、火山角砾岩、凝灰岩，少量流纹岩、沉凝灰岩、沉火山角砾岩，偶夹熔结火山角砾岩、石泡状英安岩及安山岩等。部分地区出现有玄武安山岩、玄武岩、橄榄粗面玄武岩及火山集块岩	95.7（K-Ar）① 103（K-Ar）① 111（Rb-Sr）③ 128.64（Ar-Ar）② 106（Rb-Sr）③	下东（P16）
			≥70%	0.20～0.50			其他地区
接奴群（$J_{2-3}J$）	883	240	27%	0.94	中酸性凝灰岩、沉凝灰岩，少量熔岩		织日阿弄（P05）
	2516（未见顶）	0	0	0			字岗（P28）
	1351（未见顶底）	253	18%	0	蚀变玄武安山岩		卡马（P29）

①国土资源部成都地质矿产研究所测试；②中国科学院地质与地球物理研究所测试；③国土资源部天津地质矿产研究所测试；④据潘桂棠，王培生等，1990。

一、燕山早期火山岩（J_{2-3}）

（一）地质特征

该期火山岩仅见于调查区北东部；出露不全，呈夹层产生于接奴群（$J_{2-3}J$）中。卡马和重昌藏以北浅变质接奴群中见2～3层蚀变玄武安山岩，夹于千枚状板岩、变质粉砂岩、细砂岩、变质砾岩中，蚀变玄武安山岩呈东西向展布，层厚数十米，最厚可达200余米。卡马北P29剖面上尚见有同期蚀变玄武安山玢岩（次火山岩）产出，出露宽度100余米（图4－2）。而在中仓以南八尔巴沟一带的接奴群碎屑岩中，则主要以流纹岩、英安岩及流纹英安质凝灰岩产出，熔岩厚度一般数米，火山碎屑岩厚数十米，并与正常碎屑岩及凝灰质砂岩相互交替。总体上看，此期中酸性、中基性火山岩主要分布于接奴群上部，在地层中所占比例不大，火山喷发指数不高，爆发指数变化较大（表4－2）。

（二）岩石类型

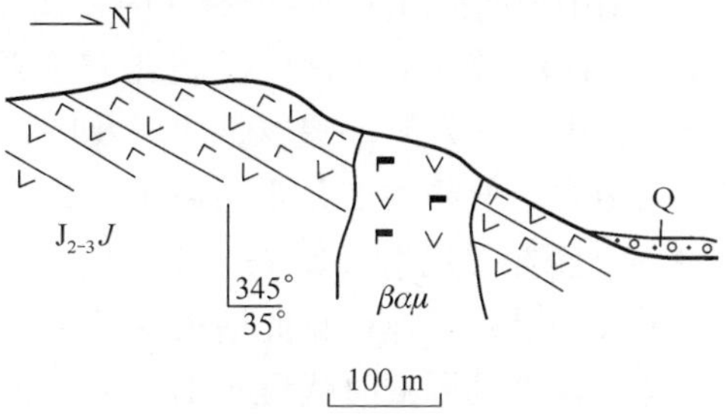

图4－2　接奴群$J_{2-3}J$玄武安山岩被玄武安山玢岩$\beta\alpha\mu$穿切（卡马北）

尽管出露不全，但综合各路线、剖面所见，此期火山岩主要岩石组合应为：玄武安山岩＋安山岩＋英安岩＋流纹岩及中酸性火山碎屑岩。

1）蚀变玄武安山岩：绿灰色，块状构造，常具有片理化及碎裂现象；绿泥石化、绢云母化现象普遍，有时为变余杏仁状构造，变余斑状结构或隐晶—微晶结构。斑晶为绢云母化斜长石（5%～10%），有时含少量普通辉石斑晶。基质主要由细小的长石、辉石蚀变产物绿泥石、绢云母及少量绿帘石、碳酸盐矿物、石英等组成。副矿物为白钛石、钛铁矿、磁铁矿等。

2）蚀变玄武安山玢岩：具多斑状结构，斑晶主要为绢云母化斜长石（30%～35%）。另含有少量碳酸盐化橄榄石斑晶（假象），斑晶大小可达2 mm×4 mm～3 mm×6 mm。其余特征同蚀变玄武安山岩。

3）蚀变英安岩：灰色，块状构造，斑状结构，基质为微晶质结构。斑晶约占18%，主要为斜长石，少量石英，粒度0.5～2 mm，具熔蚀现象。基质由细小长条状长石及粒状石英组成，长石多具钠长石双晶，具定向－半定向分布。岩石具绿泥石化、碳酸盐化、绢云母化。

4）流纹岩：浅黄灰色，块状构造或弱流动构造，斑状结构，基质为微晶质结构、球粒结构；斑晶含量约15%，主要为石英，少量钾长石及酸性斜长石，斑晶大小不一，0.2～3 mm，具熔蚀现象。基质由长石、石英微晶及球粒构成。岩石具绢云母化、碳酸盐化现象。

5）流纹英安质晶屑玻屑凝灰岩或玻屑凝灰岩：灰色，灰白色，多呈条带状、纹层状构造，凝灰结构。主要由≤0.2 mm的细小不规则状弧形玻屑（85%～92%，多已脱玻化）、长石、石英晶屑（10%～15%）及微量的铁质及绢云母组成。晶屑多棱角状，分布不均，石英晶屑一般多于长石晶屑。长石晶屑以斜长石为主，具不同程度绢云母化，岩石致密坚硬。

需要指出的是，图幅北东侧边缘出露的“接奴群”与尺布下玛—日翁布及中仓以南八尔巴—字岗一带出露的接奴群在岩性组合，尤其是变形特征上明显不同。前者普遍遭受剪切变形及弱变质重结晶作用，片理较发育，常见有石英脉体穿切；除蚀变玄武安山岩类火山岩而外，在日翁布以北还见有蚀变辉绿岩、辉长岩、硅质岩以及变质超基性岩的构造岩片产出。因此，有可能属于木嘎岗日分区（班公错－怒江地层区蛇绿岩小区）的中下侏罗统木嘎岗日群，是狮泉河－纳木错蛇绿岩及构造混杂岩的一个组成部分。蚀变中基性火山岩与千枚状板岩、粉砂质板岩、弱变质岩屑石英砂岩、钙质岩屑石英细砂岩共生，局部夹变质细砾岩、粗砂岩及微晶灰岩，代表一种扩张的弧后盆地或边缘海环境。也不排除是中上侏罗统接奴群的一部分在班公错－怒江结合带闭合时被卷入混杂岩带的可能。

尺布下玛—日翁布及八尔巴—字岗一带的接奴群以浅海至滨海碎屑岩为主夹少量灰岩及中酸性火山岩，无明显变形变质现象，与申扎、班戈等地分布的接奴群（西藏区域地质志称为中上侏罗统拉贡塘组）完全可以对比，其中的火山岩为安山玄武岩—安山岩—流纹岩组合。层位在北侧蛇绿岩深海沉积组合（中下侏罗统木嘎岗日群）之上，其形成可能与北侧洋盆的闭合、向南俯冲有关，也有人认为是仰冲推覆所导致的一种盆内聚敛作用产物而不是俯冲作用的结果（西藏区域地质志，1993）。因为此期火山岩似乎没有构成明显的沟—弧—盆体系。当然，这也许与后期构造破坏较强有关。

二、燕山晚期火山岩（K）

（一）地质特征

燕山中晚期火山活动在调查区内表现较为强烈，具有分布范围广、地层厚度大、持续时间久等特点。北起 F_3 断裂，南至 F_{17} 断裂，广泛出露于弄巴康日—甲布、沙那弄拉—雪上勒—热阿弄拉、夏东—达雄、扎布耶茶卡—达娃错—嘎罗日居以及塔若错-措勤地区，多呈东西向或北西西向带状出露，面积占调查区火山岩总面积的三分之二以上。火山岩集中分布于则弄群下部（K_1Z^1）中，其次为则弄群上部（K_1Z^2），而在多尼组（K_1d）郎山组上部（K_1l^2）及上白垩统竟柱山组（K_2j）中仅有少量产出。在弄巴康日、夏东等地可见此期火山岩最底部与下伏石炭系、二叠系之间呈明显超覆关系。

前人曾将则弄群时代置于 J_3-K_1，但我们在则弄群火山岩中获得的多个同位素年龄值在128.6～95.7 Ma之间，前人也有89.4 Ma和90.7 Ma的数据报道（表4-2），但最大值为128.64 Ma，表明此期火山活动起始时间可能不早于白垩纪初。

（二）主要岩石类型及岩石学特征

区内燕山晚期火山岩常见岩石类型、岩性特征及分布情况如表4-3。

表4-3　燕山晚期火山岩主要岩石类型及特征

岩石名称	岩性特征				分布情况
	颜色	结构构造	矿物组成	蚀变类型	
沉凝灰岩	灰白色 浅灰色 浅绿灰色	沉凝灰结构，纹层状构造、条带状或块状构造	英安质或流纹质常见，由长石、石英晶屑、火山岩屑、脱玻化玻屑及10%～20%的正常沉积物组成	绢云母化 绿泥石化	K_1Z^2常见， 其余层位少量
火山泥球沉凝灰岩	灰色 浅绿灰色	沉凝灰结构，火山泥球构造	常见为英安质，含10%～50%不等的圈层状火山泥球，大小3～8 mm，圆或椭圆形，其余同沉凝灰岩	绢云母化 绿泥石化	K_1Z^2常见， 其余层位少量
玻屑凝灰岩	灰色 浅灰色	玻屑凝灰结构，块状或层状构造	由80%～90%的弧形、条形、棱角形等各种形态的玻屑及少量长石、石英晶屑、岩屑组成，玻屑多已脱玻化	绢云母化	K_1Z^2少量 K_1d偶见
岩屑晶屑凝灰岩	灰色 灰白色 紫灰色	岩屑晶屑凝灰结构，块状或层状构造	石英晶屑15%～25%，斜长石及碱性长石晶屑40%～50%，酸性火山岩屑30%～35%；副矿物：磁铁矿、锆石等	不均匀黏土化、绢云母化局部叶腊石化	K_1Z^2常见 K_1Z^1常见 其余层位少

续表

岩石名称	岩性特征				分布情况
	颜色	结构构造	矿物组成	蚀变类型	
英安质沉火山角砾岩	浅灰色 灰白色 浅绿灰色	沉火山角砾结构，层状构造	中酸性火山角砾60%～70%，长石、石英晶屑及凝灰级岩屑20%～30%，钙、硅质胶结物10%左右，正常碎屑物少或无，副矿物为金属矿物、磷灰石、锆石	绢云母化	K_1Z^2常见 K_1Z^1常见
英安质熔结火山角砾岩	紫灰色 褐灰色 绿灰色	熔结火山角砾结构，定向构造，似流纹构造	主要由定向、半定向分布的塑性火山角砾和部分刚性角砾及少量凝灰物构成，常见有石英晶屑	绢云母化 绿泥石化	K_1Z^2少 K_1Z^1少
流纹质凝灰火山角砾岩	灰白色 浅紫灰色	凝灰火山角砾结构，块状构造，斑杂构造	酸性火山岩角砾60%～70%，石英、长石晶屑及凝灰级火山岩岩屑30%～40%；碎屑多为棱角状	绢云母化，局部明矾石化	K_1Z^1少
安山质火山角砾岩	紫灰色 灰绿色 灰色	火山角砾结构，块状构造	由不同结构、颜色的棱角状安山质火山角砾及少量凝灰充填物组成	绿泥石化 绢云母化 帘石化	K_1Z^2常见 K_1Z^1常见 其余层位少
玄武安山质火山集块角砾岩	紫灰色 深灰色	火山集块角砾结构，斑杂状构造	由大小不等的玄武安山质火山角砾、集块及部分凝灰物质混杂组成，最大可达35 cm，角砾、集块的颜色、结构各异	帘石化	K_1Z^1局部
玄武质火山角砾集块岩	暗紫灰色 紫红色 灰黑色	火山角砾集块结构，斑杂构造	由颜色、结构不同的玄武岩角砾、集块及部分凝灰充填物构成；最大集块可达30 cm，多棱角状	帘石化 碳酸盐化	K_1Z^1局部
流纹质角砾熔岩、凝灰熔岩	浅灰色 灰白色	角砾熔岩结构，凝灰熔岩结构，块状或流动构造	由流纹质火山碎屑和胶结状熔岩组成，前者多于后者，成分相近，界线不太明显，均含石英、长石斑晶，基质具潜晶结构	绢云母化	K_1Z^1少量
英安质角砾熔岩、凝灰熔岩	浅绿灰色 浅紫灰色 浅灰色	角砾熔岩结构，凝灰熔岩结构，块状及流动构造	由角砾级或凝灰级流纹质火山碎屑和胶结状熔岩部分构成，含量变化较大，常见长石晶屑和少量石英晶屑、玻屑	绢云母化	K_1Z^2少量 K_1Z^1少量 K_1d偶见
流纹岩	灰白色 浅灰色 浅紫灰色 灰红色	斑状结构（图版Ⅷ－1），基质隐晶结构、球粒结构，块状构造、流纹构造	斑晶：10%～25%，主要为石英，碱性长石及酸性斜长石，石英常具熔蚀现象；基质由球粒状或显微潜晶状长英质矿物组成；副矿物：金属矿物、磷灰石等	绢云母化 绿泥石化 高岭土化	K_1Z^2少量 K_1Z^1少量

岩石名称	岩性特征				分布情况
	颜色	结构构造	矿物组成	蚀变类型	
石泡状流纹岩	浅褐灰色 浅黄灰色	斑状结构，基质霏细结构，球泡状构造	石泡大小5~10 mm，呈彼此相连的球珠形、椭圆形，由多层纤维状、放射状长英质矿物组成，含量可达65%~75%，之间被脱玻化霏细状长英质矿物充填，并常含有长石、石英斑晶。与一般石泡不同的是内部不一定是空腔，可为斜长石斑晶	绢云母化	K_1Z^1偶见
石泡状英安岩	灰色 浅灰色	斑状结构，基质隐晶-微晶质结构，石泡状构造（图4-3）	石泡呈不规则弧形或椭圆形向上凸出，一般1~2 cm，大者达4 cm，由多层粒状长英质矿物集合体组成，内部空腔已被充填。石泡之间由脱玻化火山玻璃充填，并含少量长石斑晶	绢云母化	K_1Z^1少量
英安岩	灰色、深灰色、紫灰色	斑状结构，基质微晶结构或球粒结构，流纹构造（图版Ⅷ-2）或块状构造	斑晶10%~25%，主要为中性斜长石，少量辉石、角闪石（假象）、钾长石、石英斑晶，基质主要由微粒状，球粒状长英质集合体组成，矿物界限不清。副矿物：锆石、金属氧化物	绢云母化 碳酸盐化 帘石化 绿泥石化	K_1Z^2少量 K_1Z^1常见 K_1l^2少量 K_1d少量
杏仁状英安岩	灰绿色	斑状结构，基质微晶结构，球粒结构，杏仁状构造	含有大小不等的不规则状杏仁体，杏仁成分主要为蛋白石、绿泥石。其余同上	绿泥石化 绢云母化	K_1Z^1少量
安山岩	深灰色 灰绿色	斑状结构，基质显微他形粒状结构，块状构造	斑晶15%~20%，主要为斜长石，少量角闪石（假象）。基质由它形粒状斜长石、绿泥石等组成，蚀变强烈，副矿物：金属矿物、磷灰石、白钛石	绢云母化 绿泥石化 碳酸盐化	K_2j偶见 K_1Z^1少量 K_1Z^1少量 K_1l少量 K_1d少量
玻基安山岩	深灰色 暗紫色 紫红色	斑状结构，基质为玻璃质结构，流动构造，杏仁状构造	斑晶5%~10%，主要为中性斜长石，有时出现少量黑云母、角闪石、辉石斑晶；基质为玻璃质及其分解物——长英矿物、绿泥石、白钛石及尘粒状褐铁矿	绢云母化 绿泥石化	K_1Z^2少量 K_1d少量
蚀变玄武安山岩	灰绿色 深灰色 暗紫灰色	斑状结构，基质间片结构、交织结构或玻基交织结构（图版Ⅷ-3），块状构造、杏仁状构造	斑晶：20%~40%，为绢云母化基性斜长石，粒径1~3 mm，基质由板条状斜长石及次生绿泥石和少量金属矿物尘粒组成，有时含不太规则的杏仁体，大小1~3 mm，充填物为方解石、绿泥石、玉髓等	绢云母化 绿泥石化 帘石化	K_1Z^1少量 （塔若错北、嘎罗日居、措勤西、嘎日阿布）

续表

岩石名称	岩性特征				分布情况
	颜色	结构构造	矿物组成	蚀变类型	
蚀变玄武岩	深绿灰色 暗紫灰色	斑状结构，基质具间片结构、变余间粒间隐结构，块状及杏仁状构造	斑晶5%～10%，主要为斜长石及少量暗色矿物（全部绿泥石化而呈辉石假象），基质由细小板条状斜长石及充填状绿泥石组成，少量尘粒状磁铁矿、白钛石、榍石等，斜长石具钠更长石化、绢云母化。有时含有2～4 mm的杏仁体	绿泥石化 钠更长石化	K_1Z^1少量（塔若错北，嘎罗日居）
橄榄粗面玄武岩 玄武粗安岩	深灰色 暗紫灰色 深绿灰色 灰黑色	斑状结构，基质间粒结构，块状构造、杏仁状构造	斑晶为基性斜长石（5%～25%），橄榄石（5%～10%），普通辉石（2%～5%）；斑晶粒径0.5～3 mm，斜长石斑晶成分为An55～65，不同程度绢云母化、帘石化；橄榄石斑晶全部蛇纹石化呈其假象。基质由板条状斜长石及充填状辉石、蚀变橄榄石、白钛石、金属氧化物微粒组成，少量绿泥石、碳酸盐矿物	绢云母化 帘石化 蛇纹石化 碳酸盐化 绿泥石化	K_1Z^1少量（塔若错北）

除表中所列火山熔岩、火山碎屑岩外，在此期火山岩地层中局部还发育有英安玢岩、流纹斑岩等同期次火山岩体。出露宽度数米至数十米不等。

（三）岩性、岩相时空变化

从上表可以看出，燕山晚期火山岩在岩性、岩相上的变化是比较大的。流纹岩、安山岩、玄武岩及其之间的过渡性岩石均有发育，爆发相、溢流相、次火山相、火山沉积相以及近火山口爆发相、远火山口爆发相也均有产出。但总体上具有以中、酸性火山岩为主、火山碎屑岩与熔岩交替变化的特点，基性和中基性火山岩较少，仅见于塔若错北岸、嘎罗日居、措勤西以及嘎日阿布等局部地段；近火山口的粗粒级火山碎屑岩，即火山集块岩、火山角砾集块岩主要见于扎布耶茶卡南东、嘎日阿布、桑穷勒等地。而具有钾玄岩系列特征的橄榄粗面玄武岩、玄武粗安岩仅见于塔若错北岸，即只在格嘎－蔡几错构造－岩浆岩带的南侧出现。

从垂向看，则弄群下部主要为火山熔岩夹火山碎屑岩；上部主要为沉积火山碎屑岩、火山碎屑沉积岩、正常的火山岩质砂、砾岩夹火山熔岩和火山碎屑岩；而多尼组、郎山组上部和竟柱山组均以正常沉积碎屑岩为主，局部出现薄的火山岩或火山碎屑岩夹层。由早到晚，火山活动强度逐渐减弱的趋势十分明显。从各个地层剖面及填图路线估算的不同层位火山岩发育情况见表4－2，则弄群下部火山岩比例占70%～86%，以熔岩为主，爆发指数在0.17～0.5之间；则弄群上部中火山岩比例减少为15%～45%，但爆发指数上升为0.95以上，火山碎屑岩、沉积火山碎屑岩占了绝大多数；而多尼组、郎山组上部及竟柱山组中，火山岩比例一般只有百分之几或无，仅局部达15%，并以爆发相居多。

（四）火山喷发韵律、旋回及喷发环境

燕山晚期火山活动，从则弄群下部→上部→多尼组→郎山组→竟柱山组，实际上构成了一个大的火山喷发旋回。由于则弄群下部火山岩中至今没有获得老于140 Ma的同位素年龄，竟柱组虽暂划为

K_2，也还缺乏古生物和同位素年代学强有力证据，不排除其下白垩统的可能。因此，此期火山活动旋回有可能发生于早白垩世时期内。早期火山作用十分频繁和强烈，中晚期逐渐减弱，到郎山组、竟柱山组沉积时期已基本平息，这种由强到弱的趋势在则弄群内部表现也十分清楚。则弄群下部形成了大套的火山熔岩，中上部以火山碎屑岩与正常沉积碎屑岩互层为主，且向上火山岩所占比例逐渐减少。

从岩浆化学成分的变化上，也显示有一定的旋回性。则弄群底部多为流纹岩开始，向上出现大量英安岩及英安质火山碎屑岩，而玄武安山岩、玄武岩、橄榄粗面玄武岩等偏基性火山岩多分布于则弄群下部的中上部，则弄群上部及多尼组、郎山组上部、竟柱山组中火山岩又以中酸性为主；仅局部出现有安山岩或玄武岩。因而化学成分上总的演化趋势是酸性→中酸性→中基性→基性→中酸性。

火山岩在纵向上的韵律性特征也十分明显。如下东乡南东附近所测则弄群，按不同的标志可识别和划分出17个喷发韵律以及三个喷发旋回（图4－3）。则弄群下部岩性段的喷发韵律主要由火山熔岩构造的变化、岩性及岩相的不同反映出来。如第1层、第15层中由底部的火山角砾岩或角砾熔岩→熔岩；第3层→6层、第17→18层的块状、流纹状英安岩→杏仁状英安岩；第9层、第10层→13层由爆发相→溢流相；第3层→第9层、第10层→13层岩石成分的变化等；第16层内部从块状→石泡状英安岩相间出现也是韵律性变化的一种形式（图4－4）。则弄群上部岩性段中喷发韵律更为明显，主要表现为由火山碎屑岩→火山碎屑沉积岩→正常沉积岩，每个韵律由二层或多层构成，也可为单独一层组成。

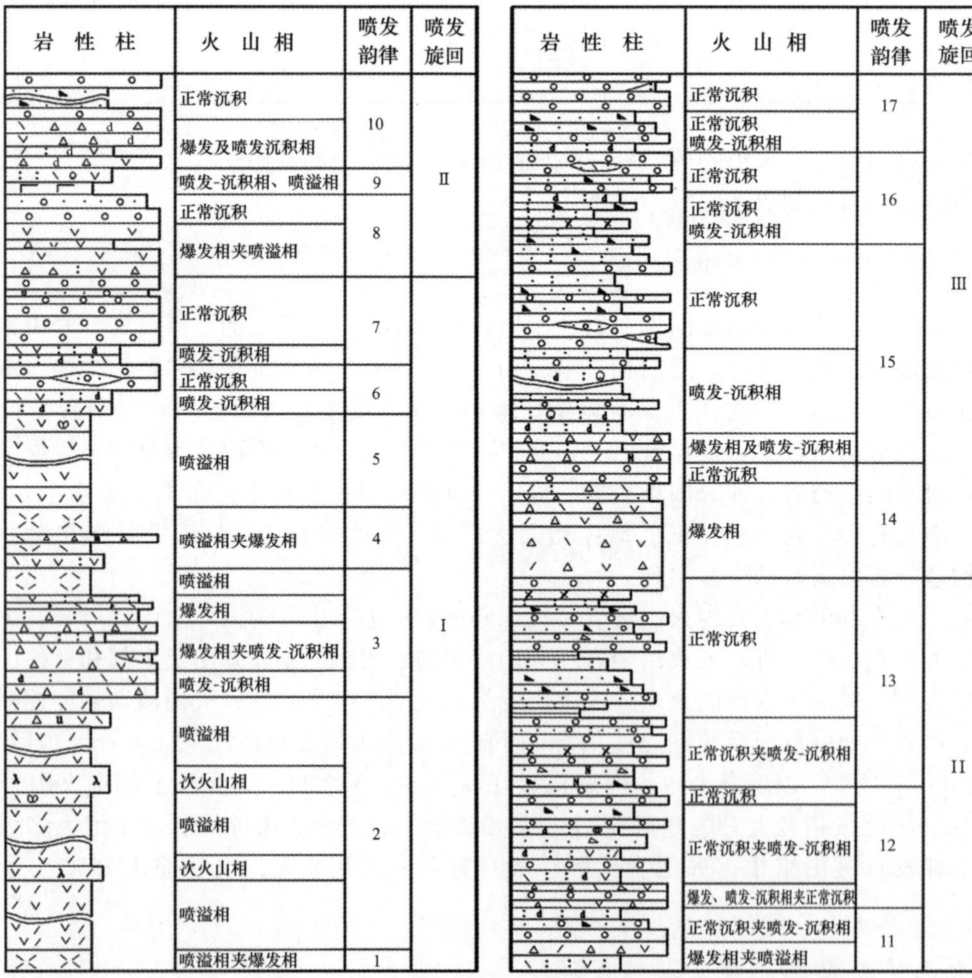

大致比例1：10 000

图4－3 则弄群火山喷发韵律及喷发旋回

受比例尺限制，大多喷发韵律内部尚包含次一级韵律。并且，按不同依据划分出的喷发韵律之间既可一致也可彼此有所重叠，它们均是火山活动周期性、脉动性及规律性的客观反映。

图 4－4　则弄群下部英安岩中的石泡构造
（夏东南西）

据火山岩颜色（如灰绿色、绿灰色，也夹有紫灰色、紫红色等）、特殊的岩石类型（如局部出现熔结火山碎屑岩、石泡状熔岩；火山泥球沉凝灰岩发育）、共生的沉积岩夹层（有砂、砾岩，也有碳酸盐岩、泥页岩）和所含生物化石（碎屑岩中产植物化石碎片、硅化木，也含有双壳及腹足类等）不难推断，调查区燕山晚期火山活动发生于一种海陆交互环境，大部分时期处于水下，时而也有水上喷发。可能经历了由岛弧至弧后盆地的环境变迁过程。喷发形式以裂隙式为主伴有中心式，由于地层产状的强烈构造变动，古火山机体已难以完整恢复，但近火山口相或次火山相的出现可作为其存在的重要迹象。

三、喜马拉雅早期火山岩（E_1）

（一）地质特征

此期火山岩仅见于调查区南部边缘，西起塔若错南岸，向东经麦穷错至措勤县城西侧那巴错穷，分布在长 90 km、南北宽 5 ~ 14 km 范围内，出露面积约 800 km^2。其北侧以 F_{17} 分区断裂为界与则弄群下部呈断层接触，向南延入邻区江让幅，并在邻区内可见该套火山岩与二叠系或石炭系呈超覆接触关系，部分地段为断层接触。

西藏自治区区域地质志（1993）将该套火山岩地层称为乌郁群，时代置于上新世；1∶100 万日喀则幅区域地质调查报告（1983）将其大部分归为乌郁群，部分划为古新－始新统达多群或林子宗群。我们调查后认为这套火山岩应属同一套地层，之间未见明显角度不整合或断层迹象，产状基本协调，岩性特征及岩石组合也完全相同，其总体特征与林子宗群典中组（E_1d）可以对比，其中获得英安岩的 K－Ar 同位素年龄值为 63.9 Ma，Rb－Sr 年龄为 61.0 Ma 及 63.5 Ma；前人也曾报道其安山岩年龄值为 63.8 Ma（潘桂棠等，1996），属喜马拉雅早期火山活动产物。而全岩 Ar－Ar 法所测年龄值（82.15 Ma）明显偏老，与地质情况不符，原因尚不清楚。

典中组为一套中酸性火山岩组合，主要岩性为安山岩、英安岩、流纹岩及安山质、英安质、流纹质火山角砾岩、角砾凝灰岩；少量火山集块岩、沉火山角砾岩、沉凝灰岩及凝灰质砂、砾岩。下部（调查区以南）以安山质火山碎屑岩夹安山岩为主，上部（调查区内及边界附近）则以英安岩、流纹岩及其火山碎屑岩为主；整个地层厚度大于 1158 m，其中正常沉积碎屑岩极少，火山岩比例在 90% ~95% 左右，且以火山碎屑岩占优。据简测剖面（P22，P33）资料估算，此期火山活动的爆发指数约为 0.66 ~ 0.79，火山作用达到了相当的强度。

火山岩系宏观成层性较好，产状较缓，多几度至十几度，除断层旁侧者外，倾角极少超过 30°。

（二）主要岩石类型及岩石学特征

1）安山岩：绿灰色、浅绿灰色及深灰色，块状构造，有时具柱状节理构造（图 4－5）及条带状构造。斑状结构，基质为半晶质—隐晶质结构，交织结构，斑晶含量 15% ~30% 不等，主要成分为宽板状斜长石，少量绿泥石化角闪石，有时可含少量（≤5%）辉石斑晶。斑晶大小多 1 ~ 3 mm，个别达 5 mm；副矿物为磷灰石、钛铁矿、磁铁矿。常具不同程度绿泥石化、绢云母化。

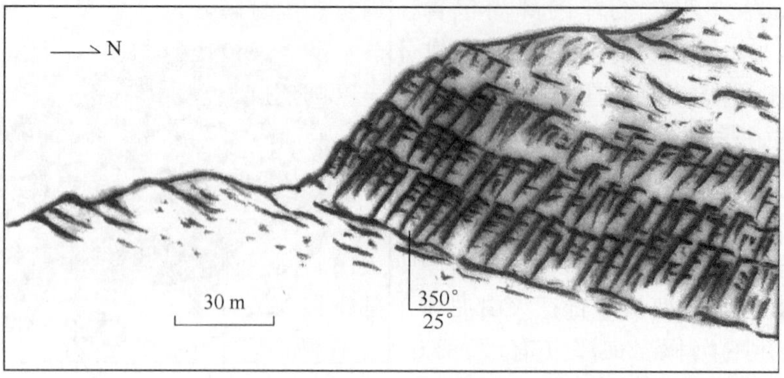

图4-5 典中组安山岩的柱状节理构造（P33）

2）杏仁状安山岩：常见于安山岩层的顶部，含10%～25%不等的杏仁体，杏仁成分为绿泥石，呈不规则状，直径0.5～4 mm。有时可呈半定向分布构成弱流动构造，其余特征同上。

3）英安岩：浅灰色、浅褐灰色、浅绿灰色，块状构造，斑状结构，基质为脱玻化显微他形粒状结构及显微潜晶结构（图版Ⅷ-4），偶有球粒结构。斑晶成分主要为中—更长石（8%～10%）及少量石英（2%～5%）；基质由长石、石英微粒或其放射状、束状集合体组成。斜长石具不同程度绢云母化。含微量磁铁矿（或褐铁矿）、白钛石等副矿物。

4）中酸性凝灰熔岩：常见为英安质凝灰熔岩或流纹质凝灰熔岩。具凝灰熔岩结构，块状构造或流纹构造，斑状结构，基质具脱玻化显微他形粒状结构或显微球粒结构，常含30%～40%的刚性火山岩岩屑或长石、石英晶屑，后者与斑晶的区别在于形态的不同，晶屑为棱角状，而斑晶呈自形晶并常可见熔蚀边缘。

5）流纹质凝灰岩：灰白色、浅灰红色，块状构造，以岩屑晶屑凝灰结构为主（图版Ⅷ-5），也见有晶屑玻屑或玻屑凝灰结构，由流纹质火山岩岩屑、长石、石英晶屑及酸性玻屑以不同比例组成，其中斜长石晶屑常具绢云母化现象，玻屑具脱玻化现象。在岩屑晶屑凝灰岩中，石英晶屑常可达15%左右，野外易误定为流纹岩。

6）流纹质火山角砾晶屑岩屑凝灰岩/晶屑岩屑凝灰火山角砾岩：浅绿灰色、浅褐灰色及浅灰色，块状构造-弱定向构造。角砾凝灰结构或凝灰火山角砾结构，由含量不同的流纹质火山角砾和凝灰级岩屑、晶屑及玻屑组成，偶尔见安山质、英安质火山角砾。其中玻屑含量一般<10%，石英晶屑19%～25%，长石晶屑10%～20%，偶有黑云母晶屑，岩屑的粒径差别很大，凝灰级及角砾级岩屑比例变化大，其中火山角砾含量10%～70%不等，最大者可达4～5 cm，个别达10 cm以上，一般0.5～3 cm；刚性棱角状角砾及塑性变形角砾均有，当压扁拉长的火焰状塑性角砾较多时，可定向或半定向分布构成假流动构造。剖面上可见流纹质火山角砾凝灰岩与凝灰火山角砾岩交替产出，构成厚度较大（百余至200余米）的火山碎屑岩层。

7）英安质角砾凝灰岩/凝灰岩：灰色、浅褐灰色、黄灰色、紫红色，块状构造或假流动构造，凝灰结构或角砾凝灰结构，主要由英安质火山凝灰物、火山尘组成，包括比例不等的岩屑、长石、石英晶屑及玻屑；其中石英晶屑一般明显少于长石晶屑，含量5%～15%，有时出现少量（≤20%）英安质或流纹质火山角砾，角砾大小2～12 mm，棱角状或不规则拉长状。

8）英安质火山角砾岩/火山集块岩：浅绿灰色、紫灰色、褐灰色，火山角砾结构、火山集块结构或火山集块角砾结构（图版Ⅷ-6），块状构造或斑杂构造。由大小不等的火山碎屑物组成，最大者可达40 cm，一般2～15 cm，不同粒级之间呈连续过渡，无分选性，角砾或集块的含量可达70%以上，其间被凝灰物充填，火山碎屑成分十分单一，多呈棱角状，仅少数显示塑性特点。

9）中酸性沉火山角砾凝灰岩/沉凝灰火山角砾岩：绿灰色、褐灰色、浅灰色，弱定向构造，沉火山角砾凝灰结构或沉凝灰火山角砾结构。主要由中酸性火山角砾、凝灰物，少量的正常沉积砂、砾组成，胶结物多为霏细状长英物及绢云母集合体，为火山尘分解及重结晶而成。火山角砾呈棱角一次棱角状，大小0.2～1.5 cm不等，分选差，但成分略显复杂，除大量中酸性火山碎屑外，还可见少量灰黑色页岩、粉砂质泥岩等岩屑，且部分碎屑有明显磨圆痕迹，常显示弱定向性。此外，其间还夹有凝灰质砂岩，凝灰质砾岩夹层，宏观层理清楚。

（三）火山喷发韵律、旋回及喷发环境

从区内典中组岩性分布特点看，喜马拉雅早期火山旋回总体上具有从中性向中酸性及酸性演化的趋势，如前所述，安山岩主要见于地层下部，中上部则以英安质、流纹质火山岩为主，安山岩较少。因此一级旋回可能以中性岩浆的喷发开始，而以大量中酸性及酸性火山碎屑岩的爆发而告终。

根据典中组火山岩地层简测剖面（P33）的粗略分析，自下而上发育有19个以上的喷发韵律，并可划为两个喷发旋回。第Ⅰ旋回总体上以安山质火山岩为主；第Ⅱ旋回则以流纹质或英安质火山岩为主（图4－6）。

喷发韵律的规模及表现形式不尽相同，大致有4种类型：①由爆发相火山碎屑岩→喷溢相熔岩，是其主要的表现形式，此类韵律如1－4，9－12及14－18韵律；②由火山碎屑岩→火山碎屑沉积岩或正常沉积岩，如第6，7，8韵律；③由火山碎屑岩→熔岩→正常沉积碎屑岩，如第1，9韵律；④个别火山碎屑岩或熔岩层本身构成单个韵律，如第5，13韵律（图4－6）。

图4－6　典中组火山喷发旋律及喷发旋回（P33）

区内喜马拉雅早期火山岩地层中极少沉积岩夹层，所见凝灰质砂、砾岩层其内部细层一般也不太发育；火山岩有时显示紫灰色、紫红色色调，尤其底部不仅发育紫红色火山碎屑岩，与下伏晚古生代地层之间还具有超覆接触关系，故推测其为陆相喷发环境，但这并不排除部分火山碎屑岩具水下沉积的可能。区域资料也显示，古近纪早期，除西部狮泉河等少数地区外，冈底斯板片内大部分地区已演化为陆缘型火山弧环境。火山岩（林子宗群）大规模带状展布的特点表明此期火山活动主要表现为中心－裂隙式喷发。

四、喜马拉雅晚期火山岩（N_1）

（一）地质特征

喜马拉雅晚期火山岩为一套钾玄岩系列岩石，部分属超钾碱性系列。全岩 K - Ar 同位素年龄值为15.8 Ma，15.9 Ma，为中新世喷发产物，是调查区内时代最新的火山岩地层，也是措勤地区乃至于冈底斯岩浆岩带西段及北亚带内首次发现的新生代高钾—超钾火山岩系。

该套火山岩主要分布于夏东与扎布耶茶卡之间的布嘎寺周围方圆400余平方千米范围内，另在夏东北东方向12 km左右的贝布加布扎及达娃错东侧12 km左右的德拉两地，也发现有少量呈风化剥蚀残余状分布于较高的位置（面积分别约为4 km^2和3 km^2，图4-1）。以熔岩为主夹火山碎屑岩及少量火山碎屑沉积岩，成层性良好，总体产状平缓（图版Ⅷ-7），倾角多≤5°，局部可达15°左右，基本保持其原始产状，现有最大厚度达300 m。岩石新鲜，所含气孔极少见充填物。

夏东与扎布耶茶卡之间大面积出露的喜马拉雅晚期火山岩地层，前人曾将其划归下古近-新近系林子宗群（西藏区调队，1983）并沿用至今，此次调查后认为，无论其岩性特征、岩石组合，还是其地球化学属性及形成时代，均与北羌塘、可可西里及南昆仑地区分布的石坪顶组、南羌塘的鱼鳞山组以及冈底斯-念青唐古拉中带、南带林子宗群中的钾玄岩系列和超钾质火山岩（同位素年龄值集中在36~10 Ma）可以对比，但考虑到本区所处地层分区的特殊性，按专家组建议，另建一新的地层单元：布嘎寺组，时代置于中新世。

该期火山岩地层在不同地区可与下伏二叠系下拉组、下白垩统则弄群、多尼组、郎山组以及燕山晚期花岗岩之间呈喷发不整合超覆关系（图4-7，图4-8），大部分情况下周围则被第四系松散堆积物掩盖。布嘎寺附近、日阿布西以及朗青勒等地可见粗面斑岩、粗安玢岩次火山岩侵位于火山集块岩、火山集块角砾岩等火山碎屑岩层中（图4-9，图4-10，图4-11），推测为火山通道或火山颈相。另外，多处见有巨粒级的火山集块岩或熔结火山集块岩（图版Ⅷ-8）发育，并有紫红色、紫灰色、灰黑色火山弹、熔岩饼等近火山口喷发物分布，它们均代表了古火山口存在的大致位置，显示陆相中心式喷发的特点，但由于风化剥蚀或第四系覆盖，原始火山地貌已不复存在，现今主要表现为火山台地。

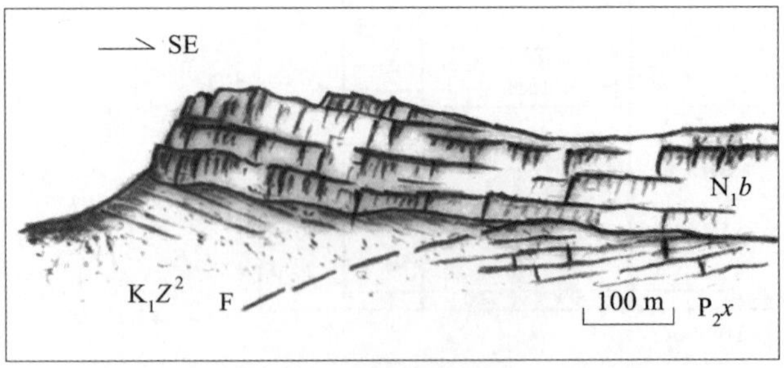

图4-7　布嘎寺组不整合于则弄群及下拉组之上
（则布加布扎）

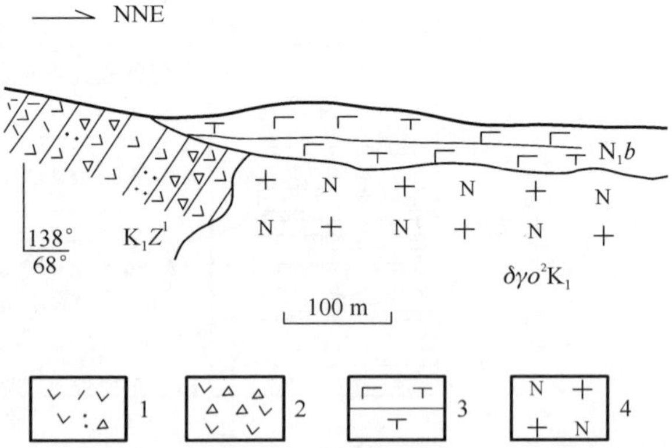

图4-8　布嘎寺组（N_1b）不整合于则弄群（K_1Z^1）及斜长花岗岩（$\delta\gamma o^2K_1$）之上
（德拉北）
1—凝灰质含角砾流纹岩；2—火山角砾岩；3—粗安岩；4—斜长花岗岩

布嘎寺组火山岩地层主要由粗安岩、粗面岩、粗安质或粗面质火山角砾岩以及少量玄武粗安岩、玄武粗安质火山角砾岩组成，局部出现火山集块岩、熔结火山集块岩（图4-12）、熔结火山角砾岩、凝灰岩及凝灰质砂岩。熔岩与火山碎屑岩交替产出，虽宏观成层良好，但有些岩层特别是沉积火山碎屑岩或火山碎屑沉积岩层延伸不稳定，厚度变化大，并有尖灭现象，熔岩层底部界面常呈凹凸不平状。熔岩层有时可见红顶绿（灰或深灰）底现象，中下部常为块状或流动构造，而顶部多为气孔状构造。

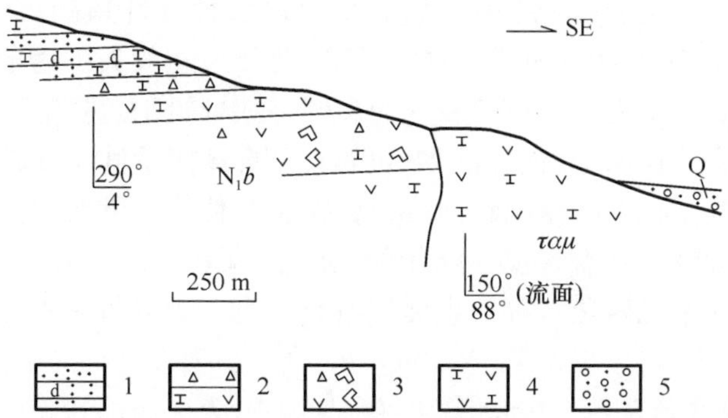

图4-9　火山通道相粗安玢岩与火山集块岩布嘎寺组（N_1b）接触关系

（日阿布西）

1—沉凝灰岩；2—粗安质火山角砾岩；3—火山集块岩；4—粗安玢岩；5—第四系砂砾堆积

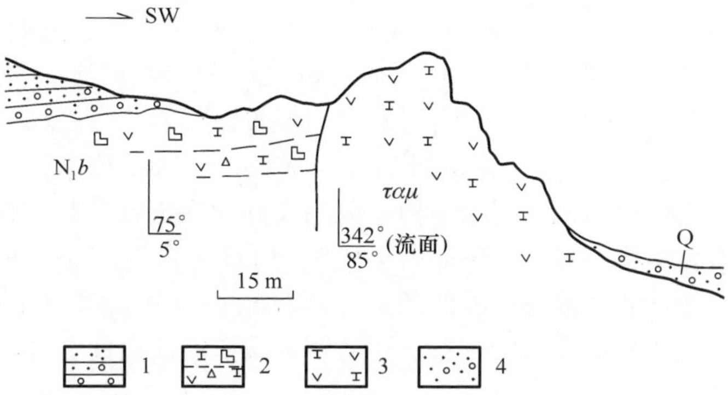

图4-10　火山通道相粗安玢岩与布嘎寺组（N_1b）火山集块岩的接触关系

（郎青勒）

1—凝灰质砂砾岩；2—火山集块岩；3—粗安玢岩；4—第四系砂砾堆积

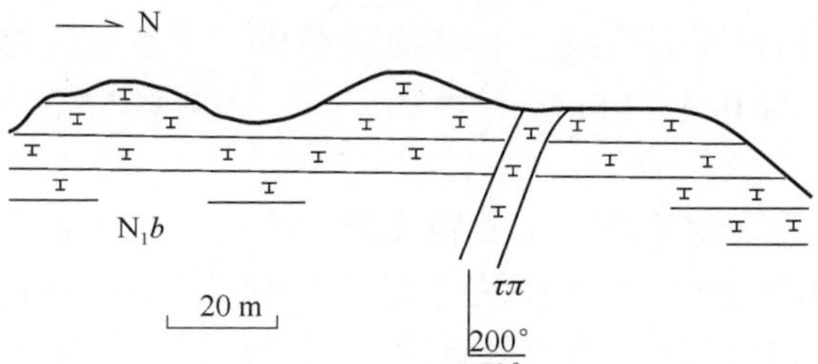

图4-11　布嘎寺组（N_1b）粗面岩中的粗面斑岩岩脉（$\tau\pi$）

（布嘎寺南东）

1—粗面岩；2—粗面斑岩岩脉

图4-12　熔结火山集块岩

（星冬）

熔岩中偶尔见有数厘米大小的浑圆状正长岩包体产出（图版Ⅸ-1），并于布嘎寺北西侧3 km左右发现该套火山岩地层中尚有中—粗粒及似斑状正长岩体出露，虽因残坡积掩盖，未见二者直接接触关系，但从已获得的同位素年龄以及熔岩中发现的正长岩包体推测火山岩与正长岩之间可能为喷发不整合接触。

（二）主要岩石类型及岩石学特征

1）粗安岩：为主要岩石类型，深灰色，紫灰色，灰色，块状构造，流面构造，其次为气孔状构造；斑状结构，斑晶含量15%～30%不等，常见斑晶成分为透长石、透辉石或普通辉石、黑云母，有时含少量角闪石、橄榄石、中更长石斑晶（<5%）。其中透长石斑晶含量多在10%～15%，粒径也较粗，可达2 mm×5 mm×7 mm，其他斑晶多≤3 mm。黑云母、角闪石斑晶常见暗化边结构，有时全部暗化，尤其角闪石，极少见原生角闪石残余，仅保留其假象；偶尔可见个别石英捕虏晶。基质多为隐晶—微晶质结构或粗面结构，偶有玻晶交织结构（图版Ⅸ－2），由微细长条状长石及少量微粒状铁质氧化物组成。副矿物常见磷灰石等。主要岩石类型有：黑云母辉石粗安岩、辉石粗安岩、气孔状粗安岩。

2）粗面岩：浅灰色、浅紫灰色、少量紫红色，块状构造，流面构造或气孔状构造。斑状结构，基质为粗面结构（图版Ⅸ－3）或玻晶交织结构。斑晶含量10%～25%，普遍具透长石斑晶，暗色矿物斑晶为普通辉石－透辉石、黑云母，角闪石极少，三种暗色矿物斑晶可同时出现也可只含其中之一种或两种。斑晶大小0.5～3 mm，多自形晶。角闪石、黑云母斑晶常具暗化边结构。基质由长条状钾长石，少量玻璃质、氧化铁微粒等组成，粒度<0.1 mm。副矿物为磷灰石、金属氧化物、锆石等。岩石中有时可含气孔，最多达50%，呈不规则状或拉长状，多未充填，有时仅气孔内壁上见极薄的钙质或沸石矿物薄膜。气孔或板状、柱状、片状矿物可定向排列形成流面构造。据暗色矿物斑晶成分、气孔的有无等可进一步划分为黑云母辉石粗面岩、辉石粗面岩、黑云母粗面岩和气孔状粗面岩。

3）玄武粗安岩：深灰色、灰黑色，少量绿灰色、紫红色，块状构造，气孔状构造或流动构造，斑状结构，基质为微晶－隐晶质结构、间隐结构。斑晶成分为透长石、普通辉石－透辉石，可含少量黑云母、斜长石和伊丁石化橄榄石斑晶，斑晶大小0.5～4 mm，含量25%～30%。其中橄榄石斑晶有时可达5%，全部伊丁石化而保留橄榄石的假象，并可见熔蚀结构，基质由细小条状长石及粒状辉石、橄榄石或火山玻璃组成。副矿物为磷灰石、不透明金属矿物、白钛石等，偶见石英捕虏晶，可含不规则圆形或椭圆形气孔。

玄武粗安岩中局部可出现10%左右的等轴粒状白榴石，以斑晶或基质矿物存在，粒度≤0.5 mm，大小不等（图版Ⅸ－4），从而构成辉石白榴石玄武粗安岩，但在TAS分类图上略为偏向于响岩质碱玄岩区。

4）粗安质火山角砾熔岩：深灰色间夹紫灰、紫红色，火山角砾结构，熔浆胶结，块状构造，弱流动构造，由粗安岩质火山角砾（含70%～80%）和粗安质熔浆“胶结物”组成，少量凝灰物。角砾成分单一，均为粗安岩质，但颜色和结构不均，粒径0.3～1 cm，最大达2 cm，不规则棱角状；熔浆“胶结物”部分常见斑状结构。

5）火山角砾岩：以粗安质火山角砾岩为多，少量为粗面质或玄武粗安质火山角砾岩。岩石多紫灰色、紫红色，也见灰色、深灰色或灰黑色。通常由成分单一、但颜色、结构、构造不同的棱角状火山角砾组成，之间被少量凝灰质火山岩岩屑、晶屑、玻屑及火山尘分解物（绢云母）所充填。块状构造、斑杂状构造，胶结疏松，孔洞发育。具火山角砾结构或凝灰火山角砾结构，角砾大小不等，外圈常有一层氧化铁，充填物中常见透长石、黑云母及辉石晶屑。

6）火山集块岩：以粗安质火山集块岩为主，部分为粗面质或玄武粗安质火山集块岩。因成分不同可呈灰红色、褐灰色、紫红色及深灰色、灰黑色等，颜色不均，疏松多孔洞，由大小不等的火山碎屑物组成，其中集块级占多，粒径多为10～50 cm，个别可达1 m以上，无分选性、无定向性；集块多呈刚性棱角状，少量具塑性变形特点，可见有各种形态的火山弹、熔岩饼等，集块本身多具气孔状构造。

7）熔结火山集块岩：粗安质为主，也有粗面质及玄武粗安质熔结火山集块岩，灰红色、褐红色、深灰及灰黑色，不同的集块其颜色、结构、构造不完全相同，粒径较粗（多 >20 cm），其成分以气孔状熔岩为多，也见有火山角砾岩、角砾凝灰岩的集块；其中的塑性集块占70%以上，常见熔岩饼及火山弹，普遍具拉伸、扭动、旋转等塑变现象，集块之间彼此熔结，界线不很清楚，凝灰及火山角砾级火山碎屑物少，常见有1 m以上的集块分布。

8）凝灰岩及沉凝灰岩：包括粗安质和粗面质凝灰岩及沉凝灰岩。凝灰岩多呈浅灰色、灰白色，块状构造，内部不显层理，分选较差。由大量的粗安质、粗面质火山岩岩屑、浆屑、玻屑及长石、辉石、黑云母、角闪石晶屑、火山尘及少量火山角砾（0.2～1.5 cm）组成。其中长石普遍高岭土化，致使岩石较为疏松多孔、比重变轻，颜色变浅。沉凝灰岩分布较少，除颜色略浅、具明显层理外，成分特点同凝灰岩，为局部低洼处水盆地沉积而成。

（三）矿物学特征

对该期火山岩中常见斑晶成分进行的电子探针分析和晶体化学式计算结果表明，其中透长石斑晶的端元分子组成为 $Or_{55.68-62.46}Ab_{33.75-37.26}An_{3.79-7.06}$；斜长石斑晶 $An_{35.82}$，属中长石；两件辉石斑晶均为Ca－Mg－Fe辉石组，在相应的命名图解（图4－13）中分别位于普通辉石和顽火透辉石区，如按国际矿物学会辉石命名委员会1987年通过的辉石命名法，则皆属普通辉石。粗安岩中黑云母斑晶的化学成分特点具有略富Mg，Na而低 Fe^{2+}，K的特点，TiO_2 的含量也高于其他岩石中的黑云母；在Torger（1979）的黑云母分类图中偏离一般黑云母成分区，大致界于少铁黑云母与金云母之间（图4－14）。接近于Foster（1960）分类中的镁质黑云母成分。

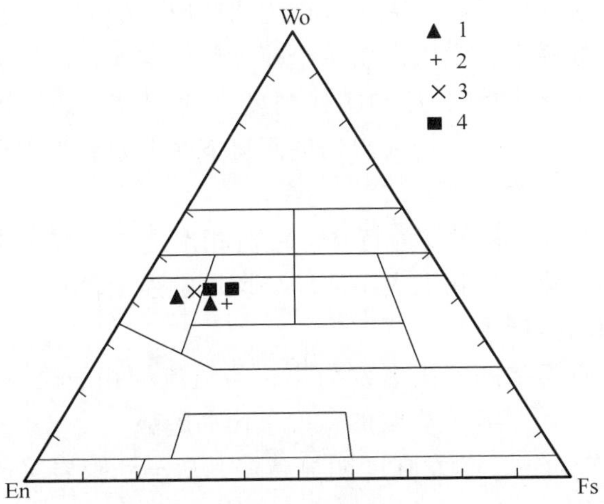

图4－13　Ca－Fe－Mg辉石命名图

1—布嘎寺组粗安岩；2—蔡几错花岗闪长岩；3—顿勒辉长岩；4—布嘎寺碱性正长岩

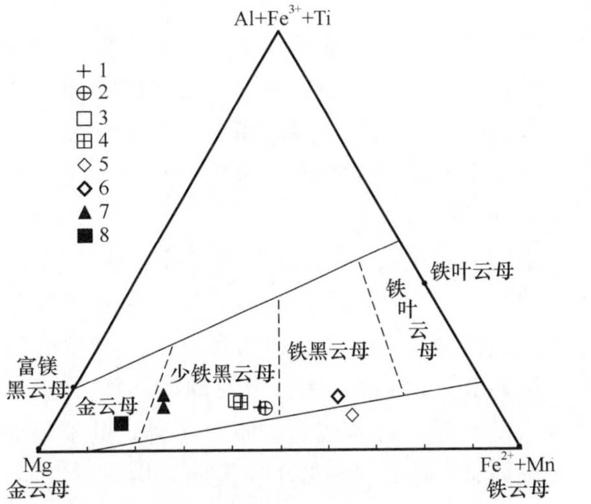

图4－14　黑云母分类图

（底图据Torger，1979）

1，2—蔡几错二长花岗岩及闪长质包体；3，4—夏龙二长花岗岩及闪长质包体；5，6—甲布钾长花岗岩及二长质包体；7，8—布嘎寺粗安岩及碱性正长岩

（四）火山喷发韵律、旋回及喷发环境

据实测剖面资料，布嘎寺组火山岩地层垂向上岩性变化频繁，火山喷发韵律发育，至少可划分出9个韵律（图4－15），其表现形式大致可归为以下几种。

1）由火山碎屑岩→熔岩的变化：包括第3、第5、第7韵律。

2）由火山碎屑岩→火山碎屑沉积岩或沉积岩的变化：如第1、第2、第4及第6韵律。

3）由玄武粗安岩→粗安岩→粗面岩的变化（第8韵律）或由粗安岩→粗面岩的变化（第9韵律）。

有时，上述不同喷发韵律形式之间可以重叠或交错。如第7韵律，自下而上既表现为火山岩相的

图4－15　布嘎寺组火山喷发韵律及喷发旋回

（朗青勒，P19）

不同，即喷发方式由爆发向喷溢的转变，同时也伴随着熔浆成分的变化。韵律顶部（第17层下部）出现的白榴石粗安岩（或响岩质碱玄岩），是布嘎寺组火山岩地层中迄今发现的碱性程度最高的岩石类型。

喷发旋回是火山活动在更大时间尺度上周期性变化规律的反映。既可体现为岩浆成分的演变，也可反映在喷发强度或喷发方式等方面的规律性变化。在规模上，它可以由单个喷发韵律构成，但更多的是由若干个喷发韵律共同组成一个大的旋回。此外，旋回的划分还与工作精度（比例尺）以及所掌握地层资料的完整程度，区域大小等有关。综合各方面因素，可将火山岩剖面自下而上划分为三个喷发旋回。

旋回Ⅰ：由第1→第4喷发韵律组成。以粗安质熔浆的多次爆发为特征，溢流相次之，形成火山碎屑岩与火山碎屑沉积岩为主夹熔岩的岩性组合及韵律变化，反映了火山活动早期爆发强度较大的特点，该旋回顶部发育的红色古风化层是喷发沉积间断的明显标志。

旋回Ⅱ：由第5→第7喷发韵律构成。以玄武粗安质熔浆的多次爆发为主，与溢流相相间交替，并以白榴石粗安岩（或响岩质碱玄岩）的喷溢而告结束。由早到晚岩浆的碱度呈增高趋势。

旋回Ⅲ：由第8→第9喷发韵律构成，以溢流相熔岩为主，喷发强度明显减弱，从早到晚岩浆成分发生改变，由玄武粗安岩→粗安岩→粗面岩振荡式演化。

据剖面资料统计，布嘎寺组中火山岩的累计厚度>284 m，火山岩占地层总厚度的85%以上，火山爆发指数约为0.33。总体爆发强度中等，并具有自强到弱的变化特点。

区内喜马拉雅晚期富钾火山喷发活动为典型的陆相中心式喷发。

五、火山岩系列及地球化学特征

（一）燕山期火山岩

1. 主要元素特征

如前所述，燕山期火山岩主要集中在燕山晚期，其中以早白垩世最为发育，而燕山早期的火山岩（J_{2-3}）分布局限。

图4－16为燕山期火山岩TAS分类图，可以看出，此期火山岩以英安岩、流纹岩占优。燕山早期（接奴群）的安山岩及玄武安山蚀变较强，从而使玄武安山岩样点落入了玄武粗安岩区。燕山晚

期（则弄群及多尼组）火山岩大多为英安岩、流纹岩，少量安山岩、玄武安山岩；两件采自扎布耶茶卡盐湖东岸含有橄榄石的火山岩样品分别落入粗面玄武岩和玄武粗安岩区，表明除大规模钙碱性火山活动外，局部尚有钾玄岩质火山岩发育。

燕山早期和晚期火山岩在主要元素组成及岩石地球化学特征上具有类似性。岩石的 SiO_2 含量变化范围较宽，为47.41%～77.46%，全碱含量为4.53%～8.57%，大多样品的 $K_2O/Na_2O \leqslant 1$。反映岩石碱性程度的里特曼指数 σ 多介于1.8～3.3，个别橄榄玄武岩粗安岩和粗面玄武岩的 σ 值可达4.62～6.74，这与硅－碱图（图4－17）所反映的结果完全一致，即燕山期绝大部分火山岩属亚碱性系列，个别属碱性系列，CIPW 标准矿物组合主要为 Q＋Ol＋Ab＋An＋Hy＋C，属硅、铝过饱和岩石类型，部分样品出现 Di 而无 C，属 SiO_2 过饱和之正常岩石类型；个别出现≥5%的 Ol 或极少的 Ne，为 SiO_2 低度不饱和的正常类型岩石。

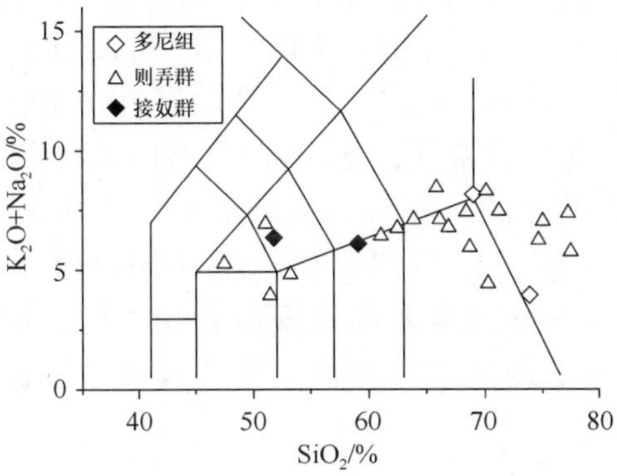

图4－16　燕山期火山岩 TAS 分类图

（底图据 Bas et al，1986，1989）

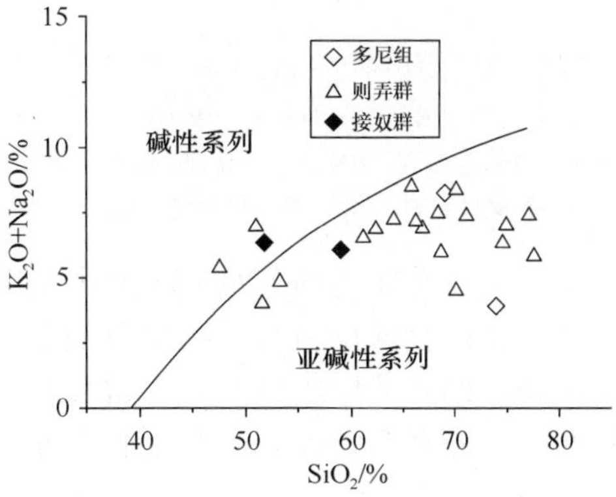

图4－17　燕山期火山岩硅－碱图

（底图据 Irvine，1971）

对于亚碱性系列样品进一步采用 AFM 图解（图4－18），可以确定燕山期火山岩总体上具钙碱性系列性质。在亚碱性系列的 An－Ab－Or 图解（图4－19）中，钙碱性火山岩样品点显得较分散，但多位于普通类型和钠质类型区。而在 SiO_2-K_2O 相关图上（图4－20），此期火山岩大部分样点位于 HK－CA 区及 CA 区，仅少量分散在其他区域中，应属钙碱性—高钾钙碱性英安岩－流纹岩组合，玄武岩、玄武安山岩类较少。

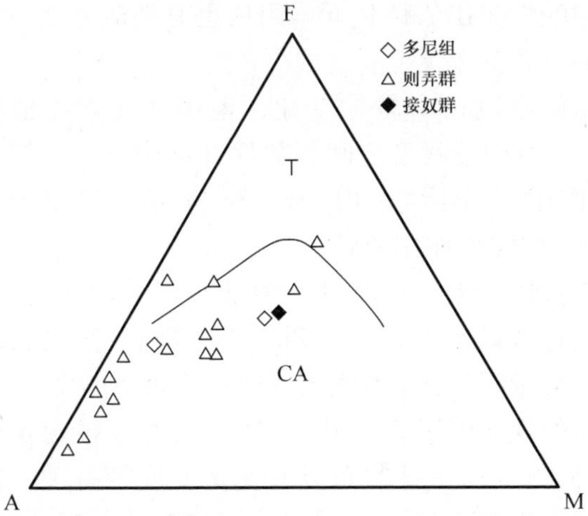

图4－18　燕山期火山岩 AFM 图

（底图据 Irvine，1971）

T—拉斑玄武岩系列；CA—钙碱性系列

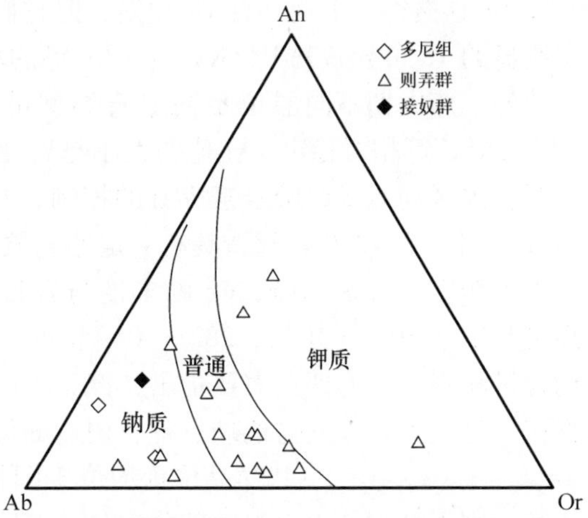

图4－19　燕山期火山岩 An－Ab′－Or 图

（底图据 Irvine，1971）

2. 稀土元素特征

燕山期不同层位火山岩及火山碎屑岩稀土元素球粒陨石标准化分布曲线如图4－21所示。除

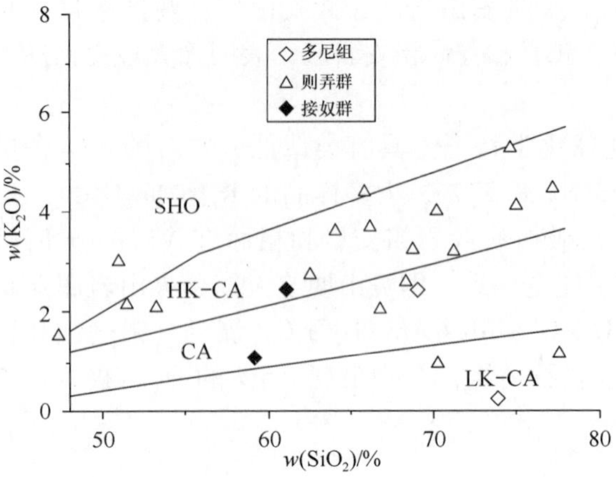

图4-20 燕山期火山岩 SiO_2-K_2O 图

（底图据 Peccerillo et al，1976）

SHO—钾玄岩系列；HK-CA—高钾钙碱性系列

CA—钙碱性系列；LK-CA—低钾钙碱性系列

个别凝灰岩、安山岩外，绝大部分样品的稀土总量都在 $150\times10^{-6}\sim300\times10^{-6}$ 之间，随岩石酸性程度的增高，$\sum$REE 呈增加趋势，流纹岩中最高可达 306×10^{-6}。由图4-21可见，调查区燕山期不同层位、不同类型岩石的稀土分配型式较为相似，均显示为轻稀土富集、轻稀土分馏明显而重稀土分馏较弱的特点，LREE/HREE 值大多都在 6.0 以上，$(La/Sm)_N=2.20\sim5.52$，多≥3.0，而 $(Gd/Yb)_N=0.6\sim2.65$，多数≤1.54。

其中以则弄群中橄榄玄武粗安岩轻重稀土分馏程度最高，LREE/HREE 及 $(La/Yb)_N$ 值分别达21.68和18.22。除三件中基性、基性火山岩略显正铕异常外，绝大部分中性—酸性火山岩呈现出明显的负铕异常，δEu 多介于 0.5～0.9 之间。且大多不显铈异常（约82%以上的样品其 δCe 在 0.92～1.06 之间）。燕山期中酸性火山岩的稀土元素总丰度以及球粒陨石标准化分配型式总体上与大陆边缘及岛弧安山岩相类似，也接近于上地壳及代表上地壳平均成分的太古宙后页岩的稀土元素组成；中基性、基性火山岩除稀土总量略为偏低外，其分布形式也与之有相似之处（图4-21）。

3. 微量元素特征

微量元素经原始地幔标准化后的分布型式见图4-22。燕山晚期酸性—中酸性火山岩（图4-22a）普遍以富集 Rb，Th，K，La，Ce，Nd，而亏损 Ti，P，Sr，Ta（Nb）为特点，Ba 也显示出明显的亏损谷；而 Hf，Zr，U 等变化略大。随岩石酸性程度的增加，微量元素之间的分异愈趋强烈，部分流纹岩中 P，Ti 含量可低于原始地幔值。总体分布型式具岛弧钙碱性中酸性火山岩的特点。

燕山期中基性—基性火山岩（图4-22b，c）与上述酸性—中酸性火山岩相比，其微量元素分配曲线相对平滑，元素间分异程度较低，特别是基性火山岩的这种现象更为明显，基本不显或只有弱的 Ti，P，Sr 亏损谷。个别具有 Th 亏损。但它们与酸性—中酸性火山岩微量元素组成也有类似之处，如具有明显的 Ta 负异常和 U，K，La，Ce 等的相对富集。

此外，燕山期不同层位不同岩石类型虽然其微量元素丰度可有较大变化，但某些元素比值如 K/Rb，Th/U 等相对稳定。比值的大小与岩性之间，即与岩石酸性程度之间相关性并不明显，说明它们主要受源区物质或原始岩浆成分的控制，与岩浆分异作用关系不大。Rb/Sr，Sr/Ba 值分别集中在 0.2～1.2 及 0.3～2.0 之间，具有一定的离散性，可能为后期蚀变作用所致。

强不相容元素 Sc，Cr，Co 的丰度与岩石基性程度有密切关系，在基性、中基性岩中较为富集，最高可分别达 30.1×10^{-6}，282×10^{-6} 和 40.9×10^{-6}。其他成矿元素如 W，Zn，Au 等与一般火山岩平均含量相当，但有两点需要指出：部分火山岩样品中钨含量明显比正常岩浆岩平均值偏高达数十至数百倍，且尚无发现其与地理位置、构造部位及岩性之间的规律性联系；另外部分样品中金的含量可达 $14.5\sim33.6\times10^{-6}$，其样品位置均位于图幅北侧，尤其与卡马—日翁布以北变形变质带有关，值得注意。则弄群下部火山岩中部分样品的氧同位素及锶同位素测定显示，$\delta^{18}O=+8.5‰\sim+13.6‰$，其中安山岩最低（+8.5‰）、流纹岩最高（+13.6‰），橄榄粗面玄武岩较高（+11.1‰）；与一般火山岩相比多在正常值范围并略显偏高。锶同位素初始比 $(^{87}Sr/^{86}Sr)_0=0.708\,867\sim0.718\,086$，变化范围较大并偏高，表明则弄群火山岩主要源于地壳物质。

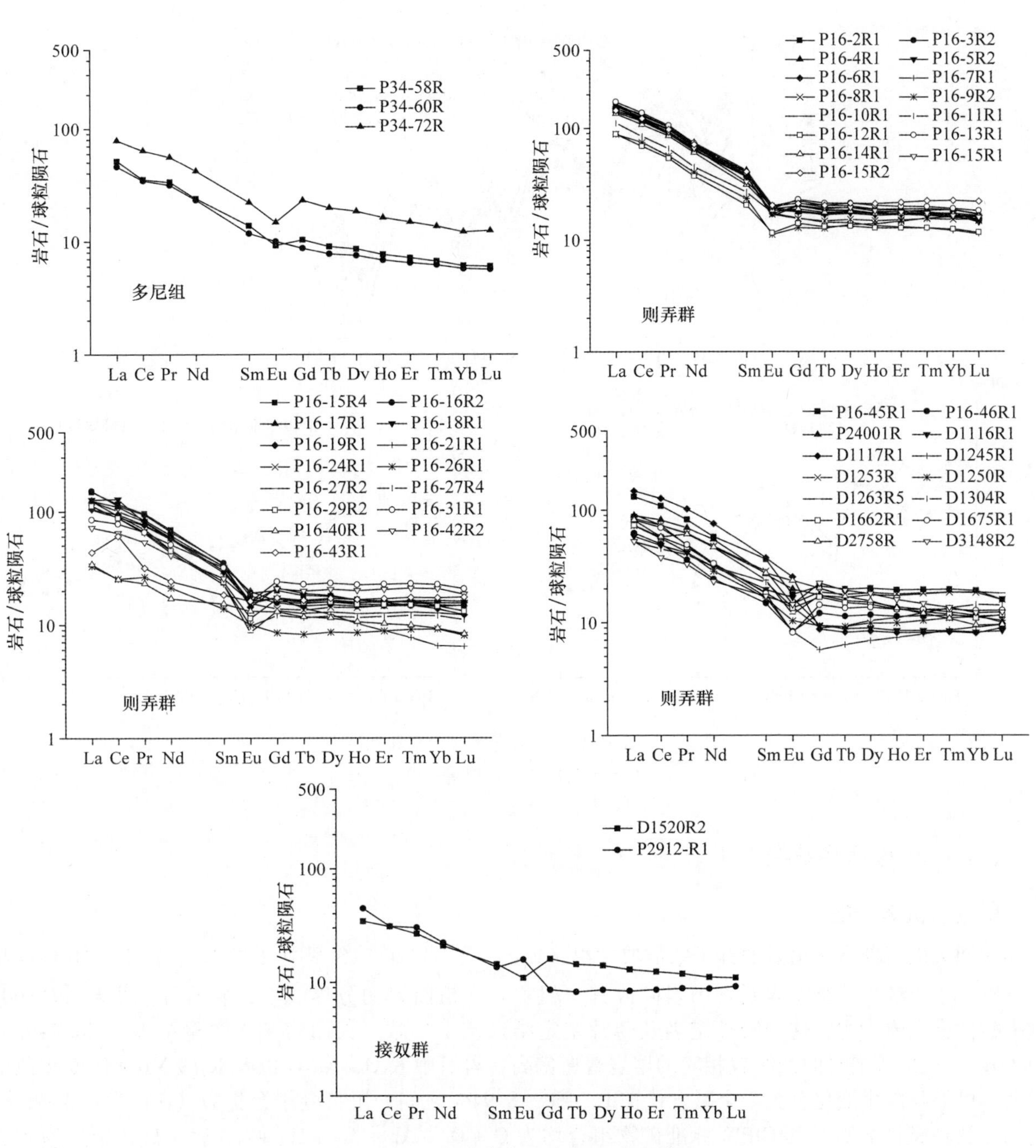

图 4-21　燕山期火山岩 REE 分配模式

P34-58R—钙质沉凝灰岩；P34-60R—酸性岩屑晶屑凝灰岩；P34-72R—凝灰质玻基英安岩；P16-2R1—流纹岩；P16-3R2—流纹状角闪英安岩；P16-4R1—英安玢岩；P16-5R2—角闪英安岩；P16-6R1—绿泥石化杏仁状英安岩；P16-7R1—英安玢岩；P16-8R1—深灰色角闪安山岩；P16-9R2—灰白色蚀变流纹岩；P16-10R1—流纹质沉火山角砾岩；P16-11R1—安山质火山角砾岩；P16-12R1—安山质火山角砾凝灰岩；P16-13R1—流纹岩；P16-14R1—英安质凝灰熔岩；P16-15R1—流纹状英安岩；P16-15R2—块状英安岩；P16-15R4—杏仁状流纹状英安岩；P16-16R2—石泡状英安岩；P16-17R1—块状安山岩；P16-18R1—气孔状安山岩；P16-19R1—沉凝灰岩；P16-21R1—流纹质沉凝灰岩；P16-24R1—安山质火山角砾岩；P16-26R1—英安质凝灰岩；P16-27R2—流纹质火山角砾岩；P16-27R4—流纹质凝灰岩；P16-29R2—流纹质火山角砾岩；P16-31R1—流纹岩；P16-40R1—安山岩；P16-42R2—安山质火山角砾岩；P16-43R1—流纹质角砾熔岩；P16-45R1—流纹质角砾凝灰岩；P16-46R1—沉凝灰岩；P24001R—玄武安山岩；D1116R1—橄榄粗面玄武岩；D1117R1—橄榄玄武粗安岩；D1245R1—流纹质凝灰熔岩；D1253R—流纹质凝灰岩；D1250R—流纹质凝灰岩；D1263R5—流纹岩；D1304R—含角砾英安岩；D1662R1—安山岩；D1675R1—流纹岩；D2758R—火山角砾凝灰岩；D3148R2—安山岩；D1520R2—安山岩；P2912-R1—蚀变玄武安山岩

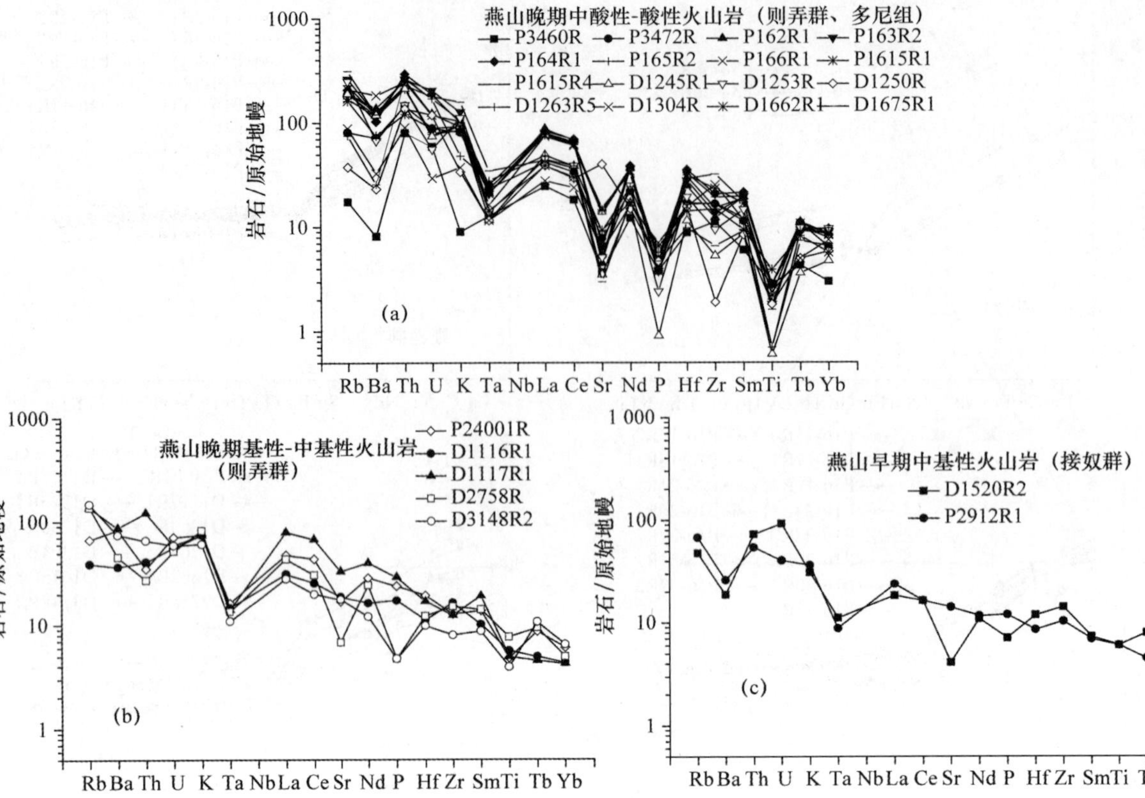

图 4-22 燕山期火山岩微量元素蛛网图

（样号及岩石名称同图 4-21）

（二）喜马拉雅早期火山岩

1. 主要元素特征

此期火山岩即本区出露的林子宗群典中组（E_1d）火山岩在 TAS 图中（图 4-23）上，10 件样品点分别位于流纹岩、英安岩及安山岩区或其与粗安岩、粗面岩的分界线上；岩石分异指数 $DI \geq 60$，以中酸性火山岩为主，这与野外定名及薄片鉴定结果基本一致。火山岩 SiO_2 含量范围为 56.84% ~ 80.60%，火山碎屑岩的 SiO_2 较相应的熔岩普遍偏高；岩石中 K_2O，Na_2O 以及 K_2O/Na_2O 值变化范围较大，可能与次生变化有关。全碱含量在 1.34% ~ 8.94% 之间，里特曼组合指数（σ）为 0.4 ~ 2.8，属钙性及钙碱性岩石，其 CIPW 标准矿物组合均为 Q + Or + Ab + An + Hy + C，属于硅、铝过饱和岩石，在硅 - 碱图（图 4-24）上，均位于亚碱性系列区。利用 AFM 图（图 4-25）判断，主体属于

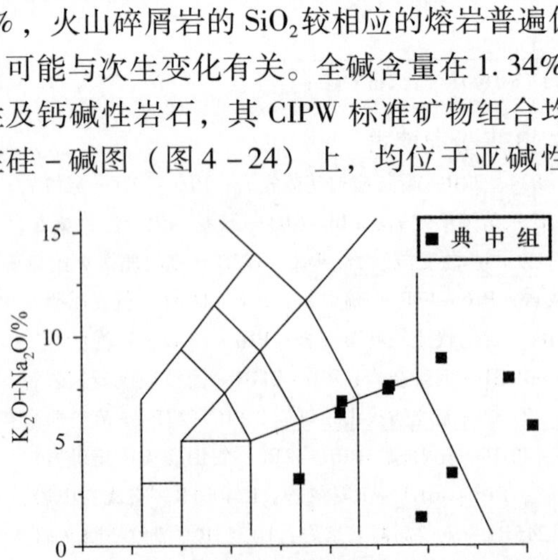

图 4-23　喜马拉雅早期火山岩 TAS 图

（底图据 Bas et al，1986，1989）

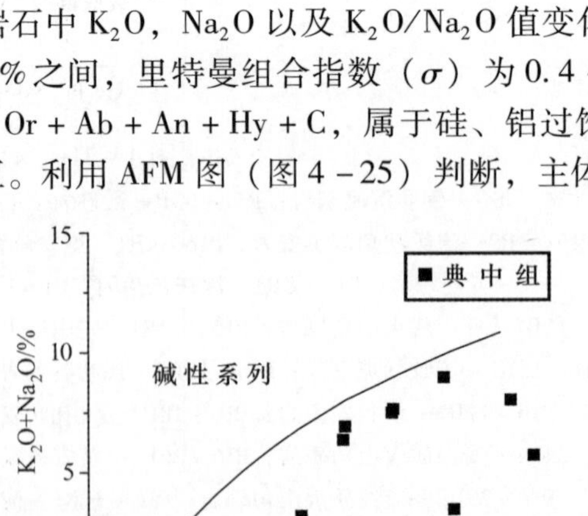

图 4-24　喜马拉雅早期火山岩硅 - 碱图

（底图据 Irvine，1971）

钙碱性系列火山岩，部分样品位于拉斑玄武岩系列区；在亚碱性系列的 An - Ab - Or 三角图（图4-26）中，成分点也显得较为分散，但主要应属普通型和钾质类型火山岩；图4-27中，八成的样品点位于高钾钙碱性-钙碱性组合岩石区，并以高钾钙碱性者占优，所有这些特征与燕山期，特别是燕山晚期火山岩十分类同。

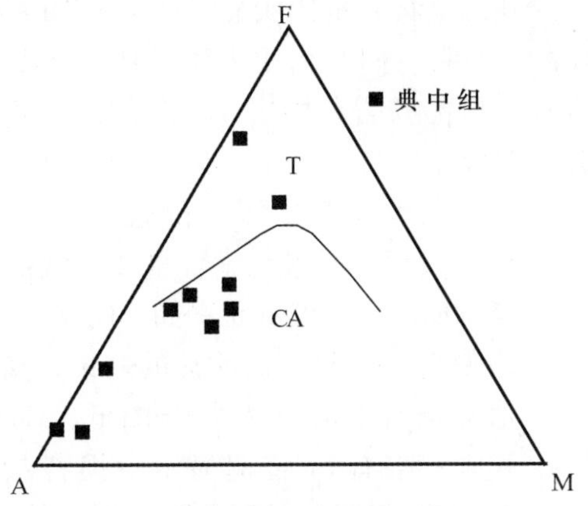

图4-25　喜马拉雅早期火山岩 AFM 图
（底图据 Irvine，1971；图例代号同图4-18）

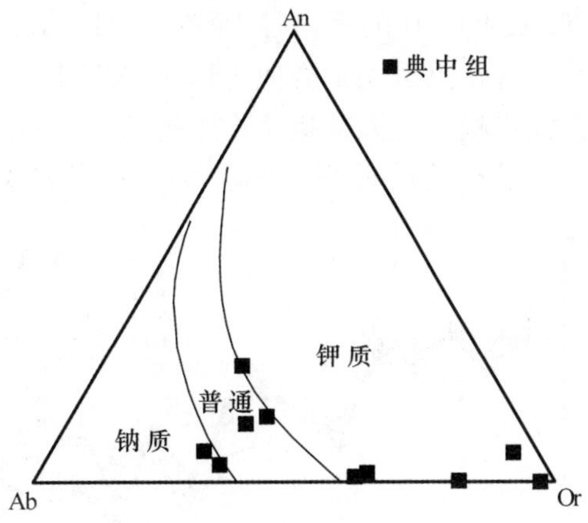

图4-26　喜马拉雅早期火山岩 An - Ab - Or 图
（底图据 Irvine，1971）

2. 稀土元素特征

典中组火山岩主要岩石类型的稀土元素球粒陨石标准化分配型式见图4-28。可以看出，喜马拉雅早期不同的火山岩类型，虽然在稀土总量上有所差异（$\sum REE=67.60\times10^{-6}\sim180.52\times10^{-6}$），但其共性显而易见，均具轻稀土富集的分配型式和明显的负铕异常，LREE/HREE = 2.83 ~ 8.28，$(La/Yb)_N$ = 2.77 ~ 8.78，δEu 为 0.37 ~ 0.72，$(La/Sm)_N$ = 3.41 ~ 5.42，$(Gd/Yb)_N$ = 1.00 ~ 1.62。其轻稀土部分的分馏程度远高于重稀土部分，基本不显铈异常（δCe = 0.81 ~ 1.04）；稀土组成特征与区内燕山晚期高钾钙碱性中-酸性火山岩十分类似。

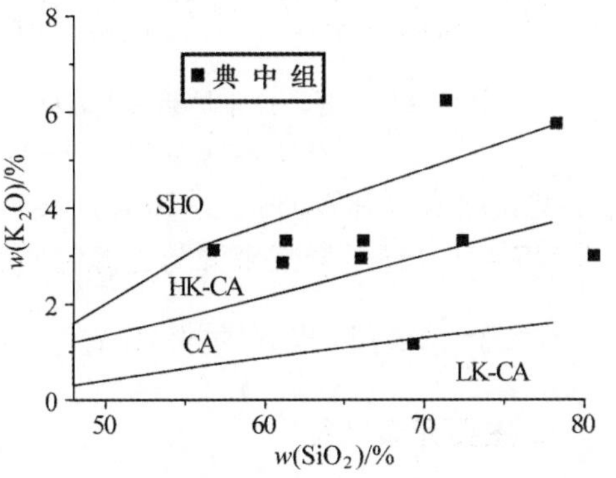

图4-27　喜马拉雅早期火山岩 $SiO_2 - K_2O$ 图
（底图据 Peccerillo et al，1976；代号同图4-20）

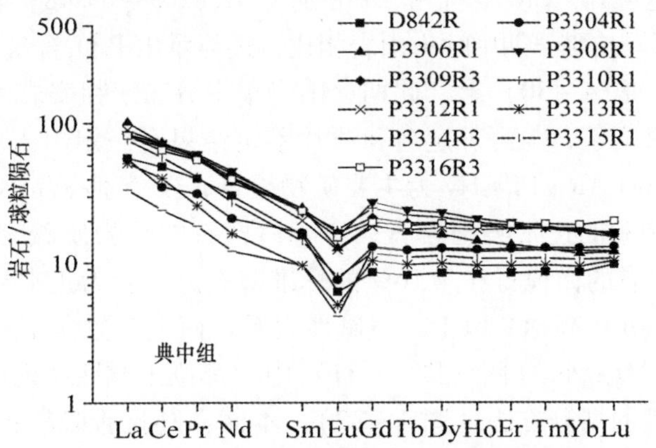

图4-28　喜马拉雅早期火山岩稀土配分型式

D842R—流纹质岩屑晶屑凝灰岩；P3304R1—强蚀变中酸性火山碎屑岩；P3306R1—中酸性沉凝灰火山角砾岩；P3308R1—蚀变英安岩；P3309R3—条带状安山岩；P3310R1—蚀变安山岩；P3312R1—英安岩；P3313R1—中酸性火山角砾凝灰岩；P3314R3—流纹质火山角砾凝灰岩；P3315R1—流纹质火山角砾凝灰岩；P3316R3—英安岩

3. 微量元素特征

喜马拉雅早期火山岩与原始地幔相比，除个别酸性岩样品的 Ti 偏低外，其他微量元素均具不同程度的富集，尤以大离子亲石元素 Rb，Ba，K 及放射性元素 Th，U 的富集最明显。

各样品的 K/Rb，Th/U 值及相对于原始地幔的分布曲线型式较为接近（图 4－29），以具有 Ti，P，Sr，Ta 及 Ba，U 的亏损谷为特征，Th，K，La，Ce 及 Nd 的富集峰也较明显，而 Zr，Hf 的变化范围略大。这些特点也完全类似于燕山晚期中－酸性火山岩，表明它们在物质来源及成因上具有相似性，均为大洋板块与大陆板块作用的结果；Ti，P，Sr 亏损，可能与岩浆中富 Ti，P 的副矿物及斜长石的分离结晶有关；而 Ta（Nb）的亏损是岩浆原始成分所造成。

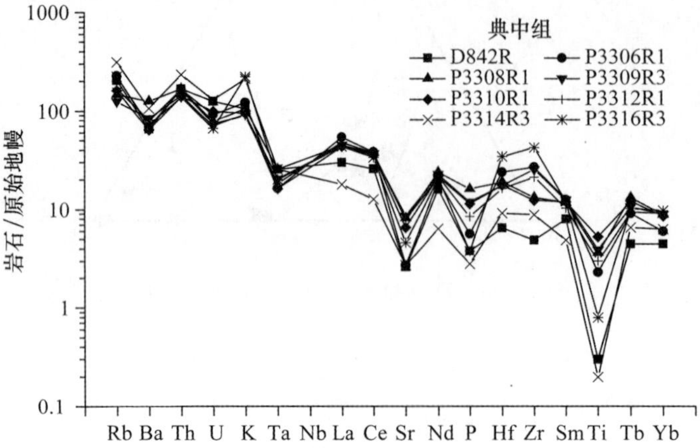

图 4－29　喜马拉雅早期火山岩微量元素蛛网图

（样号及岩石名称同图 4－28）

与世界及中国中酸性岩平均成分比较，大部分微量元素含量在正常范围（包括 REE），仅少量元素如 Hf，Zr，As，Au 略偏高，W 呈现出明显的富集，高出正常值数至数十倍；另外 Cr 略低，Co 的变化稍大；唯有 Sr 普遍显示亏损特点，据鄢明才等（1996）新近的系统统计，中国流纹岩、英安岩及安山岩的 Sr 平均丰度分别为 115×10^{-6}，290×10^{-6} 及 420×10^{-6}，而本区典中组各中、酸性火山岩的 Sr 含量则低于 204×10^{-6}。典中组中酸性火山岩的 $\delta^{18}O = +9.3‰ \sim +10.3‰$，与燕山晚期则弄群火山岩氧同位素组成相当，也与Ⅰ型花岗岩（+7.5‰～+10‰）接近，并略为偏高。锶同位素初始比值 $(^{87}Sr/^{86}Sr)_0 = 0.708821 \sim 0.717471$，显示岩浆来源与壳源物质关系密切。

（三）喜马拉雅晚期火山岩

1. 主要元素特征

采于布嘎寺、夏东北东及达娃错东三个不同地区的布嘎寺组各类火山岩在化学成分上以明显富碱和高钾为特征，$Na_2O + K_2O = 8.07\% \sim 10.28\%$，$K_2O = 4.60\% \sim 7.07\%$，$K_2O/Na_2O$ 值多在 1.50～2.20 之间，平均为 1.98，个别高达 4.16。SiO_2 含量和 DI 分别为 51.82%～63.98% 和 56.53～73.18，总体为中性岩石；此外与燕山期、喜马拉雅早期中性火山岩相比，还显示出 P_2O_5 含量和 m/f 值偏高的特点。

在火山岩 TAS 分类图（图 4－30）上，此期火山岩集中分布于粗安岩区，少量位于粗面岩和接近于玄武粗安岩的响岩质碱玄岩区，与野外定名和薄片鉴定结果有一定出入。CIPW 标准矿物计算结果表明，火山岩以 Q＋Or＋Ab＋An＋Di＋Hy 为主要矿物组合，仅个别样品不含标准 Di 而出现少量的刚玉分子，主要属于 SiO_2 过饱和的正常类型岩石；含有白榴石的响岩质碱玄岩中，标准矿物组成中无 Di 和 Hy，代之出现 10% 左右的橄榄石和 3.16% 的标准霞石分子，为正常类型岩石中 SiO_2 极不饱和的端元岩石，其里特曼指数（σ）高达 9 以上，属碱性岩系。而大多数样品的 σ 值都在 3.3～7.0 之间，属碱钙性岩系；在 $SiO_2 - K_2O + Na_2O$ 图（图 4－31）中，都位于碱性系列区。根据 Irvine（1971）对碱性系列中钾质与钠质类型的划分方法（图 4－32），本区喜马拉雅晚期火山岩皆为钾质类型，分布范围较为集中且远离分界线。在 $SiO_2 - K_2O$ 相关图中（图 4－33），也全部位于钾玄岩系列区。如果按 Turner 等（1996）的 K_2O/Na_2O 值判别标准，除大多数介于 0.5～2 之间者为钾玄质外，少数 > 2.0，尤其是白榴石响岩质碱玄岩，其 K_2O/Na_2O 值达 4.16，应属超钾质火山岩。

据黑云母中（FeO）/((FeO)＋MgO）及 MgO 与岩浆来源的关系图（周作侠等，1986）判断，此期钾玄岩质岩浆具有一定的幔源特征。

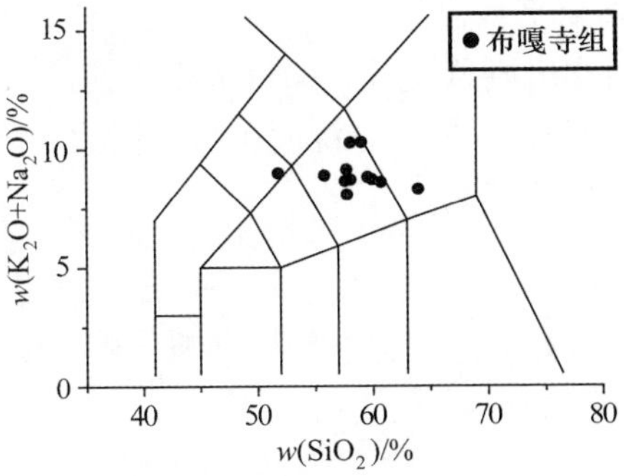

图 4-30　喜马拉雅晚期火山岩 TAS 图

（底图据 Bas et al，1986，1989）

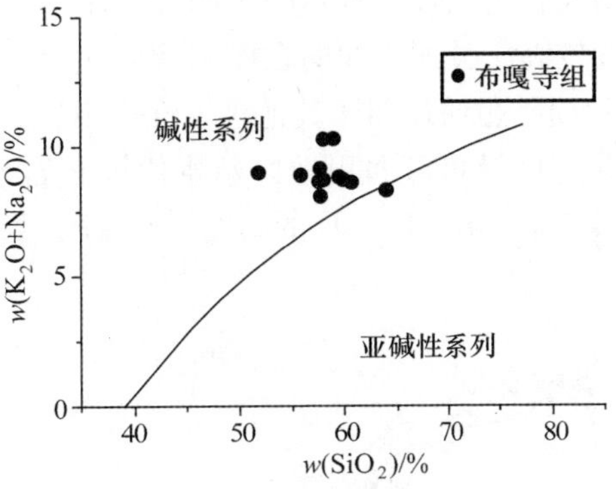

图 4-31　喜马拉雅晚期火山岩硅-碱图

（底图据 Irvine，1971）

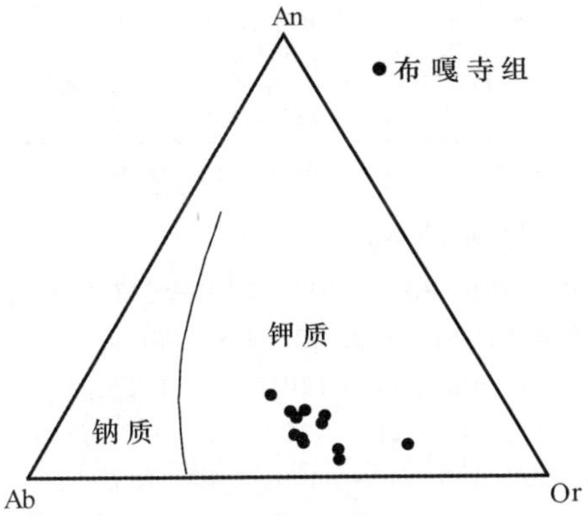

图 4-32　喜马拉雅晚期火山岩 AFM 图

（底图据 Irvine，1971）

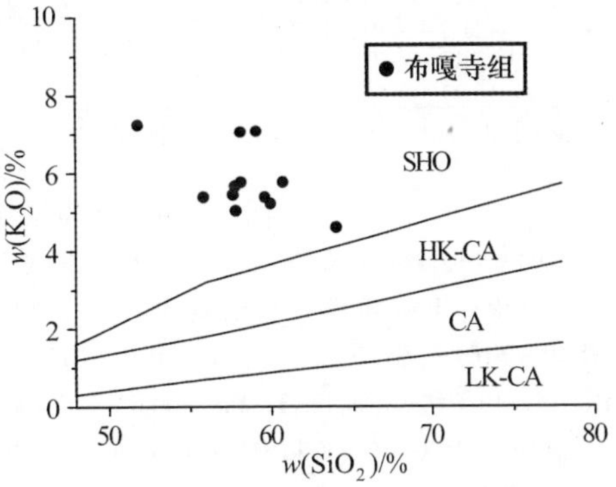

图 4-33　喜马拉雅晚期火山岩 SiO_2-K_2O 图

（底图据 Irvine，1971，代号同图 4-20）

2. 稀土元素特征

喜马拉雅晚期（布嘎寺组）火山岩的稀土元素球粒陨石标准化分布型式如图 4-34 所示。可以看出，不同岩石类型的稀土元素总丰度有一定差异，变化于 $230.48\times10^{-6}\sim502.43\times10^{-6}$之间，且 $\sum$REE 的高低与岩石的碱性程度之间存在密切的正相关关系，而与岩石的 SiO_2 含量即酸性程度关系不大甚至显示出一定的负相关性。稀土总量最高者是碱度最高而 SiO_2最低的 P19—17R_1样品；尽管如此，各样品的稀土元素配分型式却极为一致（图 4-34），呈轻稀土强烈富集型，LREE/HREE 及 $(La/Yb)_N$值分别大多高达 15～22 和 20～40。与区内燕山期、喜马拉雅早期火山岩不同的是，重稀土元素之间的分馏程度与轻稀土一样明显，甚至更高，$(La/Sm)_N$和 $(Gd/Yb)_N$值分别达 1.92～4.11 和 2.42～5.61；平均值分别为 3.06 和 3.78。此外，绝大部分样品显示弱负铕异常，90% 以上的样品 δEu 介于 0.72～0.88 之间，只有两件样品接近于 1，平均值为 0.81；铈异常不太明显，δCe 变化范围为 0.87～1.16，平均 1.01。

布嘎寺组火山岩总的稀土元素组成特征与藏北羌塘地区新生代钾玄岩系列火山岩极为相似，而与羌塘地区超钾质过碱性火山岩相比，则 $\sum$REE 明显偏低。

3. 微量元素特征

在微量元素组成上，布嘎寺组火山岩以普遍富集 Rb，Ba，Th，U，K 为特征，这些元素的丰度与原始地幔相比，其富集程度都在 100 倍以上，尤其是 Rb，Th 富集程度高达 500 倍以上，与中国粗安岩、粗面岩平均丰度值（鄢明才等，1996）相比，除上述元素外，Sr，Cr，Co，Cs，As，W 也不同程度富集，尤其是 W，可高出正常岩石数十至百余倍。岩石的 K/Rb 值多为 70～132，Rb/Sr 值多为0.28～0.48，Th/U 值大多在 4.5～9.0 之间，Sr/Ba 值较为集中，为 0.35～0.48。在图 4-35 中，样品的微量元素分布型式较为一致，且不同于调查区侏罗－白垩纪及古近纪火山岩，大离子亲石元素及放射性生热元素总丰度较高，分配曲线向右倾斜程度更大，$(Rb/Yb)_N$值平均高达200以上。此外分布型式显示出的Sr，Ti亏损谷也明显弱于其他钙碱性火山岩，Yb的绝对丰度则普遍较钙碱性火山岩偏低。

与藏北羌塘及可可西里地区新生代钾玄岩系列火山岩相比，本区中新世布嘎寺组火山岩的微量元素组成还具有高Rb，Th，U的特征，K，P，Ta也有不同程度偏高。

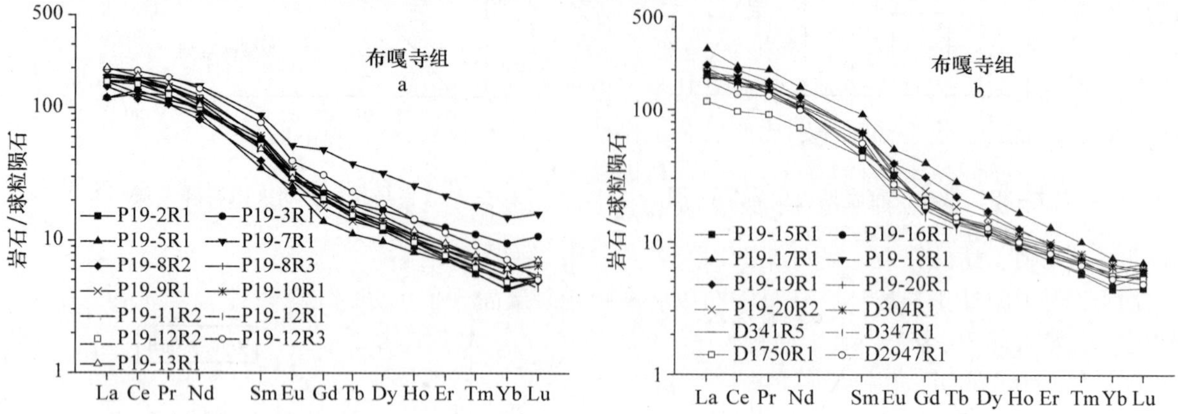

图4－34　喜马拉雅晚期火山岩稀土元素分配型式

P19－2R1—黑云辉石粗安玢岩；P19－3R1—粗安质火山角砾岩；P19－5R1、P19－10R1—粗安质火山角砾凝灰岩；
P19－7R1—粗安质火山角砾岩；P19－15R1—粗面质火山角砾岩；P19－8R2—辉石黑云母粗面岩；
P19－20R1—辉石黑云母粗安岩；P19－8R3，D304R1，D341R5，D1750R1，P19－12R1—黑云辉石粗安岩；
P19－9R1—粗安质熔结火山角砾岩；P19－11R2—粗安质火山集块岩（集块）；P19－12R2，P19－19R1，P19－18R1—粗安岩；
P19－12R3—黑云母粗安岩；P19－13R1—玄武粗安质集块角砾岩；P19－16R1，P19－20R2—粗面岩；
P19－17R1—白榴石响岩质碱玄岩；D347R1—黑云辉石玻基粗安岩；D2947R1—橄榄辉石粗安岩

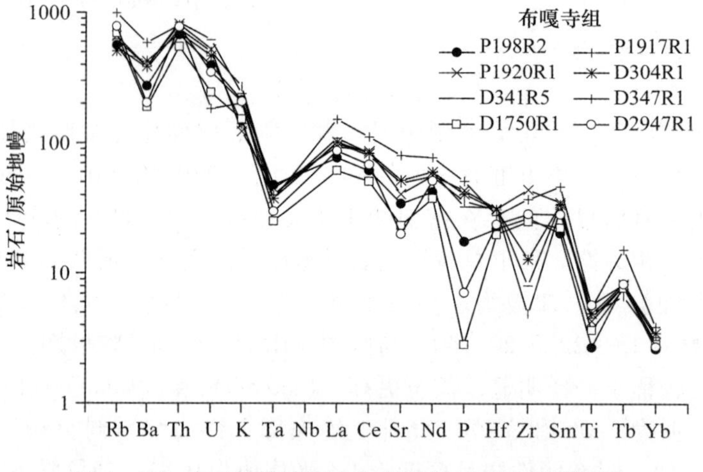

图4－35　喜马拉雅晚期火山岩微量元素比值蛛网图

（样号及岩石名称同图4－34）

相关分析显示，正长岩和富钾火山岩中各氧化物含量与SiO_2之间的相关性较差，∑REE，LREE/HREE值以及微量元素组成与SiO_2之间的相关性也不清楚，有人（王方正等，1997）认为这是二元岩浆混合成因的特点，更可能是由于岩浆源区——即高原岩石圈深处存在的“壳－幔过渡带”（或称壳－幔混合层，相当于异常地幔或富集地幔；据邓万明等，1997，1998）成分不均所造成。至少说明岩石成分上的这种差异绝不是岩浆正常分异演化的结果。

采自布嘎寺组辉石粗面岩、含白榴石响岩质碱玄岩的氧同位素组成分析结果较为相近，$\delta^{18}O$分别为+9.5‰和+9.6‰，略高于共存的碱性正长岩（+8.9‰），也明显高于粗面岩、正长岩正常范围（+5.5‰~+7.7‰）。锶同位素测定结果显示，不同地点、不同层位的富钾火山岩的$^{87}Sr/^{86}Sr$值有较大差别，分别集中在0.711 553，0.713 910和0.716 668附近，很难构成良好的线性关系，由于火山岩较为年轻，$^{87}Sr/^{86}Sr$测定值可视为其初始比值，大小的不同很可能反映了源区物质的不均一性。氧同位素和锶同位素比值普遍偏高现象显示地壳物质的强烈混染作用。

第二节 侵入岩

本次调查之前，调查区侵入岩的研究基本上停留在20世纪70年代末至80年代初1∶100万区域地质调查的基础上。限于当时填图比例尺和工作精度，仅对较大的岩体进行了粗线条勾绘和岩相学的研究，岩石化学及同位素年代学等方面的资料极少。

通过本次工作，不仅对前人已圈定的部分侵入体产出形态、出露规模进行了必要的修正，同时，还在呷龙、龙勒、达娃错北、达娃错西以及各聋、中仓南东等地新发现了规模不等的花岗岩体，在布嘎寺北西发现了碱性正长岩体，在日翁布以北图幅边缘新发现了多处变质超基性岩残片；目前调查区共圈出大小侵入体30余个，其中面积大于1 km^{2}者21个，大于10 km^{2}的有11个，大于50 km^{2}的侵入体5个，大于100 km^{2}的岩基两个（图4－1）。

对区内出露较大的花岗岩体进行了合理、有效的解体。这些岩体并非一次侵位的简单岩体，大多是岩浆多次侵位、并由多种岩石类型构成的复杂岩体，不同岩石类型或岩性单元之间常表现为脉动或涌动接触关系。调查区内侵入岩的主要岩石类型及基本发育情况如表4－4所示。新获得以及收集的侵入岩同位素年龄资料见表4－5。

表4－4 侵入岩主要岩石类型及发育情况

岩石类型	变质超基性岩	辉长岩	闪长（玢）岩 石英闪长（玢）岩	英云闪长岩	花岗闪长岩（斑）岩	二长花岗岩	钾长花岗岩	碱性正长岩
出露面积/km^2	1	2.8	151.2	122.5	319.3	147	163	1.2
占侵入岩比例/%	0.11	0.31	16.65	13.49	35.17	16.19	17.95	0.13

表4－5 侵入岩同位素年龄一览表

岩体名称	岩石名称	年龄值/Ma	测定方法	备注
布嘎寺	中粗粒霓辉正长岩	15.4±0.6	全岩K－Ar	①
		27.14±0.05	正长岩Ar－Ar	②
雪上勒	中粒角闪二长花岗岩	146.9±1.4	锆石U－Pb	③
	中粒角闪黑云二长花岗岩	178.25±0.75	角闪石Ar－Ar	④
	中粒角闪黑云二长花岗岩	35.8	长石K－Ar	⑤
深那么热垌	花岗闪长斑岩	109.7±0.4	锆石U－Pb	③
甲布	中粒似斑状钾长花岗岩	71.89±1.8	钾长石Ar－Ar	④
	中粒钾长花岗岩	72.58±3.4	钾长石Ar－Ar	④
	中粒钾长花岗岩	65.1±1	全岩K－Ar	①
	细粒似斑状二长花岗岩	71.4±1.1	全岩K－Ar	①
	细粒似斑状钾长花岗岩	69.1±2.6	锆石U－Pb	③
蒋目—那嘎嘎拉	石英闪长玢岩	96.47	全岩Ar－Ar	④
	石英闪长岩	92.45	全岩Ar－Ar	④
	闪长玢岩	74.5	全岩K－Ar	①
呷龙	中粒角闪黑云花岗闪长岩	98.2±2	锆石U－Pb	③
龙勒	中粒黑云角闪花岗闪长岩	82.7±3.1	锆石U－Pb	③
	中粒黑云角闪花岗闪长岩	85.5±2.6	锆石U－Pb	③
	中粒黑云角闪花岗闪长岩	153.62±2.23	角闪石Ar－Ar	④
蔡几错	中粒黑云角闪英云闪长岩	106.84±0.75	黑云母Ar－Ar	④
	中粒黑云角闪英云闪长岩	103.0±0.4	锆石U－Pb	③
	中粒黑云角闪花岗闪长岩	104±0.8	锆石U－Pb	③
	英云闪长岩－花岗闪长岩	105±1	全岩Rb－Sr	③

续表

岩体名称	岩石名称	年龄值/Ma	测定方法	备注
弄巴康日	中粒角闪花岗闪长岩	153.68±1.84	角闪石 Ar-Ar	④
	中粒角闪花岗闪长岩	134.5±2.9	锆石 U-Pb	③
	花岗闪长岩-二长花岗岩	109；125±1	全岩 Rb-Sr	③
	花岗闪长岩（西侧邻区）	86.0	K-Ar	⑤
	花岗闪长岩（西侧邻区）	131.0	Rb-Sr	⑤
顿勒	中粒角闪辉长岩	106±1.4	锆石 U-Pb	③
	不等粒角闪花岗闪长岩	130.2±1	锆石 U-Pb	③

①国土资源部成都地质矿产研究所测试；②中国科学院地质与地球物理研究所测试；③国土资源部天津地质矿产研究所测试；④中国科学院广州地球化学研究所测试；⑤引自西藏自治区区域地质志（1993）。

根据中国地质调查局“有关青藏高原1:25万区域地质调查技术要求中的几点说明”，并考虑到近年来国内在1:5万区域地质调查工作中使用花岗岩单元-超单元谱系填图方法所暴露出来的自身缺陷，以及众多专家的建议，本次1:25万措勤幅区域地质调查中，我们对不同类型的花岗岩及其他侵入岩采用了年代+岩性的方法进行填图单元划分和填绘，方法使用中的几点说明如下。

1）对规模较大的复式侵入体必须进行合理的解体，据岩石成分、结构、构造差异及野外可填性划分和圈定填图单元。

2）据地质、岩石地球化学及同位素年龄资料，对具有密切时空关系和同源演化关系，并同属于某一特定地质构造演化阶段的各岩石单元，可并入某个岩浆序列，并在此基础上划分侵入阶段和岩浆活动期，以便与国内以往的研究资料相对比。

3）对于多次侵位形成的复杂岩体，按同源岩浆演化理论，据岩石单元之间的接触性质、侵位序次，结合岩浆演化规律和时空关系，保留使用花岗岩单元之间的涌动、脉动、超动接触关系概念及其界线标绘方法。

4）对于一次就位经原地分异机制或因同化混染等作用造成的岩性、岩相差异，只要达到一定规模并具有可填性，也可建立不同的填图单元，但单元之间界线采用传统的点线表示之。

5）为与国际接轨，侵入岩的单元代号采用“时代+岩性”方法表示。对同一时代、同一序列中岩石结构差别很大而岩性相同或相近、岩性符号无法区别者，在侵位次序清楚、依据充分的前提下，用上标1，2，3…表示其早晚，以资区别。例如，晚白垩世侵位的甲布序列，中—中粗粒黑云母钾长花岗岩、中粒似斑状黑云母钾长花岗岩、细粒似斑状黑云母钾长花岗岩及细粒黑云母钾长花岗岩各单元代号分别表示为$\xi\gamma^1K_2$，$\xi\gamma^2K_2$，$\xi\gamma^3K_2$及$\xi\gamma^4K_2$。

6）对于岩性单一的独立侵入体，可根据产状、同位素年龄或岩性对比归入相应的岩石单元，也可视情况建立独立单元。

侵入岩岩石类型划分采用国际地质科学联合会1989年推荐的分类方案、岩石命名采用“颜色+结构+暗色矿物+基本名称”，必要时，特殊的构造可参加命名。考虑到国内使用习惯及有关指南，对QAPF分类图中3a区使用钾长花岗岩而未用正长花岗岩术语；另外，考虑到暗色矿物含量，对实际矿物含量位于QAPF分类图中5区的岩石，均称为英云闪长岩，但有关“工作手册”及指南上没有“英云闪长岩”的相应代号，本报告用“$\delta\gamma o$”表示之。

据上述原则，可将调查区侵入岩划分为23个填图单元（表4-6），并进一步归并为6个岩浆序列，个别为独立侵入体，侵入岩时代主要集中在燕山晚期，喜马拉雅早期、中期较少。

另外，图幅北东边缘混杂带中有极少量的超基性岩，以构造碎片形式局部产出，原岩时代可能为早—中侏罗世或更早。

调查区主要侵入岩体（或岩体群）的分布位置、岩性组成、产状、出露面积、时代等基本特征见表4-7。下面按时代由老到新，以活动期或侵入阶段以及岩浆序列为主线，分别论述调查区侵入岩的基本地质特征、岩石学特征、岩石地球化学特征、花岗岩类的成因类型以及与侵入作用有关的接触变质作用。

表 4-6　侵入岩填图单元划分简表

时代	活动期	侵入阶段	岩浆序列	单元代号	岩石单元名称	分布位置	面积 km^2	同位素年龄 Ma	产出特征	演化
E_3	喜马拉雅中期	未分	独立	ξE_3	中粗粒及似斑状霓辉正长岩	布嘎寺北西	1.2	27.14 (Ar－Ar)	被 N_1b 覆盖	
E_2—E_1	喜马拉雅早期	未分	独立	$\eta\gamma E_2$	中—中粗粒角闪黑云母二长花岗岩	雪上勒西	10	35.8 (K－Ar)*	侵位于 K_1Z^2	
				$\gamma\delta\mu E_1$	花岗闪长玢岩	各聋、麦穷错南东	7.7		侵位于 E_1d	
				$\delta\mu E_1$	闪长玢岩	塔若错南	3			
K_2	燕山晚期	第二阶段	甲布序列	$\xi\gamma^4K_2$	细粒黑云母钾长花岗岩	蔡几错	3		侵位于 $P_2x－K_1l$	↑ 结构演化
				$\xi\gamma^3K_2$	细粒似斑状黑云母钾长花岗岩	甲布	35	69.1(U－Pb),71.4(K－Ar)		
				$\xi\gamma^2K_2$	中粒似斑状黑云母钾长花岗岩		40	71.89(Ar－Ar)		
				$\xi\gamma^1K_2$	中—中粗粒黑云母钾长花岗岩		85	65.1(K－Ar),72.58(Ar－Ar)		
			可如勒序列	$\delta o\mu K_2$	石英闪长玢岩	龙勒—可如勒—甲末勒一带	32			↑ 成分结构演化
				δoK_2	中细粒石英闪长岩		48			
				$\delta\mu K_2$	闪长玢岩		25	74.5(K－Ar)		
				δK_2	中细粒闪长岩		17.5			
			呷龙序列	$\eta\gamma K_2$	中粒黑云母二长花岗岩	呷龙、龙勒、剥康巴、拉清西	23			↑ 成分结构演化
				$\gamma\delta K_2$	中—中细粒角闪黑云母花岗闪长岩		107.8	82.7,85.5,98.2 (U－Pb)		
				$\delta\gamma oK_2$	中细粒角闪黑云母英云闪长岩	呷龙	2			
K_1		第一阶段	蔡几错序列	$\delta\gamma o^2K_1$	中细粒黑云角闪英云闪长岩	蔡几错	112	103.0(U－Pb)	侵位于 $C_2P_1l－K_1Z$	↑ 复杂的成分及结构演化
				$\delta\gamma o^1K_1$	中粒黑云角闪英云闪长岩		82	105(Rb－Sr)		
				$\gamma\delta\pi K_1$	花岗闪长斑岩	蔡几错、达娃错、弄巴康日	34.5	106.84(Ar－Ar); 109(Rb－Sr)		
				$\eta\gamma K_1$	中粒黑云母二长花岗岩		114	125(Rb－Sr)		
				$\gamma\delta K_1$	中—中粗粒角闪黑云母花岗闪长岩		97	104(U－Pb)		
			格嘎序列	$\delta o\mu K_1$	石英闪长玢岩	格嘎、夏味勒、托不子、蔡几错	5.5			↑ 成分结构演化
				δoK_1	中—中细粒石英闪长岩		19			
				υK_1	中粒角闪辉长岩	格嘎	2.8	106(U－Pb)		

* 引自西藏自治区区域地质志(1993)。

表 4-7　测区侵入岩体基本特征

编号	岩体名称	产状	面积/km^2	分布位置	接触关系	时代	主要岩性
1	日翁布北变质超基性岩	构造岩片（二处）	≤1	均位于日翁布以北、图幅北东侧边缘处，近东西向分布	构造侵位于 $J_{2-3}J$ 中	J_{1-2} ?	灰红色、灰色、深灰色、绿灰色强硅化超基性岩，少量蛇纹岩化、白云石化纯橄榄岩。普遍含变余铬尖晶石
2	格嘎石英闪长岩—角闪辉长岩（原江马岩体）	岩株	17	位于格嘎附近，断续出露，多不规则状，见于格嘎、桑格多勒、热布勒等地	侵位于 P_2x 中，南侧多被第四系湖积物所覆盖，围岩具矽卡岩化、角岩化及大理岩化	K_1	绿灰色中粒—中细粒石英闪长岩为主，少量灰黑色—暗绿灰色中粒角闪辉长岩
3	弄巴康日角闪黑云母花岗闪长岩—二长花岗岩岩体群	由多个岩基或岩株组成	区内约105	格嘎北西数至十余千米，可如勒南西西10余至20余千米，总体沿 F_2 断裂带呈北西向分布	侵位于 C_2，P_2x 及 K_1Z^1 中，由弄穷普勒、央弄、桑实实日等岩体组成，单个侵入体出露面积数至数十平方千米不等，向西延出图外并与折古岩体（总面积达680 km^2）相连。围岩具大理岩化、矽卡岩化、角岩化及磁铁矿化接触变质	K_1	灰白色、浅灰红色中粒角闪黑云母二长花岗岩、灰白色中粒角闪黑云母花岗闪长岩为主，岩体边部少量浅灰色二长花岗斑岩和花岗闪长斑岩
4	阿木作根花岗闪长斑岩	岩株	10	位于拉清南西约4 km处阿木作根之北坡	侵位于 P_2x，K_1l^1 中，北西侧被第四系冲洪积掩盖	K_1	绿灰色花岗闪长斑岩
5	松门朵角闪花岗闪长岩（原夏东岩体）	岩株	6	夏东乡北北东6~8 km处，呈近等轴状	侵位于 C_2-P_2 地层中	K_1	浅灰色中粒角闪花岗闪长岩
6	夏味勒石英闪长玢岩	岩株	2.2	夏东乡南南东12 km处，呈近等轴状	侵位于 K_1Z^1 中	K_1	绿灰色角闪石英闪长玢岩
7	将让若干二长花岗岩—花岗闪长斑岩	岩株	44	达娃错西岸，不规则长条状，长轴呈北西西展布	与 K_1Z 地层呈侵入接触关系，东端被第四系掩盖	K_1	灰白色、浅灰红色中粒黑云角闪二长花岗岩及黑云角闪花岗闪长斑岩
8	明马黑云角闪花岗闪长斑岩	岩株	20	达娃错北岸，不规则近等轴状	与 K_1Z^2 呈侵入或断层接触，东侧大部分被第四系掩盖	K_1	浅灰色黑云角闪花岗闪长斑岩为主，少量中细粒花岗闪长岩

续表

编号	岩体名称	产状	面积/km^2	分布位置	接触关系	时代	主要岩性
9	托不子石英闪长岩	岩株	7	位于达娃错北 15 km，近椭圆状	侵入于 K_1Z^2 中，东侧部分被第四系掩盖	K_1	浅绿灰色中细粒黑云角闪石英闪长岩
10	蔡几错花岗岩（原昂古错岩体）	岩基	257	措勤县北东 20 余千米，蔡几错西侧，不规则状，长轴呈北西西向展布	南侧与 K_1Z^1 呈断层接触北、西侧及北侧与 K_1Z^1，K_1Z^2 呈侵入接触，东侧及中部有第四系湖积物覆盖，围岩具角岩化接触变质现象	K_1（少量 K_2）	灰色中—中粗粒黑云角闪花岗闪长岩、灰白色、浅红色中—中粗粒黑云母二长花岗岩，浅灰色中—中细粒黑云角闪英云闪长岩，浅灰红色角闪花岗闪长斑岩及细粒黑云母钾长花岗岩
11	江戈花岗闪长岩	岩株	9	位于拉清西约 5 km，江戈错西岸，向西延出图外	侵位于 K_1l^2 中，南东侧被第四系冲洪积掩盖	K_2	绿灰色中粒—中细粒花岗闪长岩
12	龙勒黑云母花岗闪长岩—二长花岗岩	岩株	55	呷龙西 20 ~ 30 km，可如勒北北东 10 km 左右，呈近东西向椭圆状	侵入 K_1l^2 中，围岩具角岩化和矽卡岩化	K_2	以浅灰色中粒角闪黑云母花岗闪长岩为主，东部少量灰白色角闪黑云母二长花岗岩
13	呷龙角闪黑云母花岗闪长岩—二长花岗岩	岩株	65	位于呷龙西侧，呈北西西向展布的椭圆状	侵入 K_1d，K_1l^1，K_1l^2中，围岩具矽卡岩化、角岩化及大理岩化	K_2	以浅灰色中粒角闪黑云母花岗闪长岩为主，中部少量灰白色角闪黑云母二长花岗岩，边缘局部发育灰色中细粒角闪黑云母英云闪长岩
14	尼曲则拉花岗闪长岩	岩株	2	呷龙以东 6 km，尼曲则拉南东 2 km 处	侵位于 K_1d 中	K_2	绿灰色中细粒闪长岩
15	剥康巴黑云母二长花岗岩	岩株	≥1	剥康巴南东 7 km 处	侵位于 $J_{2-3}J$，北西侧被第四系掩盖，向东延出图外	K_2	浅灰色中—中细粒黑云母二长花岗岩

续表

编号	岩体名称	产状	面积/km^2	分布位置	接触关系	时代	主要岩性
16	蒋目—那嘎嘎拉闪长岩-石英闪长岩岩体群	10余个大小不等的侵入体组成	120	可如勒北东10余千米至南东数十千米，北起蒋目，南至那嘎嘎拉和达汪淌，总体呈近南北向面状分布，断续出露	侵位于P_2x及K_1Z，K_1d，K_1l^1，K_1l^2，围岩具大理岩化、矽卡岩化及角岩化	K_2	灰色、绿灰色中粒—中细粒闪长岩/石英闪长岩及闪长玢岩/石英闪长玢岩
17	克列布闪长岩	岩株	2.5	夏东北东25 km，川巴南南西17 km处，克列布附近	侵位于K_1l^2中，周围多被第四系覆盖	K_2	浅灰色中粒角闪黑云母花岗闪长岩
18	甲布黑云母钾长花岗岩（原压布拉岩体）	岩基	160	下东北10~20 km，压布拉西数至10余千米，呈不规则环状、半环状	与P_2x及K_1Z，K_1d，K_1l^1，K_1l^2呈侵入接触，围岩具角岩化和大理岩化	K_2	灰白色、浅黄灰色中粒—中粗粒黑云母钾长花岗岩为主，中部为中粒似斑状及细粒似斑状花岗岩
19	布多藏布闪长玢岩	岩株	3	塔若错南岸，布多藏布东侧	侵位于E_1d，西侧被第四系冲积物掩盖	E_1	深灰色、绿灰色闪长玢岩
20	麦穷错东花岗闪长玢岩	岩株（两个）	1.2	麦穷错东3 km处及23 km处图幅边缘	侵位于E_1d，向南延出图外	E_1	深灰色、绿灰色闪长玢岩
21	深那么热垌花岗闪长玢岩	岩株	6.5	洁居纳卓西15 km左右，深那么热垌南侧、各聋北东附近	侵位于E_1d，北侧被F_1切割或第四系掩盖	E_1	浅灰色—浅绿灰色花岗闪长玢岩
22	雪上勒角闪黑云母二长花岗岩	岩株	10	达雄北北东15 km左右，夏康坚南端，呈南北向展布	侵位于K_1Z^2，围岩具矽卡岩化	E_2	中—中粗粒角闪黑云母二长花岗岩为主，少量细粒似斑状二长花岗岩
23	布嘎寺碱性正长岩	岩株	1.2	位于夏东以西25 km左右	被N_1b喷发不整合覆盖（?）	E_3	灰色中粒、中粗粒或似斑状角闪霓辉正长岩及方钠石角闪霓辉正长岩

注：表中岩体编号同图4-1。

一、燕山早期变质超基性岩

（一）地质特征

变质超基性岩仅零星出露于调查区北东部边缘的麦堆—阿翁东吉耳一带，总面积不足 1 km^2。岩体规模不大，宽数米至数十米，近东西向延伸十余米至数百米不等。均呈构造透镜体或构造残片夹持于一套变质砂板岩及中基性—基性火山岩地层（如前所述，暂作为接奴群的一部分，很可能属木嘎岗日地层分区的中下侏罗统木嘎岗日群）中，南北两侧可见其与丁青湖组（$E_{2-3}d$）、郎山组（K_1l）呈断层接触（图 4－36，图中北端的变质超基性岩位于图幅之外附近）。变质超基性岩出露之处尚见有灰色、红色硅质岩伴生，（图 4－37，图版Ⅸ－5，图版Ⅸ－6）硅质岩较厚处可达 20 余米，断续延伸数百米，这些变质超基性岩及硅质岩应属蛇绿岩残片，与中上侏罗统接奴群（或为中下侏罗统木嘎岗日群）基质一起，构成了狮泉河－纳木错蛇绿岩及构造混杂岩带的一部分。混杂岩带中除变质砂板岩、蚀变中基性－基性火山岩、变质超基性岩、硅质岩外，还发育辉长岩、辉绿岩脉、火山角砾岩、凝灰岩及灰岩透镜体。该带变形强烈，早期普遍发育劈理、流劈理、片理构造，后期叠加的脆性动力变质作用也十分明显。

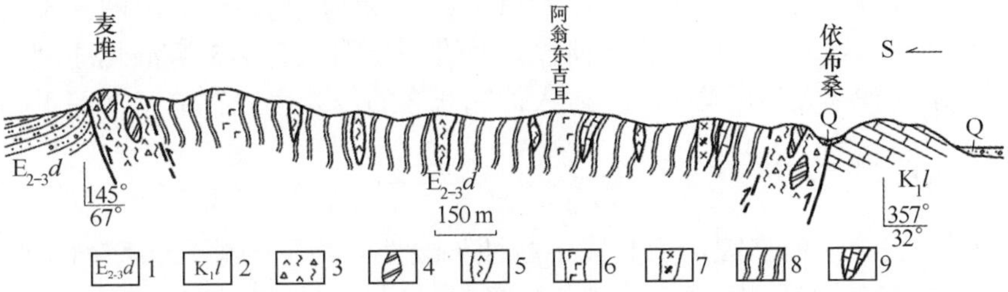

图 4－36　依布桑—麦堆混杂岩带示意剖面图

1—丁青湖组；2—郎山组；3—构造角砾化及片理化变质超基性岩；4—构造角砾化硅质岩；5—变质超基性岩透镜体；6—蚀变玄武岩；7—蚀变辉长辉绿岩；8—劈理化片理化碎屑岩及少量火山碎屑岩；9—流劈理化灰岩透镜体

（二）岩石学特征

所见多处变质超基性岩本身变质、变形十分强烈，大多已面目全非，野外较难识别。归纳起来，具有以下特征：①强烈蛇纹石化、白云石化、硅化，呈灰色、深灰色、褐灰色或浅灰红色，矿物成分及结构构造很不均匀；②岩石由含量、粒度不等的次生矿物白云石、蛇纹石、微晶—隐晶质石英组成，含少量变余粒状铬尖晶石、次生星点状磁铁矿或浸染状褐铁矿等。具粒状变晶结构、交代残余结构，局部呈网环状结构；斑杂状、云雾状、角砾状、条带状（图版Ⅸ－5）或片状构造；③在早期塑性变形基础上叠加有脆性变形作用，普遍具构造角砾岩化，但角砾内部仍可见变余纤状结构，表明先期曾强烈蛇纹岩化；④局部地段发育有深灰绿色透镜状蛇纹岩，薄片中见有残余网环状结构（图版Ⅸ－7），蛇纹石局部保留有橄榄石假象，可恢复为纯橄榄岩；⑤尽管因强烈变质、变形而未能见到原生橄榄石、辉石的残余，但或多或少含有原生铬尖晶石残留物（图版Ⅸ－8），有时含量可达 1%～2%；⑥变质超基性岩与伴生的硅质岩之间宏观界线明显，微观界限不清，具一定程度的构造混杂现象，并可见有碳酸盐（白云石）脉穿切其间；⑦角砾状的硅化超基性岩与角砾状硅质岩外貌特征类似，但前者内部变余定向组构发育，石英变晶粒度不一，并

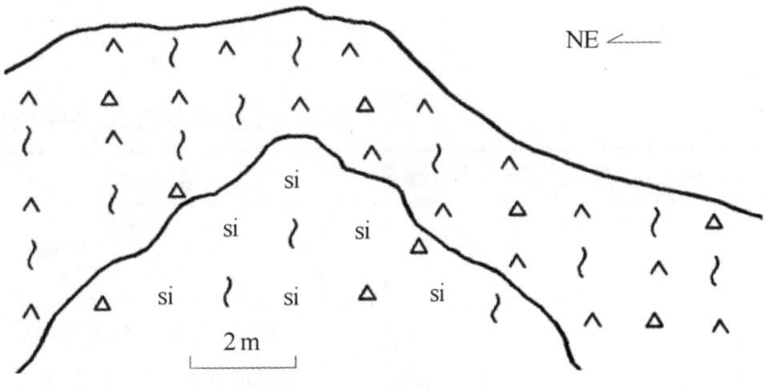

图 4－37　变质超基性岩及硅质岩透镜体

常保留有铬尖晶石；而硅质岩角砾内部组构则相对均匀，重结晶石英细小，界线模糊。

推断调查区内变质超基性岩遭受交代蚀变作用的先后次序应为蛇纹石化→硅化→碳酸盐化；变形作用由塑性→脆性。

顺便指出，前人1:100万日喀则幅区调资料（1983）曾提到在调查区扎布耶茶卡以北江马（顿勒）一带的下拉组碳酸盐岩地层中发育有呈脉状、透镜产出的变质超基性岩。此后的大量文献资料包括“西藏自治区区域地质志”（1993）一直引用这一发现，并将其作为连接狮泉河-纳木错蛇绿岩带的一条重要纽带；但1:100万日喀则幅区调报告当时也曾考虑到其不相容元素Cr，Co，Ni含量太低而提出过怀疑。借本次野外调查机会，我们对前人圈定的两处超基性岩进行了仔细搜寻和考察，发现它们不过是发育在花岗岩与下拉组灰岩接触带的石榴子石绿帘石磁铁矽卡岩，或是区域断裂构造穿过下拉组白云质灰岩地层时，沿构造带局部形成的蛇纹石蚀变岩脉。从而证实原江马超基性岩带并不存在。

二、燕山晚期基性及中酸性侵入岩

此期侵入岩分布最广，尤其是中酸性侵入体构成了调查区侵入岩的主体。岩体呈北西西-南东东分布于弄巴康日、顿勒、夏东、达瓦错、蔡几错一带，并主要沿格嘎-蔡几错构造-岩浆岩带的南侧出露，侵位时间从早白垩世持续到晚白垩世。根据岩石组合、岩体产出特征、空间关系、演化规律及同位素年龄资料，可将此期侵入岩划分为两个侵入阶段，并进一步归入5个岩浆演化序列。此期多阶段、多序次的侵入活动形成了调查区大小不等十余个侵入体和众多的侵入岩岩石单元（图4-1；表4-6）。

（一）第一侵入阶段

包括以中性—基性岩为主的格嘎序列和以中酸性—酸性岩为主的蔡几错序列。侵位于早白垩世时期，同位素年龄大致在130~100 Ma之间，侵位的最新地层为下白垩统则弄群。

1. 格嘎序列

主要由中粒角闪辉长岩、中—中细粒石英闪长岩及石英闪长玢岩组成。分布于顿勒、夏味勒、托杯子等地，另在蔡几错花岗岩体中也有少量产出。该序列各岩石单元的基本特征见表4-8。其中，中粒角闪辉长岩单元与中—中细粒石英闪长岩单元之间具有渐变过渡的特点，而石英闪长玢岩单元与前二者之间未见直接接触，推测可能属脉动接触关系。该侵入岩序列的代表性岩体为格嘎岩体（即原江马岩体）。

表4-8 格嘎侵入岩序列各单元岩石学基本特征

岩石单元名	单元代号	颜色	结构构造	矿物组成及粒度	副矿物	其他
石英闪长玢岩	$\delta o \mu K_1$	灰色 深灰色	斑状结构，基质微晶—细晶质结构，块状构造	斑晶：10%~35%，主要为中性Pl，少量Hb，Di，Bi，粒径2~5 mm 基质：中酸性Pl为主，少量Q，Af，Hb，Bi，Di，<0.5 mm	Mt Ap Zr Il	绿泥石化 浅闪石化 绢云母化 偶含闪长质包体
中—中细粒石英闪长岩	$\delta o K_1$	灰色 深灰色 绿灰色	中—中细粒半自形粒状结构（图版X-1），块状构造，局部弱条带状构造	中性环带状Pl：50%~65%（*An*：43~48），Hb：20%~35%，Q：5%~7%，Af≤5%，Bi：2%~5%，Aug≤5%，粒度1~4 mm	Mt Ap Sph	绿泥石化 浅闪石化 绢云母化 偶见闪长质包体

续表

岩石单元名	单元代号	颜色	结构构造	矿物组成及粒度	副矿物	其他
中粒角闪辉长岩	υK_1	深灰色 灰黑色 暗绿灰色	中粒半自形粒状结构，辉长结构（图版X－2），反应边或反应残余结构，次变边结构；块状构造，局部为条带状构造（图版X－3）	基性 Pl：45%～60%（An：50～86），Hb：20%～30%，Aug：10%～20%，Hy：0～10%，偶有Q，Af，Bi 粒度2～5 mm	Mt Ap	弱绿泥石化 次闪石化 帘石化 偶见细粒辉长苏长岩包体

格嘎岩体位于扎布耶茶卡北东顿勒（江马）附近，呈不规则状断续出露，面积约17 km²；与中二叠统下拉组（P_2x）呈侵入或断层接触，侵入接触带附近围岩发育有大理岩化、角岩化、矽卡岩化接触变质现象（图4－38）。该岩体主体部分为中—中细粒石英闪长岩，但据路线观察及实测剖面（P21）资料，格嘎石英闪长岩体中尚发育有中粒角闪辉长岩相带，其出露宽度300 m以上，且在P21剖面南端1 km之外的第四系湖积物中尚见有中粒紫苏辉长岩的零星露头。表明格嘎岩体可能是一个中部偏基性，周围偏中性的复杂岩体，规模远不止目前所见，其基性岩相带多隐伏在湖积层之下。角闪辉长岩与石英闪长岩单元（或相带）之间的过渡关系（图4－39）与花岗岩单元之间的涌动接触关系在表形特征上类似，但成因不尽相同，应为基性或中基性岩浆就地结晶分异的结果；角闪辉长岩相带中局部出现的条带状（微韵律层状）构造（图版X－3）也证明了岩浆结晶分异作用的存在，且结晶分异的方向总体是由南而北进行（现今如此），分异演化的趋势是从基性→中基性→中性（中基性过渡岩石如辉石闪长岩、辉长闪长岩虽然存在，但并不构成岩相带，也不宜单独划分填图单元，归入石英闪长岩单元中）。角闪辉长岩主要由2～4 mm的基性斜长石、普通角闪石、普通辉石及少量紫苏辉石、黑云母及填隙状石英组成。光学方法测得斜长石成分为An：50～56，电子探针测得斜长石中心成分可达An：86，总体属拉—培长石。一件普通辉石电子探针分析结果显示其端员组成为$Wo_{42.04}En_{47.33}Fs_{10.64}$，一件角闪石的电子探针化学成分分析数据表明其$Mg/(Mg+Fe^{2+})=0.85$，属于镁－普通角闪石。锆石U－Pb法测得角闪辉长岩同位素年龄为（106±1.4）Ma（表4－6）。

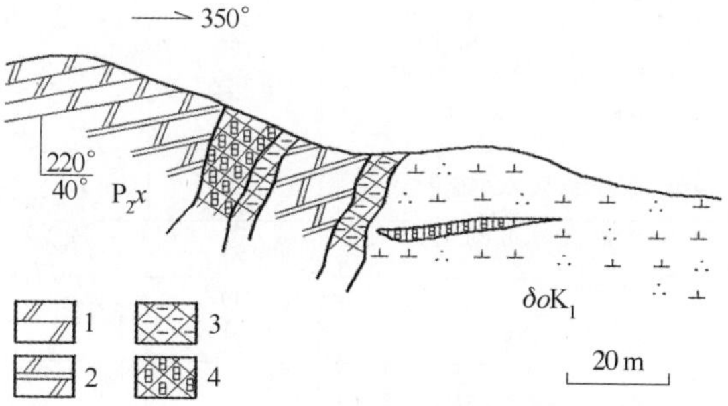

图4－38 格嘎石英闪长岩体（$\delta o K_1$）与下拉组（P_2x）侵入接触关系及接触变质带

1—白云岩；2—白云质大理岩；3—透辉石矽卡岩；4—方柱石矽卡岩

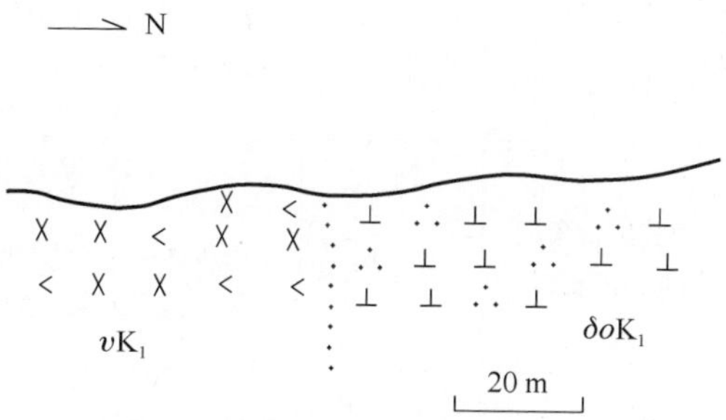

图4－39 角闪辉长岩（υK_1）与石英闪长岩单元（$\delta o K_1$）之间的渐变接触关系（顿勒）

此外，还应指出，在格嘎岩体边缘位置，有时自内向外还发育有二长花岗岩－花岗闪长岩－花岗闪长斑岩（如P21剖面所测），三者之间呈渐变过渡；其中二长花岗岩与中粒石英闪长岩呈明显侵入接触（图4－40），蚀变强度也明显高于后者，角闪石已全部蚀变为黑云母集合体，锆石U－Pb法同位素年龄为（130.2±1）Ma（表4－5），虽然同属燕山晚期早白垩世产物，但要早于石英闪长岩和角闪辉长岩，属于不同的岩浆演化序列。只是出露规模较为有限（宽300 m左右），未单独划分填图单元和岩浆序列，地质图中也未能予以反映。

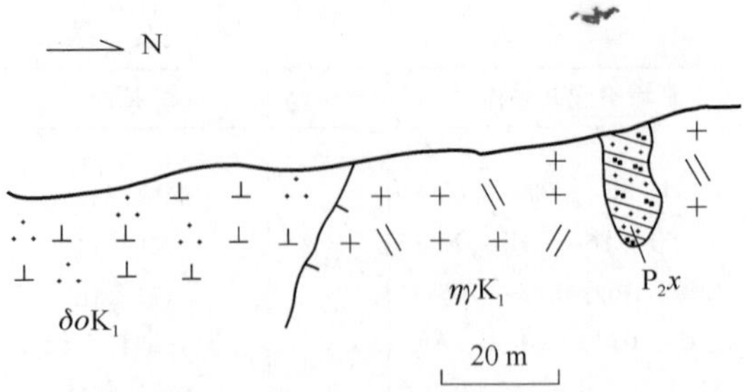

图 4-40　石英闪长岩（$\delta o K_1$）与二长花岗岩（$\eta\upsilon K_1$）之间呈超动接触关系（顿勒）

2. 蔡几错序列

该序列是由酸性岩组成的一个具有复杂成分和结构演化特点的侵入岩序列，分布较广，占调查区侵入岩面积的一半左右。

目前获得的同位素年龄数据从 153.68～86.0 Ma 不等（表 4-5，表 4-6），其中弄巴康日一带，岩石年龄较为分散，不排除岩体内有燕山早期侵入岩存在的可能。但大多年龄数据集中在 135～103 Ma 之间，加之围岩层位的限制，本报告认为该序列侵入岩应属早白垩世产物。据岩相岩性特征、接触关系、结合同位素年龄，由先到后依次划分为 5 个岩石单元，其岩石学基本特征如表 4-9 所示。

该侵入岩序列主要分布于西部的弄巴康日—阿母宗根、中东部的达娃错—蔡几错地区，另在夏东乡北东的松门朵等地也有少量出露。其代表性侵入体有蔡几错岩基（图 4-1；表 4-7 中 10 号岩体）、弄巴康日岩体群（3 号）、阿姆作根（4 号）、松门朵（5 号）、将让若干（7 号）、明马（8 号）等花岗岩体。这些岩体大多侵位于下白垩统则弄群（K_1Z）火山岩、火山碎屑岩及碎屑岩地层中，部分则与中二叠统下拉组（P_2x）灰岩、碎屑岩或与石炭系呈侵入接触。在岩体接触带附近，普遍具有接触变质现象，尤以规模较大的岩体周围更为发育，野外可识别的接触变质带宽度数十米至百余米不等。其接触变质作用类型因围岩性质而异，角岩化、大理岩化、矽卡岩化均有发育；特别是在花岗岩与下拉组灰岩接触时，接触变质岩不仅可以出现分带，还常形成囊状、板状磁铁矿体或矿化现象（图 4-41）。

表 4-9　蔡几错侵入岩序列各单元岩石学基本特征

岩石单元名称	单元代号	颜色	结构构造	矿物组成及粒度	副矿物	其他
中细粒黑云角闪英云闪长岩	$\delta\gamma o^2 K_1$	灰色 浅灰色 灰白色	中细粒花岗结构，半自形粒状结构，块状构造	中性 Pl：50%～60%（An：33～45），Q：20%～30%，Or：3%～5%，Bi：5%～10%，Hb：5%～10%，Aug 偶见，粒度 1～3 mm	Mt Ap Zr Sph Il 极微	弱绢云母化 绿泥石化 帘石化 普遍含闪长质包体
中粒黑云角闪英云闪长岩	$\delta\gamma o^1 K_1$	灰色 浅灰色 灰白色	中粒花岗结构，半自形粒状结构（图版Ⅹ-4），块状构造	矿物成分近同上，粒度 2～5 mm	Mt Ap Zr Sph Il 极微	弱绢云母化 绿泥石化 帘石化 普遍含闪长质包体
花岗闪长斑岩	$\gamma\delta\pi K_1$	浅灰色 灰红色	斑状或多斑结构，基质为微晶花岗结构或显微文象结构（图版Ⅹ-5），块状构造	斑晶：30%～55%，粒径 2～4 mm，主要为更长石、石英，少量 Bi，Or；基质：粒径＜1 mm，由 Q，酸性 Pl，Or 及少量 Bi 组成，偶见 Mi，Hb	Mt Ap Zr	弱绢云母化 绿泥石化 含少量闪长质包体
中粒黑云母二长花岗岩	$\eta\gamma K_1$	灰白色 浅灰红色	中粒花岗结构（图版Ⅹ-6），块状构造	中更长石 40%～45%（An：30～40），Or 及 Mi：20%～25%，Q：25%～30%，Bi：4%～5%，Hb：1%～3%，粒度多 2～5 mm	Mt Ap Zr Il 极微	弱绢云母化 绿泥石化 帘石化 极少包体

续表

岩石单元名称	单元代号	颜色	结构构造	矿物组成及粒度	副矿物	其他
中—中粗粒角闪黑云花岗闪长岩	$\gamma\delta K_1$	浅灰色 浅灰红色	中粒—中粗粒花岗结构，块状构造	中—更长石 45% ~55% (*An*: 25 ~45)，Or: 10% ~15%，Q: 25% ~30%，Bi: 4% ~8%，Hb: 2% ~5%，粒度2 ~6 mm，个别达 7 ~8 mm	Mt Ap Zr Il 极微 Sph 偶见	弱绢云母化 绿泥石化 帘石化 含少量闪长质包体

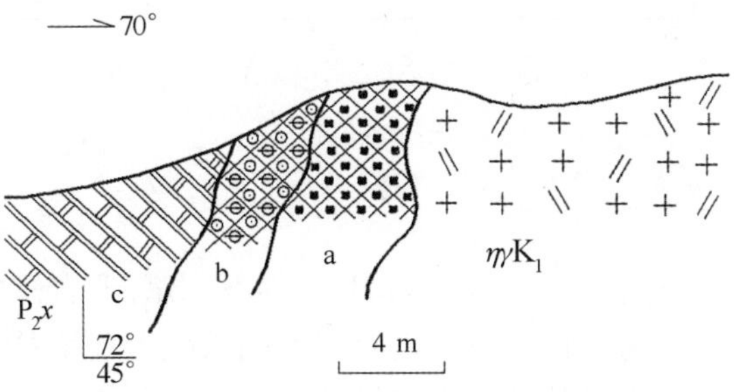

图 4 -41　$\eta\gamma K_1$与 P_2x 间的侵入接触关系及接触变质带（弄弄巴）

a—磁铁矿体；b—绿帘石石榴子石矽卡岩；c—大理岩

蔡儿错花岗岩体即前人所称昂古错岩体。位于措勤县城北北东 20 余千米，东起蔡儿错，西至 219 国道（第四系湖积物之下可能与西侧明马岩体相连）；北侧到于拉日吉一带与下白垩统则弄群上部呈侵入接触，南侧以 F_{12}断裂为界与则弄群下部相接。总体呈北西西向展布，由多次涌动、脉动及超动侵位的多种岩石单元组成，面积 257 km^2，为一不规则状复式岩基，其间夹持有围岩残留体（可能为顶盖），局部尚有中新统布嘎寺组（N_1b）火山岩喷发不整合覆盖（图4 -8）。主体岩石同位素年龄为 109 ~103 Ma，另据围岩时代，表明其形成要略晚于则弄群上部。但仍属早白垩世范围。

蔡儿错复式岩基中，岩石矿物成分、结构、颜色变化较大，其主体由蔡儿错序列各岩石单元构成，同时还发育有少量较早期格嘎序列及更晚期甲布序列的部分岩石单元。各单元平面分布上具有一定的方向性，其延长方向与整个岩基的长轴方向及区域构造线方向大体一致，且具有从南西向北东方向逐渐变新的趋势。这些特点都与岩体以岩墙侧向扩展式被动就位机制有关。

蔡儿错岩体中最早形成者是灰色—绿灰色石英闪长玢岩，面积约 15 km^2，分布于岩体南西部。岩石蚀变较强，局部具碎裂现象，其岩性特点与格嘎序列中的石英闪长玢岩单元（$\delta o\mu K_1$）极为相似，且在与其接触的中—中粗粒角闪黑云花岗闪长岩及花岗闪长斑岩中可见其捕虏体，之间有截然的界线，故应属不同岩浆序列的产物，与蔡儿错序列各单元之间为超动接触关系。

中—中粗粒角闪黑云花岗闪长岩单元（$\gamma\delta K_1$）出露面积约 40 km^2，呈北西西向分布于岩体的南部，以粒度略粗为特点，岩石较为新鲜，发育有近于垂直的三组节理构造。由环带状中—更长石、石英及少量正长石、黑云母角闪石组成，斜长石核部成分可达 An40 左右，暗色矿物一般 8% ~12%，黑云母与角闪石相近或略多。岩石中可见微—细粒或斑状闪长质暗色包体，分布不均，局部较多时可达 5% 左右。包体粒径多≤20 cm，个别达 0.5 m，定向不明显或略呈北西向分布（图版Ⅹ -7；图4 -42）。该单元岩石可与花岗闪长斑岩（$\gamma\delta\pi K_1$）和中粒、中细粒黑云角闪英云闪长岩（$\delta\gamma o^1K_1$，$\delta\gamma o^2K_1$）之间呈脉动侵入接触，与石英闪长玢岩（$\delta o\mu K_1$）之间呈超动侵入接触关系。

中粒黑云母二长花岗岩单元（$\eta\gamma K_1$）主要见于岩体北东部边缘，面积约 40 km^2，其余位置虽有出露但规模很小。岩石以中粒花岗结构为主，局部中细粒，以两种长石含量相近、暗色矿物含量少（5% ~7%）、岩石色浅并略带淡红色以及很少见闪长质暗色包体为特征，岩石新鲜、岩性均匀，与中粒—中粗粒花岗闪长岩及英云闪长岩之间呈脉动侵入接触关系，界线十分清楚（图 4 -43，图4 -44；图版Ⅹ -8），在界线附近的英云闪长岩中有时还可见到二长花岗岩的捕虏体（图4 -45）。脉体、包体、捕虏体的分布特征清楚地表明，二长花岗岩单元（$\eta\gamma K_1$）的侵位晚于花岗闪长岩（$\gamma\delta K_1$）而早于英云闪岗岩（$\delta\gamma o^1K_1$，$\delta\gamma o^2K_1$）。

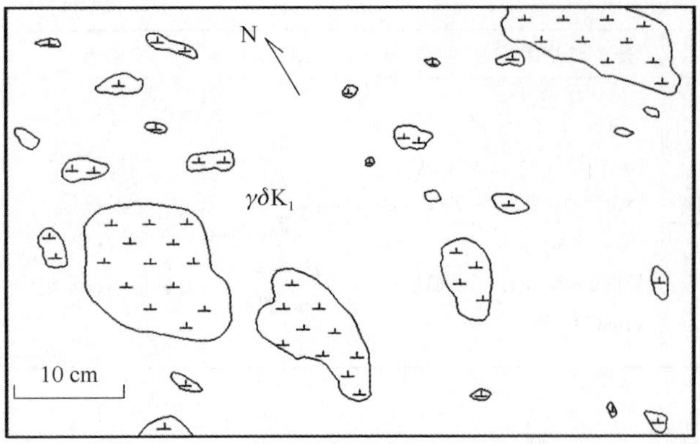

图4-42 花岗闪长岩（$\gamma\delta K_1$）中的闪长质暗色包体（蔡几错）

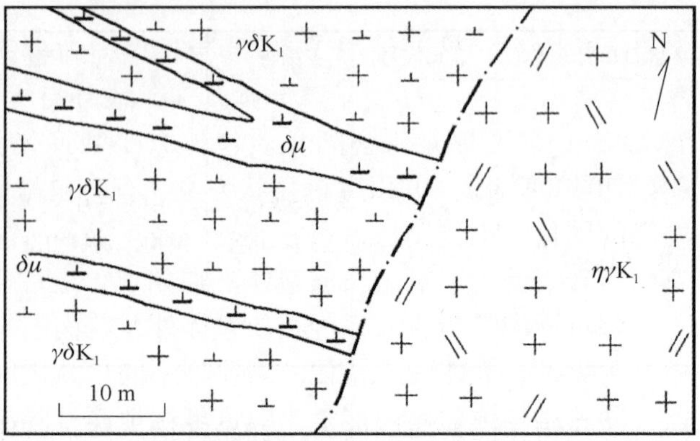

图4-43 花岗闪长岩（$\gamma\delta K_1$）与二长花岗岩（$\eta\gamma K_1$）的脉动接触界线（蔡几错）

花岗闪长斑岩（$\gamma\delta\pi K_1$）主要出露于岩体的南西边缘，面积50 km^2左右，与北侧中—中粗粒角闪黑云花岗闪长岩单元之间因第四系掩盖而未能见直接接触关系，但从两者结构上的明显差别推测它们之间可能属脉动侵入接触性质，晚于花岗闪长岩。另从弄巴康日岩体群中所见现象推测，该单元的侵位也晚于二长花岗岩单元（$\eta\gamma K_1$）。

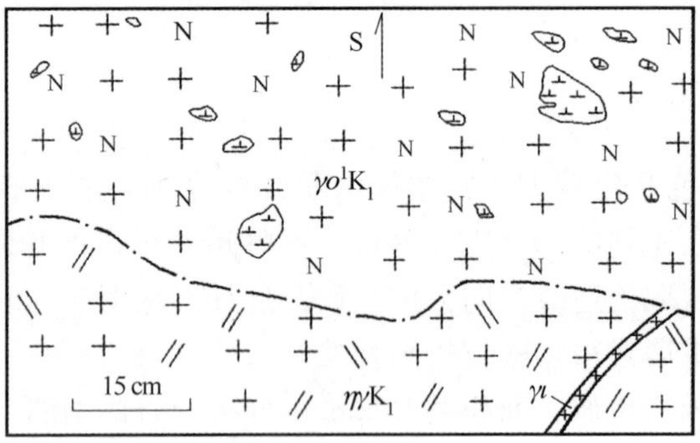

图4-44 英云闪长岩（$\delta\gamma o^1K_1$）与二长花岗岩（$\eta\gamma K_1$）的脉动接触界线

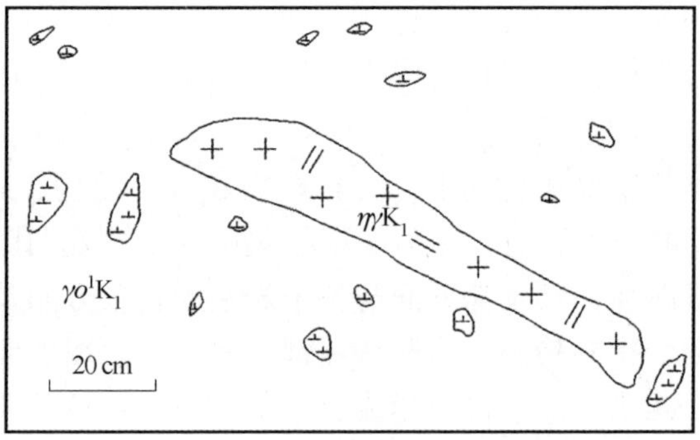

图4-45 英云闪长岩（$\delta\gamma o^1K_1$）中的二长花岗岩（$\eta\gamma K_1$）捕虏体及闪长质暗色包体（蔡几错）

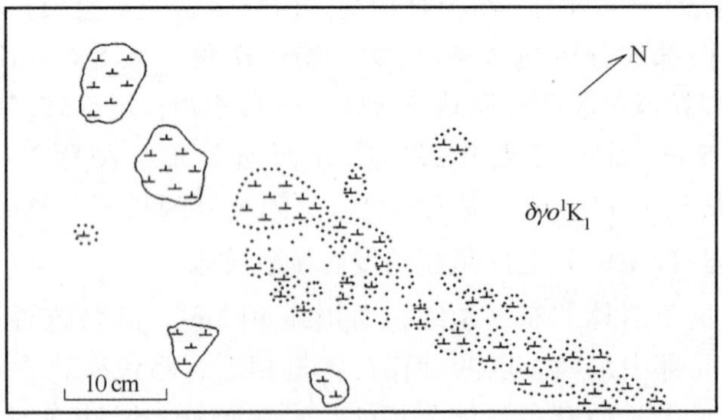

图4-46 英云闪长岩（$\delta\gamma o^1K_1$）中呈阴影状分布的闪长质暗色包体（蔡几错）

中粒黑云母角闪英云闪长岩单元（$\delta\gamma o^1K_1$）与中细粒黑云角闪英云闪长岩单元（$\delta\gamma o^2K_1$）在空间上紧密相伴，呈北西向分布于蔡几错岩体的中北部，二者之间无明显界线，呈涌动接触。而英云闪长岩与其他各岩石单元之间界线分明，属脉动或超动侵入接触关系。中粒与中细粒黑云角闪英云闪长岩两个单元除粒级不同外，并无太大区别，均以暗色矿物含量略高（达15%左右）、角闪石略多于黑云母、岩石颜色略深、斜长石含量高且成分偏中性以及出现较多的闪长质暗色包体为特征，偶尔含有单斜辉石反应残余。据电子探针微区分析数据计算可知，斜长石核部成分可达 An：40.62，角闪石的 $Mg/Mg+Fe^{2+}=0.72$，属镁质普通角闪石，黑云母中 $Mg/\Sigma Fe=1.16$，为少铁黑云母；局部出现的辉石反应残余其端员组成为 $Wo_{41.25}En_{43.48}Fs_{15.27}$，属于普通辉石（其成分与所含闪长质暗色包体中的辉石一致，可能与混染作用有关）。该岩石单元所含闪长质包体大小数厘米至20 cm不等，包体与寄主岩石之间多具清晰界线（尤其是较大者），并以次棱角状为主，有时也呈阴影状分布（图4-46），整体显示脆性岩块与岩浆之间的同化混染作用特点，并非岩浆液态混合所能解释。同时暗示，英云闪长岩的形成很可能与正常花岗岩岩浆受到大量闪长质包体（原始成分也许是中基性或基性的）的强烈混染有关。

除英云闪长岩含较多闪长质包体外，花岗闪长岩及花岗闪长斑岩中也有发育，而二长花岗岩单元中极少见及，表明蔡几错侵入岩序列不同单元之间的成分演化受岩浆同化混染程度不同的制约，而单元之间的结构演化则可能是当时区域性地壳升降所造成。

蔡几错岩体内见有后期脉岩穿切，按形成先后依次有：辉绿岩或辉绿玢岩岩脉、闪长玢岩或石英闪长玢岩及细粒闪长岩岩脉、细粒钾长花岗岩及花岗细晶岩岩脉，偶有花岗伟晶岩脉。脉体宽数厘米至2 m 不等，延伸不大，产状不稳定，但以近东西及北西走向为多。

此外，蔡几错岩体北部边缘尚有一浅肉红色细粒钾长花岗岩小岩株产出，面积约 3 km^2，呈蝌蚪状沿斜长花岗岩与二长花岗岩界线附近侵位。岩石具细粒花岗结构，块状构造，矿物粒度≤1.5 mm，主要由石英25%～30%、正长条纹长石55%～60%、更长石10%～15%及黑云母2%～3%组成。副矿物1%～2%，有钛铁金属矿物、磷灰石、锆石等；岩石具弱绢云母化、弱黏土化。矿物组成及岩石地球化学特征与甲布黑云母钾长花岗岩体有类同之处，而与蔡几错序列之间的同源演化关系不明显，故将其划归甲布序列（$\xi\gamma^4K_2$）。它与周围蔡几错序列英云闪长岩（$\delta\gamma o^2K_1$）及二长花岗岩（$\eta\gamma K_1$）之间应属超动侵入接触关系。

弄巴康日花岗岩岩体群位于顿勒北西数千米至20余千米，可如勒南西10余至20余千米，由布尔则—普勒—弄巴康日、桑实实日—哈烈桑、达弄、日阿丑五拉—阿姆宗根及扎勒等多个岩基、岩株组成，大致沿 F_{12} 断裂西段南北两侧发育，出露总面积105 km^2。部分相当于前人1:100万日喀则幅区调报告中的可如勒岩体（出露位置及展布形态已大不相同），实际上是区域上一巨大复式岩基（即折古岩体，主体位于西侧邻区，总面积达680 km^2）的东延部分，其岩性组成、产出地质条件相似，深部可能相连，故归为一个岩体群。这些岩体多数不整合侵位于中二叠统下拉组灰岩、碎屑岩及下白垩统则弄群下部中酸性火山岩地层中，局部与石炭系碎屑岩侵入接触。因围岩性质或部位不同，接触带可发育角岩化、大理岩化、矽卡岩化及磁铁矿化。前人在折古复式岩基的主体岩石——花岗闪长岩中曾获得86 Ma和131 Ma的同位素年龄（表4-5），本次调查所获得Rb-Sr年龄109 Ma和（125±1）Ma，花岗闪长岩中锆石U-Pb年龄（134.5±2.9）Ma、角闪石单矿物Ar-Ar年龄（153.68±1.84）Ma；同一样品中的角闪石Ar-Ar法年龄比其锆石U-Pb法年龄偏高近20 Ma，尚无法给出合理解释；但总体上看，其成岩年龄仍属早白垩世范畴，产出条件、构造位置及岩性特征与蔡几错花岗岩体可以对比，故一同归为蔡几错侵入岩序列。与蔡几错岩体相比，弄巴康日岩体群岩性相对均一，岩相简单，绝大部分由中粒—中粗粒角闪黑云花岗闪长岩（$\gamma\delta K_1$）和中粒黑云母二长花岗岩（$\eta\gamma K_1$）两个岩石单元构成，仅在岩体边部局部出现极少量的花岗闪长斑岩（$\gamma\delta\pi K_1$），未见英云闪长岩类。各单元之间均以脉动侵入接触。

与蔡几错侵入岩序列有关的其他岩体，还有达娃错西侧的将让若干二长花岗岩—花岗闪长斑岩岩株、达娃错北侧的明马花岗闪长斑岩岩株、夏东乡北东方向的松门朵花岗闪长岩岩株及那木切南西方向的阿木作根花岗闪长斑岩岩株等，其围岩地层除下拉组、则弄群外，部分还与石炭系至下二叠统永珠组、拉嘎组、昂杰组呈侵入接触。大多由一次侵位的单一岩石单元构成，基本特征见表4-7及表4-9，不再赘述。

（二）第二侵入阶段

燕山晚期第二侵入阶段侵入岩由晚白垩世中、酸性侵入岩组成，主要分布在那木切—阿姆宗根（F_8）、罗具藏布及那弄拉—雪上勒（F_9）以北，并集中在夏龙、龙勒、可如勒、那嘎嘎拉、达汪淌、甲布一带；与燕山晚期第一阶段的格嘎序列、蔡几错序列侵入岩相比，分布位置明显向北偏移。出露面积大于400 km^2，约占调查区侵入岩的46%；同位素年龄范围在98.2～65.1 Ma之间（表4－6），侵位的最高层位为下白垩统郎山组。另有一件角闪石Ar－Ar法年龄数据（（153.62±2.23）Ma）因与地质产状相矛盾而未被采用。据空间关系、成分、结构特征及同位素年龄数据等，由老至新将该侵入阶段进一步划分为三个同源岩浆演化序列：即呷龙序列、可如勒序列和甲布序列。

1. 呷龙序列

为燕山晚期第二侵入阶段较早一次岩浆活动产物。同位素年龄98.2～82.7 Ma，活动持续时间较长，约15 Ma。岩体分布于调查区燕山期中酸性侵入岩带的最北侧，共见大小侵入体7个，规模略大者5个（图4－1，表4－7中的11～15号岩体），分别位于那木切西、龙勒、夏龙、尼曲则拉及剥康巴南东，总面积130余平方千米，占调查区侵入岩的近15%。这些侵入体按花岗岩单元划分原则，可分别归为中—中细粒角闪黑云花岗闪长岩（$\gamma\delta K_2$）、中粒黑云母二长花岗岩（$\eta\gamma K_2$）和中细粒角闪黑云英云闪长岩（$\delta\gamma o K_2$）三个岩石单元，总体显示成分演化特征，结构演化次之。各单元基本岩石特征见表4－10。

表4－10　呷龙侵入岩序列各单元岩石学基本特征

岩石单元名称	单元代号	颜色	结构构造	矿物组成及粒度	副矿物	其他
中粒黑云母二长花岗岩	$\eta\gamma K_2$	灰白色 浅灰色	中粒花岗结构 块状构造	环带状中性Pl：30%～35%（An：36～43），Or：20%～30%，Q：25%～30%，Bi：5%～7%，Hb：1%～2%，粒度2～5 mm	Mr Zr Ap Sph	弱绢云母化 弱绿泥石化 含少量闪长质包体
中—中细粒角闪黑云花岗闪长岩	$\gamma\delta K_2$	灰白色 浅灰色	中—中细粒花岗结构（图版Ⅺ－1），块状构造；局部具碎裂结构，片理化构造	环带状中性Pl：45%～55%（An：38～45），Or：10%～15%，Q：25%～30%，Bi：5%～10%，Hb：2%～3%粒度1～4 mm	Mt Zr Ap Sph	弱绢云母化 弱绿泥石化 局部蚀变略强 含闪长质包体
中细粒角闪黑云英云闪长岩	$\delta\gamma o K_2$	灰色 浅灰色	中细粒（局部中粒）花岗结构，块状构造	环带状中性Pl：60%～65%（An：40～45），Q：25%～30%，Or：1%～5%，Bi：7%～10%，Hb：1%～3%，粒度1～3 mm	Mt Ap Zr Sph	弱绢云母化 弱绿泥石化 含闪长质包体

规模较小的岩体大多由中—中细粒角闪花岗闪长岩单一岩性构成，而面积略大的岩体则可由两个或三个岩石单元组成，但仍以花岗闪长岩为主，如呷龙岩体和龙勒岩体；其中，呷龙岩体研究较详。

呷龙花岗岩体为本次区调过程中发现和圈定的侵入体之一。位于图幅中北部夏龙西侧，呈似椭圆形近北西西向展布，南北两侧分别靠近F_3和F_7断裂，侵位于下白垩统多尼组和郎山组中，岩体北侧边缘多被第四系掩盖，岩体北西端可见郎山组下部灰岩的残留顶盖，表明岩体的剥蚀深部不大；出露面积约65 km^2。主要由浅灰色中—中细粒角闪黑云母花岗闪长岩（$\gamma\delta K_2$）和灰白色中粒黑云母二长花岗岩组成，后者位于前者内部，显示环状岩体特征；岩体北侧边缘局部还可出现少量灰色中细粒角闪黑云英云闪长岩（$\delta\gamma o K_2$），由$\delta\gamma o K_2 \rightarrow \gamma\delta K_2 \rightarrow \eta\gamma K_2$大致相当于由岩体边缘相→过渡相→中间相，并显示出成分和结构共同演化的特点，各岩石单元之间一般不具明显界线，呈涌动接触关系；但二长花岗岩有时在花岗闪长岩单元中呈小规模岩株、岩脉产出时，二者之间则显示明显的脉动侵入接触关系。锆石U－Pb法测得花岗闪长岩同位素年龄为98.2 Ma。

据简测剖面（P09）资料，呷龙岩体与多尼组碎屑岩和郎山组圆笠虫灰岩接触带上普遍发育角岩化、矽卡岩化和大理岩化接触变质现象。如岩体北侧扎勒附近可见接触变质带宽度在40 m以上

（图4-47）（向北被第四系冲积物覆盖），岩体边部为中细粒角闪黑云英云闪长岩，含较多的围岩捕虏体，多尼组围岩由近向远发生不同程度角岩化，形成有堇青石二云母长英质角岩、透辉石黑云母长英质角岩等（其他地段尚见红柱石角岩），并伴有后期片理化现象。同时，近接触界面处角岩中尚发育有4~5 m宽的脉状矽卡岩，矽卡岩由钙铁榴石、透辉石及中基性斜长石、石英、绿帘石、方解石、金属矿物等组成，并明显穿切了角岩、围岩原始层理及岩体边部的细粒黑云母二长花岗岩岩脉，为接触变质作用过程中形成的矽卡岩岩汁在略后期贯入而成。

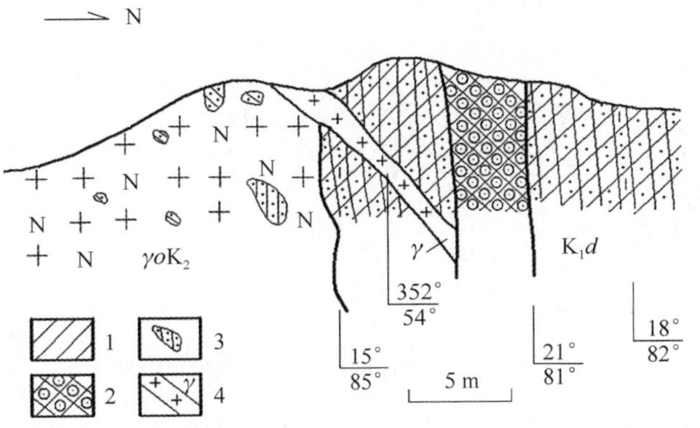

图4-47　呷龙花岗岩体与北侧多尼组侵入接触关系及接触变质带
1—角岩化；2—矽卡岩脉；3—围岩捕虏体；4—细粒花岗岩脉

呷龙岩体由边缘向内部，除斜长石与碱性长石比例明显降低、黑云母与角闪石比例有所增加、矿物粒度有所变大外，在石英含量、暗色矿物总量及斜长石化学成分方面并无太大变化，副矿物组合也均以Mt+Ap+Zr+Sph为主；且各单元岩石中都或多或少含有细粒—中细粒或斑状闪长质暗色包体。

包体大小数厘米至10余厘米，最大达30~40 cm，多由≤1 mm的半自形中长石及少量石英、黑云母、柱状—长柱状普通角闪石组成，偶有碱性长石；有时斜长石呈环带状斑晶产出。闪长质包体中副矿物成分与寄主岩石相似，主要为磁铁矿、磷灰石、锆石、榍石等，但榍石相对略多，磷灰石多呈长柱状或针状。造岩石物也具有不同程度绢云母化、绿泥石化，偶有帘石化。包体与寄主岩石之间通常具有较为清晰的界线，但也有明显交代同化现象，以圆及次圆状为主，少量次棱角状，而部分≤2 cm大小的包体则常被交代同化为阴影状。包体分布不均，含量一般在2%以下；局部可达4%~5%，并具有半定向分布特点（图4-48）。

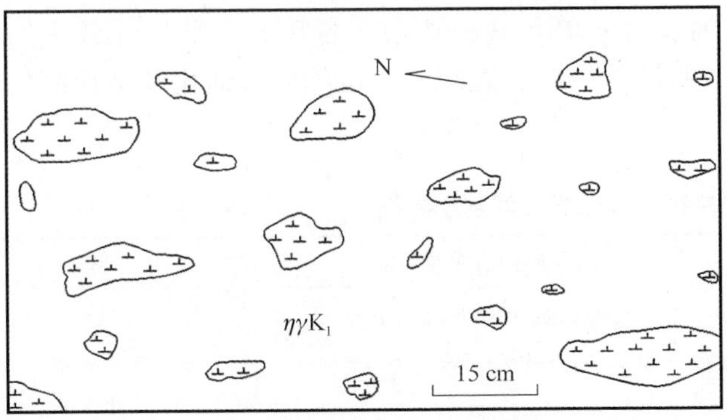

图4-48　呷龙花岗岩中闪长质暗色包体局部呈半定向分布（P09）

据电子探针化学成分分析及晶体化学式计算，二长花岗岩中斜长石成分为$Or_{1.63}$ $Ab_{61.49}$ $An_{36.88}$，属中长石；碱性长石端元组成为$Or_{84.30}$ $Ab_{15.19}$ $An_{0.51}$，为正长石；所含黑云母的$Mg/\Sigma Fe=1.55$，为少铁黑云母。二长花岗岩所含闪长质包体中，斜长石斑晶的核部$An=42.23$，边部$An=31.91$，平均成分为$Or_{51.65}$ $Ab_{61.29}$ $An_{37.07}$，与寄主岩石中斜长石成分极为接近；包体中黑云母的$Mg/\Sigma Fe=1.47$，也与二长花岗岩中少铁黑云母成分相似。表明包体与寄主岩石之间存在一定的化学平衡。另外包体中角闪石$Mg/(Mg+Fe^{2+})=0.72$，属镁质普通角闪石。

岩体中节理构造发育，主要有四组：其中近南北向、北西向、北北东向三组呈陡立状，另一组节理近于水平（4°~8°），并略向北北东倾斜。节理间距数十厘米至2 m不等。此外，后期脉岩也较发育，主要有绿灰色、灰色闪长玢岩、石英闪长玢岩，其次是浅灰色中细粒二长花岗岩、花岗细晶岩及花岗斑岩岩脉（图4-49）；其中以闪长质脉岩最为常见，并多沿北北东向一组节理产出，脉宽1~3 m，沿走向延伸数百米至数千米，可穿切二长花岗岩及花岗斑岩、花岗细晶岩岩脉，形成较晚。K-Ar法测得闪长玢岩的同位素年龄为（74.5±1.5）Ma。

龙勒花岗岩体位于呷龙西20~30 km，可如勒北北东10 km左右的龙勒周围。呈不规则椭圆状近东西展布，面积55 km²；周围多与下白垩统郎山组三段、局部与郎山组上部呈侵入接触，东端有后期

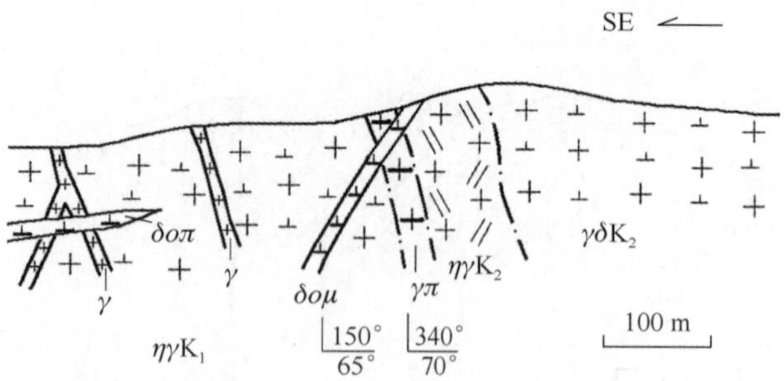

图 4 - 49　呷龙花岗岩体中的脉岩穿切现象（P09）

闪长岩、石英闪长玢岩超动侵位，中部及北侧边缘部分被第四系覆盖。与围岩侵入接触带附近自内而外发育矽卡岩化和角岩化接触变质作用，接触变质带宽 50 ~ 60 m；主要接触变质岩类型为石榴子石矽卡岩、符山石透辉石石榴子石矽卡岩、透辉石角岩、黑云母长英质角岩等；矽卡岩的分布并不均匀，常与透辉石角岩等相间产出，显然受到围岩岩性特征及岩石组合的控制。

龙勒侵入体主体岩性为灰色、灰白色中细粒角闪黑云花岗闪长岩（$\gamma\delta K_2$），岩体东南部出现少量灰白色、浅灰色中细粒—细粒黑云母二长花岗岩（$\eta\gamma K_2$）；而英云闪长岩虽有产出，但规模很小，分布无明显规律，故未予圈出；岩石单元之间表现为渐变涌动接触关系。总体而言，龙勒花岗岩体的岩石类型（单元）组成、主要矿物成分、副矿物组合以及次生变化类型、包体类型和脉岩类型及其特征等都与呷龙花岗岩体极为相似，差别之处在于前者粒度略为偏细，这可能与该岩体剥蚀深度更浅有关。

2. 可如勒序列

属该序列的侵入体约有 10 余个，面积 120 余平方千米。这些侵入体位于 F_3 与 F_8，F_9 断裂之间，北靠呷龙序列侵入岩“带”，南邻格嘎序列和蔡几错序列侵入岩“带”。以可如勒北东 10 余千米至南东数十千米范围内出露最多也最为集中，合称为蒋目 - 拉嘎嘎拉闪长岩 - 石英闪长岩岩体群（图 4 - 1；表 4 - 7 中 16 号）；另在甲布以东的克列布附近也有小岩株产出，称为克列布闪长岩体（17 号）。

该序列侵入体均由浅成相中性岩构成，侵位地层主要为下白垩统郎山组、多尼组，部分与则弄群上部或中二叠统下拉组呈侵入接触关系；侵位最高层位是郎山组三段（K_1l^3）。根据岩性特征、穿切关系及演化规律等，由老到新划分为 4 个填图单元，即：中细粒闪长岩单元（δK_2）、闪长玢岩单元（$\delta\mu K_2$）、中细粒石英闪长岩单元（$\delta o K_2$）和石英闪长玢岩单元（$\delta o\mu K_2$）；各单元内部岩性较为均匀一致，各单元之间则表现为脉动接触关系，有较为明显的界线，表现出一定的成分演化及结构演化特点，各单元岩石学基本特征如表 4 - 11 所示。

表 4 - 11　可如勒侵入岩序列各单元岩石学基本特征

岩石单元名称	单元代号	颜色	结构构造	主要矿物组成及粒度	副矿物	其他
石英闪长玢岩	$\delta o\mu K_2$	灰色 浅绿灰色	斑状结构，基质微粒—细粒结构（图版XI - 2），块状构造	斑晶：环带中性 Pl：15% ~ 20%，Hb：4% ~ 5%，Q：2% ~ 4% 基质：由 < 0.5 mm 的中更长石、Hb，及少量 Q，Or，Bi 等组成	Mt Ap	绢云母化，绿泥石化，含少量闪长质包体或析离体
中细粒 石英闪长岩	$\delta o K_2$	灰色 浅绿灰色	中细粒半自形粒状结构，局部细粒结构，块状构造	环带状中性 Pl：60% ~ 70%，Hb：5% ~ 20%，Cpx：0 ~ 10%，Q：5% ~ 6%，Bi：2% ~ 10%，Or：2% ~ 4%；粒度 1 ~ 3 mm	Mt Ap	绢云母化，绿泥石化，含少量闪长质包体或析离体
闪长玢岩	$\delta\mu K_2$	深灰色 绿灰色	斑状结构，基质微晶—细粒半自形粒状结构，块状构造	斑晶：环带状中性 Pl：10% ~ 25%，Hb：10% ~ 15%，CPx：0 ~ 5%；基质由 < 0.5 mm 的 Pl，Hb，及少量 Bi，Or，Q 组成	Mt Ap Sph	绢云母化，钠黝帘石化，绿泥石化，偶见闪长质包体或析离体

续表

岩石单元名称	单元代号	颜色	结构构造	主要矿物组成及粒度	副矿物	其他
中细粒闪长岩	δK_2	深灰色 绿灰色 褐绿灰色	中细粒半自形粒状结构，少数细粒结构，块状构造	环带状中性 Pl：60% ~70%（*An*：35 ~ 40），Hb：20% ~ 30%，Py：0 ~10%，Bi：1% ~ 5%，Q：1% ~3%，Or：1% ~ 2%；粒度1 ~3 mm	Mt Ap Sph Il	绢云母化，钠黝帘石化，绿泥石化，偶含闪长质包体或析离体

该序列侵入岩中的中细粒石英闪长岩（$\delta o K_2$）、石英闪长玢岩（$\delta o \mu K_2$）其岩性特征与第一侵入阶段格嘎序列中的同类岩石较为类似，但其侵位地层大都偏新，且除了甲布钾长花岗岩体而外，燕山晚期其他花岗岩体中普遍见有闪长岩、石英闪长岩或相应玢岩之岩脉穿切，表明继呷龙序列之后至甲布序列之前，调查区还发生过中性岩浆的浅成侵入活动；我们在呷龙花岗岩体的闪长玢岩岩脉中所获得的74.5 Ma钾－氩法同位素年龄，也进一步证明了此次侵入事件的存在，其时代属晚白垩世，并介于呷龙序列与甲布序列之间（表4－6）。

蒋目－那嘎嘎拉闪长岩－石英闪长岩岩体群的分布范围，北起蒋目，向南经我来勒、嘎日、桑热勒、日阿加—布东日、门剁弄巴，至那嘎嘎拉—帮杰淌—达汪淌一带，几乎囊括了可如勒序列所有侵入体，这些由中细粒闪长岩、石英闪长岩、闪长玢岩及石英闪长玢岩组成的岩体具有面状分布、断续相连的特点。围岩同期变形不明显，除少数较大侵入体与下拉组灰岩接触带发育有大理岩化、矽卡岩化外，多数岩体以则弄群上部、多尼组、郎山组上部之火山碎屑岩或碎屑岩、钙质碎屑岩为围岩，普遍显示出面状的重结晶或角岩化热接触变质现象，由此推测这些岩体深处可能部分相连，并表现出被动式顶蚀侵位的迹象。

可如勒序列浅成侵入体中发育少量同期略为滞后的闪长玢岩、石英闪玢岩岩脉，局部还有细粒花岗岩和花岗斑岩岩脉产出。脉体规模不大（宽度多≤2 m），产状不一，主要呈北西或近东西走向；总体而言，脉体数量远不及呷龙序列侵入岩。

此外，在各岩石单元中，还有少量闪长质暗色包体（或析离体）产出，粒径较小（0.5 ~5 cm），界线较为模糊，分布不均，定向不明显，由<1 mm的斜长石、角闪石及少量黑云母、石英、金属矿物等组成；具绢云母化、绿泥石化现象。在蒋目南东附近的中细粒闪长岩体中，局部还发育有暗色中细粒二辉石闪长岩。

3. 甲布序列

甲布序列由不同结构特点的黑云母钾长花岗岩构成，是调查区内燕山晚期侵入岩中形成最晚、酸性程度也最高的一个同源岩浆结构演化序列。主要出露于调查区中部桑穷藏布南北两侧，即甲布一带，另在蔡儿错岩体的北缘也有极少量分布，总面积约160 km^2，占全区侵入岩的18%左右。该序列岩石均由碱性长石、酸性斜长石、石英及少量黑云母（2% ~5%）组成，且具有碱性长石明显多于斜长石的特点，但矿物粒度或结构特点变化较大，由此划分出四个岩石单元，即：中—中粗粒黑云母钾长花岗岩（$\xi\gamma^1 K_2$）、中粒似斑状黑云母钾长花岗岩（$\xi\gamma^2 K_2$）、细粒似斑状黑云母钾长花岗岩（$\xi\gamma^3 K_2$）和细粒黑云母钾长花岗岩（$\xi\gamma^4 K_2$），各单元岩石学基本特征见表4－12。从早到晚，岩石结构总体由粗向细演化，矿物成分及比例的变化不大，唯黑云母含量略有减少。其中，细粒黑云母钾长花岗岩单元（$\xi\gamma^4 K_2$）仅见于蔡儿错花岗岩体中，空间上与甲布序列其余各单元不相邻，接触关系不明；$\xi\gamma^1 K_2$，$\xi\gamma^2 K_2$，$\xi\gamma^3 K_2$三者是甲布花岗岩的主体，$\xi\gamma^1 K_1$与$\xi\gamma^2 K_2$之间呈涌动接触关系，而$\xi\gamma^1 K_2$，$\xi\gamma^2 K_2$与$\xi\gamma^3 K_2$之间均为明显的脉动侵入接触关系。

在不同单元岩石中已获得全岩K－Ar法同位素年龄71.4 Ma，65.1 Ma，锆石U－Pb法同位素年龄69.1 Ma，钾长石Ar－Ar同位素年龄71.89 Ma，72.58 Ma（表4－5，表4－15），表明该序列侵位时间较为集中，在73 ~65 Ma之间，属晚白垩世末期，也是燕山晚期最后一次侵入活动产物。

表 4－12　甲布侵入岩序列各单元岩石学基本特征

岩石单元名称	单元代号	颜色	结构构造	主要矿物组成及粒度	副矿物	其他
细粒黑云母钾长花岗岩	$\xi\gamma^4 K_2$	浅肉红色 浅灰红色	细粒花岗结构，局部不等粒花岗结构（图版 XI－3），块状构造	Q：25%～30%，Per：55%～60%，酸性 Pl：10%～15%，Bi：2%～3% 粒度≤1.5 mm	Mt Il Ap Zr	弱绢云母化 弱黏土化
细粒似斑状黑云母钾长花岗岩	$\xi\gamma^3 K_2$	灰白色 风化面浅黄褐色	似斑状结构，基质细粒花岗结构，块状构造。似斑晶可具包含结构	斑晶：4～8 mm Or：15%～20%，中更长石 2%～5%，Q：5%～6%； 基质：0.5～2 mm Or＋Mi：30%～35%，Q：15%～20%，酸性 Pl：10%～15%，Bi：3%～4%	Mt Zr Ap	弱绢云母化 弱黏土化 偶含二长质包体
中粒似斑状黑云母钾长花岗岩	$\xi\gamma^2 K_2$	灰白色 浅灰色 风化面浅黄褐色	似斑状结构，基质中粒花岗结构，块状构造	斑晶：8～15 mm Per：20%～25%，Q：2%～7%，中更长石 2%～5% 基质：2～5 mm Per：20%～30%，酸性 Pl：10%～15%，Q：20%～30%，Bi：3%～4%	Mt Il Zr Ap Sph 微	弱绢云母化 弱绿泥石化 偶含二长质包体
中—中粗粒黑云母钾长花岗岩	$\xi\gamma^1 K_2$	灰白色 风化面浅黄褐色	中—中粗粒花岗结构为主，局部粗粒结构，块状构造	Q：25%～30%，Per：50%～55%，更长石 15%～20%，Bi：4%～5%。碱性长石较粗大，黑云母细小。粒度多 2～7 mm，个别达 8～10 mm	Mt Il Zr Ap	绢云母化 弱绿泥石化 偶含二长质包体

甲布序列钾长花岗岩中不均匀分布有细粒花岗岩脉和花岗斑岩岩脉，少量花岗伟晶岩脉，未见中、基性岩脉。除细粒黑云母钾长花岗岩外，其他岩石单元中偶尔含有微—细粒二长质暗色包体，未见闪长质包体。

甲布黑云母钾长花岗岩体位于夏东以北 10～20 km 左右、压布拉以西数千米至十余千米。南起叙拉—尼勒—占那波，北至扯洞洼马—桑臭，东侧以压布拉—尺布多为界，西达桑青藏布。出露面积约 160 km^2。该岩体大致相当于前人所称压布拉黑云母花岗岩体（形态、规模已相去甚远），1:100 万区调报告将其划归喜马拉雅期。本次调查后发现，该岩体实际上是由钾长花岗岩浆经多次涌动、脉动侵位形成的一个由多种岩石单元组成的不规则环状－半环状复式岩基，呈近等轴状侵位于 P_2x，K_1Z^2，K_1d，K_1l^1 及 K_1l^2 地层中。围岩因岩性差异分别发育有大理岩化、矽卡岩化及角岩化现象，接触界面产状不是很陡，附近花岗岩中有时可见围岩残留体（图 4－50）或围岩残留顶盖（图 4－51），表明岩体剥蚀深度不大。

甲布岩体主要由中—中粗粒黑云母钾长花岗岩（$\xi\gamma^1 K_2$）、中粒似斑状黑云母钾长花岗岩（$\xi\gamma^2 K_2$）和细粒似斑状黑云母钾长花岗岩（$\xi\gamma^3 K_2$）组成；局部出现有中粒似斑状或细粒似斑状黑云母二长花岗岩，在岩体边缘有时还发育有数十米宽的细粒黑云母钾长花岗岩（图 4－50，相当于边缘相，呈过渡关系，与 $\xi\gamma^4 K_2$ 不同），但这些岩性分布规模不大，野外可识别性、可填性太差，未予圈定。

各单元岩石在平面分布上具有一定规律。其中，中—中粗粒黑云母钾长花岗岩（$\xi\gamma^1 K_2$）主要分布于岩体的边部，中粒似斑状（$\xi\gamma^2 K_2$）和细粒似斑状黑云母钾长花岗岩（$\xi\gamma^3 K_2$）分别出露于岩体中部略为偏西和中部略为偏东的位置，总体显示出环状－半环状的展布特点，且边部形成早而中部略晚。$\xi\gamma^1K_1$与$\xi\gamma^2K_2$之间具渐变过渡的涌动接触关系，无明显界线；而$\xi\gamma^2K_1$与$\xi\gamma^3K_2$之间界线清楚，呈脉动侵入接触（图4－52，图4－53），并见有$\xi\gamma^3K_2$呈残留顶盖状分布于$\xi\gamma^2K_2$之上的现象（图4－54）。

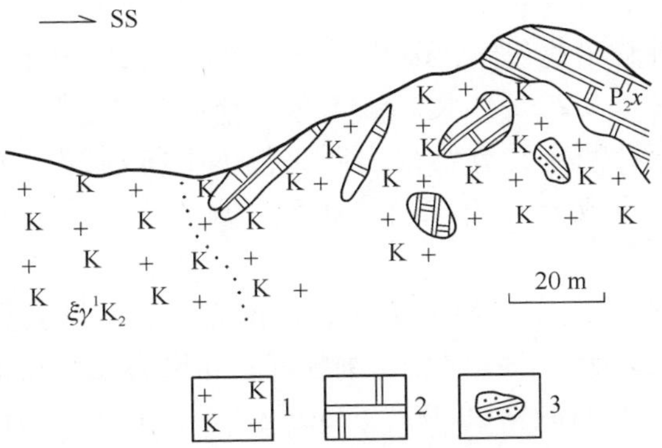

图4－50　甲布花岗岩体边缘的细粒钾长花岗岩及围岩捕虏体

1—钾长花岗岩；2—白云质大理岩；3—捕虏体

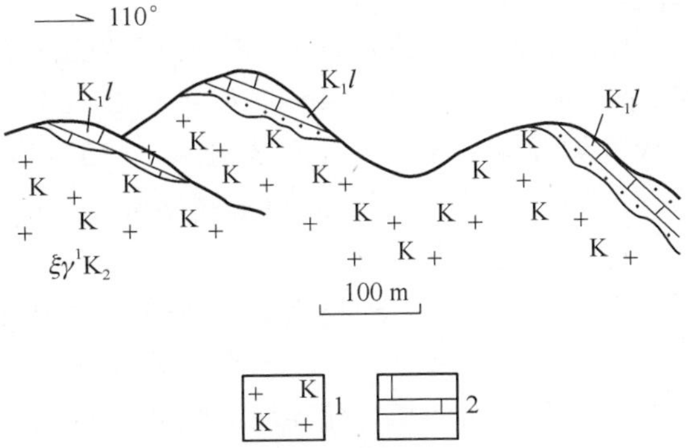

图4－51　中粗粒钾长花岗岩中的围岩残留顶盖

（甲布）

1—中粗粒钾长花岗岩；2—灰岩

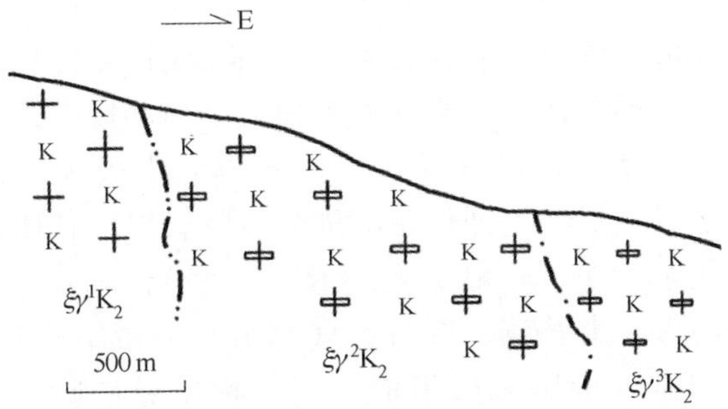

图4－52　甲布花岗岩体中不同岩石单元之间的涌动和脉动接触关系

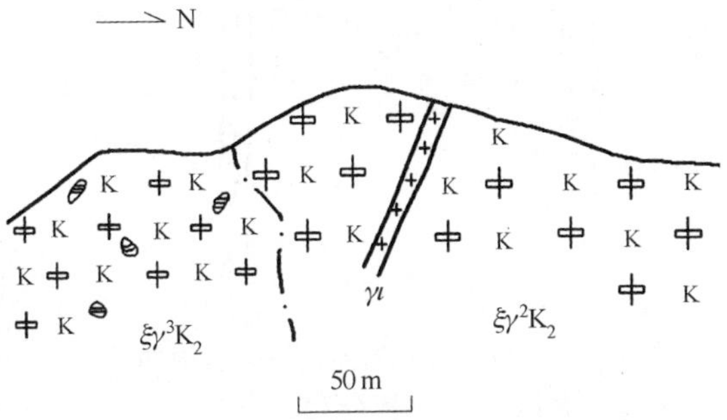

图4－53　细粒似斑状钾长花岗岩与中粒似斑状钾长花岗岩之间的脉动接触关系

（甲布）

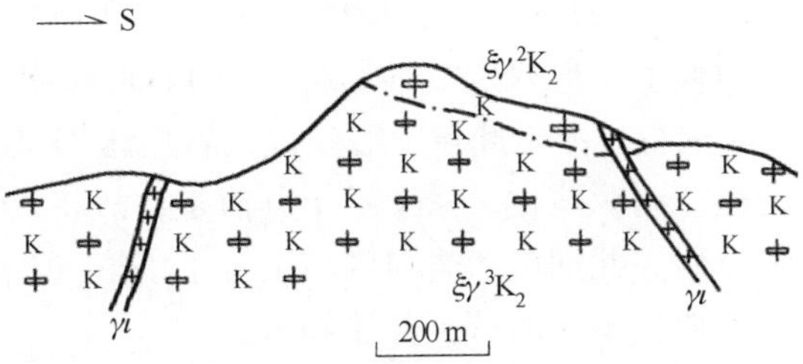

图4－54　细粒似斑状钾长花岗岩中的中粒似斑状钾长花岗岩残留顶盖

（甲布）

该岩体各单元岩石以灰白色为主，风化面常带浅黄褐色色调，主要矿物组成及相对含量变化不大：石英25%～30%，碱性长石50%～55%（主要为正长条纹长石，少量正长石及微斜长石），更长石15%～20%，黑云母3%～5%，仅岩体边缘偶尔出现少量白云母。副矿物组合以磁铁矿、锆石、磷灰石为主，偶含榍石、独居石、钛铁矿等。似斑状结构者，其似斑晶多为正长条纹长石，大小不一，形态不很规则，最大粒径可达1 cm以上。其内部含有少量细小且不太规则的斜长石及黑云母晶体（图版Ⅺ－4），表明似斑晶与基质矿物同时结晶或略晚形成。次生变化主要表现为斜长石的弱绢云母化和碱性长石的弱黏土化，黑云母有时具不均匀绿泥石化。岩石中，碱性长石明显多于斜长石，且二者之比多介于2∶1～3∶1，少数低至1.5∶1；在国际地质科学联合会（1989）推荐的深成岩定量矿物成分分类图中，绝大多数样品点位于钾长花岗岩与二长花岗岩分界线附近的钾长花岗岩区，少数位于界线上或进入二长花岗岩区。

据单矿物电子探针分析及晶体化学式计算显示，中粒似斑状黑云母钾长花岗岩基质中所含条纹长石（主晶部分）和微斜长石的成分较为接近，分别为$Or_{88.12}Ab_{11.50}An_{0.38}$和$Or_{86.50}Ab_{13.34}An_{0.15}$；斜长石的核部和边缘均为更长石，但牌号可相差10左右，端员组成分别为$Or_{2.28}Ab_{74.22}An_{23.50}$和$Or_{2.03}$

$Ab_{84.01}An_{13.97}$，平均成分为An：19。晶体光学方法测得甲布岩体中斜长石成分多为$An=25\sim30$，较电子探针测定计算值普遍偏高，但都表明似斑状结构岩石中斑晶与基质的斜长石号码比较接近。一件黑云母样品的化学成分测定结果及晶体化学式计算显示其$Mg/\Sigma Fe=0.57$，远低于调查区其他花岗岩类的黑云母，属于铁黑云母。

甲布花岗岩体各岩石单元中见有零星分布的微－细粒暗色包体，薄片鉴定为富云二长质包体，由≤1.5 mm的微斜长石（45%）、更长石（35%）、黑云母（20%）及微量不透明金属矿物、长柱状、针状磷灰石等组成。更长石成分$An=25\sim27$，电子探针测定计算结果表明，包体中斜长石（$Or_{0.87}Ab_{73.24}An_{25.90}$）、微斜长石（$Or_{86.50}Ab_{13.34}An_{0.15}$）、黑云母成分（$Mg/\Sigma Fe=0.51$，属铁黑云母）与主体花岗岩较为接近。

甲布花岗岩中节理构造较为发育，产状不一，以东或北东倾斜者为主，向南东、北西倾斜者次之，间距数十厘米至2.5 m不等。同时有灰白色细粒似斑状钾长花岗岩、细粒钾长花岗岩或二长花岗岩以及少量花岗伟晶岩脉穿切，脉体产状以北东走向、北西倾斜（300°～350°∠30°～70°）者为多，也有向东或北东陡倾（倾角60°～75°）者，少数向南东陡倾。其中，以细粒钾长或二长花岗岩脉最为常见，脉体宽度数十厘米，最宽达2～3 m，局部可成群或呈网脉状分布（图版Ⅺ－5）。

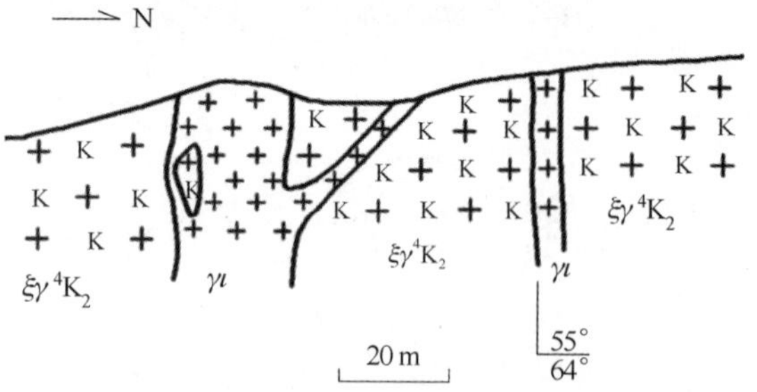

图4－55　细粒黑云母钾长花岗岩中的花岗细晶岩脉（蔡几错）

甲布序列中最晚形成的浅红色细粒钾长花岗岩单元（$\xi\gamma^4K_2$）产出于蔡几错岩体中，位于于拉日吉山梁的南坡、5913 m高地之南数千米范围；面积3 km²左右，与蔡几错侵入岩序列各单元呈超动侵入接触关系，岩性特征前已述及。该岩石单元中极少暗色包体，但有浅灰红色钾长花岗细晶岩脉产出；脉体走向以北北东为主，产状较陡（图4－55），脉宽1～10余米不等。由石英、更长石（部分具环带结构）、正长石和极少量黑云母组成，副矿物见磁铁矿、磷灰石、锆石、榍石、褐帘石等。

三、喜马拉雅早期中酸性侵入岩

区内喜马拉雅早期中酸性侵入岩分布不多，主要限于调查区南部边缘，呈小岩株侵位于F_{17}断裂以南的林子宗群典中组（E_1d）火山岩地层内，另在夏康坚雪山南西侧发育有二长花岗岩体，总面积20 km²左右。由于此期中酸性侵入岩出露零星、规模较小，内部岩相分带不明显，加之彼此孤立，相隔较远，同源演化关系又不十分清楚，故将其按岩性划分为三个独立岩石单元（表4－6），未再归并岩浆序列。此期侵入岩与区域上林子宗群（E_{1-2}）中酸性火山岩有密切的成因联系。

各独立单元的特征分述如下：

1. 闪长玢岩（$\delta\mu E_1$）

仅见于图幅西南角的布多藏布东岸，即图4－1，表4－7中19号岩体，面积3 km²左右。与典中组（E_1d）火山岩呈明显侵入接触关系，岩体西侧被第四系冲积物掩盖。岩石呈深灰色、灰绿色，斑状结构，基质微晶质—隐晶质结构，块状构造。斑晶含量30%～40%，为宽板状斜长石和少量角闪石。岩石多具帘石化、绿泥石化及绢云母化。岩体边部含有安山质、英安质火山岩捕虏体，大者可达数米至十余米。

2. 花岗闪长玢岩（$\gamma\delta\mu E_1$）

属该单元的大小侵入体有三个，分别位于F_{17}旁侧深那么热垌—各聋（21号岩体）及麦穷错南东、图幅边缘的伍格弄、那嘎附近（20号岩体）；前者出露面积6.5 km²，后二者向南延出图外，区内出露面积均不足1 km²。这三个花岗闪长玢岩岩株均侵位于典中组（E_1d）火山岩地层中，部分被第四系覆盖（图4－56）。代表性岩体为深那么热垌花岗闪长玢岩岩体，岩石为灰白色、浅灰色及浅绿灰色，以斑状结构为主，局部为不等粒结构，基质呈细粒花岗结构，块状构造。斑晶成分多为环带状斜长石，含量30% ~35%，偶有角闪石、石英斑晶；斑晶粒径2 ~5 mm。基质由0.2 ~1 mm 的长石(30% ~35%)、石英(20%左右)、暗色矿物(10% ~15%)组成。斜长石不同程度绢云母化、帘石化，可见有残余环带结构；暗色矿物几乎全部蚀变为绿泥石和少量帘石的集合体，析出尘粒状钛铁氧化物，呈现黑云母或角闪石假象。副矿物有不透明金属矿物及磷灰石。此外，岩石中常含有杂乱分布的闪长质暗色包体，大小数厘米至10 cm之间。从深那么热坰岩体中获得的锆石U - Pb法同位素年龄为(109.7 ±0.4) Ma(表4 -5)，与其地质产状相矛盾，值得今后进一步研究。

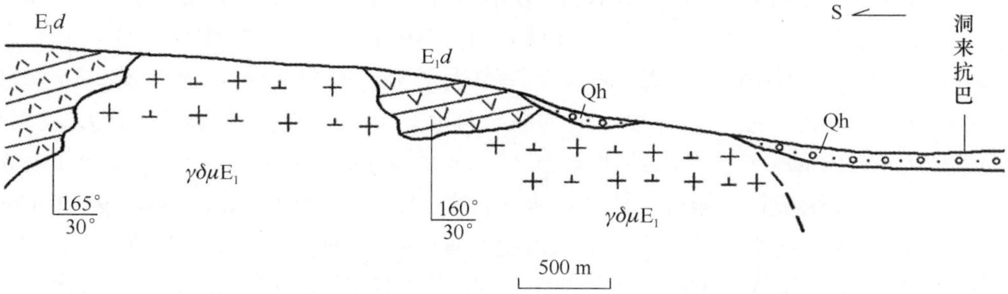

图4 -56　深那么热坰花岗闪长玢岩与典中组侵入接触关系

3. 中—中粗粒角闪黑云二长花岗岩($\eta\gamma E_2$)

该单元仅见于夏康坚南西侧雪上勒花岗岩体中，是雪上勒岩体的主体岩石。该岩体位于雪上勒北西西约10 km处，呈南北向沿F_{10}断裂西侧展布，长6 km，东西宽1.5 ~2 km，面积10 km^{2}左右。周围与下白垩统则弄群上部(K_1Z^2)呈断层或侵入接触关系，侵入接触带中围岩多具角岩化现象，在围岩中有灰岩时，还常发育大理岩化、矽卡岩化接触变质作用及磁铁矿矿化现象；接触变质带宽度可达150 m，由大理岩、矽卡岩及角岩化岩石组成，矽卡岩中伴有块状、稠密浸染状磁铁矿化(图4 -57)，矿化体可达数十米×数百米规模。

雪上勒岩体以灰白色、浅绿灰色角闪黑云母二长花岗岩为主，具中—中粗粒花岗结构(图版Ⅺ -6)，局部具中—细不等粒、细粒似斑状结构及二长结构；块状构造。主要矿物成分为石英25%、碱性长石30% ~40%(正长条纹长石及正长石)、更长石30% ~40%、黑云母3% ~5%、角闪石1% ~2%；副矿物有磁铁矿、磷灰石、锆石、榍石等。岩性不很均匀，并普遍具绢云母化、黏土化及绿泥石化现象，较大的斜长石颗粒具有残余环带结构。岩体北端局部还出现有浅肉红色中粒黑云母钾长花岗岩，但其与主体岩石之间界限不清，规模有限，未单独圈出。另在岩体中分布有少量闪长质暗色包体，界线清楚，形态不规则，大小多在5 ~10 cm之间。

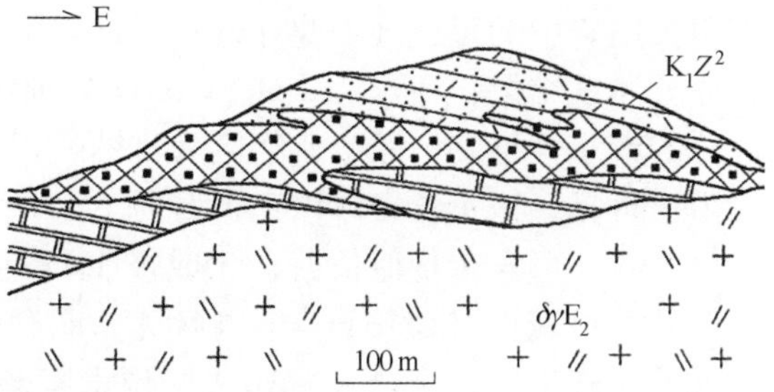

图4 -57　雪上勒二长花岗岩体西侧矽卡岩型磁铁矿化示意图

我们此次在雪上勒二长花岗岩中选送锆石和角闪石分别进行U - Pb法、Ar - Ar法同位素年龄测定，结果为(146.9 ±1.4) Ma和(178.25 ±0.75) Ma，均明显老于围岩时代，与所见岩体产状不符，可能的解释是该岩体中混杂有尚未识别的较老花岗岩单元或岩块。考虑到前人在二长花岗岩中曾获得有35.8 Ma的K - Ar年龄数据(表4 -5)，加之岩体产出的构造环境可能与夏康坚南北向构造的形成有一定关系，故将雪上勒岩体及角闪黑云二长花岗岩单元时代暂置于始新世末期。

四、喜马拉雅中期碱性正长岩

正长岩体位于下东乡以西25 km、布嘎寺北北西方向2 ~3 km、嘎耳莫尼巴拉西侧附近。产于中新统布嘎寺组（N_1b）火山岩地层中（图4－1；表4－7中23号岩体），因残坡积掩盖，未见二者直接接触界线，但从同位素年龄数据以及火山岩中发育有正长岩包体（图版Ⅸ－1）的现象推测，布嘎寺组火山岩与正长岩体之间可能为喷发不整合接触关系。岩体出露位置较高，面积1.2 km^2左右。

岩体中，矿物成分及粒度分布不太均匀，之间无明显界线，但主要矿物组成、构造及颜色等变化不大，岩性相对单一，故划为一个独立单元：中粗粒及似斑状霓辉正长岩（ξE_3）。岩石呈灰色，中—中粗不等粒半自形粒状结构或似斑状结构、似粗面结构，普遍具流面构造（图版Ⅺ－7）。矿物成分以正长石为主（75%～80%），暗色矿物18%～22%，主要为霓辉石（10%～15%）和角闪石（5%～10%），少量普通辉石、黑云母，部分岩石中含少量填隙状方钠石（含量5%左右，多已发生次生变化，图版Ⅺ－8）；霓辉石中常见有普通辉石的反应残余，其边部有时被黄绿色细小不规则粒、柱状霓石所取代。无石英，极少斜长石，偶有细小钠长石呈正长石交代净边产出。造岩矿物粒度大多在3 mm以上，其中暗色矿物粒度偏小，呈半自形或它形充填状或为集合体状；正长石呈自形板状，粒度较大且不均匀，常见达3 mm×10 mm×10 mm者，最大达4 mm×12 mm×15 mm，多定向、半定向分布。副矿物含量较高，可达2%～4%，以磷灰石、榍石、钛铁矿为主，偶见锆石、磷钇矿等，不均匀分布或包含于暗色矿物中。除似长石次生变化强烈（黏土化、绢云母化、沸石化）、正长石弱黏土化外，岩石基本新鲜。

据电子探针单矿物化学成分测定计算，正长岩中两件正长石样品的端元组成为 $Or_{61.88-84.54}Ab_{15.46-37.81}An_{0-0.31}$，属于正长石－钠正长石成分范围；4件辉石样品中，有两件为Ca－Mg－Fe辉石组的普遍辉石，端元组成为：$Wo_{42.20-42.98}En_{41.22-44.00}Fs_{13.02-16.58}$；另两件样品明显富铁、钠而低钙、镁，$Na_2O$含量达3.47%～7.46%，属于Ca－Na辉石组，在Morimoto（1988）碱性辉石分类图中位于霓辉石区，晶体化学式中霓石（Ac）分子相对比例为25%～55%，不含硬玉（Jd）分子。正长岩中所含角闪石比一般钙质角闪石更富硅、钠、钾而贫铝、钙，晶体化学式中 $(Ca+Na)_B=1.90$，$Na_B=1.29$，$(Na+K)_A=0.86$，$Si=7.77$，$Mg/Mg+Fe^{2+}=0.74$；据国际矿物协会新矿物及矿物命名委员会角闪石专业委员会的角闪石命名方案（1997），应属钠－钙角闪石组中的钠透闪石，具偏碱性的成分特点。正长岩中的黑云母在化学成分上也比调查区其他岩浆岩中者要富Na，同时Mg，Si也偏高，而Al，Fe^{2+}偏低，$Mg/\Sigma Fe$值达5.78，在Torger（1979）的黑云母分类图中，介于少铁黑云母与金云母之间，相当于Foster（1960）分类中的镁质黑云母，正长岩中黑云母的镁、钠均高于布嘎寺组钾玄质火山岩中的黑云母。此外，对正长岩中填隙状均质性矿物的微细粒次变产物进行电子探针微区化学成分测试结果，SiO_2，Al_2O_3，Na_2O分别占53.10%，35.25%，7.45%，其余氧化物极低，从化学成分的继承性推测，原生矿物应为富钠的铝硅酸盐矿物——方钠石。

由上可见，该正长岩体以正长石为主，暗色矿物中普通辉石与碱性辉石、偏碱性角闪石及富Na黑云母共存，可含少量似长石，无或极少石英、斜长石；据此矿物组合可以确定其应属碱性正长岩类，但并非过碱性（似长石含量>10%，暗色矿物全部为碱性暗色矿物）意义上的碱性正长岩。

碱性正长岩中，全岩K－Ar法同位素年龄为（15.4±0.6）Ma，而正长石单矿物Ar－Ar法同位素坪年龄为（27.14±0.05）Ma，由各升温阶段数据拟合的$^{40}Ar/^{36}Ar-^{39}Ar/^{36}Ar$等时线年龄为（27.15±0.04）Ma，与坪年龄极为一致；且$^{40}Ar/^{36}Ar$初始值为295.1±2.76，十分接近现代大气氩的组成（295.5），表明正长石样品中没有放射成因氩的过剩或丢失，年龄值准确可靠。再考虑到K－Ar法年龄易于偏新、周围火山岩的年龄及所含正长岩包体等现象，Ar－Ar法年龄值应更能代表正长岩的成岩年龄。该值与羌塘地区火车头山、鱼鳞山等地超钾质碱性－过碱性火山岩及相应浅成侵入岩的形成时代（集中于30～20 Ma）也较为一致。15.4 Ma的全岩K－Ar年龄与周围布嘎寺组火山岩的年龄接近，代表后期火山热事件对Ar同位素体系的影响，正长岩Ar－Ar年龄谱图上出现的16.15 Ma视年龄即是火山热事件的反映，从而进一步表明正长岩的形成时代早于布嘎寺组火山岩。

五、侵入岩岩石地球化学特征

（一）燕山早期变质超基性岩

调查区内变质超基性岩由于岩石蚀变类型及蚀变程度的不同，其化学成分变化也很大，强烈硅化

的超基性岩其 SiO_2 含量高达95%以上，铁、镁降至很低，含有较多的铬尖晶石和较高的强相容元素是其区别于其他硅化岩石或硅质岩的重要特征。以蛇纹石化、白云石化为主的变质超基性岩，虽然 H_2O，CO_2 等挥发组分明显增加（高达30%左右），其他主要氧化物含量不同程度减少，但仍保持较高的 MgO 含量水平（35.41%~39.91%）和较高的镁铁比值，Mg/〈Fe〉=9.82~13.40（原子数比），基性度（Mg+〈Fe〉)/Si=2.68~2.70（原子数比），与班公错－怒江带上其他地区变质超基性岩的 Mg/〈Fe〉值（9.19~11.35）和（Mg+〈Fe〉)/Si 值（1.57~2.05，据西藏自治区区域地质志，1993）相比，略显偏高，不排除蚀变因素的存在。按吴利仁（1963）对超基性岩的岩石化学计算及类型判别方法，有两件样品的 m/f 值分别为9.60和13.02，应属于镁质超基性岩（m/f=6.5~14）。

蛇绿岩组合中的超基性岩既可能是基性岩浆分离结晶形成的超镁铁堆积岩，也可以为构造侵位的变质橄榄岩，它们在主要化学成分有着明显的区别，前者 CaO，Al_2O_3 较高而相对贫镁，后者富镁而贫 K_2O，Na_2O，CaO，Al_2O_3；因此 Coleman（1977）曾利用 MgO－CaO－Al_2O_3 图解和 AFM 图解（图4－58）来区分这两类岩石。本区两件变质超基性岩样品在图4－58中均位于变质橄榄岩区或其边缘，即相当于阿尔卑斯型超基性岩，其原岩应属纯橄榄岩或方辉橄榄岩，是残余地幔的组成部分。

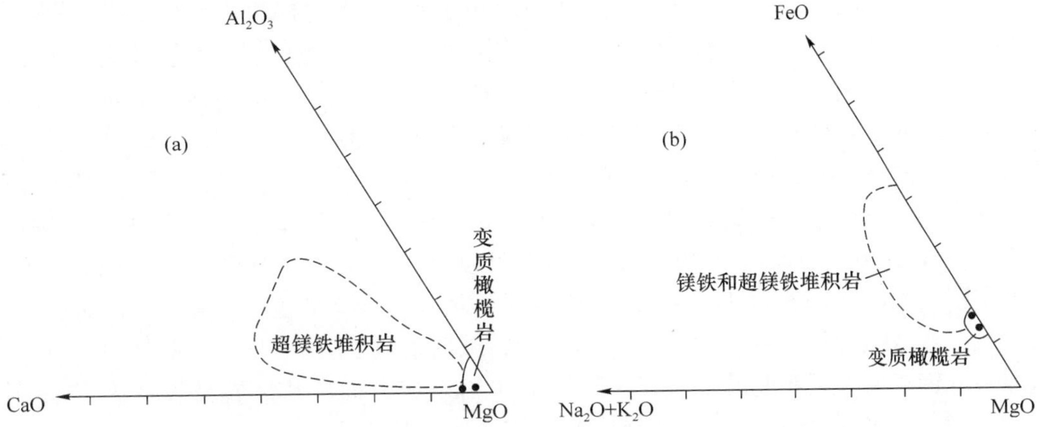

图4－58　蛇绿岩套中变质橄榄岩的 MgO－CaO－Al_2O_3 图解和 AFM 图解（$w(B)/10^{-2}$）

（底图据 Coleman，1977）

本区变质超基性岩的部分微量元素含量大致反映出其高 Cr，Co，Ni 的特征（包括强硅化超基性岩在内），这些强相容元素的含量高于调查区内其他任何岩浆岩类，不同样品含量上的差异则与所含铬尖晶石的多寡有关。强烈硅化的超基性岩在微量元素组成上与一般硅质岩和其他硅化岩石不同，除保持了较高的 Cr，Co 含量外，碱金属 K，Na，其他大离子亲石元素 Rb，Sr，生热元素 Th，U 以及稀土元素含量都非常低，在很大程度上继承了超基性岩本身的微量元素组成特点；此外，与调查区其他多数岩浆岩类一样，变质超基性岩中也表现出异常高的 W 含量，高于正常平均值数百倍，这可能与区域性地球化学背景有密切关系。

（二）燕山晚期基性及中酸性侵入岩

此期侵入岩是调查区侵入岩的主体，本次对各侵入序列不同单元代表性岩石约50余件样品进行了系统的岩石化学全分析、稀土元素及微量元素分析。下面按侵位的早晚分别论述各侵入岩序列的岩石化学及微量元素地球化学特征。

1. 常量元素特征

对燕山晚期各侵入岩序列共53件样品进行了岩石化学分析。其中，格嘎序列侵入岩样品10件，蔡几错序列21件，呷龙序列9件，可如勒序列4件，甲布序列9件。根据岩石化学成分，用 CIPW 法计算得到 Q，Or，An 和 Ab 的标准矿物分子，按照 Maitre（1976）的方法，将 Or，Ab，An 换算为 A，P，然后用 Q，A，P 三者的体积相对含量在 IUGS（1989）推荐的 QAP 定量分类图中投点

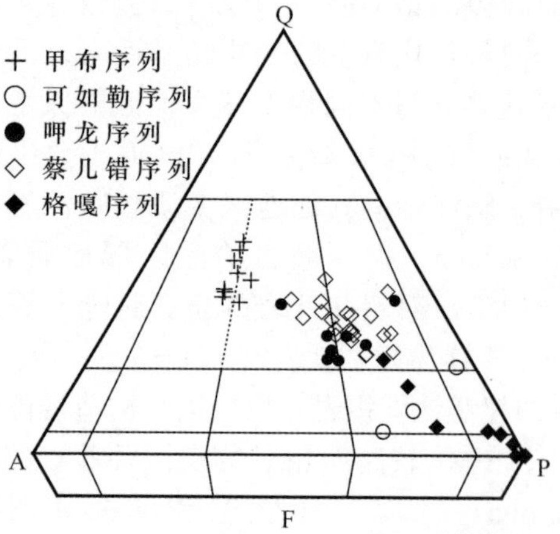

图4-59　燕山晚期侵入岩 QAPF 分类图
（底图据 IUGS，1989）

（图4-59），其结果与薄片鉴定名称基本一致。但与实际矿物组成相比，钾长花岗岩类吻合程度略高，而二长花岗岩、花岗闪长岩及英云闪长岩类则不同程度向 A 端偏移，以英云闪长岩的投点偏移最明显，全部进入花岗闪长岩区。这显然与 Ab 分子在两种长石中的分配方法以及岩石中出现有其他含 K，Na 暗色矿物有关。花岗岩中暗色矿物含量越多，这种误差也必然越大，因为 CIPW 标准矿物计算中，并未考虑角闪石、黑云母中所含的 K_2O 和 Na_2O，必然造成 Or，Ab 分子高，而 An 分子低。综合图4-59投点情况及薄片实际鉴定结果，本区燕山晚期各侵入岩序列的主要岩石类型有：格嘎序列为辉长岩、闪长岩、石英闪长岩；蔡几错序列为花岗闪长岩、二长花岗岩、英云闪长岩；呷龙序列为花岗闪长岩、二长花岗岩，少量英云闪长岩；可如勒序列为闪长岩、石英闪长岩；甲布序列为钾长花岗岩，少量二长花岗岩。

总体而言，燕山晚期侵入岩以石英闪长岩、花岗闪长岩、二长花岗岩和钾长花岗岩为主。

格嘎序列：以中性岩为主，少量基性岩，具有从辉长岩→闪长岩→石英闪长岩的演化特点。SiO_2 含量范围为47.53%～64.50%，*Alk*=2.63%～7.43%，K_2O/Na_2O 值为0.09～0.65。辉长岩类的分异指数 *DI*<36，闪长岩类 *DI* 多为40～60；镁铁比值 m/f 多>1，其中辉长岩类 m/f=1.15～1.91，属铁质基性岩。该序列岩石的里特曼组合指数（σ）的变化范围为0.97～2.57，平均1.90，碱度率 *AR*=1.20～2.17，平均1.46，在赖特（Wright，1969）碱度率 AR-SiO_2 图解中均投在钙碱性岩区。在 $SiO_2-Na_2O+K_2O$ 图解（图4-60）中，随 SiO_2 含量的增加，全碱呈递增趋势，但样品点全部位于亚碱性系列区域；在 AFM 图（图4-61）中，多位于钙碱性系列范围；SiO_2-K_2O 图（图4-62）中则显示钙碱性—低钾钙碱性系列特点。在 CIPW 标准矿物组成方面，基性岩类表现为 Or+Ab+An+Di+Hy+Ol 组合，中性岩类表现为 Or+Ab+An+Di+Hy+Q 组合。

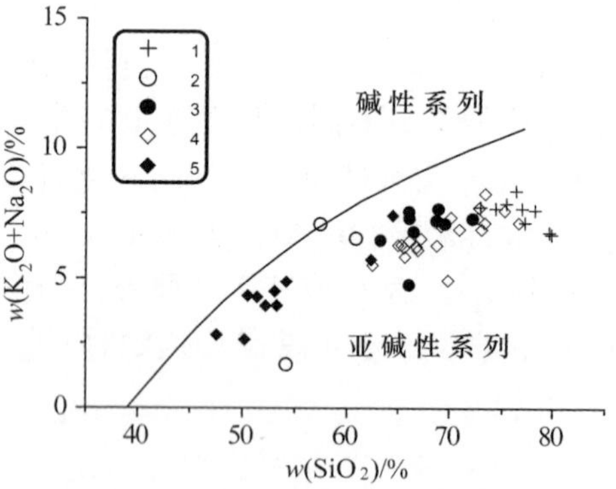

图4-60　燕山晚期侵入岩硅-碱图
（底图据 Irvine 等，1971）

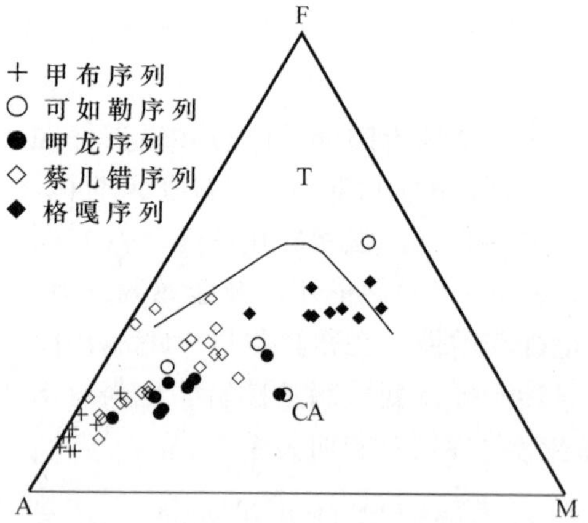

图4-61　燕山晚期侵入岩 AFM 图
（底图据 Irvine 等，1971；图中代号同图4-18）

蔡几错序列：为一套中酸性—酸性侵入岩。从斜长花岗岩、花岗闪长岩至二长花岗岩；SiO_2 含量多变化于65.04%～76.65%，全碱含量范围在4.92%～8.27%，岩石中 Na_2O 多高于3.2%（3.07%～5.40%），K_2O=1.40%～3.84%，K_2O/Na_2O 值绝大多数<1（0.40～1.06），平均为0.73。分异指数 *DI*=62.19～92.37，里特曼指数 σ=0.90～2.25，平均1.70；*AR* 值为1.64～3.42，且随 SiO_2 含量的增加，*AR* 呈增大趋势，主要属钙碱性岩石；在硅-碱图中（图4-60）位于亚碱性系列区，在 AFM 图件中显示钙碱性系列趋势（图4-61），在 SiO_2-K_2O 图解上总体属于钙碱性—高钾钙

碱性系列。CIPW 标准矿物组合多为 Q + Or + Ab + An + Hy ± C，以铝过饱和类型为主，但刚玉分子含量并不高（0.37% ~2.14%）；少数为正常类型，出现 di 而无 c。

蔡儿错序列各单元岩石中 $Al_2O_3/Na_2O + CaO + K_2O$ 即 A/CNK（分子数比）= 0.86 ~ 1.18，绝大多数≤1.10，$Fe^{3+}/(Fe^{3+} + Fe^{2+})$ = 0.15 ~ 0.43，多数 >0.3，平均为 0.35；K/(K + Na) = 0.21 ~ 0.41（<0.45），这些数据都显示 I 型花岗岩的特征，在 ACF 图（图 4 - 63）中，多数样品点也位于 I 型花岗范围。按新近的花岗岩成因分类，则相当于 Castro（1991）的 HSS 型或 Barbarin（1999）的 ACG 型（详见后述）。

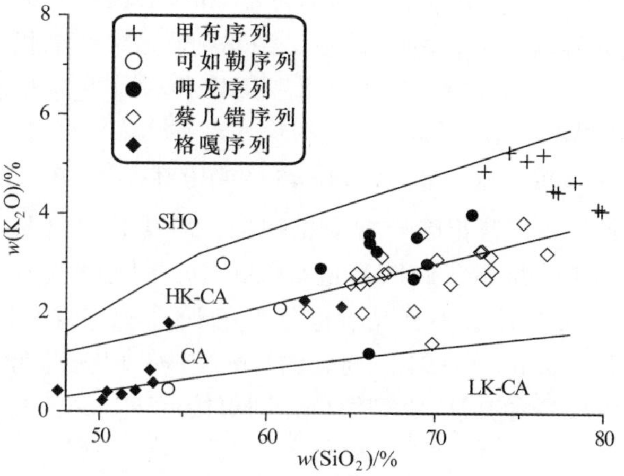

图 4 - 62　燕山晚期侵入岩硅 - 钾图

（底图据 Pecerillo 等，1976；图中代号同图 4 - 20）

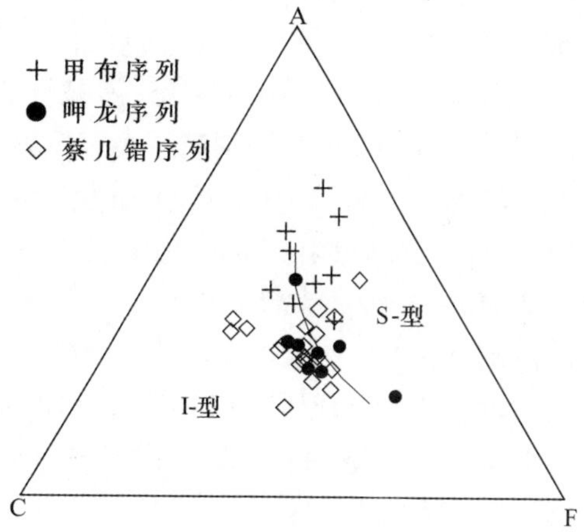

图 4 - 63　燕山晚期花岗岩类 ACF 图

（底图据 Nakada and Takahashi，1979）

呷龙序列：该序列由英云闪长岩→花岗闪长岩→二长花岗岩，不同单元岩石中 SiO_2 含量变化范围不是很大，多为 66.13% ~72.18%，但 *DI*（64.71 - 85.43），*Alk*（4.74% ~7.57%），K_2O/Na_2O 值（0.34 ~1.21）差异较为明显；随 SiO_2 含量的升高均呈增加趋势。σ = 0.97 ~2.48，平均 1.98；赖特碱度率 *AR* = 1.61 ~2.44，平均 2.15，与蔡儿错序列花岗岩基本相当。用 SiO_2 - *AR* 图解判别，全部属钙碱性岩石。在硅 - 碱图（图 4 - 60），AFM 图（图 4 - 61）及硅 - 钾图（图 4 - 62）上的投点位置也多与蔡儿错序列中同类花岗岩分布范围相重叠，属于正常 - 高钾钙碱性系列。CIPW 标准矿物组合多为Or + Ab + An + Q + Hy + C，其中标准刚玉分子含量为 0.72% ~4.23%，平均 1.69；*A/CNK* 介于0.93 ~1.17 之间，多数 <1.1，平均为 1.01，Al_2O_3 轻度过饱和，$Fe^{3+}/(Fe^{3+} + Fe^{2+})$ = 0.09 ~ 0.41，多 >0.3，平均 0.33；K/(K + Na) = 0.18 ~0.44，平均 0.34。各种岩石化学指标反映其 I 型花岗岩特征，在 ACF 图解（图 4 - 63）中与蔡儿错序列一样，多位于 I 型花岗岩区。按 Castro（1991）和 Barbarin（1999）的成因类型划分，则分别相当于其 Hss 型和 ACG 类（详见后述）。

可如勒序列：从该序列仅有的 4 件岩石化学分析资料看，其主要成分变化较大，SiO_2 = 54.18% ~68.82%，（FeO），MgO，CaO 分别为 3.24% ~9.60%，1.40% ~6.20%，2.00% ~10.97%，分异指数 *DI* = 25.19 ~80.69；但其 K_2O/Na_2O 值均 <1，为 0.38 ~0.73；σ 值多 <3.3，在 SiO_2 - AR 图解中各岩石样品点均投在钙碱性岩区。硅 - 碱图（图 4 - 60）和 AFM 图（图 4 - 61）显示其具有钙碱性系列的化学属性。而在 SiO_2 - K_2O 图（图 4 - 62）中，成分点则分散于低钾—高钾钙碱性系列各区中。岩石的 *A/CNK* <1.1，CIPW 标准矿物组成多为 Or + Ab + An + Q + Di + Hy，属 SiO_2 过饱和的正常岩石类型，广义上属 I 型花岗岩类。

甲布序列：甲布序列各单元均以钾长花岗岩为主，是一个结构演化序列，故其化学成分的变化范围不大，总体以富硅、钾、贫铁、镁、钙和低铝为特征。SiO_2 含量多为 74.36% ~79.88%，局部出现的二长花岗岩 SiO_2 含量略低，为 72.90%；各单元平均 SiO_2 含量达 76.80%。岩石中全碱含量 6.70% ~8.38%，平均 7.52%，其中 K_2O = 4.08% ~5.26%，平均 4.69%；Na_2O≤3.21，K_2O/Na_2O

之比为1.40～2.16，平均达1.67；分异指数 $DI>87$，平均达92.82。无论是 SiO_2，Al*k*，K_2O 含量或是 K_2O/Na_2O 值及 *DI* 值均高于调查区其他钙碱性花岗岩类，而其余主要氧化物如 Al_2O_3，〈FeO〉，MgO，CaO 及 Na_2O 含量在调查区所有花岗岩类中达到最低水平。其酸性程度高于中国钾长花岗岩平均值（鄢明才等，1996）。

尽管 Al_2O_3 绝对含量不高，但反映铝饱和度的 *A/CNK* 却普遍大于1，平均为1.13；CIPW 标准矿物以 Or + Ab + An + Q + Hy + C 为特征组合，无 Di 分子，其中的标准刚玉分子也多 >1%，因此属过铝质花岗岩。

该序列各单元岩石的里特曼指数 $\sigma=1.22\sim2.10$，平均1.70，赖特碱度率 $AR=2.02\sim2.90$，平均2.56；在 SiO_2-AR 图解中位于钙碱性—弱碱性分界线两侧。硅－碱图（图4－60）中全部投在亚碱性区，AFM 图（图4－61）中具钙碱性系列性质，与 σ 值所反映的化学属性一致。进一步利用硅－钾图（图4－62）判别则属于高钾钙碱性系列花岗岩。

上述高 K_2O，低 Na_2O，CaO，过铝质以及 K/（Na + K）普遍 >0.45（为0.48～0.59，平均0.52）等都与 Chapell 和 White（1974，1983）等提出的 S 型花岗岩特征相吻合，但其 $Fe^{3+}/(Fe^{3+}+Fe^{2+})=0.40\sim0.44$，都高于 S 型花岗岩0.1～0.3（Takahashi，1980）的界线范围，而与 I 型花岗岩的比值范围（0.15～0.45）相一致。ACF 图（图4－63）中，各样品点也分布在 I 型与 S 型花岗岩界线两侧附近，表明其成因类型具有过渡性质，相当于 Castro（1991）划分的 Hm 型——以壳源为主的壳－幔混合（染）成因花岗岩；而按 Barbarin（1999）新的成因类型划分，则更接近于其壳－幔混合源中的富钾钙碱性花岗岩类（KCG 型，详见后述）。

综观燕山晚期各侵入岩序列，尽管岩石类型多样，岩性繁杂，化学成分变化也较大（图4－64），但其化学属性均属钙碱性系列，且从早到晚显示出从基性岩→中性岩→中酸性岩→酸性岩的总体演化特征，尽管基性岩单元分布很少。对比各序列主要化学成随分异指数 *DI* 的变化发现，随 *DI* 的增大，格嘎序列、蔡几错序列、呷龙序列中 SiO_2，K_2O，Na_2O 均呈不同程度的增加趋势（图4－64），Al_2O_3，（FeO），MgO，CaO 及 TiO_2 则呈下降之势；而甲布序列中各钾长花岗岩单元，除 SiO_2，Al_2O_3，（FeO），CaO，MgO 与上述几个序列变化趋势相同（但分异较弱）外，K_2O，Na_2O 的变化趋势并不明显；其中 Na_2O 普遍较其他花岗岩偏低，而 K_2O 含量则明显偏高，且 K_2O 含量尚表现出随 *DI* 增加而下降的特点。说明在岩浆成因上有不同之处。可如勒序列因样品数较少，未在图4－64中表示，其化学成分特征大体与格嘎序列中闪长岩类相似。

2. 稀土及微量元素特征

燕山晚期各侵入岩序列不同岩石单元的稀土元素球粒陨石标准化分配型式见图4－65，微量元素原始地幔标准化分配型式如图4－66。可以看出，燕山晚期侵入岩在稀土元素、微量元素组成上既有相似性，也存一定差异。

基性侵入岩类，即格嘎序列的角闪辉长岩以及可如勒序列中个别偏基性岩石（D1746R_1），其稀土元素总量最低（$\Sigma REE=35.21\times10^{-6}\sim54.39\times10^{-6}$），轻稀土富集程度不高（LREE/HREE = 4.35～7.34），普遍具正铕异常和负铈异常（$\delta Eu=0.97\sim1.80$，平均1.27；$\delta Ce=0.71\sim0.87$，平均0.82）。在微量元素组成上显示较高的 Sc，Cr，Co 含量和较低的 Rb，Ba，K，Ta，Th，U，Hf 丰度；与中国基性侵入岩平均值相比，Ba，Th，Hf，Cr，Cs 等相对贫化。在图4－66微量元素配分模式（图4－65a 中46－48号，图 e 中13号曲线）上，以分异程度低（Rb/Yb 标准化值仅4.0－11.0）、基本不显 Ba，Sr，P，Ti 亏损谷而有别于其他中酸性、酸性侵入岩。

本区燕山晚期闪长岩类岩石的稀土及微量元素组成变化较大，$\Sigma REE=48.73\times10^{-6}\sim241.34\times10^{-6}$，格嘎序列石英闪长岩的稀土总量多低于中国及世界闪长岩的平均值，可如勒序列闪长岩与之相当或偏高。稀土配分型式为轻稀土明显富集型（图4－65a 中44－47号，图4－65e 中10－12号曲线），以负 Eu 异常为主，轻稀土分馏程度明显高于重稀土，但与 ΣREE 相对应，$(La/Yb)_N$ 值变化也较大（4.01～22.86），曲线向左倾斜的斜率不同。总体上与蔡几错序列或呷龙序列花岗岩的分配模式相似。在微量元素配分模式上（图4－66a中42－45号及e中10－12号曲线）均显示不同程度的Ba，Ta，Sr，P，Ti亏损谷，$(Rb/Yb)_N=14\sim25$，表明微量元素之间的分异程度大于基性岩。与中国闪长岩平均值相比，本区闪长质岩石中Th，U，Cs偏高，而Ba，Cr相对偏低。

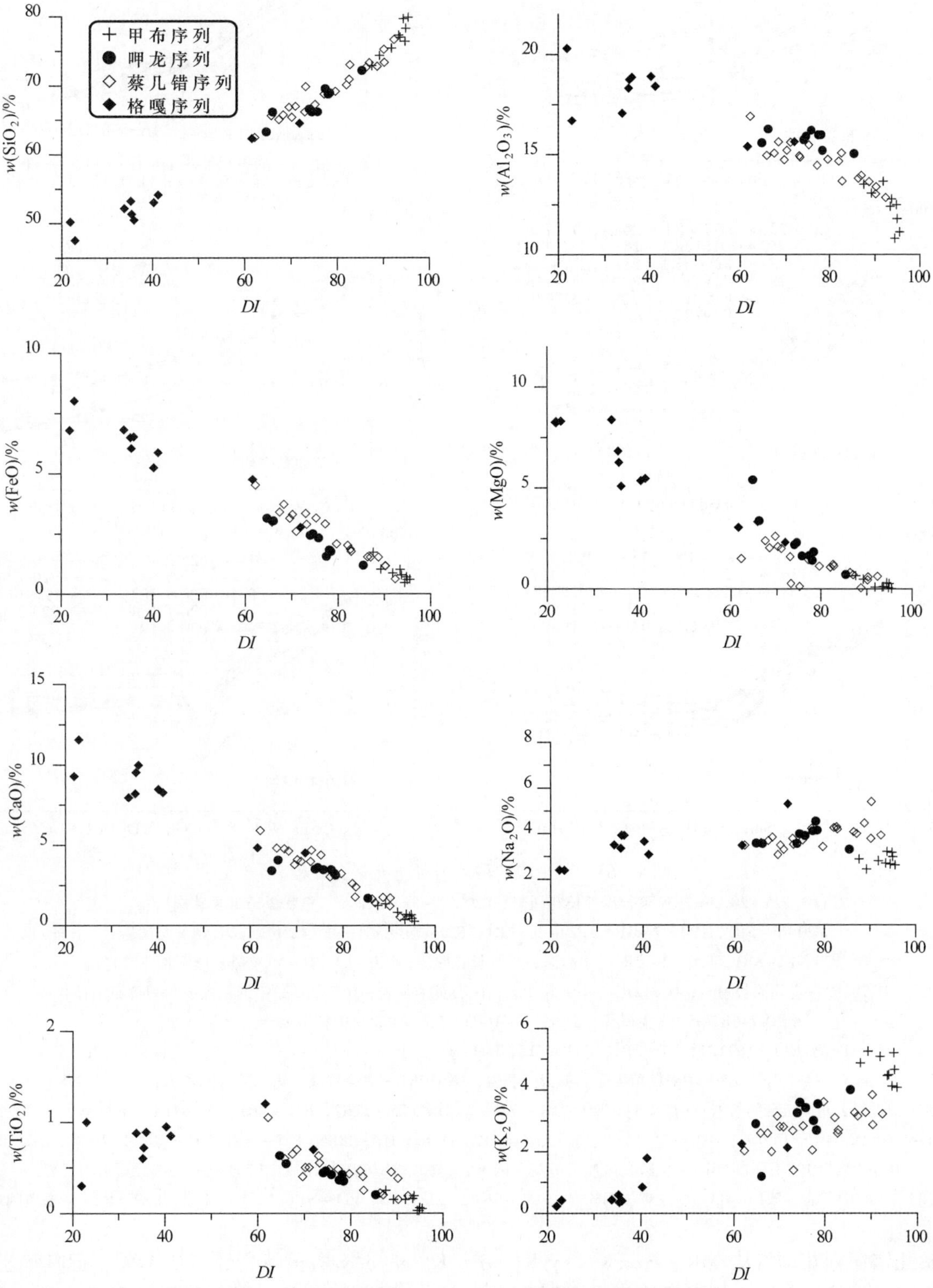

图4－64　燕山晚期各侵入岩序列主要氧化物随*DI*的变异图

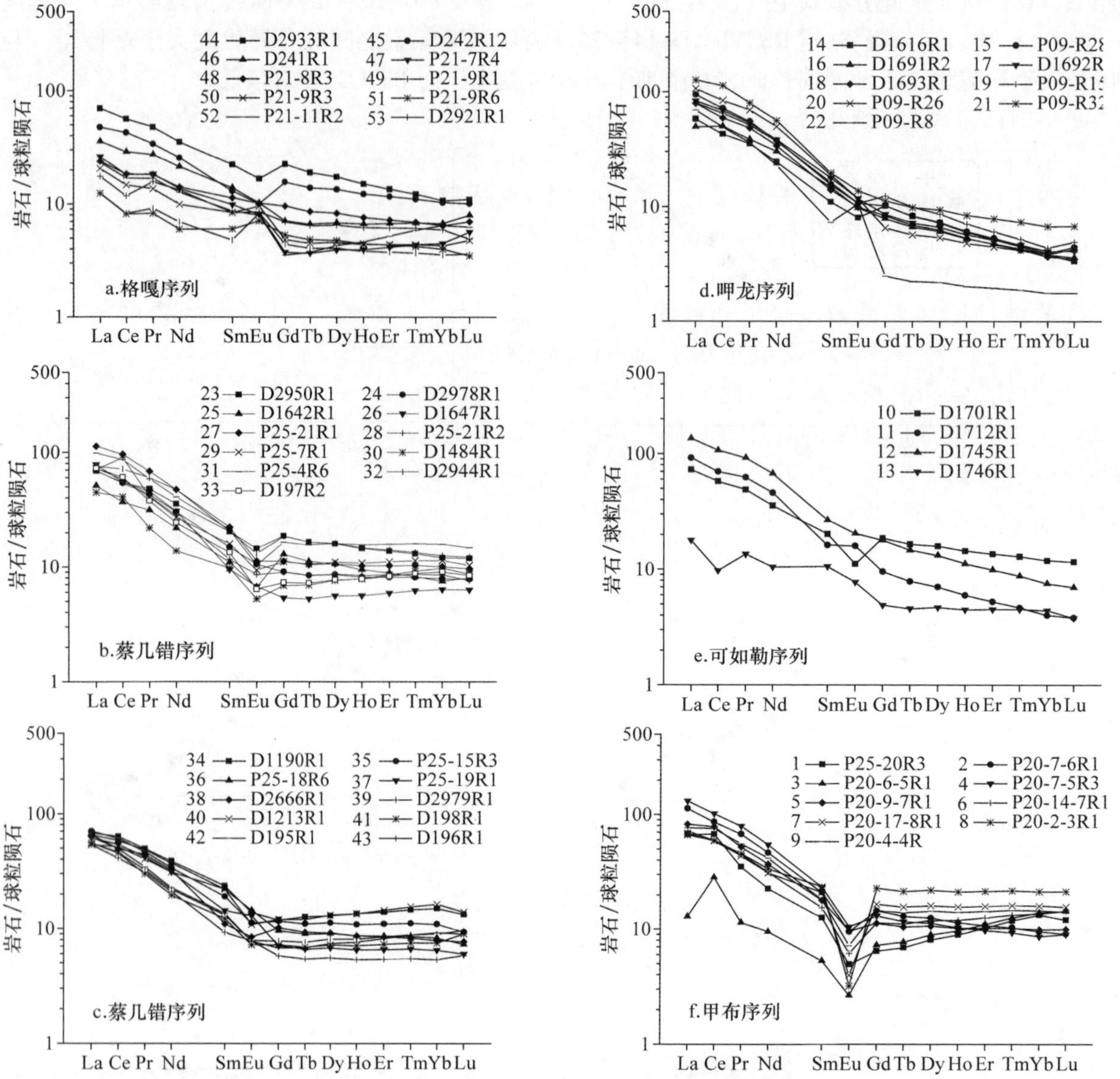

图 4 - 65　燕山晚期侵入岩稀土元素分配模式

P25 - 20R3—细粒黑云母钾长花岗岩；P20 - 7 - 6R1—细粒似斑状黑云钾长花岗岩；
P20 - 6 - 5R1，P20 - 7 - 5R3，P20 - 9 - 7R1，P20 - 14 - 7R1—中粒似斑状黑云钾长花岗岩；
P20 - 17 - 8R1，P20 - 2 - 3R1—中粒黑云母钾长花岗岩；P20 - 4 - 4R—粗粒黑云母钾长花岗岩；
D1701R1—花岗闪长玢岩；D1712R1—中细粒黑云角闪石英闪长岩；D1745R1—中细粒黑云角闪辉石闪长岩；
D1746R1—中细粒辉石闪长岩；D1616R1，P09 - R28—中粒黑云母二长花岗岩；
D1691R2，D1692R1，D1693R1，P09 - R15，P09 - R26，P09 - R32—中细粒角闪黑云花岗闪长岩；
P09 - R8—中细粒角闪黑云英云闪长岩；D2950R1—中细粒黑云角闪英云闪长岩；
2978R1—中粒黑云角闪英云闪长岩；D1642R1，D1647R1，P25 - 21R1，P25 - 21R2，P25 - 7R1，D1484R1—中粒黑云母二长花岗岩；
P25 - 4R6，D2944R1，D197R2，D1190R1—黑云花岗闪长斑岩；P25 - 15R3，P25 - 18R6，P25 - 19R1，D2666R1，D2979R1，D1213R1，
D198R1，D195R1，D196R1—中粒角闪黑云母花岗闪长岩；D2933R1，D242R12，D241R1—中细粒石英闪长岩；
P21 - 7R4—中粒闪长岩；P21 - 8R3—中粒辉长闪长岩；P21 - 9R1，P21 - 9R3，P21 - 9R6，P21 - 11R2，D2921R1—中粒角闪辉长岩

蔡儿错序列花岗岩从 $\gamma\delta K_1 \rightarrow \gamma\delta\pi K_1 \rightarrow \eta\gamma K_1 \rightarrow \delta\gamma o^1 K_1 \rightarrow \delta\gamma o^2 K_1$，虽然岩性有所不同，但其稀土及微量元素组成较接近，稀土元素配分型式（图 4 - 65b，c）和微量元素比值蛛网图（图 4 - 66b，c）上曲线形态大同小异。均显示较强的轻稀土分馏特征，而重稀土部分呈现较平坦的样式。$(La/Sm)_N$ = 2.43 ~ 8.22，平均 4.56；而 $(Gd/Yb)_N$ = 0.71 ~ 1.70，且多≤1，平均 1.06。LREE/HREE 和 $(La/Yb)_N$平均值分别为 8.51 和 7.34，轻稀土明显富集；δEu = 0.55 ~ 1.21，平均 0.77，多显示弱的

铕负异常。ΣREE 介于 $92.81\times10^{-6}\sim201.14\times10^{-6}$ 之间，平均为 128.70×10^{-6}，普遍低于中国及世界花岗岩的平均值。微量元素原始地幔标准化配分曲线向右倾斜，显示明显的分馏特征，$(Rb/Yb)_N=20\sim51$，较为接近。各样品曲线均表现出 Ba，Ta，Sr，P，Ti 的相对亏损，而 Rb，Th，K 则相对富集；与中国花岗岩平均值相比，Ba 的丰度（平均 489×10^{-6}）略显偏低，Cr，Sc，Co 相对富集，表现出 I 型花岗岩的特点。

呷龙序列各花岗岩单元 9 件样品中，除 P09－R8 英云闪长岩因属边缘相可能受到围岩成分混染而使其 Th，U，Sm 及重稀土元素丰度降低外，其他各样品的稀土和微量元素组成较为相似。$\Sigma REE=98.95\times10^{-6}\sim228.75\times10^{-6}$，平均 143.82×10^{-6}，虽多低于中国及世界花岗岩平均水平，但都显示出较强的稀元素分馏及轻稀土富集特征，$(La/Yb)_N$，$(La/Sm)_N$ 及 $(Gd/Yb)_N$ 值普遍高于调查区其他钙碱性花岗岩，尤其重稀土向右的斜率使其分配型式不同于蔡儿错序列和甲布序列中的花岗闪长岩和二长花岗岩。此外，其负铕异常表现也较弱。在微量元素分配型式上大体与蔡儿错序列花岗岩相类似，但曲线右倾的斜率更大，$(Rb/Yb)_N$ 值 $=92\sim165$，平均 121，高于其他钙碱性花岗岩单元；Sr 的亏损谷不甚明显。与中国花岗岩平均值比较，具有低 Ba，高 Sc，Cr，Co，Cs，Sr 的特征。

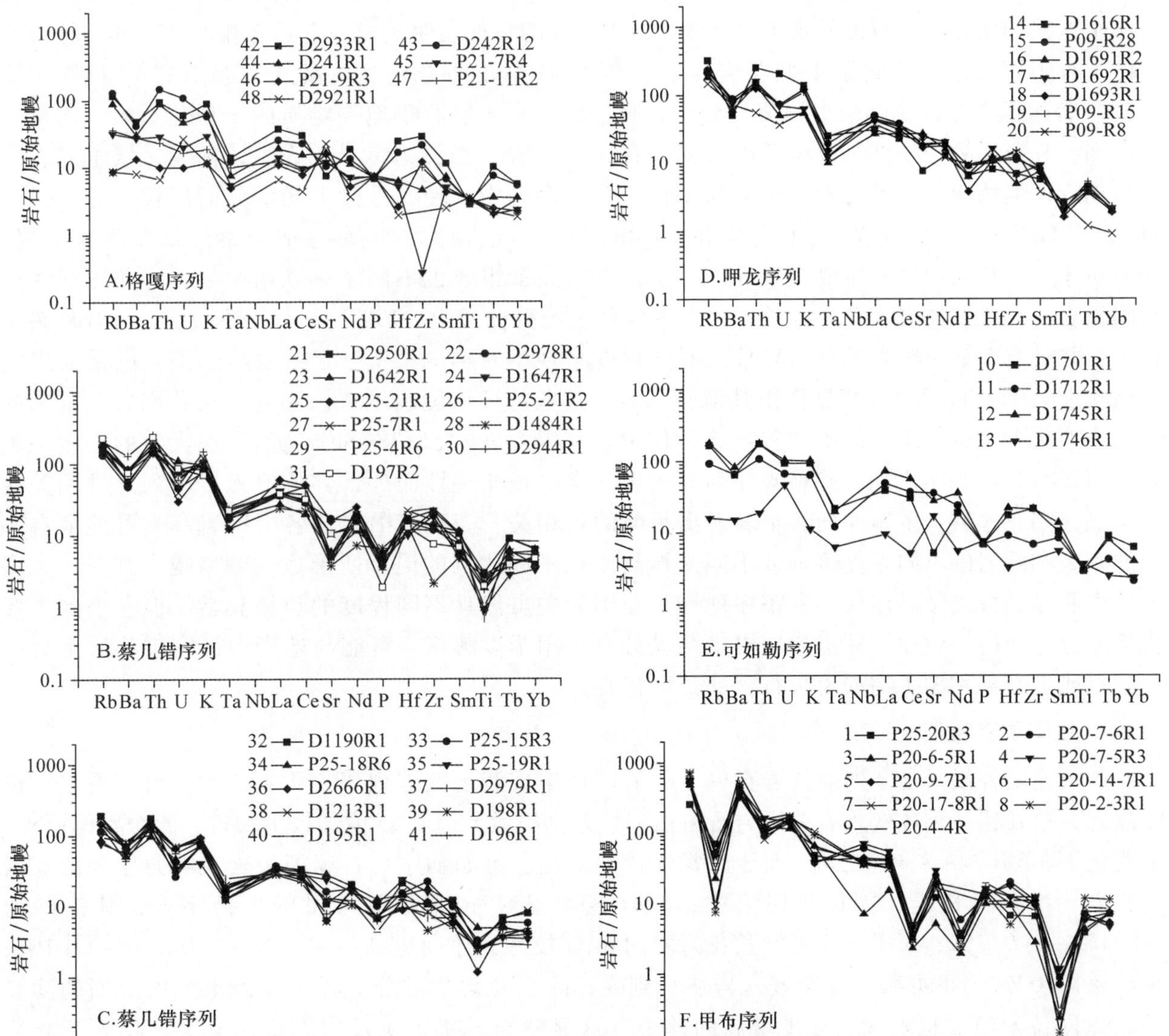

图 4－66　燕山晚期侵入岩微量元素比值蛛网图

（样号及岩石名称同图 4－65）

甲布序列各钾长花岗岩单元的稀土及微量元素标准化分配型式（图4－65f，图4－66f）明显不同于调查区其他花岗岩，独具特色。除个别样品外，均以高K，Rb，Cs，Th，U，Ta以及低Ba，Sr，P，Ti为特征。在微量元素比值蛛网图上，Ba，Sr，P，Ti的相对亏损谷表现最为强烈，其平均Rb/Sr值也最高（3.00），而Sr/Ba值最低（平均0.26）；K/Rb值也普遍偏低，与较高的分异指数相对应；但 $(Rb/Yb)_N$ 值介于37～122之间，平均81左右，高于蔡儿错序列，却低于呷龙序列花岗岩。在稀土元素组成上，甲布序列钾长花岗岩以普遍具有明显的负铕异常为特点，$\delta Eu = 0.14 \sim 0.57$，平均0.44，小于其他花岗岩。虽然也具有明显的轻稀土富集型式，但重稀土分馏较弱或不具分馏特征，甚至出现左倾的曲线形态，$(Gd/Yb)_N$ 平均值接近于1；稀土总量与其他序列花岗岩相差不大。

总的来说，调查区燕山晚期侵入岩稀土及微量元素组成上具有以下特征：①偏基性侵入岩的稀土总量及微量元素总丰度最低，分馏程度最弱，普遍具正铕异常；②闪长岩、石英闪长岩、英云闪长岩、花岗闪长岩及二长花岗岩类，稀土总量多在 $80 \times 10^{-6} \sim 240 \times 10^{-6}$ 之间，均具明显的轻稀土富集型式，轻稀土元素分馏强烈而重稀土分馏较弱，负铕异常较弱或不显铕异常，这些特征反映了造山带中钙碱性花岗岩的普遍特征（Herderson，1984），反映其结晶分异演化程度不高；与原始地幔相比，不同程度亏损Ba，Ta，Sr，P，Ti的特征表明其成因上具有相似性，并与板块俯冲作用有密切关系，应属于Ⅰ型花岗岩。③39件各类花岗岩样品的稀土总量（平均 137.14×10^{-6}）普遍低于中国花岗岩平均值，至少表明它们并非典型源于地壳物质的S型花岗岩。④蔡儿错序列、呷龙序列中虽然都以英云闪长岩、花岗闪长岩、二长花岗岩类为主，常量元素组成上也较为相近，但稀土及微量元素特征有所不同。呷龙序列中，轻、重稀土元素分馏都较明显，$(La/Yb)_N$，$(La/Sm)_N$，$(Gd/Yb)_N$ 平均最高，$(Rb/Yb)_N$ 值也较大，从而有别于蔡儿错序列花岗岩。⑤甲布序列钾长花岗岩除主要元素外，稀土及微量元素组成也不同于蔡儿错序列、呷龙序列的英云闪长岩、二长花岗岩及花岗闪长岩。表现在稀土配分曲线上，LREE部分斜率较大，HREE斜率较小，并具有明显至较强的负铕异常，不同程度呈现不对称的“V”字型曲线形态；微量元素配分型式上，Ba，Ti亏损谷明显强于其他花岗岩，这些特征可能暗示着该序列钾长花岗岩主要来源于较浅地壳中富钾变质岩的不同程度熔融作用。⑥侵入岩的 δEu 与 SiO_2 之间存在大致的正相关关系，而 ΣREE 与 SiO_2 之间，除格嘎序列显示出一定的正相关性而外，其他侵入岩序列这种相关性不明显，呷龙序列、甲布序列甚至表现出粗略的负相关。表明燕山晚期各侵入岩序列可能来自不同的源区和源岩的不同程度熔融或不同来源岩浆以不同比例的混合所形成，除格嘎序列外，大多未发生明显的分离结晶作用。甲布序列钾长花岗岩中虽然具不同程度的负铕异常，但考虑到主要化学成分方面的一致性，并不能用岩浆结晶分异作用予以解释，可能与地壳源区富钾物质本身成分特点或岩石某种副矿物如磷灰石含量变化有关。

3. 氧同位素特征

燕山晚期各侵入岩序列部分岩石单元的氧同位组成测定数据列于表4－13中。可以看出，格嘎序列、蔡儿错序列各侵入岩单元岩石虽然岩性差别很大，但 $\delta^{18}O$ 值却较为相近，除个别偏低外，多变化于+6‰～+7.8‰之间，属于正常火成岩范围。可如勒序列石英闪长岩及呷龙序列的英云闪长岩、花岗闪长岩、二长花岗岩中，$\delta^{18}O$ 值明显高于格嘎序列和蔡儿错序列，其范围为+8.1‰～+9.7‰；而甲布序列钾长花岗岩的 $\delta^{18}O$ 较呷龙序列更高一些，为+9.0‰～+11.1‰，平均+10.07‰。可见燕山晚期侵入岩从早到晚，除主要化学成分、稀土及微量元素方面的演变外，氧同位素组成也表现出逐步增高的趋势，这显然与岩浆来源及岩石成因有关，反映了岩浆中壳源成分比例的不断增大。若按地质学家们通常的划分方法，以 $\delta^{18}O = +10‰$ 为界把花岗岩分为Ⅰ型和S型的话，则本区格嘎序列、蔡儿错序列侵入岩中的中酸性岩石即应属Ⅰ型，可如勒序列与呷龙序列也属Ⅰ型，但 $\delta^{18}O$ 较前者偏高；而甲布序列的钾长花岗岩 $\delta^{18}O$ 值恰好处于界线附近，显示出Ⅰ型－S型过渡性花岗岩的特点，这与前述岩石化学、微量元素地球化学数据反映的特征相一致。

表4－13　调查区侵入岩氧同位素组成

序号	样品号	活动期及序列		所属单元	位置	岩石名称	$\delta^{18}O/‰$	备注
1	D311B2	喜马拉雅中期		ξE_3	布嘎寺	角闪霓辉正长岩	8.9	全岩
2	P20－7－6B1	燕山晚期	甲布序列	$\xi\gamma^3K_2$	甲布	细粒似斑状黑云母钾长花岗岩	10.1	全岩
3	P20－9－7B1	燕山晚期	甲布序列	$\xi\gamma^2K_2$	甲布	中粒似斑状黑云母钾长花岗岩	11.1	全岩
4	P20－17－8B1	燕山晚期	甲布序列	$\xi\gamma^1K_2$	甲布	中粒黑云母钾长花岗岩	9.0	全岩
5	D1745B1	燕山晚期	可如勒序列	δK_2	可如勒南	中细粒黑云角闪辉石闪长岩	8.1	全岩
6	P09－B08	燕山晚期	呷龙序列	$\delta\gamma o K_2$	夏龙	中细粒角闪黑云母英云闪长岩	8.5	全岩
7	P09－B15	燕山晚期	呷龙序列	$\gamma\delta K_2$	夏龙	中粒角闪黑云母花岗闪长岩	9.7	全岩
8	P09－B28	燕山晚期	呷龙序列	$\eta\gamma K_2$	夏龙	中粒角闪黑云母二长花岗岩	9.2	全岩
9	P25－4B6	燕山晚期	蔡儿错序列	$\gamma\delta\pi K_1$	蔡儿错	黑云母花岗闪长斑岩	7.2	全岩
10	P25－7B1	燕山晚期	蔡儿错序列	$\eta\gamma K_1$	蔡儿错	黑云母二长花岗岩	6.1	全岩
11	P25－15B3	燕山晚期	蔡儿错序列	$\gamma\delta K_1$	蔡儿错	中粗粒花岗闪长岩	6.1	全岩
12	P25－19B1	燕山晚期	蔡儿错序列	$\gamma\delta K_1$	蔡儿错	中粗粒黑云母花岗闪长岩	6.2	全岩
13	D196B1	燕山晚期	蔡儿错序列	$\gamma\delta K_1$	弄巴康日	中粒角闪黑云母花岗闪长岩	6.7	全岩
14	D197B2	燕山晚期	蔡儿错序列	$\gamma\delta\pi K_1$	弄巴康日	角闪黑云母花岗闪长斑岩	4.9	全岩
15	D1642B1	燕山晚期	蔡儿错序列	$\eta\gamma K_1$	弄巴康日	中细粒黑云角闪二长花岗岩	7.8	全岩
16	P21－7B4	燕山晚期	格嘎序列	$\delta o K_1$	顿勒	中粒闪长岩	6.7	全岩
17	P21－9B1	燕山晚期	格嘎序列	υK_1	顿勒	中粒角闪辉长岩	7.1	全岩

注：表中数据由中国地质大学（武汉）分析测试中心测试完成。

（三）喜马拉雅中、早期中酸性侵入岩及富碱侵入岩

1. 早期中酸性侵入岩

此期侵入岩由调查区南部闪长玢岩、花岗闪长玢岩小岩株及雪上勒二长花岗岩体组成，但分析样品中未包含闪长玢岩，仅有深那么热垌花岗闪长玢岩、雪上勒二长花岗岩及局部产出的钾长花岗岩各一件。据化学成分计算CIPW标准矿物，经换算后在QAPF分类图中的投点位置如图4－67所示，与实际矿物含量相比，花岗闪长玢岩向A侧偏移进入二长花岗岩区边缘，其余两件样品与实际定名相符。

花岗岩类的SiO_2，（FeO），MgO，CaO及*DI*变化较大；其中，花岗闪长岩、二长花岗岩的$K_2O/Na_2O=0.77\sim1.05$，与燕山晚期蔡儿错序列、呷龙序列中同类岩石相近，而雪上勒岩体中出现的钾长花岗岩其$K_2O/Na_2O=1.70$，与前述甲布序列钾长花岗岩类似。各样品的$\sigma=1.35\sim1.92$，$AR=2.07\sim2.56$，在SiO_2-AR图中位于钙碱性岩区或其附近；在$SiO_2-Na_2O+K_2O$图解上，三件样品均位于亚碱性系列区（图4－68），AFM图中显示钙碱性趋势（图4－69），SiO_2-K_2O图（图4－70）中，花岗闪长岩与二长花岗岩分别位钙碱性—高钾钙碱性分界线附近，而钾长花岗岩则位于高钾钙碱性系列区，与甲布序列之钾长花岗岩相当。不同岩石样品的CIPW标准矿物组成相似，为$Q+Or+Ab+An+Di+Hy\pm C$，$A/CNK=0.89\sim1.13$，属于铝质正常及弱过饱和岩石。ACF图（图4－71）中，花岗闪长岩位于S型花岗岩区，雪上勒二长花岗岩及钾长花岗岩位于Ⅰ型花岗岩区；但它们的$Fe^{3+}/(Fe^{3+}+Fe^{2+})=0.32\sim0.39$（均$>0.3$），且除钾长花岗岩外，其$K/(Na+K)<0.45$，结合岩石学特征分析，它们均应属Ⅰ型花岗岩，也相当于Castro（1991）的Hss型或Barbarin（1999）的ACG型（含角闪石钙碱性花岗岩类）。

稀土元素组成上，尽管3件样品的ΣREE（$79.64\times10^{-6}\sim144.14\times10^{-6}$）不同，但都表现为明显的轻稀土富集型配分型式（图4-72中2~4号曲线），且轻稀土曲线斜率大于重稀土，$(La/Sm)_N=3.91\sim6.62$，$(Gd/Yb)_N$仅1.18~1.48，并具不同程度的负铕异常。总体配分模式与蔡几错序列花岗岩类似，也与则弄群及典中组中酸性钙碱火山岩相当。由于其重稀土元素分馏程度较低而有别于呷龙序列花岗岩。另外，有意思的是，虽然雪上勒岩体中出现的钾长花岗岩（D2368R）在矿物成分、常量元素组成方面类似于甲布序列钾长花岗岩，但ΣREE却明显偏低，且负铕异常也不如后者强烈，说明岩石成因上的复杂性。三件样品的微量元素标准化配分型式较为类似（如图4-73中2~4号曲线所示），也接近于蔡几错序列花岗岩和古新统典中组（E_1d）中酸性火山岩的微量元素分布曲线；但相比之下，P，Ti亏损程度不如后者强。雪上勒岩体中钾长花岗岩与甲布序列钾长花岗岩的微量元素配型式差异更为明显，前者不具有后者强烈的Ba，Ti亏损谷。与中国花岗岩平均值（鄢明才等，1996）相比，本区喜马拉雅早期花岗岩贫Ba，U，Ta，Sr和Hf，富Cr，Co，Cs，Sb及W等，尤以W的富集最为显著。

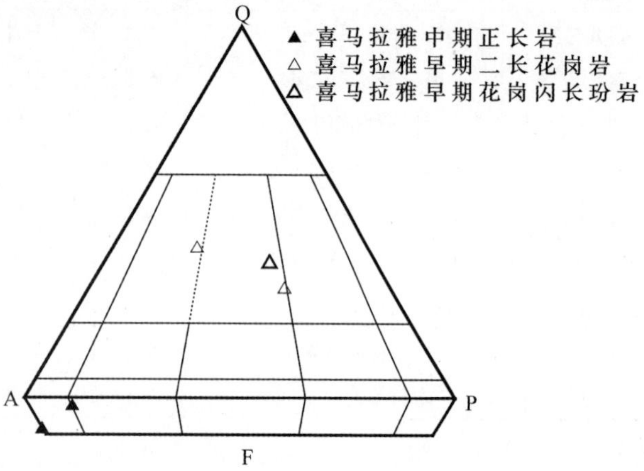

图4-67 喜马拉雅中早期侵入岩OAPF分类图
（底图IUGS，1989）

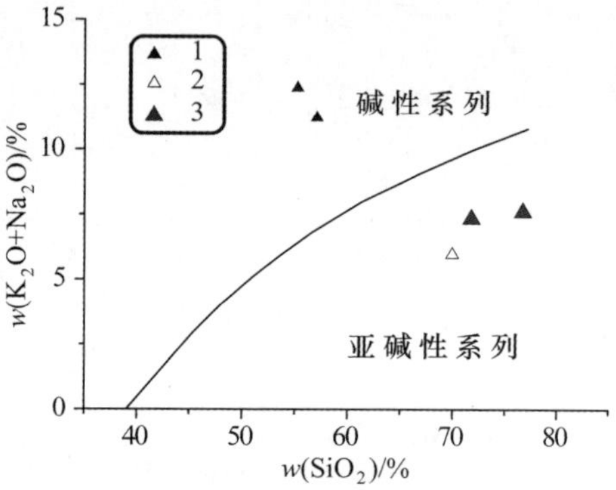

图4-68 喜马拉雅中早期侵入岩硅-碱图
（底图据Irvine等，1971）
1—喜马拉雅中期正长岩；2—喜马拉雅早期二长花岗岩；3—喜马拉雅早期花岗闪长玢岩

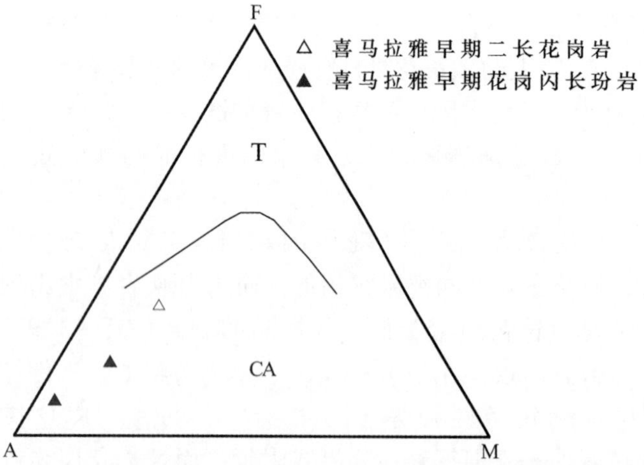

图4-69 喜马拉雅早期侵入岩AFM图
（底图据Irvine等，1971；图中代号同图4-18）

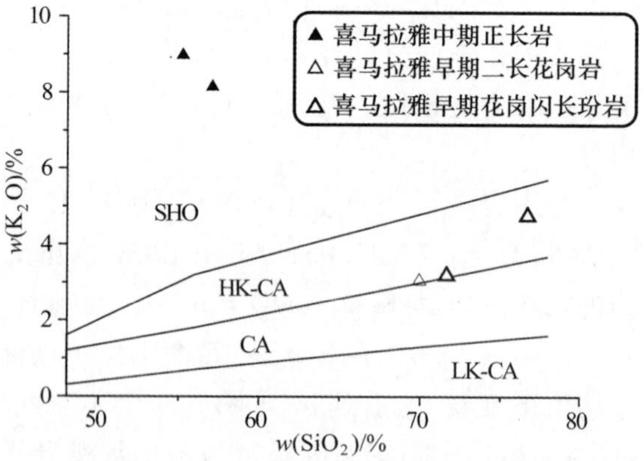

图4-70 喜马拉雅中早期侵入岩硅-钾图
（底图据Pecerillo等，1976；图中代号同图4-20）

2. 中期碱性正长岩

布嘎寺附近发现的正长岩，由于矿物成分不均，其化学成分也存在一定差异，但总的特征是富钾、高碱。据CIPW标准矿物组成换算后在图4-67上的投点位于含似长石碱长正长岩区，与实际矿物组成较为一致。正长岩中 SiO_2 含量为 55.23% ~ 57.08%，Al_2O_3 = 14.21% ~ 15.08%，(FeO) = 5.76% ~6.09%，CaO = 3.92% ~4.24%，MgO = 4.08% ~5.09%，Na_2O = 3.10% ~3.42%，K_2O = 8.20% ~9.03%，全碱 11.30% ~12.45%，K_2O/Na_2O 值为 2.64 ~2.65（>2 可称超钾质，据 Turner 等，1996）。σ = 9.07 ~12.67，赖特碱度率 AR = 3.94 ~5.15，在 SiO_2 - AR 图中位于过碱性岩区或过碱性与弱碱性岩分界位置。硅 - 碱图上全部位于碱性系列区并远高于分界线（图 4 - 68），硅 - 钾图上则位于钾玄岩系列区（图 4 - 70）。

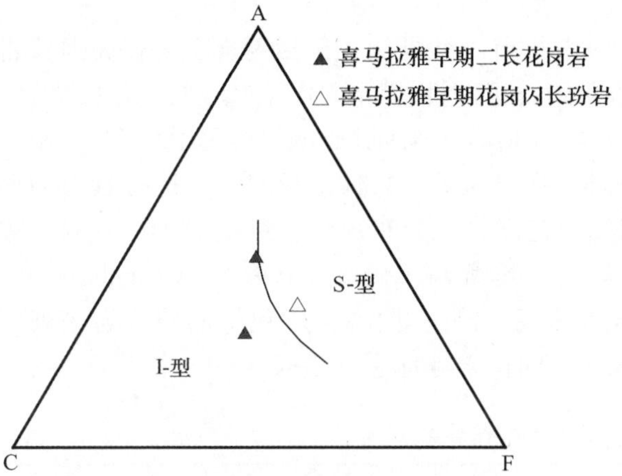

图 4 - 71　喜马拉雅早期花岗岩类 ACF 三角图解
（据 Nakada and Tokahashi，1979）

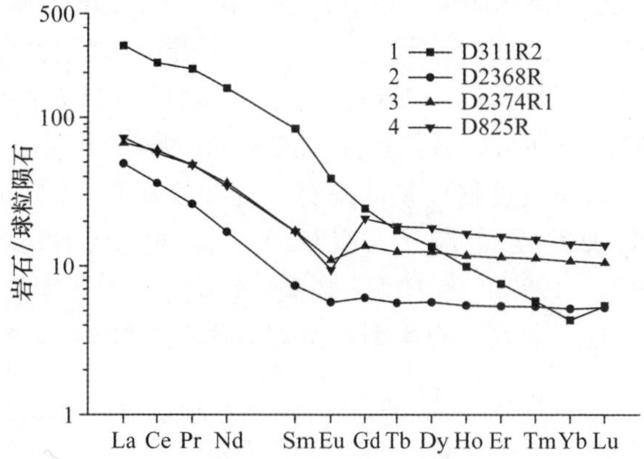

图 4 - 72　喜马拉雅中早期侵入岩稀土元素分配模式
D311R2—角闪霓辉正长岩；D2368R—中粒黑云钾长花岗岩；
D2374R1—中粒角闪黑云二长花岗岩；D825R—花岗闪长玢岩

岩石中 A/CNK = 0.61 ~ 0.71，CaO + Na_2O + K_2O > Al_2O_3 > Na_2O + K_2O 或 Na_2O + K_2O > Al_2O_3（分子数），CIPW 标准矿物组合中不含 Q，普遍出现 Ne 标准分子（1.45% ~5.90%），不含或含少量 Ac（5.39%），An 极少或无，为 SiO_2极不饱和的铝正常型 - 碱过饱和型岩石，属于超钾质的碱性—过碱性系列。

正长岩总的岩石化学特点与共生的中新统布嘎寺组（N_1b）钾玄质火山岩相类似，但更富钾质，碱性程度也更高。

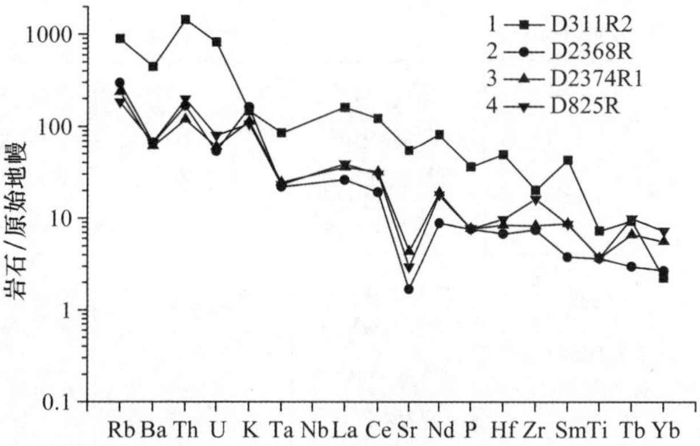

图 4 - 73　喜马拉雅中早期侵入岩微量元素比值蛛网图
（样号及岩石名称同图 4 - 72）

与中国碱性正长岩平均值（鄢明才等，1996）相比，略显低硅、铝而高铁、钛、镁、钙及磷，这与岩石中含较多的暗色矿物及钛铁矿、磷灰石、榍石有关。

正长岩的稀土配分型式如图 4 - 72 中 1 号曲线。在调查区所有岩浆岩中，其稀土总量最高（$\Sigma REE = 521.40 \times 10^{-6}$），轻稀土富集最强（$(La/Yb)_N$ = 69.57，LREE/HREE = 27.77）；其他特征则与共生的布嘎寺组富钾火山岩十分接近，如轻稀土分馏程度弱于重稀土、具弱的负铕异常等。稀土配分曲线呈陡右倾相对平滑型，类似于辽宁风城、山西紫金山等地碱性正长岩的稀土分布模式，张玉泉等（1994）认为，这种稀土分布模式可能与幔源原岩或富集上地幔的部分熔融及地壳物质的不同程度混染有联系。

微量元素组成上，正长岩以富含大离子亲石元素 Rb，Sr，Ba 及放射性生热元素 Th，U 为特征。其 Rb，Th，U，Sc，Cr，Co，Cs 及 W 的丰度均高于中国碱长正长岩平均值，Zr，Hf 略为偏低。在图 4 - 73 中（1 号曲线），其标准化分配型式不仅显示出较高的微量元素总丰度，而且具较强的分馏特征，曲线向右斜率最大，$(Rb/Yb)_N = 399$，为调查区岩浆岩之最。总体分布形态十分类似于空间上共生的布嘎寺组富钾火山岩（图4－35），但其微量元素总量更高，Th，U，Ta，Hf更加富集，而K/Rb，Zr/Hf值相对偏低。

一般认为，正长岩中$\delta^{18}O$组成多与玄武岩及辉长岩接近，大致范围为＋5.5‰～＋7.4‰。经测定，本区正长岩的$\delta^{18}O$为＋8.9‰（表4－13），高于上述范围界线，反映了地壳物质的参与。

六、花岗岩类成因类型

按照Barbarin（1999）的花岗岩成因分类体系，区内花岗岩类岩石（包括闪长岩、石英闪长岩及碱性正长岩在内）可归为三类：即壳－幔混合源的含角闪石钙碱性花岗岩类（ACG）、富钾钙碱性花岗岩类（KCG）以及幔源为主的碱性、过碱性花岗岩类（PAG）。其形成顺序大致为ACG→KCG→PAG，分别与区域构造演化的不同阶段、不同动力学环境息息相关，总体上反映了构造背景由活动向稳定的演变过程（期间尚有反复和叠加），不同成因类型花岗岩在分布规模上逐渐减少，以混合源成因的ACG分布最广，KCG次之，而PAG最少。这三种类型与Castro（1991）、Chapell和White（1974，1983）的H型、S型、I型、A型花岗岩的对应关系以及它们各自所包括的侵入岩序列、单元代号，主要岩石类型以及岩石学、矿物学、岩石化学、同位素等标志列于表4－14中。

表4－14　本区花岗岩成因类型划分表

<table>
<tr><td rowspan="3">成因类型</td><td>Barbarin（1999）</td><td colspan="4">ACG
含角闪石钙
碱性花岗岩类</td><td>KCG
富钾钙碱性
花岗岩类</td><td>PAG
碱性、过碱性
花岗岩类</td></tr>
<tr><td>Castro（1991）</td><td>Hm型</td><td>Hss型</td><td>Hss型</td><td>Hss型</td><td>Hs型</td><td></td></tr>
<tr><td>Chapell和White（1974，1983）</td><td colspan="4">I型</td><td>I型－S型</td><td>A型</td></tr>
<tr><td colspan="2">序列及独立单元</td><td>格嘎序列
可如勒序列
喜马拉雅早期
独立单元</td><td>蔡几错序列
呷龙序列</td><td>蔡几错序列
呷龙序列
喜马拉雅早期
独立单元</td><td>蔡几错序列
呷龙序列
喜马拉雅早期
独立单元</td><td>甲布序列</td><td>喜马拉雅中期
独立单元</td></tr>
<tr><td colspan="2">单元代号</td><td>$\delta o K_1$，$\delta o \mu K_1$，
δK_2，$\delta \mu K_2$
$\delta o K_2$，$\delta o \mu K_2$
$\delta \mu E_1$</td><td>$\delta \gamma o^1 K_1$
$\delta \gamma o^2 K_1$
$\delta \gamma o K_2$</td><td>$\gamma \delta K_1$
$\gamma \delta \pi K_1$
$\gamma \delta K_2$
$\gamma \delta \mu E_1$</td><td>$\eta \gamma K_1$，$\eta \gamma K_2$，
$\eta \gamma E_2$</td><td>$\xi \gamma^1 K_2$
$\xi \gamma^2 K_2$
$\xi \gamma^3 K_2$
$\xi \gamma^4 K_2$</td><td>ξE_3</td></tr>
<tr><td colspan="2">岩性</td><td>闪长岩
石英闪长岩</td><td>英云闪长岩</td><td>花岗闪长岩</td><td>二长花岗岩</td><td>钾长花岗岩</td><td>碱性正长岩</td></tr>
<tr><td colspan="2">包体</td><td>少量闪长质包体，
偶有辉长
苏长岩包体</td><td>大量
闪长质包体</td><td>常见
闪长质包体</td><td>极少的
闪长质包体</td><td>偶有
二长质包体</td><td>未见</td></tr>
<tr><td colspan="2">变质残留体</td><td>无</td><td>无</td><td>无</td><td>无</td><td>极少</td><td>无</td></tr>
<tr><td colspan="2">富铝变质矿物</td><td>无</td><td>无</td><td>无</td><td>无</td><td>无</td><td>无</td></tr>
<tr><td colspan="2">白云母</td><td>无</td><td>无</td><td>无</td><td>无</td><td>极少</td><td>无</td></tr>
<tr><td colspan="2">黑云母</td><td>少量</td><td>常见</td><td>常见</td><td>常见</td><td>常见</td><td>少量</td></tr>
<tr><td colspan="2">角闪石</td><td>大量</td><td>常见</td><td>常见</td><td>常见</td><td>无</td><td>钠透闪石</td></tr>
<tr><td colspan="2">辉石</td><td>常见</td><td>少量</td><td>极少或无</td><td>无</td><td>无</td><td>普通辉石
碱性辉石</td></tr>
</table>

续表

成因类型 Barbarin (1999)	ACG 含角闪石钙 碱性花岗岩类				KCG 富钾钙碱性 花岗岩类	PAG 碱性、过碱性 花岗岩类
Castro（1991）	Hm 型	Hss 型	Hss 型	Hss 型	Hs 型	
Chapell 和 White（1974，1983）	I 型				I 型 - S 型	A 型
榍石	常见	常见	常见	较少	极少或无	常见
(FeO)/(FeO) + MgO	<0.8 0.37 ~ 0.70 均 0.57	<0.8 0.49 ~ 0.61 平均 0.54	多 <0.8 0.38 ~ 0.98 平均 0.69	<0.8 0.56 ~ 0.79 平均 0.67	多 >0.8 0.70 ~ 0.99 平均 0.85	<0.8 0.53 ~ 0.60 平均 0.56
A/CNK（分子数）	<1.1 0.67 ~ 1.05 平均 0.85	多 <1.1 0.86 ~ 1.12 平均 0.95	多 <1.1 0.89 ~ 1.15 平均 0.97	多 <1.1 0.89 ~ 1.18， 平均 1.04	≈1.1 1.04 ~ 1.25， 平均 1.13	<1.1 0.61 ~ 0.71 平均 0.66
K_2O/Na_2O	<1 0.23 ~ 0.73 平均 0.51	<1 0.23 ~ 0.73 平均 0.51	<1 0.40 ~ 0.72 平均 0.73	<1 0.73 ~ 1.21 平均 0.90	>1 1.40 ~ 2.16	>1 2.64 ~ 2.65
$\delta^{18}O$/‰	6.7 ~ 8.1	8.5	4.9 ~ 9.7	6.1 ~ 9.2	9.0 ~ 11.1	8.9
构造环境	俯 冲 带				碰撞造山带 碰撞后隆起带	大陆拉张或 深大断裂带
成因	壳幔混合源				壳源为主	幔源为主

表中 ACG，KCG 两类钙碱性花岗岩虽都属于壳 - 幔混合源，但 ACG 类主要产于俯冲带，而 KCG 类的壳源岩浆组分比例更高，情况更复杂，存在于多种地球动力学环境中，可形成于碰撞后隆起或碰撞事件顶峰期后的松弛阶段或形成于由压性体制向张性体制的过渡时期。KCG 类和 ACG 类因其壳、幔组分比例的不同使它们在 K_2O，CaO 相对含量上有明显差异，在硅 - 碱图上也表现出不同的变化趋势（Barbarin，1990），从图 4 - 60 中可以看出，属于 KCG 类的甲布序列钾长花岗岩样品点，随 SiO_2 增加，全碱呈一定的下降之势，与其他 KCG 类各序列花岗岩的趋势恰好相反。PAG 类为幔源，与克拉通内部上穹带或大陆裂谷带、深大断裂带有关，代表陆内非造山环境，就本区而言应与陆内裂陷有关；本区花岗岩中黑云母成分所反映的源区特点（图 4 - 74）与表 4 - 14 所划成因类型完全一致。

其中，甲布序列钾长花岗岩具高钾低钙特征，多含有粗大的钾长石似斑晶，在岩石学、矿物组成、化学成分方面具混合源富钾钙碱性花岗岩类（KCG）的特征；但其很少含镁铁质包体，很少榍石，不含角闪石，出现少量独居石，磁铁矿/钛铁矿比值略低，$K_2O/Na_2O>1$，CIPW 标准矿物组成中普遍含标准刚玉分子；这些特点又反映出壳源含堇青石过铝质花岗岩类（CPG）的某些性质；而 A/CNK≈1.1，$\delta^{18}O\approx10$‰，均接近于 CPG 类与 KCG 类的分界值。因此，甲布序列钾长花岗岩具有一定的过渡特点，更类似于 Barbarin 在他 1990 年早期成因分类体系中的过铝质侵入花岗岩类（即 C_{CI}类，后与其过铝质原地花岗岩类，即：C_{CA}类合并统称为 CPG 类）。

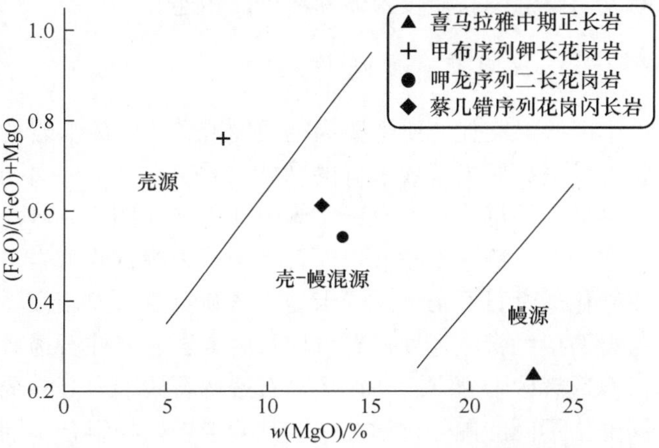

图 4 - 74　侵入岩中黑云母成分与岩浆来源关系图
（据周作侠等，1986）

此外，典型的A型花岗岩应为过碱性岩石，即 $Al_2O_3<(Na_2O+K_2O)$ 分子数。本区碱性正长岩虽然总体上具备碱性、过碱性花岗岩类（PAG）的基本特征，但碱性程度却介于碱性与过碱性之间，Al_2O_3分子数既可小于也可大于 K_2O+Na_2O 分子数，(FeO)/(FeO) < 0.8 也与PAG类的成分特征（>0.8）不完全一致。如前面岩石地球化学部分所述，本区碱性正长岩在成因上与我国许多地区的碱性正长岩一样，虽主要与幔源岩浆有关，但受到明显的地壳物质的混染，或本身就来源于以幔源为主的壳－幔混合层。

七、与侵入岩有关的接触变质作用

调查区内中酸性侵入岩较为发育，在中酸性侵入岩体的内外接触带均有不同程度的接触变质现象，但主要见于外接触带。接触变质带宽度数十米至数百米不等，与岩体规模有关；接触变质作用类型、岩石类型、特征及其分布与围岩地层岩性关系密切。

（一）热接触变质作用

广泛发育于规模稍大的中酸性及酸性岩体周围，表现为角岩化和大理岩化，形成的热接触变质岩类型包括红柱石角岩、长英质角岩（如二云母长英角岩、透辉石长英角岩、堇青石二云母长英角岩、透辉石黑云母斜长角岩）、钙硅酸盐角岩（如透辉石角岩、透闪石透辉石角岩）、大理岩（透闪石白云质大理岩、石榴子石白云质大理岩、白云质大理岩、硅化大理岩）、角岩化黏板岩、角岩化凝灰岩等。

呷龙花岗岩体南侧与郎山组下部灰岩侵入接触的部位普遍发育中—粗晶大理岩，宽度达20～30 m，向外大理岩粒度渐细并向灰岩过渡；而在岩体北侧与多尼组碎屑岩侵入接触处，其角岩带宽度在40 m以上（图4－47），自内向外形成有透辉石黑云母长英角岩、堇青石二云母长英角岩；在泥质岩发育的部位尚形成有红柱石角岩。其中堇青石二云母长英角岩呈灰—深灰色，斑状变晶结构，变基质具鳞片粒状变晶结构，变斑晶为绢云母化堇青石，20%左右，绢云母呈其假象；变基质由粒度在0.05～0.25 mm的黑云母15%～20%、白云母7%～10%、石英30%～35%、更长石15%～20%及少量绿泥石、金属氧化物等杂乱分布组成。在龙勒花岗岩体南侧与郎山组上部细碎屑岩侵入接触带外侧数十米宽范围内，可见呈不均匀条带状产出的长英角岩和透辉石、透闪石角岩，角岩的矿物组成与原岩成分有直接关系。其中的透辉石角岩呈浅绿灰色，致密坚硬，由显微粒状变晶（0.03～0.1 mm）透辉石75%～80%、斜长石15%～20%及少量榍石，金属氧化物等组成。

此外，在可如勒以东，即可如勒序列闪长岩、石英闪长岩或玢岩断续出露的地区，郎山组普遍发育角岩化或灰岩的重结晶现象，形成有斑点状透辉石透闪石角岩化黏板岩、菊花状黝帘石石榴子石白云质大理岩、角岩化细粉砂岩等。是受深部隐伏岩体热力接触变质作用重结晶的结果，表明可如勒一带断续出露的闪长质侵入体深部可能相连。

（二）接触交代变质作用

本区接触交代变质主要为钙质矽卡岩化。矽卡岩的出现不如角岩化普遍，其规模大小不等，可呈带状也可呈数厘米至数米宽的脉状（图4－47）或不规则囊状产出，但通常分布在靠近接触界线附近，多见于外带，也可产于岩体内部边缘（图4－38）。形成的矽卡岩岩石类型主要有钙铁榴石矽卡岩、透辉石石榴子石矽卡岩、石榴子石透辉石矽卡岩、透闪石透辉石矽卡岩、透辉石矽卡岩、绿帘石化或硅化透辉石石榴子石矽卡岩、含矿（磁铁矿化）矽卡岩；在石英闪长岩与下拉组白云质灰岩或白云岩的接触带上还发育有方柱石矽卡岩、方柱石透辉石矽卡岩、方柱石石榴子石矽卡岩以及含金云母橄榄透辉矽卡岩、含镁铁尖晶石透辉石矽卡岩等；局部尚出现有透闪石透辉石镁铁尖晶石矽卡岩。不同部位不同的围岩化学性质，其矽卡岩矿物组合不同，变化较大，粒度也极为不均匀。

顿勒西侧附近，在石英闪长岩体与下拉组白云岩侵入接触带上可见接触变质带宽度达50 m以上，自内向外发育有含镁铁尖晶石透辉石矽卡岩、含镁铁尖晶石金云母橄榄透辉石矽卡岩、透辉石方柱石石榴子石矽卡岩、韭角闪石透辉石方柱石矽卡岩、透闪石透辉石矽卡岩、白云质大理岩等，逐渐过渡为钙质细晶白云岩。石英闪长岩体内部边缘也见有数厘米至数十厘米的方柱石透辉石矽卡岩脉体穿切（图 4－38）。从矿物组合反映出自内向外接触交代变质作用的温度条件呈降低趋势。其中的含镁铁尖晶石金云母橄榄透辉石矽卡岩，由 0.2～2.5 mm 大小不等的透辉石（65%～75%）、橄榄石（8%～10%）、金云母（5%）、方解石（15%）、镁铁尖晶石（1%～3%）及少量透闪石、帘石、金属矿物组成。橄榄石几乎全部蚀变为网格状蛇纹石，仅保留其假象，偶见交代残余，镁铁尖晶石呈自形粒状不均匀分布，方解石呈充填状较晚形成。韭角闪石透辉石方柱石矽卡岩，多为粗粒柱状变晶结构、包含嵌晶变晶结构，由粒度在 1～2 cm 的柱状方柱石（70%～80%）和包嵌于方柱石中的粒度 <1 mm 的透辉石（10%～15%）、韭角闪石（10%）及少量的榍石等组成。方解石（5%）则沿裂隙或方柱石晶间不均匀分布。

矽卡岩中的石榴子石普遍为钙铁石榴子石及钙铝石榴子石。

区内与矽卡岩化接触交代变质作用有关的矿化主要为磁铁矿化，且大多产在花岗岩体与碳酸盐岩地层侵入接触的局部地段；如阿姆宗根、弄弄巴（图 4－41）、雪上勒（图 4－57）等地。矿体呈带状、透镜状或不规则囊状，厚度多为数米，延伸数十米至百余米，矿石为稠密浸染状或块状，以磁铁矿为主要矿石矿物。另外，局部地区与矽卡岩型磁铁矿化伴生的还有铜矿化现象，但规模不大。

第三节 脉　　岩

一、地质特征

由于构造－岩浆活动频繁，受多期岩浆侵入、喷发作用影响，导致区内脉岩较为发育，并具有明显的多期次、多类型的特点，基性、中性、酸性脉岩均有产出。从岩石类型上可分为辉绿岩、辉绿玢岩、细粒闪长岩、闪长玢岩（包括石英闪长玢岩、石英正长闪长玢岩）、花岗闪长玢岩、花岗斑岩、花岗细晶岩、细粒花岗岩（包括细粒二长花岗岩、细粒钾长花岗岩、细粒花岗闪长岩）及花岗伟晶岩。脉岩主要见于各侵入岩体中，其次是 J_{2-3} 至 K_2 地层，尤其是火山岩、火山碎屑岩及碎屑岩地层中，碳酸盐岩地层中脉岩较少；二叠纪地层中，除岩体附近外，也极少有脉岩出现；而在石炭纪碎屑岩地层中，多处发现有辉绿岩脉分布。脉体规模大小不等，产状变化也较大，但以北东向为多，其次是北西向和近东西向；脉岩中，以闪长玢岩的规模最大，花岗伟晶岩规模小且分布少。各种脉岩的发育及分布情况见表 4－15。主要脉类型的岩石学特征简述如下。

表 4－15　主要脉岩类型及发育情况

类型	辉绿岩 辉绿玢岩	细粒 闪长岩	闪长玢岩 （包括石英 闪长玢岩）	花岗闪 长玢岩	花岗斑岩 （花岗闪长/ 二长/斜长）	花岗细晶岩， 细粒花岗岩 （二长/钾长/ 花岗闪长）	花岗 伟晶岩
脉宽/m	0.5～4	1～3	2～30	1～10	0.5～12	0.1～1.5	0.05～1.2
主要走向	北西向 近东西向	北西向 近东西向	北西向、北东向、 近东西向	北西向 北东东向 北北东向		北西向、北东向、 近南东向、 近南北向	北西西向 南北向
代号	$\beta\mu$	δ	$\delta\mu$	$\gamma\delta\mu$	$\gamma\pi$	γl，γ	γp
发育情况	较少	较少	最常见	较少	较常见	较常见	极少

续表

类型	辉绿岩 辉绿玢岩	细粒 闪长岩	闪长玢岩 （包括石英 闪长玢岩）	花岗闪 长玢岩	花岗斑岩 （花岗闪长/ 二长/斜长）	花岗细晶岩， 细粒花岗岩 （二长/钾长/ 花岗闪长）	花岗 伟晶岩
分布	K_1Z，$J_{2-3}J$ 及燕山晚期第一侵入阶段各侵入体中，其次见于 C 地层中	主要见于 $J_{2-3}-K_1$ 地层，燕山晚期除甲布序列之外各侵入体中		见于各侵入体及 $J_{2-3}-K_2$ 各碎屑岩、火山岩地层中		见于燕山晚期规模较大的花岗岩体中	
成因关系	与燕山晚期火山活动有关，少量可能与石炭纪岩浆活动有关	与燕山晚期火山活动及中性侵入活动有关		与各时期酸性火山活动及侵入作用有关		与不同时期花岗岩有关	

1. 基性脉岩——辉绿岩及辉绿玢岩

深灰色、绿灰色，辉绿结构，或具辉绿结构基质的斑状结构，块状构造。主要由斜长石（50%～60%）、普通辉石（30%～40%）、角闪石（5%～7%）及少量磁铁矿、磷灰石、黄铁矿等组成；斜长石、辉石可构成斑晶。岩石多具绿泥石化、次闪石化、帘石化及绢云母化。可见穿切则弄群火山岩地层、蔡几错岩体中的花岗闪长斑岩单元（图4－75）；另在夏东以北、剥康巴南西附近还见辉绿岩穿切石炭系永珠组、拉嘎组碎屑岩地层，但并未进入上覆下拉组灰岩；由此推断，辉绿岩的形成至少有两期，即下拉组（P_2x）之前一期，在蔡几错序列之后有一期。值得一提的是，P03 剖面拉嘎组中所见穿切层理的辉绿岩脉宽 1.2 m，产状 245°∠67°，其边缘发育有定向的杏仁状构造，反映其具有超浅成特点，暗示着石炭纪末，区域上可能发生过基性火山活动。

2. 中性脉岩——细粒闪长岩、闪长玢岩及石英闪长玢岩

灰色、浅灰色、绿灰色、细—中细粒半自形粒状结构，或为具微细粒结构基质的斑状结构，块状构造为主。成分变化较大，主要由斜长石（50%～60%）、普通角闪石（20%～40%）组成，可含2%～10%的石英、≤8%的碱性长石、2%～7%的黑云母及≤5%的普通辉石，副矿物为磷灰石及不透明金属矿物。有时出现5%～15%的环带状中性斜长石及角闪石斑晶。岩石具不同程度绿泥石化、帘石化和绢云母化。穿切 J_{2-3} 至 K_1 地层（图4－76）及燕山晚期除甲布序列之外的各侵入岩单元。其形成至少存在三期，最早一期发育于 K_1 之前，呈东西向分布于北侧边缘接奴群中，随接奴群一起发生强烈片理化及蚀变作用；最晚一期应与可如勒序列相当或出现于之末及甲布序列之前，在可如勒序列及其之前的侵入岩中常可见到闪长岩类脉体，在呷龙序列的花岗闪长岩中可见闪长玢岩发育并切割细粒钾长花岗岩脉及花岗斑岩岩脉的现象（图4－49），测得该闪长玢岩的 K－Ar 同位素年龄为（74.5±1.5）Ma，其时代可能与可如勒序列中闪长玢岩单元相当；甲布序列中未见此类中性脉岩产出。此外在蔡几错花岗岩体中，具有闪长玢岩穿切花岗闪长岩单元而又被二长花岗岩单元所载之现象（图4－43），表明 $\gamma\delta K_1$ 之后及 $\eta\gamma K_1$ 之前尚有一期闪长玢岩的侵位。调查区最大一条闪长玢岩脉体呈北西向产于可如勒至克扎勒之间，全长10余千米，宽30 m左右，不整合侵位于 K_1d—K_1l 地层中，并穿切可如勒序列中细粒闪长岩体，产状近于直立，厚度稳定，长宽比达500:1，堪称岩墙，很可能是沿一断裂面贯入而成。

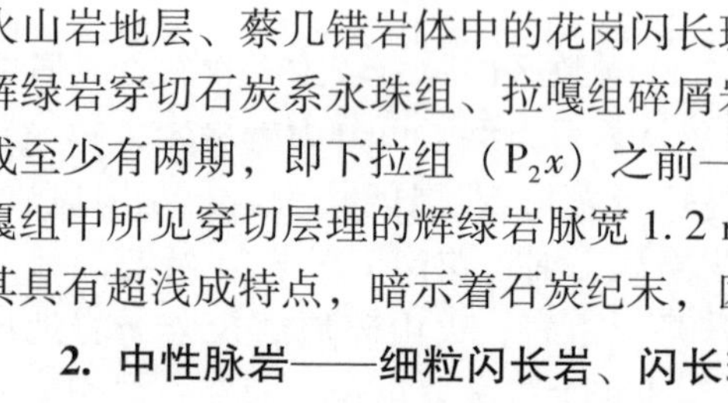

图4－75　花岗闪长斑岩中的辉绿岩脉（蔡几错）

3. 酸性脉岩

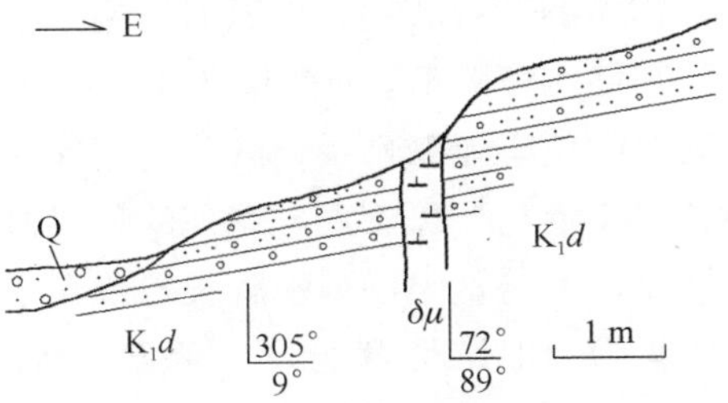

图 4－76　多尼组中的闪长玢岩岩脉
（日阿错北东）

花岗闪长玢岩及花岗斑岩：灰白色、浅灰色，具斑状结构，基质为细粒、微粒及显微花岗结构，局部文象结构，块状构造。基质由碱性长石（正长石为主）、中酸性斜长石及少量黑云母组成，偶尔出现极少量普通角闪石，副矿物为金属不透明矿物、磷灰石、锆石等。斜长石具不均匀绢云母化、暗色矿物有时绿泥石化并析出钛铁氧化物。视两种长石相对含量及斑晶成分的不同可分为花岗闪长玢岩、花岗闪长斑岩、二长花岗斑岩及斜长花岗斑岩。其中，以花岗斑岩类分布较广，斑晶成分为石英及两种长石，石英斑晶常具熔蚀结构；而花岗闪长玢岩的斑晶主要由中更长石构成，仅见于剥康巴南东附近的接奴群地层中。

花岗细晶岩及细粒花岗岩：灰白色、白色、浅灰红色，细粒花岗岩结构为主，少量文象交生结构及花岗细晶结构；块状构造。主要矿物尤其是两种长石含量变化较大，由石英25%～30%、钠更长石（有时见环带状中更长石）15%～40%、钾长石（正长石、微斜长石及少量条纹长石）10%～55%、黑云母（≤4%）组成，副矿物为磁铁矿、磷灰石、锆石，有时见榍石、褐帘石。斜长石具不同程度绢云母化，黑云母有时绿泥石化并析出钛铁氧化物。蔡几错岩体中见有二长花岗细晶岩与细粒二长花岗岩同存于一条岩脉中。

花岗伟晶岩：浅肉红色，伟晶结构，块状构造，矿物成分及粒度不很均匀。由1至数厘米大小的微斜长石和较小的石英、酸性斜长石构成，可含少量黑云母及白云母。甲布岩体中的伟晶岩脉规模多在数厘米至十余厘米宽，延伸数米至十余米，有分支复合现象，可见长石石英近于垂直脉壁分带生长排列，具沿张性裂隙充填的特点。蔡几错岩体中，伟晶岩规模较大者可达1.2 m宽，延伸超过20 m，巨大的微斜长石可包含文象状、蠕虫状石英及斜长石。

上述花岗岩类脉岩的形成与燕山晚期各花岗岩体有关，期次及穿切关系较为复杂，甚至在各花岗岩单元形成过程中或略晚阶段都可能伴有不同类型花岗岩岩脉的侵入（图4－44，图4－53，图4－54，图4－55及图版XI－5），但其中以花岗斑岩及细粒花岗岩类脉岩最为常见，并多沿花岗岩体的原生节理方向贯入。特别在呷龙、龙勒和甲布岩体中，此类脉岩最为发育，有时可呈等间距或网格状分布，走向以北西、北东、近南北向为主。

二、岩石地球化学

产于呷龙花岗岩体中的两件花岗闪长斑岩样品的 SiO_2 含量为67.67%～68.16%，$Alk=6.12\%$～6.47%，$K_2O/Na_2O=0.55\sim0.65$，分异指数 $DI=71.64\sim77.46$，里特曼指数 $\sigma=1.49\sim1.70$，利用硅－碱图及AFM图解判别，属于钙碱性系列岩石，岩石化学特征与呷龙序列花岗闪长岩单元（$\gamma\delta K_2$）基本相似。在稀土元素组成上，具有富集轻稀土的特点，轻、重稀土元素之比为11.09～17.47，$(La/Yb)_N=13.24\sim16.34$，铕、铈异常都不明显；稀土配分曲线明显向右倾斜（图4－77），稀土元素总的分馏程度与呷龙岩体花岗闪长岩也较接近，但脉岩的ΣREE明显偏低，二者之间的分异演化关系并不明显。

辉石闪长玢岩的化学成分与中国闪长岩平均值相比，略显贫硅、富镁、钙，而接近于辉长闪长岩平均化学成分。其 $Alk=5.32\%$，$K_2O/Na_2O=0.21$，$DI=44.05$；CIPW标准矿物组成显示为硅弱饱和的正常岩石类型。硅－碱图、AFM图解及 σ 值（2.44）表明为钙碱性系列。稀土元素组成上，具有较低的稀土总量（$\Sigma REE=69.22\times10^{-6}$）和较弱的轻稀土富集程度（图4－77），$(La/Yb)_N=4.56$，甚至低于辉绿岩，并具弱正铕异常（$\delta Eu=1.29$）。微量元素组成上具较高的Sc，Cr，Co含量，微量元素配分型式（图4－78）显示总体分馏程度偏低，但仍表现出Ba，Ta，P的相对亏损和Sr，Zr的相对富集。所有这些特点都与区内格嘎序列及可如勒序列中偏基性侵入岩的成分特征相类似，与岩石中含较多的辉石有关。辉绿岩样品产于则弄群火山碎屑岩中，具有高硅、铝、低钛、铁、镁、钙的特点，基性程度略低。m/f 值为 1.35，属铁质基性岩类；$DI=31.86$，低于其他脉岩；$\sigma=0.58$，在硅－碱图中位于亚碱性系列区，利用 $AI-Al_2O_3$ 图、（FeO）－（FeO）/MgO 图解等方法判别其属钙碱性系列，但靠近与拉斑玄武岩系列的分界线，硅－钾图上显示低钾钙碱性系列特点。化学成分及岩石化学属性总体上与格嘎序列中辉长岩单元平均值接近，但 MgO，CaO 偏低，P_2O_5 略高；CIPW 标准矿物组合中无 Di 而出现 Q 分子，系岩石蚀变（次闪石化）较强所致。辉绿岩在稀土元素分配型式（图 4－77）上显示轻稀土富集特点和负铈异常，略具负铕异常。$\Sigma REE=98.13\times10^{-6}$，LREE/HREE＝6.62，$(La/Yb)_N=9.00$，均高于格嘎序列辉长岩，也高于辉石闪长玢岩岩脉，但接近于中国辉绿岩平均水平（鄢明才等，1996）。可能是经历了一定分离结晶作用后的侵位产物。微量元素组成上具有贫 Sc，Cr，Co，Rb，K，Ta，P，Zr 而富 Ba，Th，W 的特点，元素间分馏程度与辉石闪长玢岩相差不大（图 4－78）。

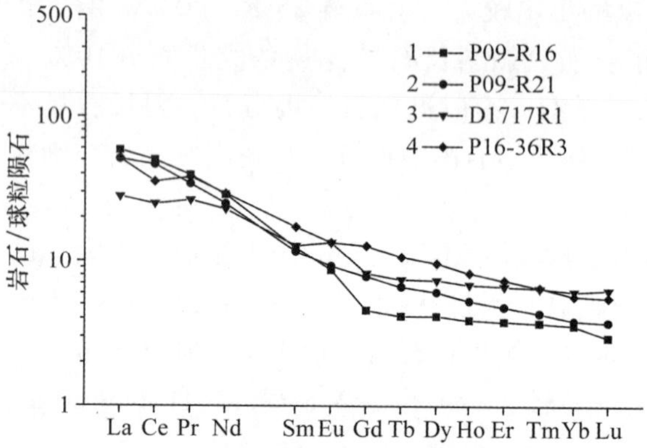

图 4－77　脉岩的稀土元素配分模式

1—花岗闪长斑岩；2—花岗闪长斑岩；3—蚀变辉石闪长玢岩；4—蚀变辉绿玢岩

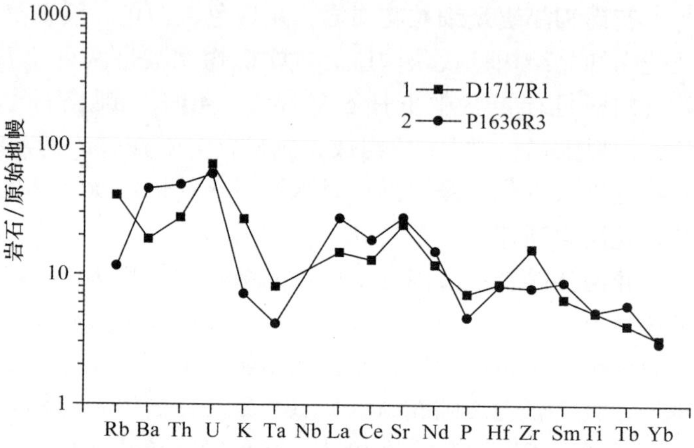

图 4－78　脉岩的微量元素比值蛛网图

1—蚀变辉石闪长玢岩；2—蚀变辉绿玢岩

第四节　岩浆作用的地球动力学环境

一、岩浆岩组合及时空分布特征

（一）燕山早期岩浆岩组合

1. 弧后扩张盆地蛇绿岩组合

调查区北东缘卡马－麦堆构造－岩浆岩带，是狮泉河－纳木错蛇绿混杂岩带的一部分，带内新发现蛇绿岩残片多处。蛇绿岩构造残片由强蛇纹石化、强硅化、强碳酸盐化、片理化及碎裂超基性岩以及辉长岩、辉绿岩、红色碎裂硅质岩组成。变质超基性岩属于镁质超基性岩。相当于阿尔卑斯型超镁铁质岩，原岩为纯橄榄岩或方辉橄榄岩，是残余地幔的组成部分。

本区麦堆蛇绿岩残片的产出特征与北侧班公错－怒江缝合带上的洞错蛇绿岩大同小异，其形成时代为早、中侏罗世，晚侏罗世末发生构造侵位。

2. 弧后盆地钙碱性玄武岩－玄武安山岩组合

分布于调查区北东部卡马－麦堆构造－岩浆岩带中，产出层位为中—上侏罗统接奴群；火山岩所占比例不大，为基性—中基性熔岩，层厚数十米至 200 余米，与千枚状板岩、粉砂质板岩、片理化砂岩、灰岩等共生，并于晚侏罗世末共同遭受弱变质、强变形作用。该套火山岩在岩石化学、稀土及微量元素地球化学特征上具有钙碱性火山岩性质，喷发背景可能更靠近弧后盆斜坡较为深水环境。时间应晚于主扩张期。

3. 弧后盆地边缘钙碱性英安岩－流纹岩组合

分布于卡马－麦堆构造－岩浆岩带以南、尺布下玛—日翁布及八尔巴—字岗一带的接奴群宾浅海相碎屑岩夹灰岩地层中，岩石不具明显变质变形现象。以英安质、流纹质火山碎屑岩为主夹少量熔岩，玻屑凝灰岩发育。爆发指数可达0.9以上，喷发指数<0.27，岩性、岩相横向变化较大，具海陆交互相喷发特点。原始喷发沉积环境应靠近弧后盆地的南部边缘，层位上靠近接奴群的上部。该套火山岩与区域上拉贡塘组中者可以对比，具岛弧型钙碱性火山岩组合特点。

（二）燕山晚期岩浆岩组合

1. 俯冲期岩浆岩

俯冲期岩浆活动主要发生于早白垩世—晚白垩世早期，以发育钙碱性岩套为特征。调查区大部分火山岩和侵入岩属于俯冲期岩浆系列，同位素年龄在135～75 Ma之间。

（1）钙碱性—高钾钙碱性玄武岩－安山岩－英安岩－流纹岩组合

火山岩以典型岛弧型钙碱性火山岩组合为主，局部出现拉斑玄武岩系列及钾玄岩系列，属海陆交互相至浅海相喷发环境。岩性多为安山岩、英安岩、流纹岩，少量玄武安山岩、玄武岩，偶有橄榄粗面玄武岩、玄武粗安岩。垂向上总的演化趋势是由酸性→中酸性→中基性→基性→中酸性；横向上岩性、岩相变化较大，其中具有钾玄岩系列性质的橄榄粗面玄武岩、玄武粗安岩仅见于此期火山岩带的南侧，在一定程度上显示了俯冲带火山岩的成分极性。

（2）Ⅰ型闪长岩－石英闪长岩－英云闪长岩－花岗闪长岩－二长花岗岩组合

同期侵入岩包括格嘎、蔡几错、呷龙及可如勒4个侵入岩序列，以闪长岩、石英闪长岩、英云闪长岩、花岗闪长岩和二长花岗岩为主要岩石组合，少量辉长岩。由不协调的复式岩株或岩基组成，属地壳中带—表带侵入体，剥蚀深度不大。岩石单元之间呈脉动或涌动接触，常含有微细粒暗色包体；花岗岩造岩矿物中普遍出现黑云母和角闪石，斜长石>碱性长石，副矿物组合为Mt＋Ap＋Zr＋Sph，Il极少且Mt>>Il。具壳－幔混源性质，属于I型（或ACG型）花岗岩，陆壳混染程度由英云闪长岩→花岗闪长岩→二长花岗岩逐渐减弱。

此期侵入岩和火山岩在岩石地球化学特征上极为类似，多为硅酸过饱和的铝过饱和至正常类型岩石，属钙碱性—高钾钙碱性系列。

2. 碰撞期岩浆岩（I－S型花岗岩组合）

俯冲作用的结束伴随弧－弧或弧－陆碰撞的开始，碰撞期岩浆活动是在俯冲背景下进行，滞后效应可使地幔楔中残留岩浆于碰撞期内继续注入地壳，形成碰撞期花岗岩。因此，碰撞期内花岗岩不一定只是S型花岗岩，可出现I型或一系列过渡型花岗岩（黄怀曾等，1993）。本区晚白垩世末侵位的甲布序列黑云母钾长花岗岩即属I－S过渡型花岗岩。甲布序列由不同结构特点的钾长花岗岩构成，从中粗粒→中粒似斑状→细粒似斑状→细粒演化，没有同期火山岩伴生。岩体内部暗色微粒包体极少且为二长质包体。岩石中暗色矿物为黑云母，不含角闪石，也极少出现白云母，未见其他富铝矿物。副矿物组成与前述俯冲期I型花岗岩类似，但榍石少，Mt/Il低，重砂分析中出现有独居石。化学成分上高钾低钙，属高钾钙碱性系列过铝质花岗岩。岩石稀土、微量元素特征既不同于典型I型，也有别于典型S型花岗岩。

（三）喜马拉雅早期岩浆岩组合

1. 俯冲期钙碱性—高钾钙碱性安山岩－英安岩－流纹岩组合

喜马拉雅早期火山岩见于调查区南部，属林子宗群下部典中组。为一套中—中酸性火山岩组合，由安山岩、英安岩、流纹岩及其火山碎屑岩组成，并以中酸性火山岩为主；岩石化学及地球化学特征与区内燕山晚期中酸性火山岩较为相似，属钙碱性—高钾钙碱性系列。稀土和微量元素组成特点均类似于现代岛弧或活动大陆边缘火山岩，是新特提斯大洋板块向北俯冲过程中火山活动较晚阶段的产物。

2. 俯冲－碰撞期I型闪长岩－花岗闪长岩－二长花岗岩组合

喜马拉雅早期侵入岩出露零星、规模较小，主要呈独立的小岩株侵位于调查区南部典中组（E_1d）火山岩地层中，共同构成布多藏布－麦穷错构造－岩浆岩带；另在夏康坚南西侧、雪上勒以西下白垩统则弄群上部地层中也有发育。主要岩性为闪长玢岩、花岗闪长玢岩、角闪黑云二长花岗岩及少量钾长花岗岩。岩体中含闪长质微细粒暗色包体，暗色矿物为角闪石和黑云母，副矿物有磁铁矿、磷灰石、锆石、榍石等。此期花岗闪长岩与闪长岩类，均具有俯冲期I型花岗岩的性质；而雪上勒岩体形成较晚，其主体二长花岗岩相当于前述碰撞期的I型花岗岩，局部出现带有碰撞期I－S过渡型花岗岩特点的钾长花岗岩。

（四）喜马拉雅中晚期岩浆岩组合

调查区内首次发现喜马拉雅中、晚期富钾侵入岩和火山岩。

1. 碰撞后碱性正长岩组合

位于布嘎寺附近的渐新世正长岩侵入体由不同粒度的角闪霓辉正长岩、方钠石霓辉正长岩组成，以正长石为主要矿物成分，不含石英、斜长石；暗色矿物20%左右，主要为霓辉石及钠透闪石及比例不等的普通辉石、富钠黑云母，有时可含少量反应边状霓石及充填状似长石。岩石化学成分具高钾、富碱特征，属超钾质的碱性—过碱性系列的碱性正长岩。

2. 碰撞后钾玄质玄武粗安岩－粗安岩－粗面岩组合

中新世布嘎寺组主要分布于布嘎寺周围，少量见于贝布加布扎及达娃错东侧。以熔岩为主夹火山碎屑岩及少量沉积火山碎屑岩，是调查区时代最新的火山岩；火山岩由爆发相→喷溢相或爆发相→喷溢相→喷发沉积相构成的喷发韵律发育，具有陆相中心式喷发特点。布嘎寺组火山岩主要岩石组合为粗安岩、粗面岩及少量玄武粗安岩，偶有白榴石玄武粗安岩或响岩质碱玄岩。普遍含透长石、普通辉石—透辉石、黑云母斑晶，有时出现斜长石、橄榄石、白榴石、角闪石斑晶。火山岩在化学成分上与渐新世正长岩相似，具有富碱、高钾的共同特点，但碱、钾含量及碱性程度略低于正长岩。主要属钾玄岩系列，只有个别含白榴石者为SiO_2不饱和的超钾质碱性火山岩。

二、构造背景分析

燕山早期岩浆岩主要见于调查区北东部卡马－麦堆构造－岩浆岩带中，包括变质超基性岩及基性—中基性火山岩。其中，中基性火山岩地球化学特征表现为岛弧钙碱性系列性质，在$\lg\tau-\lg\sigma$图解中位于或接近于消减带环境（图4－79），根据岩石共生组合推测，很可能形成于俯冲背景下的弧后盆地中。但分布于卡马－麦堆构造－岩浆岩带以南接奴群中的以火山碎屑岩为主的钙碱性英安岩－流纹岩组合，位置上更靠近弧后盆地的边缘，时间上应晚于卡马－麦堆岩带的基性－中基性火山岩，具更加明显的岛弧火山岩性质。而代表洋壳或准洋壳成分的超基性岩及伴生硅质岩的形成是更早期弧后洋盆主扩张阶段的产物，蛇绿岩的构造侵位则与弧后盆地最终闭合有关。

燕山晚期岩浆活动最为强烈，无论是火山岩还是同期或略为滞后的侵入岩，都以钙碱性系列为主。火山岩的稀土及微量元素分配型式与岛弧火山岩极为类似；花岗岩类多显示与俯冲带有关的I型即壳－幔混合源ACG型特点，末期甲布序列为I－S过渡型或为KCG型。在$\lg\tau-\lg\sigma$图解（图4－79，图4－80）上，所有燕山晚期侵入岩及绝大部分火山岩样品均位于消减带构造环境区，只有则弄群两件橄榄粗面玄武岩及玄武粗安岩样品位于碱性火山岩区。图4－81为判别花岗岩成因的多阳离子参数图（R_1-R_2），从中亦可看出，本区燕山晚期中酸性侵入岩大多为板块碰撞前消减板块边缘环境所形成，部分位于同造山或同碰撞深熔花岗岩区；而甲布序列钾长花岗岩样品多位于不同成因不同环境花岗岩的交汇处，显示较为特殊的成因特点。但从早到晚，燕山晚期中酸性侵入岩总体表现为由消减的活动板块边缘向同碰撞环境演变的趋势。

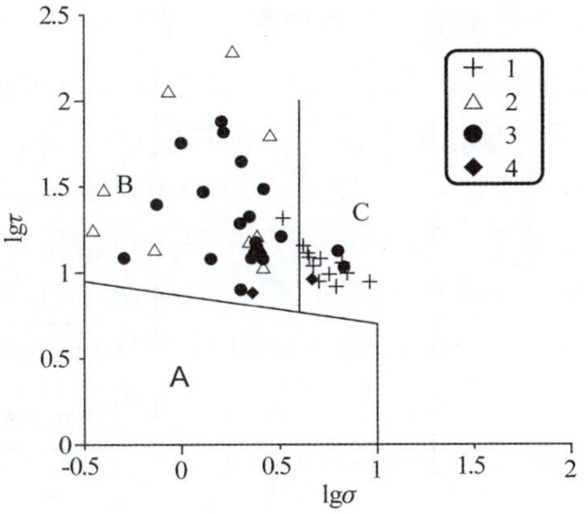

图 4－79　调查区火山岩 lgτ－lgσ 图解

A—稳定构造环境；B—造山带（岛弧及活动大陆边缘）；C—由 A 或 B 区演化的碱性偏碱性岩浆岩。1—布嘎寺组；2—典中组；3—则弄群—多尼组；4—接奴群

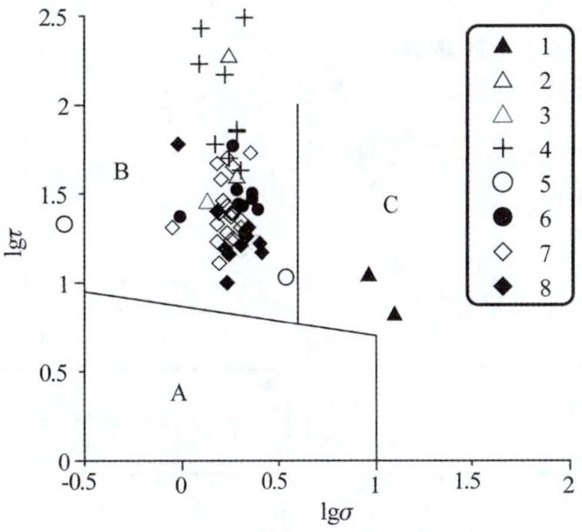

图 4－80　调查区侵入岩 lgτ－lgσ 图解

A，B，C 同图 4－79；

1—喜马拉雅中期正长岩；2，3—喜马拉雅早期花岗岩；4—甲布序列；5—可如勒序列；6—呷龙序列；7—蔡几错序列；8—格嘎序列

在 Rb－（Y＋Nb）相关图（图 4－82，图 4－83），Rb－（Yb＋Ta）相关图（图 4－84，图 4－85）中，燕山晚期火山岩及侵入岩绝大多数也处在火山弧区，而甲布序列钾长花岗岩的三件样品点在图 4－82，图 4－84 中明显偏向于同碰撞花岗岩区，说明燕山晚期除大部分火山岩、侵入岩与板块消减俯冲作用有关外，末期，即在大规模俯冲之后，构造环境可能趋向于往碰撞造山环境、甚至碰撞后环境转变，从而形成了甲布序列 KCG 型花岗岩；Barbarin（1990，1999）认为 KCG 花岗岩是碰撞事件之后松弛上升阶段由于幔源岩浆注入较厚陆壳引起长英物质熔融而产生，通常指示由挤压状态向拉伸状态的转变过程中，不过如前所述，甲布序列钾长花岗岩具有 KCG 与 CPG 的双重特点，也说明它是在同碰撞—碰撞后过渡环境下的产物。

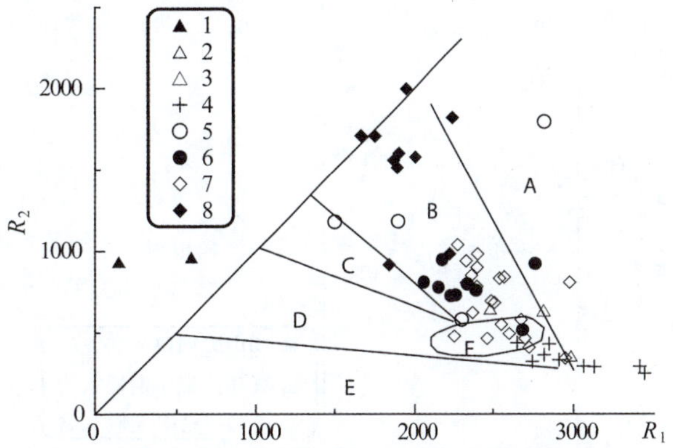

图 4－81　调查区侵入岩 R_1－R_2 图解

（底图据 Batchelor 等，1985）

A—幔源花岗岩；B—消减的活动大陆边缘及碰撞前消碱地区花岗岩；C—高钾钙碱性及板块碰撞后隆起期花岗岩；D—造山晚期及晚造山期花岗岩；E—碱性、过碱性花岗岩；F—同造山及同碰撞花岗岩，其余图例同图 4－80

位于 F_{17} 以南的布多藏布－麦穷错构造－岩浆岩带由喜马拉雅早期火山岩和少量中—酸性侵入岩构成，其岩石地球化学特征与燕山晚期同类岩石十分类似。在图 4－79，图 4－80 中都处在造山带环境区，图 4－82 至图 4－85 中，也大多位于火山弧区。不过，本区喜马拉雅早期岩浆岩形成于 E_1－E_2（并以 65～50 Ma 为主），此时的班公错—怒江特提斯洋早已关闭，因此，其发育必然与南侧雅鲁藏布新特提斯洋洋壳再次向北大规模俯冲、碰撞产生的远程效应有关。

喜马拉雅中晚期碱性正长岩与中新世布嘎寺组火山岩在 lgτ－lgσ 图解（图 4－79，图 4－80）上都位于相对稳定的、由 B 区派生的碱性岩石区，显示了造山后陆内环境的特点。而在图 4－82 至图 4－85 中则位于同碰撞环境，这与此类图解尚不能区分造山后花岗岩与同碰撞花岗岩有关。构造环境的确定必需综合考虑整个区域的地质框架及构造演化。正如前面所指出，本区富钾质岩浆岩与整个藏北高原已发现的新生代钾玄岩系列火山岩以及超钾质火山岩和正长岩完全可以类比，而对此类岩浆岩来源、形成环境的认识虽然不尽一致，但都趋向于碰撞后或造山后陆内汇聚－陆内断陷环境。

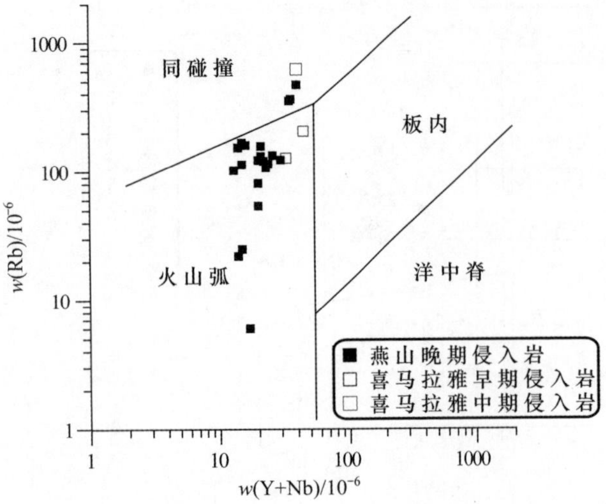

图4－82　调查区侵入岩 Rb－(Y＋Nb) 相关图
（底图据 Pearce，1984）

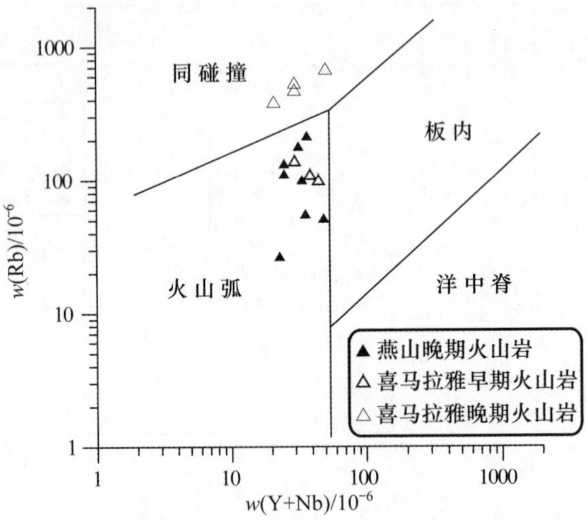

图4－83　调查区火山岩 Rb－(Y＋Nb) 相关图
（底图据 Pearce，1984）

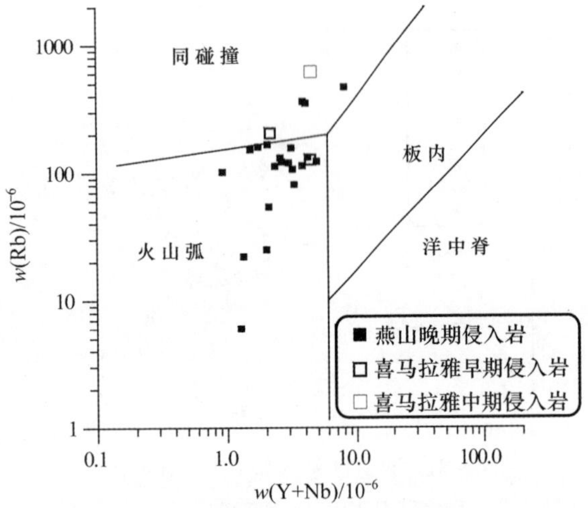

图4－84　调查区侵入岩 Rb－(Yb＋Ta) 相关图
（底图据 Pearce，1984）

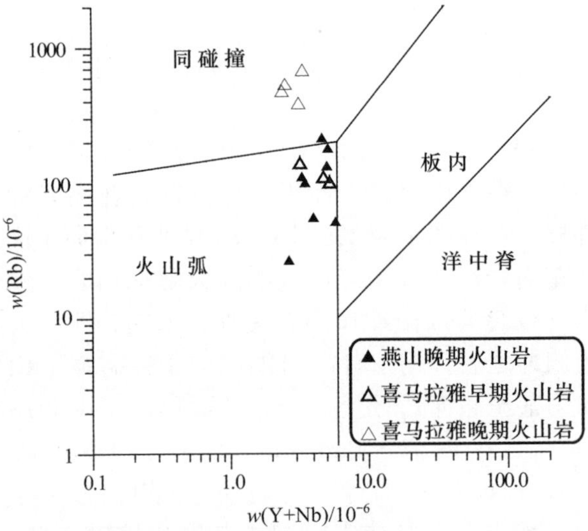

图4－85　调查区火山岩 Rb－(Yb＋Ta) 相关图
（底图据 Pearce，1984）

三、岩浆作用及其地球动力学机制

调查区地处班公错－怒江缝合带的南侧，是冈底斯－念青唐古拉构造－岩浆岩带的重要组成部分。如果以狮泉河—措勤—嘉黎一线为界划分北带和中带（莫宣学，1990）的话，本区主要属冈底斯－念青唐古拉构造－岩浆岩带的北带（图4－1中Ⅱ带），南侧包括了中带（图4－1中Ⅲ带）的一部分，北侧边缘则部分跨入了班公错－怒江缝合带分支——狮泉河－纳木错蛇绿混杂岩带（图4－1中Ⅰ带）。因此，本区岩浆岩的发育无疑与北侧班公错－怒江特提斯洋的形成、发展及消亡过程密切相关，但也包含了南侧雅鲁藏布新特提斯洋壳向北俯冲、碰撞远程效应的叠加。根据区内火山岩与侵入岩的时空关系、成因联系、形成的地球动力学背景，结合区域构造事件，可将岩浆活动划分为燕山期、喜马拉雅早期及喜马拉雅中晚期三个岩浆旋回（表4－16），对应于从洋盆扩张→俯冲消减→碰撞隆升→陆内断陷的一级构造旋回。

表 4－16　岩浆岩序列及岩浆旋回划分简表

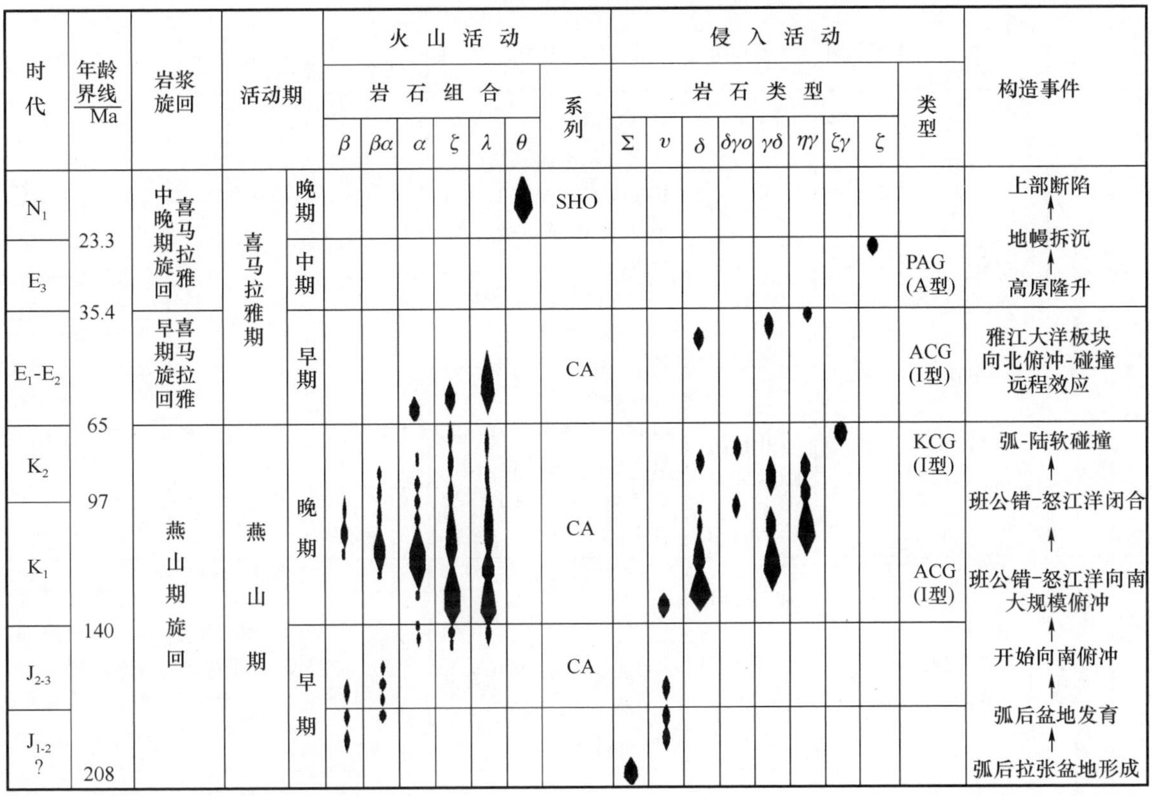

注：β—玄武岩；βα—玄武安山岩；α—安山岩；ζ—英安岩；λ—流纹岩；θ—高钾火山岩；Σ—超基性岩类；ν—辉长岩类；δ—闪长岩及石英闪长岩类；δγο—英云闪长岩类；γδ—花岗闪长岩类；ηγ—二长花岗岩类；ξγ—钾长花岗岩类；ξ—正长岩类；SHO—钾玄岩系列；CA—钙碱性系列；PAG（A 型）—碱性、过碱性花岗岩类（A 型花岗岩）；KCG（I 型）—富钾钙碱性花岗岩类（I 型花岗岩）；ACG（I 型）—含角闪石钙碱性花岗岩类（I 型花岗岩）。

在岩石学、岩石地球化学等资料基础上，以岩浆活动的时间进程为主线，以区域构造演化为框架，进一步建立本区中生代以来岩浆作用与区域构造演化的关系如表 4－17，调查区岩浆活动与地球动力学演化模式如图 4－86。

表 4－17　调查区岩浆作用与区域构造演化的关系

时代	构造		岩浆期	岩浆作用	岩石组合	岩浆性质	岩浆来源	分布	备注
	背景	事件							
中新世—渐新世	断陷盆地	地幔拆沉作用	喜马拉雅晚—中期	火山作用（16～15 Ma）	粗安岩、粗面岩、玄武粗安岩等（布嘎寺组）	钾玄岩系列	MC－M	较少	火山岩略晚
				侵入作用（27.15 Ma）	碱性正长岩（PAG/A 型）	钾质碱性系列		局部	侵入岩略早
始新世—古新世	活动陆缘（岩浆弧）	雅鲁藏布大洋板块向北强烈的俯冲－碰撞	喜马拉雅早期	侵入作用（60～35 Ma）	闪长岩、花岗闪长岩、二长花岗岩（ACG/I 型）	钙碱性系列	MC	局部	侵入岩略晚
				火山作用（65～45 Ma）	流纹岩、安山岩、英安岩（典中组）			南部边缘	火山岩略早

续表

时代	构造		岩浆期	岩浆作用	岩石组合	岩浆性质	岩浆来源	分布	备注
	背景	事件							
白垩纪	岛弧及弧后盆地	班公错-怒江特提斯洋向南俯冲-软碰撞	燕山晚期	侵入作用(110~65 Ma)	石英闪长岩、英云闪长岩、花岗闪长岩、二长花岗岩（ACG/I型）；早期少量辉长岩、闪长岩。晚期少量钾长花岗岩（KCG/I型）	钙碱性系列	MC（M少）	较广泛	侵入岩略晚 花岗岩中常含暗色闪长质细粒包体
				火山作用(130~90 Ma)	流纹岩、英安岩、安山岩、玄武安山岩，少量玄武岩（则弄群为主，多尼组、郎山组上部及竟柱山组少量）				火山岩略早
晚—中侏罗世	扩张的弧后洋盆边缘	班公错-怒江洋盆向南俯冲	燕山早期	侵入作用	辉绿岩 辉长岩	钙碱性系列	MC	调查区北部边缘少量	侏罗纪末开始，洋盆向南俯冲，接奴群地层变形，并有超基性岩及硅质岩构造侵位其中
				火山作用	玄武安山岩、安山岩 英安岩、流纹岩 （接奴群）				
中—早侏罗世?		班公错-怒江洋盆扩张		玄武岩？				调查区北部边缘	硅质岩、超基性岩等准洋壳的形成

（一）燕山期岩浆作用

该旋回与班公错-怒江特提斯洋的形成、发展及消亡历史密切相关。在调查区内的岩石记录则主要反映在中—晚侏罗世至白垩纪大量火山岩以及同期或略后的侵入岩中。

尽管对班公错-怒江缝合带中蛇绿岩成因、形成时间、所代表的地质构造意义等尚存在不同看法，但更多学者持多岛弧-多洋盆的观点，认为特提斯洋的基本格局是由若干洋盆构成，洋盆的消亡和造山带的形成是通过“软碰撞”和“多旋回”演化来实现（殷鸿福等，1998；李兴振等，1995）；古岛弧的存在，就意味着有大洋盆地的存在，班公错-怒江洋盆则代表了特提斯大洋的主域，班公错-怒江板块结合带是特提斯大洋盆地最终闭合消亡的主缝合线。冈底斯复杂碰撞造山带的形成与弧-盆系演化中的弧-弧或弧-陆碰撞作用有关（潘桂棠等，1996，1997；李兴振等，1995）。

燕山早期（J），调查区北部卡马—麦堆一带处在班公错-怒江特提斯洋南侧的一种弧后扩张盆地或有限小洋盆环境，该洋盆向西与狮泉河、向东与纳木错弧后洋盆断续相连；就调查区而言，其南缘大致为现今永错-多雄罗马错断裂。代表洋壳或准洋壳成分的超基性岩和硅质岩的发育是洋盆扩张的记录，而蛇绿混杂岩的发育则是该洋盆消亡的标志。从区域资料看，班公错-怒江特提斯洋及该弧后洋盆的扩张应在中侏罗世及其之前（J_1-J_2?），并在晚侏罗世中后期开始向南俯冲（这比西藏自治区区域地质志认为的班公错-怒江洋壳向南的俯冲作用开始于中侏罗世晚期略有推迟），于 K_1 中早期基本闭合。依据是，弧后盆地南缘（中仓南侧）的接奴群（$J_{2-3}J$）上部开始出现钙碱性火山弧型安山岩-流纹岩组合，洋盆内沉积物本身遭受强烈变形及弱变质后，其上被郎山组（K_1l）灰岩所超覆。而在调查区内那木切—夏康坚以南广大地区的郎山组之下尚发育有2000~4000 m厚度不等的则弄群（K_1Z），其下部火山弧型钙碱性火山岩累计厚度在1000 m以上。早白垩世早期则弄群火山岩形成之时，也正是该带发生构造变形和蛇绿岩构造侵位的时期。

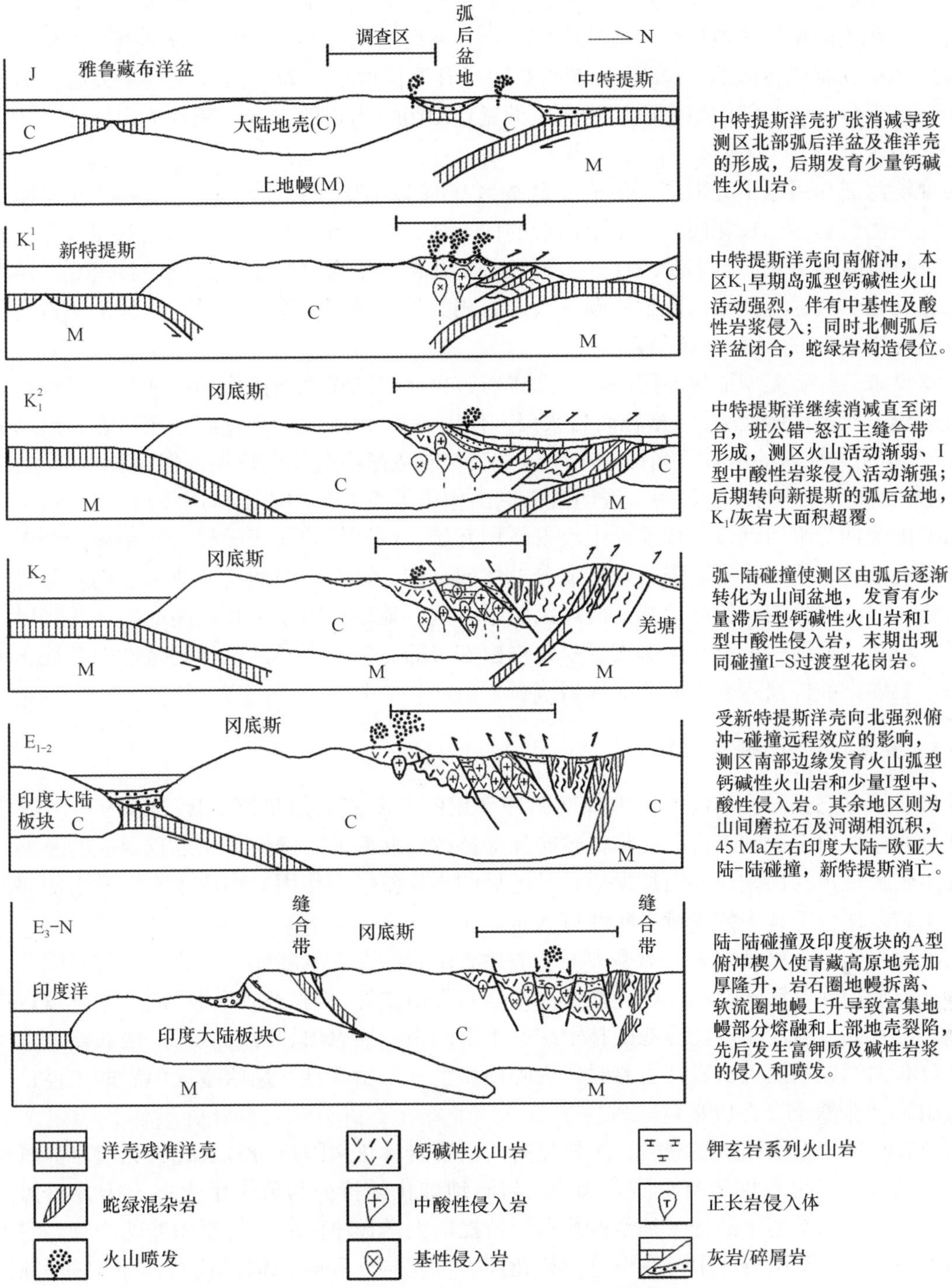

图4－86　调查区岩浆活动与地球动力学演化模式

燕山晚期（K），岩浆活动以大规模的中酸性火山岩喷发开始，它不是北侧接奴群上部火山弧型火山作用简单的继续，空间上明显向南转移（区域资料同样显示这一特点），主要沿着夏康坚—那木切以南发育，并于早白垩世早期最为强烈，构成了以火山熔岩、火山碎屑岩为主的则弄群下部；此后喷发强度减弱，爆发强度增大，早白垩世末—晚白垩世基本平息。

此期火山岩总体属活动大陆边缘或岛弧钙碱性—高钾钙碱性火山岩组合，且具有从酸性→中酸性→中基性→基性→中酸性的演化趋势。由于班公错－怒江特提斯洋壳向南的俯冲，除了在其南侧引发大规模火山弧型钙碱性—高钾钙碱性系列火山喷发外，火山弧靠大陆一侧的塔若错北岸一带可能因陆壳厚度较大等原因还发育部分钾玄质火山岩。

此外，则弄群上部开始，以碎屑岩、火山碎屑沉积岩为主的地层中大量出现石英岩质砾岩，可能是本区由岛弧环境向弧后盆地环境转换的标志，而且从砾岩的分布和砾石成分推测，南侧冈底斯构造带上当时可能存在有“古隆起”。郎山组灰岩超覆所有下伏地层，为一次区域性重大海侵事件，此后的火山活动已十分微弱，郎山组中段、晚白垩世竟柱山组中出现的少量钙碱性火山岩已属于滞后型弧火山岩。

燕山晚期深成作用也十分强烈，形成了调查区90%以上的、以Ⅰ型闪长岩－石英闪长岩－英云闪长岩－花岗闪长岩－二长花岗岩为主要组合的侵入岩，少量辉长岩。从时间上看侵入作用较火山作用略偏晚，持续时间更长，具多阶段性。主要沿着蔡几错—甲布—顿勒—弄巴康日呈北西向发育。中酸性侵入岩的化学属性与同期岛弧型钙碱性火山岩相类似，成因类型主要属与板块消减带有关的Ⅰ型花岗岩或壳－幔混源的ACG型花岗岩。

晚白垩世末，伴随羌塘陆块与冈底斯—念青唐古拉北侧陆缘弧碰撞作用的加剧，壳源物质在花岗岩浆形成过程中所占比例增大，Ⅰ型花岗岩浆侵入作用逐步让位于Ⅰ－S过渡型花岗岩，形成了调查区具有KCG型花岗岩性质的甲布序列钾长花岗岩。反映同碰撞构造环境特点，但这种KCG类花岗岩远不如ACG类发育，持续时间也较短，说明碰撞造山作用远不如俯冲造山作用强烈。

区内燕山晚期岩浆活动以大规模火山喷发作用开始，以钾长花岗岩的侵入作用而告结束；从早到晚，火山活动渐弱，侵入作用渐强，岩浆成分总体向富硅、富碱方向演化。燕山晚期岩浆岩的发育主要是班公错－怒江洋盆向南俯冲消减至碰撞的结果。这一地球动力学过程在冈底斯—念青唐古拉北部的纳木错—申扎—措勤—革吉地区形成了一条规模宏大的、主要由早白垩世钙碱性中基性—中酸性火山岩及燕山晚期中酸性侵入岩构成的陆缘岩浆弧。

（二）喜马拉雅早期岩浆作用

随着班公错－怒江洋在早白垩世中晚期俯冲作用的不断减弱及最终关闭，区内火山活动逐渐平静。古新世开始，由于受到来自南侧雅鲁藏布洋盆持续向北俯冲、碰撞作用远程效应的影响，本区南侧再次发生较大规模的钙碱性火山喷发活动及随后的小规模侵入作用。形成了本区及南侧邻区古新统典中组火山岩及侵位于其中的少量中酸性侵入岩。

该期火山岩为一套典型的火山弧型中—中酸性火山岩组合，属陆相中心式－裂隙式喷发，岩石地球化学特征与燕山晚期钙碱性系列中、酸性火山岩有类似之处，与分布在冈底斯—念青唐古拉东部林周、拉萨、羊八井、麻江及申扎等地区林子宗群下部的中酸性火山岩可以对比。冈底斯－念青唐古拉构造带上分布的钙碱系列火山岩其主要时代为晚白垩世—早始新世，是西藏火山岩的主体，属典型安第斯型火山岩（张双全等，1998）。

喜马拉雅早期侵入作用明显滞后，主要见有闪长玢岩、花岗闪长玢岩及二长花岗岩。属于壳－幔混合源、钙碱性系列的Ⅰ型或ACG类花岗岩，岩石地球化学特征与典中组火山岩十分相似，它们共同构成了冈底斯岩浆弧的一部分，是雅鲁藏布新特提斯大洋板块向北大规模俯冲的产物。雪上勒西侧呈南北向展布的二长花岗岩体中存在少量钾长花岗岩，其岩性和时代构成比目前了解的可能要复杂；如确实属于始新世晚期产物，其形成时间又明显晚于典中组火山岩及其中的闪长玢岩和花岗闪长玢岩，则可能带有碰撞期花岗岩的性质。

本区白垩纪弧火山岩及相应侵入岩大多是由雅鲁藏布新特提斯洋壳和北部班公错－怒江洋壳向冈底斯－念青唐古拉地块之下相向俯冲共同引起的。

（三）喜马拉雅中晚期岩浆作用

调查区内喜马拉雅期岩浆旋回从渐新世至中新世，尽管从早到晚在岩浆活动方式上有所不同，但与整个藏北高原已经发现的钾玄岩系列火山岩或超钾质火山岩及正长岩（如鱼鳞山地区及巴毛穷宗地区等）的形成时间（36～10 Ma）可以对比。据邓晋福等（1998）的研究，青藏高原新生代富钾（高钾钙碱性岩系－钾玄岩系－超钾质碱性岩）岩浆活动从45 Ma开始，并主要集中于晚始新世

(39～38 Ma)、渐新世（约为29～27 Ma）和中新世（约为24～14 Ma）。

布嘎寺组（N_1b）富钾质火山岩与碱性正长岩的同位素年龄也正好位于上述时间段内。它们在空间上密切相伴，形成时间相近，成分上具有明显的亲缘关系。是渐新世（36～35 Ma）起，因高原隆升、地壳加厚引起的地幔拆沉、陆内裂陷这一相同构造背景及地球动力学机制下岩浆活动的产物。

目前普遍认识到青藏高原新生代富钾火山岩（高钾钙碱性岩系—钾玄岩系—超钾质碱性火山岩）是大陆碰撞造山后期岩浆作用的产物，同位素地质学资料表明富钾岩浆来源于高原陆壳下同化了大量地壳物质的富集地幔（丁林等，1999）或岩石圈下部壳－幔混合层（邓万明，1989，1993）的低度部分熔融。但对于其形成的构造背景却有着不同认识。

邓万明（1989，1991）将其归因于陆内俯冲挤压环境和陆内裂谷拉张环境；郑祥身等（1996）将其与始新世以来东西向大型逆冲走滑以及近南北向拉张活动相联系；丁林等（1999）认为与早期高原地壳和岩石圈的加厚及后期岩石圈底部拆离作用引起的隆升和陆内裂陷有关系。李光明（2000）和王成善等（2001）推断其形成与陆内不同方向的俯冲有关。

印度与欧亚板块的碰撞大约在60～45 Ma期间，而始新世中期即45 Ma左右是印度－欧亚大陆主体碰撞的高峰。印度地壳俯冲进入班公错－怒江缝合线以北的高原地幔及软流圈，高原地壳和岩石圈不断加厚隆升的同时，高原北部及其腹地深部的地幔受到大量洋壳沉积物及陆壳物质广泛交代而形成为富集地幔。随后，尤其渐新世以来，受到东西向拉张的影响（Coleman and Hodges，1995）使冷而重的高原岩石圈地幔底部发生拆沉，热而轻的软流圈地幔上涌（England and Houseman，1989）、减压，产生局部熔融，富集地幔部分熔融程度的不同能够导致超钾质及钾质岩浆的产生（Vollmer and Norrry，1983；Conticelli and Peccerillo，1992）。热的软流圈的快速上升不仅可以抵消地表的塌陷和下降，甚至还会使高原进一步抬升并同时加大地壳上部的拉伸作用（高锐等，1998）。钾质及超钾质岩浆的喷发或侵入活动则受到高原北部及其腹地一些基底深大断裂和地壳上部拉张型断陷盆地的控制。但也不排除在高原周边因A型俯冲或因走滑拉分作用产生新生代高钾钙碱性和钾玄岩系列火山岩的可能。事实上，如果从更广泛的地球动力学背景考虑，高原岩石圈深部拆沉和上部裂陷作用与晚新生代以来印度块体向北以及塔里木块体向南的陆内俯冲作用有着密不可分的关系，都是高原岩石圈构造演化机制的一部分。措勤地区及整个高原中北部新生代富钾火山活动正是在这种动力学背景下发生的，是陆－陆碰撞后岩石圈演化的产物。

第五章 构 造

第一节 概 述

一、调查区大地构造背景

调查区在Ⅰ级大地构造单元上属冈底斯－念青唐古拉板片。北邻班公错－怒江缝合带，南侧为雅鲁藏布江缝合带。在次级大地构造单元上，调查区主体属革吉－措勤复合弧后盆地，东北角少量地区属狮泉河－申扎结合带（此带可能属班公错－怒江带的一个分支），南部图幅边界一带属隆格尔－江达断隆带（图5－1）。

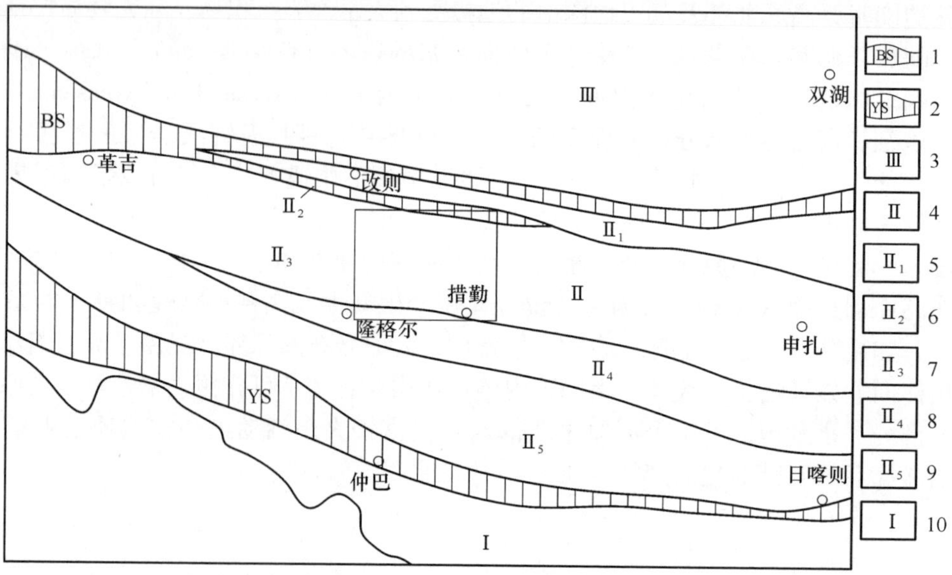

图5－1 调查区大地构造位置图

1—班公错－怒江结合带；2—雅鲁藏布江结合带；3—羌塘复合板片；4—冈底斯板片；5—班戈燕山晚期岩浆弧带；6—狮泉河—申扎结合带；7—革吉－措勤复合弧后盆地；8—隆格尔－江达断隆带；9—冈底斯岩浆弧带；10—喜马拉雅板片

二、调查区构造层划分

根据地层接触关系、地层形成的构造背景及变形特征，可将调查区构造层划分如下：

1）晚古生代构造层：该构造层的地层单元为泥盆系查果罗玛组（$D_{2-3}c$）；石炭系永珠组（C_1y）；石炭－二叠系拉嘎组（C_2P_1l）；二叠系昂杰组（P_1a）、下拉组（P_2x）及坚扎弄组（P_3j）。该构造层主要分布于调查区的中部和北部，其变形较强，多以断片产出。总体构造线为北西或北西西向，褶皱类型以紧闭褶皱为主，轴面向北北东陡倾。

2）侏罗纪构造层：由侏罗系接奴群（$J_{2-3}J$）构成，主要分布于调查区东北角，总体构造线以北西向为主，褶皱类型多为紧闭褶皱，轴面倾向北西。在调查区北缘，紧靠班公错－怒江结合带的接奴群（$J_{2-3}J$）变形强烈，具浅变质及劈理化，构造线方向与班公错－怒江带走向一致，为东西向。

3）早白垩世构造层：由则弄群（K_1Z），多尼组（K_1d）、郎山组（K_1l）构成，为调查区的主构造层，总体构造线以北西西向为主，褶皱类型多为中常褶皱，轴面向北北东倾斜。该构造层内的这三个地层单元在空间上具超覆关系。其中以郎山组分布最广，超覆于调查区所有老地层之上。

4）晚白垩世构造层：仅分布于调查区南部，由竟柱山组（K_2j）构成，总体构造线为东西向，褶皱类型为中常—宽缓褶皱。

5）古新世构造层：仅分布于调查区南部边缘。由林子宗群典中组（E_1d）构成，总体构造线为东西向，褶皱类型以发育宽缓褶皱为特征。

6）始—渐新世构造层：仅分布于调查区北东角，由丁青湖组（$E_{2-3}d$）构成。构造线为东西向，以发育开阔 - 宽缓褶皱为特征。

7）中—上新世构造层：零星分布于调查区的中部和北部。由布嘎寺组（N_1b）和唢呐湖组（$N_{1-2}s$）构成。岩层产状近于水平或形成开阔褶皱。

8）上新世—早更新世构造层：仅小面积分布于调查区的南部，由洁居纳卓组（N_2Qp_1j）构成，基本上未发生构造变形，岩层产状近于水平。

三、构造变形单元划分

调查区构造变形强烈，类型丰富、构造形迹清楚，主要发育有褶皱、断层、构造混杂、大型地垒。构造线以北西西向为主，兼具南北向、北西向及东西向。从构造变形特征看以挤压变形为主，兼具旋扭、走滑及拉张构造。从纵向各构造层由老到新，变形强度由强变弱，从横向上调查区由北向南，变形强度由强变弱。总观调查区构造变形特征（图 5 –2），可划分出如下一些构造变形单元：卡马构造混杂带（Ⅰ)、可如勒 - 雪上勒断褶带（Ⅱ)、措勤 - 塔若错坳褶带（Ⅲ)、麦穷错宽缓向斜带（Ⅳ)、夏康坚地垒带（Ⅴ）（图 5 –3）。

第二节 构造变形单元分述

一、卡马构造混杂带

该构造带分布于调查区北缘，属狮泉河 - 申扎结合带（此带可能为班公错 - 怒江带的分支）在调查区内的延伸部分，调查区内出露面积较小，约为 30 km^2，大部分被渐新统及第四系覆盖。该混杂带主要由基质和夹于其间的构造残片两大部分构成（图 5 –4，图 5 –5）。基质与构造残片之间均为断层接触，表现为构造夹片与基质之间不但在成分上为突变关系，而且在构造变形上也不协调，但构造残片的长轴方向与基质片理方向近于平行，互相协调。

混杂带中的基质是由侏罗系接奴群上段（$J_{2-3}J^2$）组成，这些基质岩石大都遭受浅变质，变为千枚岩、板岩和变质砂岩，并且劈理化强烈，在部分地段还可见有千糜岩和糜棱岩，新生的透入性面理已将岩层层理置换。在泥质岩中的劈理类型主要为流劈理（图版Ⅻ –3），在砂岩中所发育的劈理类型主要为破劈理，微劈石多呈长条状或长透镜状，劈理域宽度一般为 3 ~8 mm，劈理域中多为绢云母充填，其长轴方向与劈理面近于平行。在大部分地段原始面理（S_0）与第一期面理（S_1）近于平行，局部地段仍可见有 S_0与 S_1斜交的现象（图 5 –6）。从整个基质部分的变形特征上看，曾遭受多期次和多层次的构造变形。在野外露头及薄片中均能看见早期面理被褶皱及叠加的现象，第一期面理多为绢云母、石英等构成的千枚理和板理，第二期面理（S_2）主要为折劈理和破劈理（图 5 –7）。

该混杂带中的构造残片主要由变质超基性岩、变硅质岩、蚀变辉长岩及辉绿岩。这些构造残片变形、变质、蚀变、角砾岩化均十分强烈，原岩面貌已面目全非，野外很难识别。变质超基性岩大部分已强烈硅化和碳酸盐化，呈灰色或浅灰红色，局部可见有深灰绿色透镜状蛇纹岩残块，在薄片中可见有变余纤状结构的蛇纹石，表明先期遭受强烈的构造作用及蛇纹石化，还可见有残余网环状结构，蛇纹石局部保留有橄榄石的假象，其原岩可恢复为纯橄榄岩。变超基性岩的变化顺序为：蛇纹石化→角砾岩化→硅化→碳酸盐化。在蚀变的辉长岩和辉绿岩中普遍遭受不同程度的变形变质改造，如片理

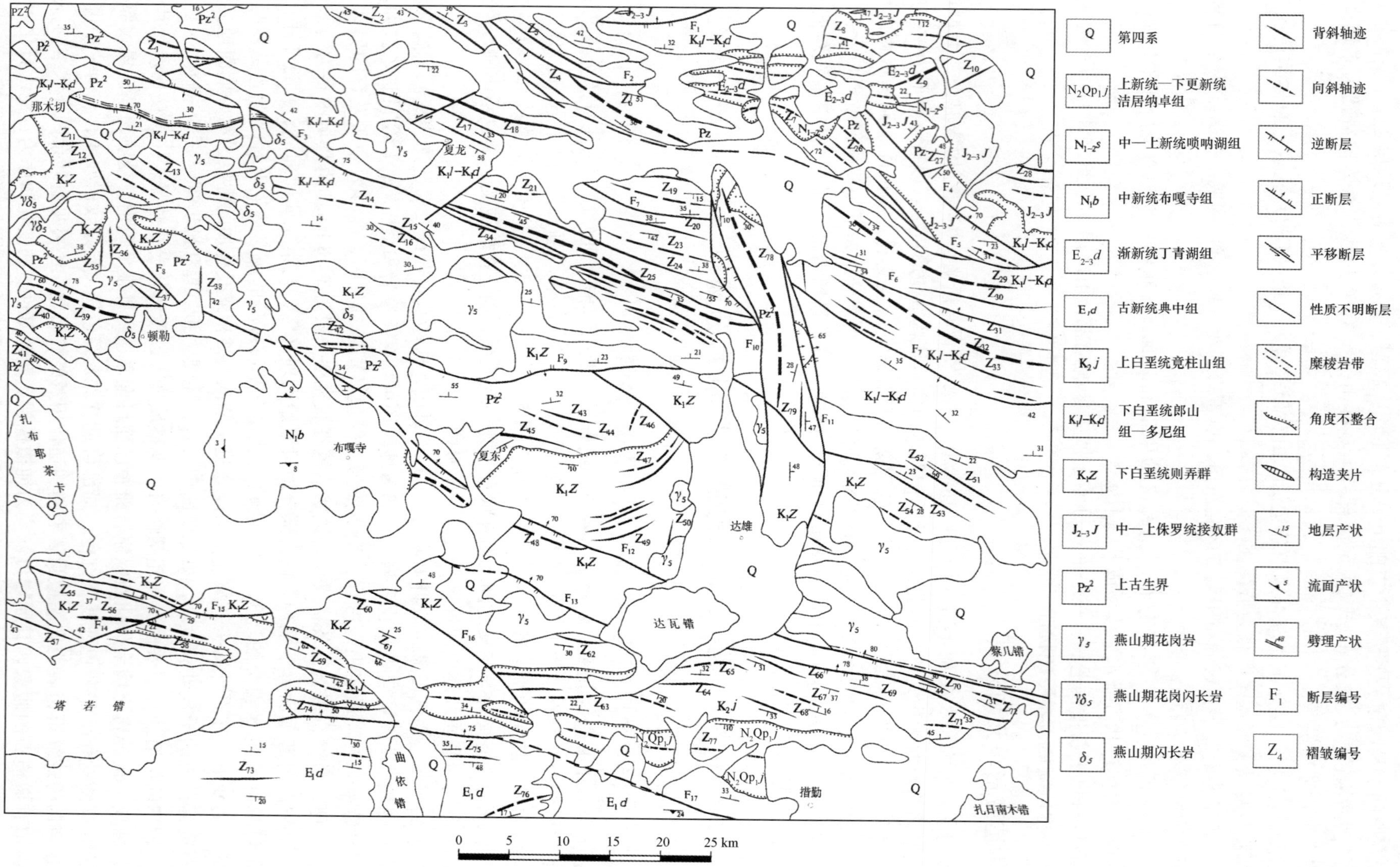
Q 第四系
N_2Qp_1j 上新统—下更新统洁居纳卓组
$N_{1-2}s$ 中—上新统唢呐湖组
N_1b 中新统布嘎寺组
$E_{2-3}d$ 渐新统丁青湖组
E_1d 古新统典中组
K_2j 上白垩统竟柱山组
K_1l-K_1d 下白垩统郎山组—多尼组
K_1Z 下白垩统则弄群
$J_{2-3}J$ 中—上侏罗统接奴群
Pz^2 上古生界
γ_5 燕山期花岗岩
$\gamma\delta_5$ 燕山期花岗闪长岩
δ_5 燕山期闪长岩
背斜轴迹
向斜轴迹
逆断层
正断层
平移断层
性质不明断层
糜棱岩带
角度不整合
构造夹片
地层产状
流面产状
劈理产状
F_1 断层编号
Z_4 褶皱编号
那木切
夏龙
顿勒
扎布耶茶卡
布嘎寺
夏东
达雄
达瓦错
紫儿错
塔若错
曲依错
措勤
扎日南木错
0 5 10 15 20 25 km

图 5-2 构造纲要图

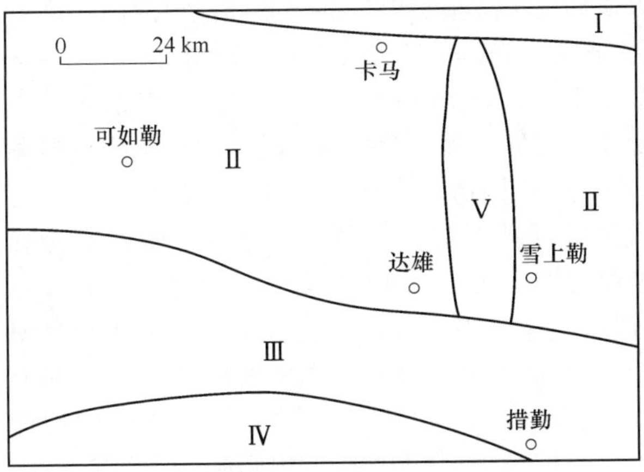

图 5－3　构造变形单元划分简图

图例说明见正文

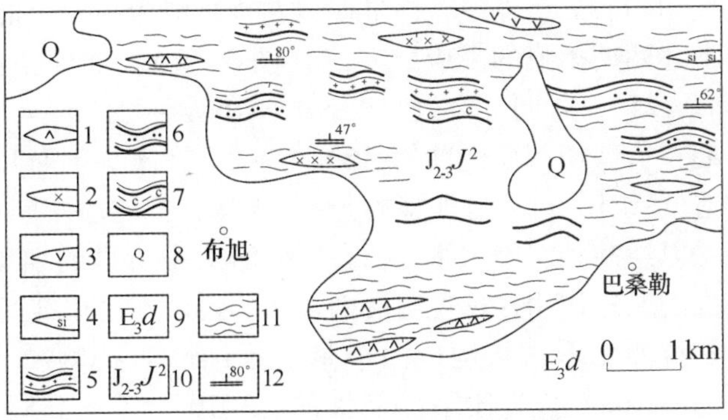

图 5－4　卡马构造混杂带构造简图

1—变超基性岩夹片；2—辉长岩夹片；3—玄武岩夹片；4—硅质岩夹片；5—变砂岩；6—变粉砂岩；7—碳质板岩；8—第四系；9—丁青湖组；10—接奴群上段；11—劈理化带；12—劈理产状

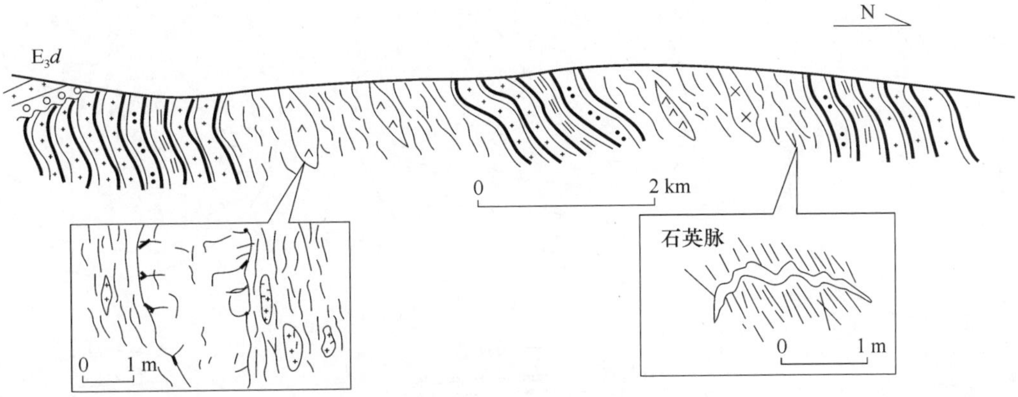

图 5－5　卡马构造混杂带剖面图

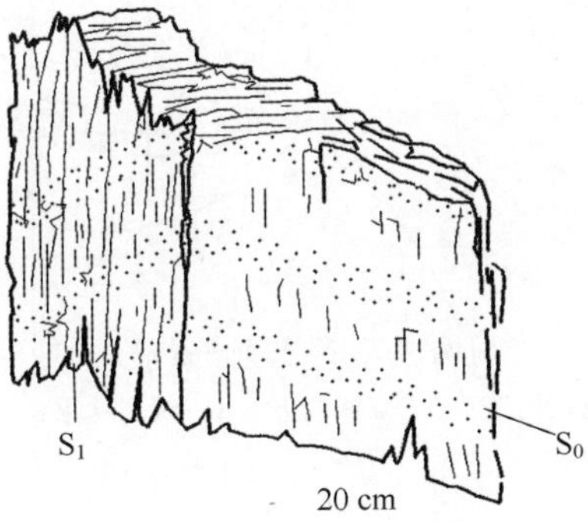

图 5－6　卡马构造混杂带中 S_0 与 S_1 斜交素描

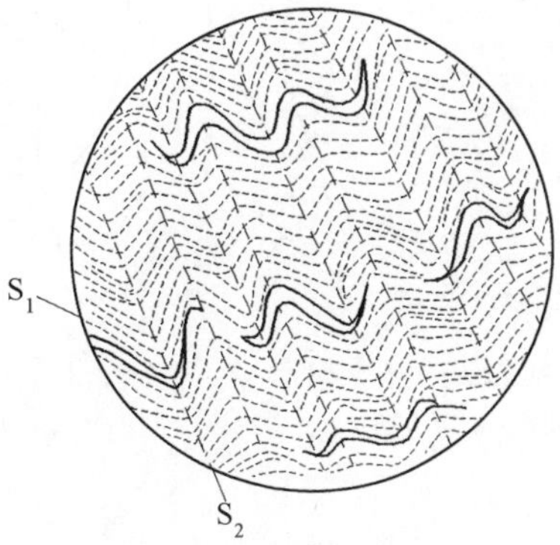

图 5－7　卡马构造混杂带两期劈理素描图

薄片素描 10×10

S_1 为千枚理，S_2 为折劈理

化、千糜岩化、糜棱岩化、绢云母化及绿泥石化，而在后期又遭受脆性变形的叠加，如折劈理、破劈理（图版Ⅻ－1）及角砾岩化（图版Ⅻ－2）。

在混杂带的劈理面上可见有大量擦痕，其劈理面产状主要为北倾 10°左右，倾角在 70°左右，劈理面上的擦痕主要有两组较为明显的擦痕，一组擦痕的侧伏角在 85°以上，反映逆冲性质；另一组擦痕的侧伏角和侧伏向为 20°～10°东。反映以左行走滑为主。从擦痕的交切关系及清晰度看，前一组擦痕切割后一组擦痕，即早期以左行走滑为主，后期以逆冲为主。根据劈理面产状及擦痕的产状可求得上述两期擦痕的主应力方位（图 5－8）。前期主应力产状：$\sigma_1=67°\angle 2°$，$\sigma_2=332°\angle 65°$，$\sigma_3=158°\angle 25°$；后期主应力产状：$\sigma_1=16°\angle 40°$，$\sigma_2=282°\angle 5°$，$\sigma_3=186°\angle 58°$。从应力状态也能反映早期左行剪切后期逆冲的运动学特征。在露头剖面和薄片中可见有大量的指示运动方向的小构造和微构造（图 5－9），有典型的 S－C 组构，拖尾、书斜构造、核幔构造。大量的统计表明，其剪切指向也是以逆冲和左旋为主。结合野外露头中所见的细颈化和布丁构造等，可判断在垂直 Z 轴的面上有强烈的压扁作用，这说明沿构造面的运动不是单纯的简单剪切，而是一种挤压剪切，沿 X 轴、Y 轴有剪切拉伸变形。从构造混杂带中重结晶石英颗粒光轴组构分析中，其石英光轴优选方位组构图（图 5－10a）以近于平行 X 轴的 {1010} <C> 高温（>650℃）组构为主，次要的极密在 Y 轴附近（图 5－10b），反映一种中温菱面石英组构（{1011} <a>，温度 350～450℃）。高中温石英组构的存在，说明该混杂带形成的构造层次较深。早期为深层次，后期为中层次。从组构图的运动学特征看，主要反映逆冲左行剪切。

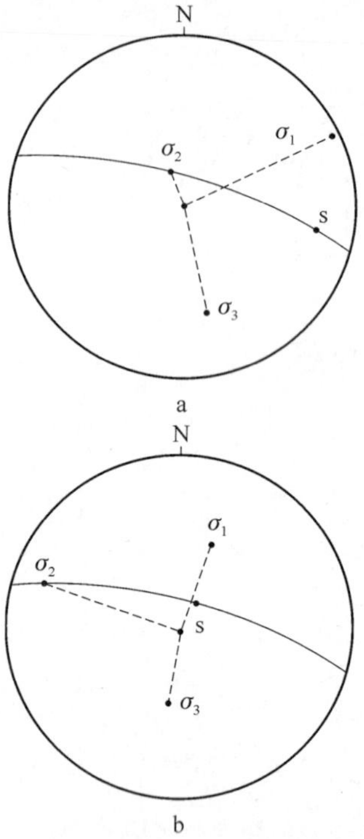

图 5－8　主应力方位赤平投影

a 为早期；b 为后期

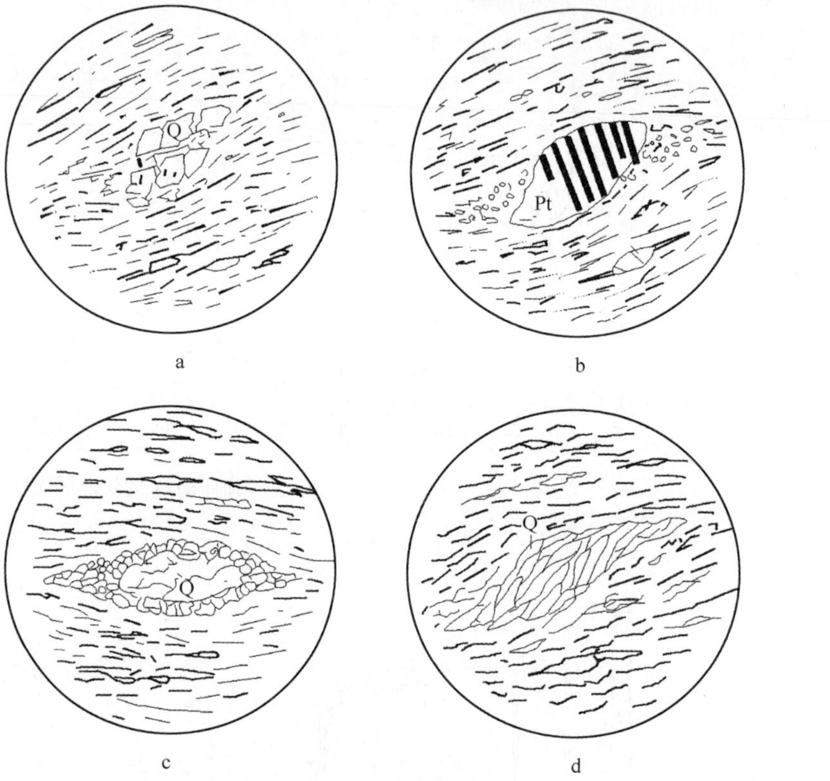

图 5－9　卡马构造混杂带显微素描

a—书斜状残斑；b—拖尾构造；c—核幔构造；d—斜列状重结晶颗粒

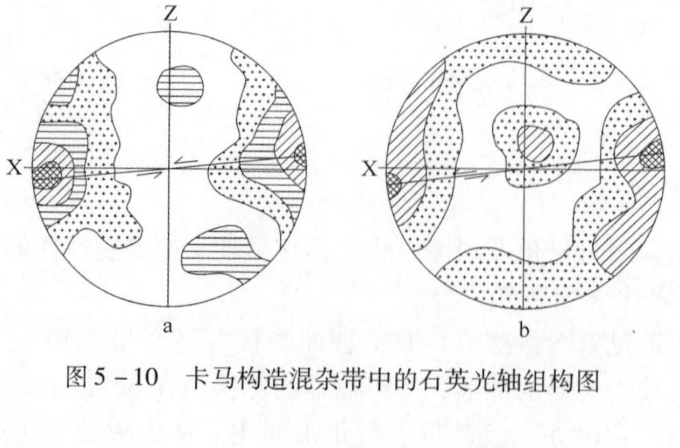

图 5－10　卡马构造混杂带中的石英光轴组构图

二、可如勒－雪上勒断褶带

该带分布于调查区的中部和北部，占整个调查区的大部分地区，北界以 F_1 断层与卡马混杂带相邻。南界为蔡几错－格嘎断层 F_{12} 断层。此构造变形单元为调查区最主要的变形带。该带地层出露较多。调查区的古生代地层均在该带出露，而且大部分燕山期侵入岩体也在此带出露。该带构造复杂，褶皱、断层发育。总体构造线方向以北西和北西西为主，褶皱以紧闭和中常褶皱为主。断层多为逆冲断层，断层面以向北倾或北北东倾为主。此带内构造层发育较全，包括古生代构造层、侏罗纪构造层、早白垩世构造层、渐新世构造层及中—上新世构造层。

1. 褶皱构造

该带内褶皱极为发育，多为等厚（平行）褶皱。变形强度由北向南减弱。各个构造层的变形强度不一，总的来看，构造层越老，变形越强烈，变形样式也越复杂。以下按构造变形层次分述。

（1）古生代构造层内的褶皱

古生代构造层主要由泥盆系查果罗玛组（$D_{2-3}c$）、石炭系永珠组（C_1y），石炭－二叠系拉嘎组（C_2P_1l）、二叠系昂杰组（P_1a）、下拉组（P_2x）及坚扎弄组（P_3j）构成，其内褶皱极为发育，但其规模都不大，以中小型褶皱为主，一般长约 5～8 km，宽约 1～2 km，多在同一套地层内部褶皱，形成连续的波状弯曲。转折端多为圆弧形，翼间角 70°～120°，以中常或紧闭的平行褶皱为主（图 5－11）。按里卡德分类主要为直立水平褶皱和斜歪倾伏褶皱。根据数十个褶皱参数的统计（图 5－12；表 5－1），可以看出其轴面近于直立，微向北北东倾斜，轴向以北西向为主；枢纽近于水平，沿北西－南东向延伸。另外古生代构造层中还保留有少量近南北向的褶皱构造，这些褶皱多在调查区中部可如勒、夏康坚一带，出露于断块的内部，后期的改造较少，从变形特征上看其褶皱规模较大，变形不太强烈，如夏康坚向斜（Z_{78}），该向斜核部地层由二叠系下拉组灰岩构成，两翼主要为石炭系拉嘎组碎屑岩。其两翼产状较缓，多在 10°～25°之间，轴面近于直立，轴向南北，枢纽在南北两端扬起，倾伏角 5°～10°，转折端呈圆弧形。规模上看，其长约40 km，宽 5～8 km，构成夏康坚地垒断块山的主体。

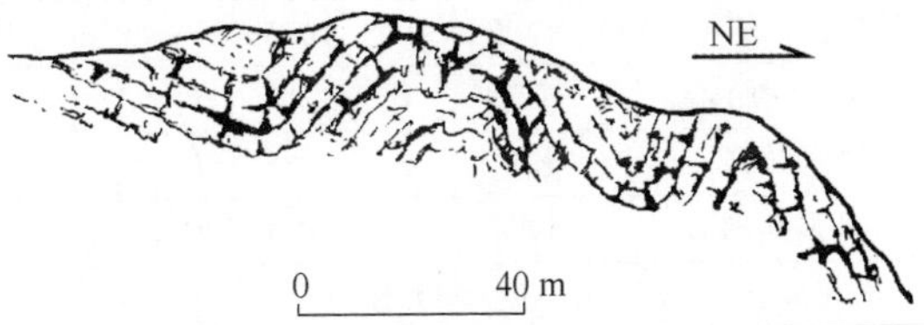

图 5－11　二叠系下拉组中的褶皱素描

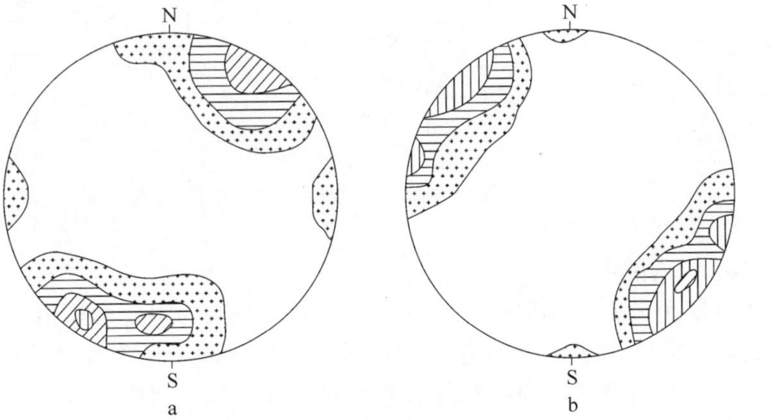

图 5－12　古生界内褶皱参数统计等值线图

a—轴面法线；b—枢纽

（2）侏罗纪构造层内的褶皱

侏罗纪构造层分布于调查区东北角，出露面积较小，约为 200 km²，由侏罗系接奴群（$J_{2-3}J$）构成，其岩性多为灰色—灰绿色中层—薄层状砂岩、粉砂岩、泥岩夹灰岩。其内部褶皱构造发育。其褶皱的规模不大，多在侏罗系接奴群内部呈连续的波状弯曲（图 5－13）。一般长约 5 km，宽约 1 km，呈短轴状。横剖面形态上多为平行等厚褶皱，转折端呈圆弧形，翼间角在120°左右，属中常—开阔褶皱类型，轴面近于直立，轴向北西向，枢纽的倾伏向多为南东，倾伏角在8°左右。按里卡德分类其褶皱类型主要为直立水平褶皱和斜歪水平褶皱（表5-2）。

表5-1　古生代构造层内褶皱参数统计及计算

褶皱名称及编号	轴迹	规模/km		地层		褶皱特征				褶皱类型
		长	宽	核部	翼部	两翼代表性产状/(°)	翼间角/(°)	枢扭/(°)	轴面/(°)	
克且罗布根背斜 Z_{43}	NWW	9	4	P_2x	P_2x	230∠9，315∠32	148	239∠9	152∠75	斜歪水平背斜
桑穷浦向斜 Z_{44}	NWW	9	4	P_2x	P_2x，P_1a，C_2P_1l	230∠9，45∠35	136	316∠1	226∠77	斜歪水平向斜
门当背斜 Z_{45}	NWW	8	3.5	C_2P_1l	P_1a	45∠37，220∠82	61	130∠3	42∠67	斜歪水平背斜
郎木宗日据背斜 Z_{41}	NWW	8	2.5	P_2x	P_2x	215∠55，24∠57	111	299∠8	209∠89	直立水平背斜
列色背斜 Z_{40}	NW	6	4	P_1x	P_2x	223∠27，50∠19	134	136∠1	46∠86	直立水平背斜
邦尺拉向斜 Z_{39}	NWW	14	4.5	P_2x	P_2x	185∠60，50∠40	80	109∠23	24∠79	斜歪水平向斜
普杰日背斜 Z_{38}	近SN	6	2.5	P_2x	P_2x	280∠50，120∠45	85	199∠11	110∠87	直立倾伏背斜
荣那背斜 Z_{37}	NW	6	3	P_2x	P_2x	230∠30，50∠55	95	140∠0	230∠77	斜歪水平背斜
普耳多向斜 Z_1	NWW	7	3.5	P_2x	P_2x	173∠12，21∠32	136	104∠4	193∠80	直立水平向斜
次尼向斜 Z_2	NW	7.5	3.5	P_2x	P_2x	206∠41，45∠50	91	127∠9	216∠85	直立水平向斜
割下儿麦背斜 Z_3	NW	12.5	8	P_2x	P_2x	221∠24，43∠22	106	129∠6	42∠89	直水水平背斜
娃儿背斜 Z_4	NW	8	4	C_2P_1l	P_1a	215∠26，30∠24	130	303∠1	33∠89	直立水平背斜
刊拉砬嘎卡背斜 Z_5	NW	12	4	C_2P_1l	P_1a，P_2x	225∠46，45∠37	97	135∠0	45∠85	直立水平背斜
次日阿拉向斜 Z_6	NW	16	4.5	P_2x	P_1a，C_2P_1l	225∠28，50∠28	124	138∠1	228∠90	直立水平向斜
夏康坚向斜 Z_{78}	近SN	34.5	5.5	P_2x	C_2P_1l	247∠25，77∠21	134	162∠2	72∠88	直立水平向斜

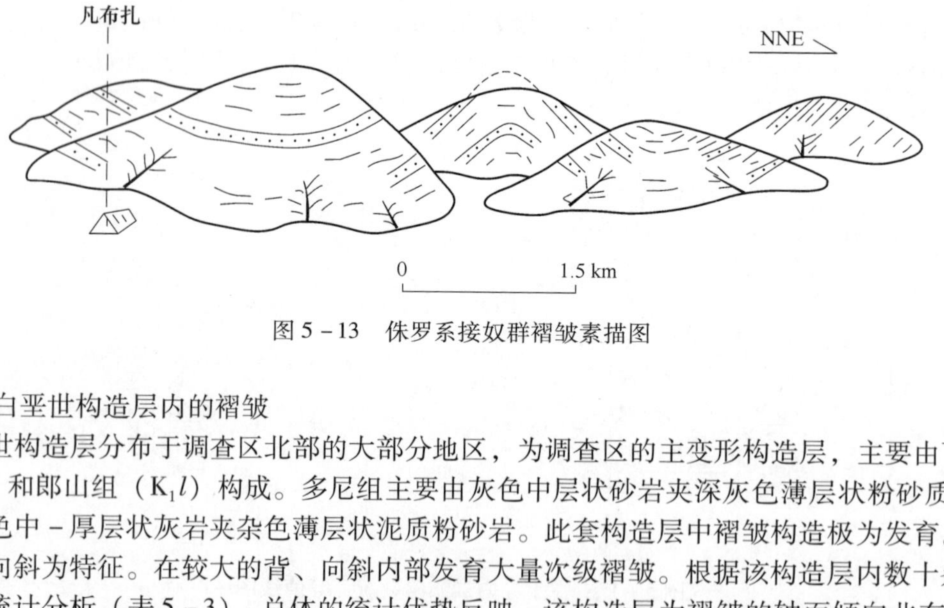

图5-13　侏罗系接奴群褶皱素描图

（3）早白垩世构造层内的褶皱

早白垩世构造层分布于调查区北部的大部分地区，为调查区的主变形构造层，主要由下白垩统多尼组（K_1d）和郎山组（K_1l）构成。多尼组主要由灰色中层状砂岩夹深灰色薄层状粉砂质泥岩构成；郎山组为灰色中-厚层状灰岩夹杂色薄层状泥质粉砂岩。此套构造层中褶皱构造极为发育。主要以发育复式背、向斜为特征。在较大的背、向斜内部发育大量次级褶皱。根据该构造层内数十条背、向斜的褶皱要素统计分析（表5-3），总体的统计优势反映，该构造层为褶皱的轴面倾向北东20°，倾角在80°左右，枢纽近于水平，向南东115°方向微倾伏，倾伏角5°左右。翼间角大部分集中在100°~120°之间（图5-14），属中常褶皱。绝大多数的小型褶皱多集中分布于郎山组第二段（K_1l^2）内，由于郎山组第一段和第三段为能干性较强的中-厚层状灰岩，所夹的第二段则为能干性较弱的薄层泥质粉砂岩或粉砂质泥岩等，因而由于能干性较强的中厚层灰岩的层间滑动，造成在郎山组第二段内部形成大量层间小褶皱（图5-15）。

表 5-2 侏罗纪构造层内褶皱参数统计及计算

褶皱名称及编号	轴迹	规模/km		地层		褶皱特征				褶皱类型
		长	宽	核部	翼部	两翼代表性产状/(°)	翼间角/(°)	枢扭/(°)	轴面/(°)	
几布扎背斜	NE	2	1.5	$J_{2-3}J$	$J_{2-3}J$	110∠70，40∠8	113	23∠8	298∠54	斜歪水平背斜
几布扎向斜	NW	4	2.5	$J_{2-3}J$	$J_{2-3}J$	195∠30，40∠8	143	110∠3	20∠79	斜歪水平向斜
沃眉龙弄背斜 Z_{28}	NWW	3	2	$J_{2-3}J$	$J_{2-3}J$	187∠12，58∠31	140	135∠8	44∠80	直立水平背斜
						195∠30，60∠21	133	123∠10	34∠85	直立水平背斜
沃眉弄向斜	NW	2	5	$J_{2-3}J$	$J_{2-3}J$	60∠21，205∠20	141	133∠6	223∠89	直立水平向斜
						58∠31，202∠28	124	131∠10	221∠88	直立水平向斜
各布达向斜	NWW	3	3	$J_{2-3}J$	$J_{2-3}J$	43∠31，210∠23	126	128∠3	217∠86	直立水平向斜
扎弄马尔多背斜	NW	2.5	2	$J_{2-3}J$	$J_{2-3}J$	230∠31，45∠31	118	318∠2	48∠90	直立水平背斜

表 5-3 早白垩世构造层内褶皱参数统计及计算

褶皱名称及编号	轴迹	规模/km		地层		褶皱特征				褶皱类型
		长	宽	核部	翼部	两翼代表性产状/(°)	翼间角/(°)	枢扭/(°)	轴面/(°)	
火郎目拉向斜 Z_{13}	NW	17	1.5	K_1l^2	K_1l^2	西段 215∠62，36∠27	91	125∠0	35∠72	斜歪水平向斜
						东段 220∠26，24∠10	144	306∠2	35∠82	直立水平向斜
川坝背斜	NW	12	2	K_1l^2	K_1l^2	192∠72，36∠27	97	105∠10	20∠67	斜歪水平背斜
齐日阿向斜 Z_{14}	近 EW	6.5	2	K_1l^2	K_1l^2	西段 23∠14，194∠17	149	108∠1	18∠88	直立水平向斜
						东段 340∠18，210∠36	131	285∠11	13∠80	直立倾伏向斜
耶弄弄巴背斜 Z_{15}	NW	8	4	K_1d	K_1l^1 K_1l^2	18∠40，250∠30	118	309∠17	221∠84	直立倾伏背斜
萨勒向斜 Z_{16}	NW	12	6	K_1l^2	K_1l^1 K_1d	250∠30，18∠15	139	324∠9	53∠82	直立水平向斜
格尾龙背斜 Z_{17}	NW	14	3	K_1d	K_1d	西段 218∠51，40∠46	97	129∠1	39∠87	直立水平背斜
						东段 221∠58，40∠33	91	311∠0	41∠77	斜歪水平背斜
甲曲背斜 Z_{24}	NWW	32	4	K_1d	K_1l^{1-2}	西段 20∠30，195∠50	100	107∠2	17∠80	直立水平背斜
						中段 15∠10，210∠25	145	296∠2	26∠82	直立水平背斜
						东段 20∠38，208∠25	117	293∠2	203∠83	直立水平背斜
吉朗拉向斜 Z_{25}	NWW	30	3	K_1l^1	K_1d	西段 190∠61，8∠23	96	280∠1	9∠71	斜歪水平向斜
						中段 190∠45，8∠15	120	280∠0	9∠75	斜歪水平向斜
						东段 215∠30，40∠25	125	127∠1	37∠87	直立水平向斜
热穷加勒背斜 Z_{20}	NWW	12	3	K_1d	K_1l^1	15∠35，200∠30	115	287∠2	197∠87	直立水平背斜
八摆弄向斜 Z_{23}	NWW	14	6	K_1l^1	K_1d	西段 25∠27，190∠40	113	106∠5	16∠83	直立水平向斜
						东段 20∠25，223∠35	121	304∠6	33∠85	直立水平向斜
达木拉我咋背斜	NWW	20	2.5	K_1l^2	K_1l^2	西段 190∠20，35∠20	141	113∠5	203∠90	直立水平背斜
						中段 200∠65，25∠39	104	111∠3	22∠77	斜歪水平背斜
						东段 201∠42，33∠31	107	116∠4	26∠84	直立水平背斜

褶皱名称及编号	轴迹	规模/km		地层		褶皱特征				褶皱类型
		长	宽	核部	翼部	两翼代表性产状/(°)	翼间角/(°)	枢扭/(°)	轴面/(°)	
扎贡弄巴向斜 Z_{34}	NWW	28	3	K_1l^3	K_1l^2	西段 220∠75，42∠45	120	130∠2	41∠75	斜歪水平向斜
						中段 205∠45，28∠59	104	117∠2	207∠83	直立水平向斜
						东段 203∠33，27∠43	104	115∠2	205∠85	直立水平向斜
重鲁下达卡背斜 Z_{31}	NW	24	5	K_1l^3	K_1l^3	西段 220∠43，33∠14	123	309∠1	38∠75	斜歪水平背斜
						中段 211∠25，28∠50	105	299∠1	209∠77	斜歪水平背斜
						东段 190∠63，36∠24	95	105∠9	18∠70	斜歪水平背斜
阿母拉向斜 Z_{32}	NW	29	3	K_1l^3	K_1l^3	西段 211∠30，16∠35	116	293∠5	203∠87	直立水平向斜
						中段 220∠43，14∠42	98	297∠12	27∠89	直立倾伏向斜
						东段 214∠34，27∠47	99	300∠3	210∠83	直立水平向斜
沙马怒背斜	NW	12	2	K_1l^3	K_1l^3	西段 222∠21，38∠20	139	310∠1	40∠89	直立水平背斜
						东段 197∠54，14∠42	96	286∠2	16∠84	直立水平背斜
沙马怒向斜	NW	10	1.5	K_1l^3	K_1l^3	28∠48，222∠21	111	302∠4	213∠76	斜歪水平向斜
阿门卡左背斜	NWW	14	2.5	K_1l^1	K_1l^1	西段 34∠41，192∠22	118	117∠6	206∠80	直立水平背斜
						中段 24∠31，225∠34	116	305∠7	35∠88	直立水平背斜
						东段 44∠71，225∠43	114	314∠1	224∠76	斜歪水平背斜
拉弄巴向斜 Z_{29}	NW	19	3	K_1l^1	K_1d	西段 27∠36，201∠31	113	114∠2	204∠87	直立水平向斜
						东段 44∠71，236∠30	100	316∠6	228∠69	斜歪水平向斜

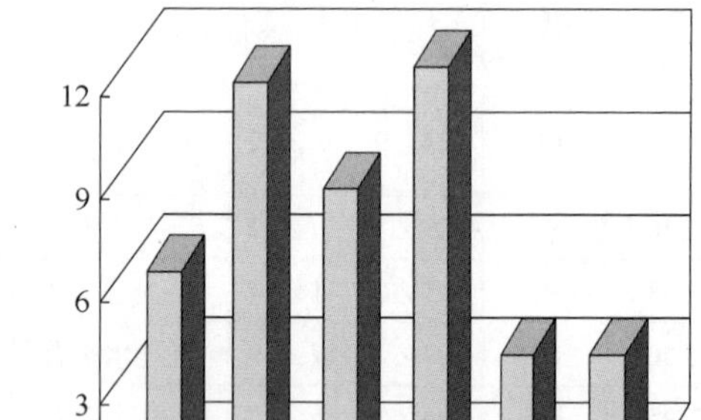

图 5-14　早白垩世构造层内褶皱翼间角直方图

（4）始—渐新统构造层内的褶皱

渐新统构造层主要分布调查区北东角，出露于调查区北东，约为 200 km²。由丁青湖组陆相地层构成，为一套灰—紫红色砂泥岩构成。丁青湖组内部褶皱构造较为发育，在平面上其褶皱多为短轴状，长约 8～10 km，宽约 2～4 km。剖面类型为平行等厚褶皱。褶皱形态多呈平缓开阔（图 5-16），翼间角多在 140°～160°之间，其轴面近于直立，轴向东西，枢纽近于水平。倾伏角在 5°左右，倾伏向以 260°占优势（图 5-17），按里卡德褶皱位态分类主要为直立水平褶皱。

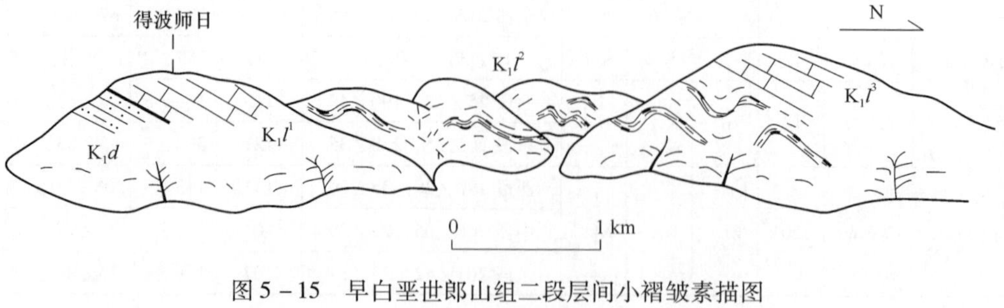

图 5-15　早白垩世郎山组二段层间小褶皱素描图

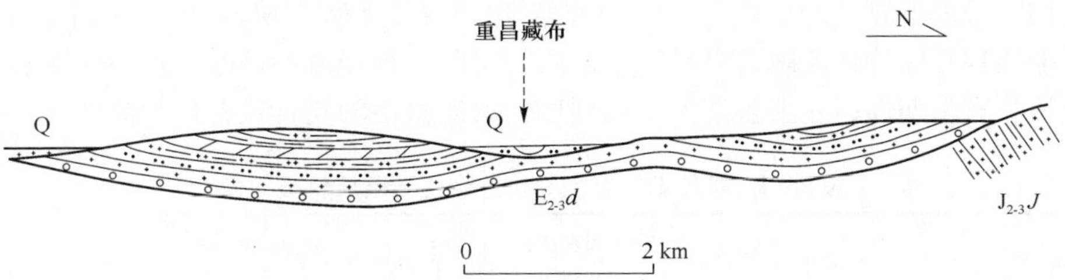

图 5－16　渐新统丁青湖组内的褶皱构造

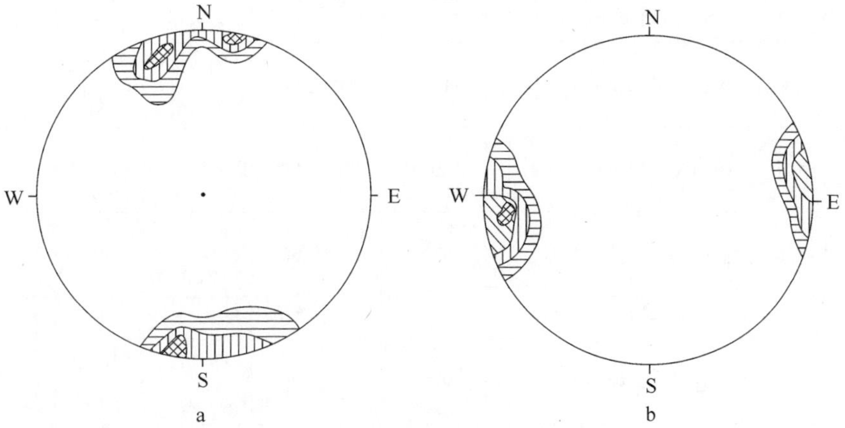

图 5－17　丁青湖组内褶皱参数统计等值线图

a—轴面法线；b—枢纽

（5）中—上新世构造层内的褶皱

中—上新统构造层主要零星分布于调查区北东，由唢呐湖组（$N_{1-2}s$）构成为一套河湖相沉积，出露面积约 50 km²。此构造层总体表现为一向斜构造，保留有原型盆地的特征。其向斜长约 20 km，平均宽约 8 km，两翼代表性产状为：南翼 355°∠8°，北翼 176°∠15°（图 5－18）。根据两翼代表性产状所求得的褶皱要素为：轴面产状为 356°∠86°；枢纽 266°∠0°；翼间角 157°；位态分类的类型为直立水平向斜。从其褶皱要素可以看出，该向斜平缓开阔，转折端为圆弧形，轴面近于直立，轴面北倾，枢纽水平，走向近于东西向，并在东西两端以小倾角逐渐扬起。

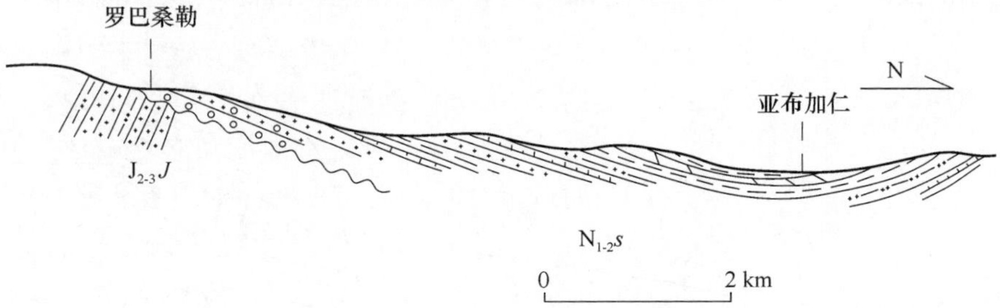

图 5－18　唢呐湖组构成的向斜构造

2. 断层

可如勒－雪上勒构造带中断裂构造较为发育，主要为北西向或北西西向逆冲断层，断层面以倾向北东或北北东为主，其规模较大，大多横跨图幅，并延出图外，在空间组合上构成叠瓦、对冲、背冲等组合样式，其断层基本特征见表 5－4，以下简述调查区几条规模较大的断层带。

（1）蔡几错－格嘎断层（F_{12}）

该断层从蔡几错南缘进入调查区，总体向北西方向延伸，穿过达瓦错，经下东、格嘎，延出调查区，在调查区内长约 155 km。此断层为调查区规模较大的断层，是调查区内的构造分区断层，为可如勒-雪上勒构造带的南界。断层面总体倾向北东30°左右，倾角70°~80°，局部甚至向南西陡倾。该断层在卫片上线性影像特征清晰，具有活动断层的特征。从变形特征看，该断层具有脆韧性的变形性质，变形经历具有多期性，主要表现为早期韧性，后期脆性的复合或叠加性质。

表5-4　可如勒-雪上勒构造带主要断层特征简表

断层名称及编号	分布	调查区内长度/km	断层面产状	地层		断层性质
				上盘	下盘	
蔡几错-格嘎断层（F_{12}）	蔡几错南岸—达瓦错—下东—格嘎	155	32°∠75°	K_1Z，P_2x γ_5	K_1Z N_1b	逆冲，右行走滑，韧、脆性
蒋目-下查拉断层（F_3）	江戈错—蒋目—最如拉—下查拉	110	28°∠75°	$D_{2-3}c$，K_1d，K_1l^1	K_1l^2，K_1l^3	逆冲，韧脆性
永错-娘门嘎断层（F_5）	娘门嘎—娘门嘎—列康点—永错	100	30°∠70°	P_2x，$J_{2-3}J$	K_1d，K_1l	逆冲，右行走滑脆性为主
扒弄拉断层（F_2）	萨格曲让中—扒弄拉—蒙忠	26	210°∠60°	C_2P_1l，P_1a，P_2x	P_2x	逆冲，脆性
川巴断层（F_7）	荣达拖玛—边多—川巴—查朗拉	117	209°∠70°	K_1d，K_1l	K_1l	逆冲，脆性
它马日断层（F_4）	百弄—它马日—娘门嘎	30	45°∠68°	C_2P_1l，P_2x，$J_{2-3}J$	$J_{2-3}J$，K_1l	逆冲，脆性
那勒断层（F_6）	桑仁弄巴—果日阿错—那勒	37	25°∠70°	K_1l^1	K_1l^3	逆冲，脆性
桑嘎断层（F_8）	阿母宗根—沙弄—日阿	25	252°∠68°	P_2x，K_1Z	K_1Z，K_1d	逆冲，右行走滑，脆性

在野外，该断层带的宏观构造较为发育，出露有宽70~100 m的糜棱岩带、构造破碎带及片理化带。断层带从其纵向延伸看，断层两盘由于岩性差异，其断层带内部的构造岩及变形特征不一。若断盘由花岗质岩石构成，则断层带构造岩主要由花岗质糜棱岩构成，形成糜棱面理带；若断盘为火山岩，则断层带主要为千糜岩（图版XⅢ-3）、片岩，形成片理化带；若断盘为泥质岩石，则断层带为千枚岩、片岩，形成流劈理带（图5-19）。

在断层带构造岩中的各类显微构造现象丰富，并且从断层带的边缘到断层带的中心，其总体变化趋势为：波状消光→带状消光→机械双晶→微破裂、书斜构造（图5-20）→亚颗粒→核幔构造（图版XⅢ-2）、重结晶拖尾（图5-20，图版XⅢ-1）→条带状重结晶颗粒（图版XⅢ-7，8）。

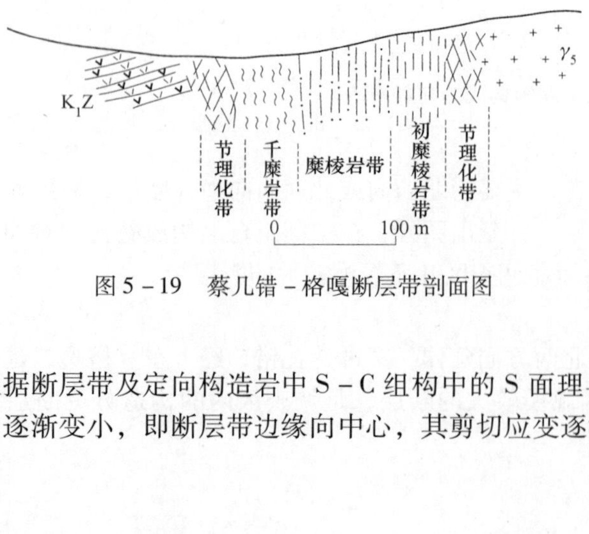

图5-19　蔡几错-格嘎断层带剖面图

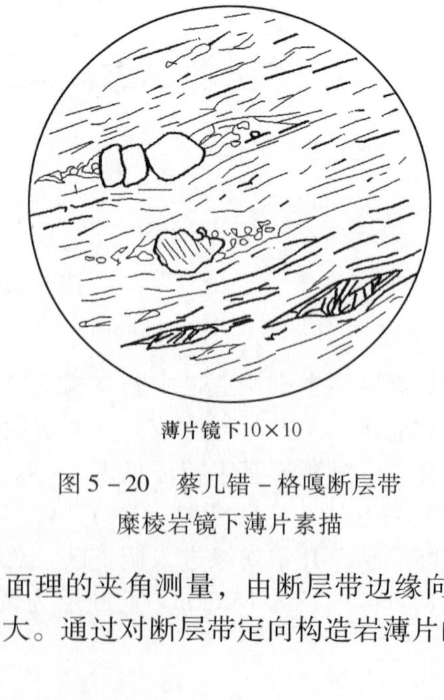
薄片镜下10×10

图5-20　蔡几错-格嘎断层带糜棱岩镜下薄片素描

根据断层带及定向构造岩中S-C组构中的S面理与C面理的夹角测量，由断层带边缘向中心，其夹角逐渐变小，即断层带边缘向中心，其剪切应变逐渐增大。通过对断层带定向构造岩薄片的三维应变测量（表5－5；图5－21），可以看，付林（Flinn）参数（K）值近于1或>1，因而断层带应变椭球体的几何特征为压扁拉长型，反映的应力状态为挤压加剪切；从罗德系数（υ）看，其值多为负值，反映应变椭球体主要为拉长型，应力状态以剪切作用为主；应变强度系数均>1，反映其变形作用较强。

表5－5　蔡几错－格嘎断层应变测量结果

编号	二维应变测量参数			三维应变测量参数						
	切面产状	轴率	长轴侧伏角	$1+e_1$	$1+e_2$	$1+e_3$	付林参数	罗德系数	应变强度	剪应变强度
$D3347b_1$	213°∠25°	3.5	0	8.32	2.1	0.86	1.54	－0.21	1.67	1.87
	33°∠65°	1.9	20°							
	123°∠88°	2.8	25°							
$D3347b_3$	201°∠18°	4.5	0	10.32	1.75	0.68	1.86	－0.3	1.84	2.25
	21°∠62°	2.1	24°							
	111°∠78°	3.8	5°							
$D3157b_1$	206°∠10°	4.1	0	4.29	1.43	0.69	1.51	－0.2	1.5	1.51
	26°∠80°	1.7	18°							
	116°∠87°	3.5	3°							
$D2781b_2$	199°∠3°	1.3	0	1.94	1	0.49	0.92	0.04	1.3	1.12
	18°∠88°	3.2	25°							
	108°∠86°	2.3	3°							

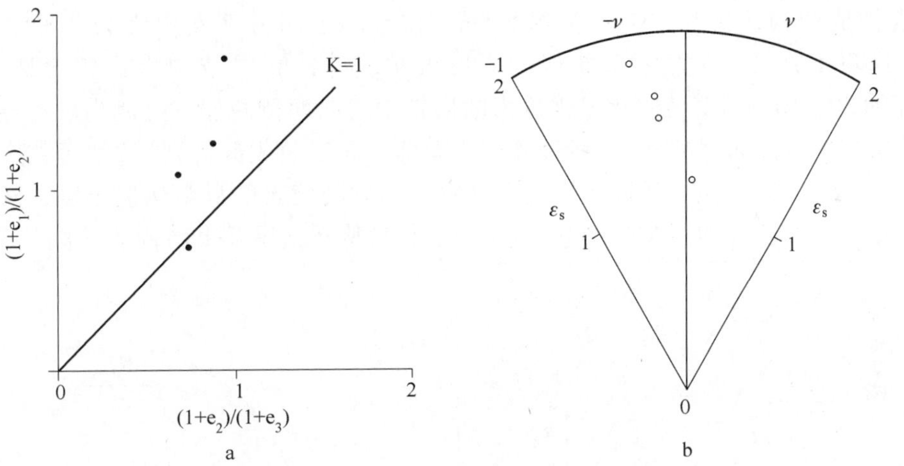

图5－21　蔡几错－格嘎断层带应变参数图解

a—Flinn图；b—Hossack图

根据糜棱岩中动态重结晶石英组构测定，主要为中温菱面组构（滑移系｛$10\bar{1}0$｝<a>温度350～450℃）。组构图的类型以不对称环带为主，叠加近于平行x轴和y轴的极密，具单斜对称型式，属R构造岩类型。显示在平面上具右行剪切运动性质。利用糜棱岩中石英动态重结晶颗粒粒径的测量和统计，求得其粒径的平均值为0.023 mm，按显微构造古应力计 $\Delta\sigma=5.56D^{-0.68}$（$D$为动态重结晶颗粒粒径，单位为mm；$\Delta\sigma$为差异应力，单位为MPa）的计算，其差异应力值为：72 MPa。

根据断层带中劈理面和小滑动面上的a线理及断层两盘的小型派生和伴生构造，可以区分出该断层带遭受过3期构造作用，第一期为中深层次，以右行剪切为主，遭受较强的构造变形，形成糜棱岩面理、拉伸线理及条带等。第二期以浅部构造层次的逆冲为主，在断层带中形成破劈理及擦痕等小构造。第三期为浅部构造层次，以正向滑动为主，形成脆性破裂，构造角砾岩等。利用断层带滑动面产状、擦痕及a线理产状及共轭剪节理产状等，计算出了这三期构造活动的应力状态（表5-6）。第一期为南东方向的近水平挤压，造成蔡几错-格嘎断层右行平移。第二期为北北东方向的挤压作用，造成该断层带的北盘由北向南逆冲，第三期为南西向的拉张，造成北盘正向下滑，为右行平移正断层。从上述特征可以看出，该断层是一条多期次、多层次及多种性质的复杂断层带。

表5-6 蔡几错-格嘎断层应力状态计算

期次	计算依据		主应力方位		
	滑动面及a线理产状	共轭节理产状	σ_1	σ_2	σ_3
第一期	195°∠88°，30°∠SE		139°∠25°	282°∠60°	42°∠16°
第二期	20°∠66°，88°∠SE		22°∠36°	291°∠2°	198°∠54°
第三期		34°∠63°，219°∠67°	106°∠84°	307°∠5°	217°∠2°

通过对断层带糜棱岩中动态重结晶的石英进行ESR测年，得到了该断层的一个年龄值，为24 Ma，用ESR测年方法所得的这个年龄值应为该断层规模最大一次断层活动的时期。即该断层的主活动期，与喜马拉雅运动的主幕相当。

（2）蒋目-下查拉断层（F_3）

该断层分布于测中北部，总体走向为北西西向，由调查区北西的那木切进入调查区，经蒋目、最如拉、止于夏康坚雪山西坡的下查拉，图内延伸长约110 km，为可如勒-雪上勒构造带中规模较大的断层，其断层面总体倾向北东30°左右，倾角70°~80°。具有由北向南的逆冲特征。

在空间上该断层带不论在两盘地层，以及变形性质上都有很大变化，由西往东断层断距由大变小，变形性质由脆韧性变为脆性。在西段那木切—蒋目一段断层分叉为两条，其间为所夹持泥盆系查果罗玛组灰岩构成的构造夹片，夹片宽约5 km，在空间上两分叉断层实为背冲“Y”字型断层（图5-22），这两条分叉“Y”字型断层的变形层次较深，断层带均由钙质糜棱岩构成（图版Ⅻ-8），其宽约30~50 m。糜棱岩化的强度由断层带中心向两侧减弱，过渡为破劈理化带。在断层带内的钙质糜棱岩中糜棱面理发育，a线理顺糜棱面理方向定向成群排列，a线理在糜棱面理上的侧伏角80°~90°，均为逆冲性质。通过磨片镜下观察，钙质糜棱岩的显微构造丰富，发育大量矿物拉长线理、定向重结晶颗粒（图版XⅢ-6）、变形纹、核幔构造拖尾及书斜构造（图版XⅢ-5）。根据

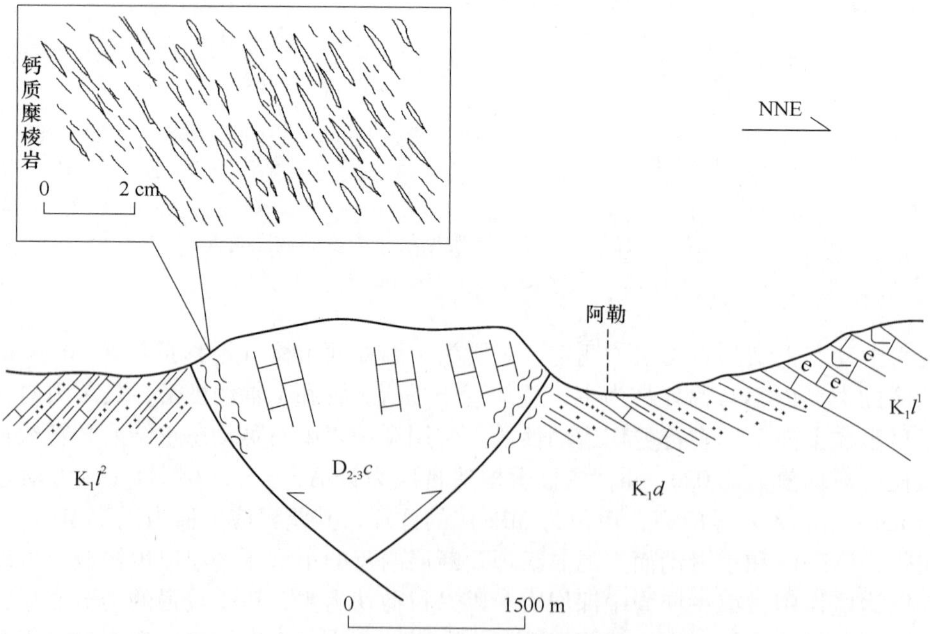

图5-22 蒋目-下查拉断层剖面图

断层带钙质糜棱岩定向样品的应变测量，可以看出该断层带为一强应变带，在垂直 Y 轴的截面上由方解石集合体构成的“眼球”和条带的长宽比可达 20:1。在二维应变测量的基础上，进行了三维应变计算，并求得了应变率、Flinn 参数（K）、应变强度（ε_S）、剪应变系数（γo）、罗德系数（υ）等一系列的应变参数（表 5－7）。Flinn 参数为 0.53～1.2、应变强度 0.72～1.2，剪应度强度 0.83～1.39，压缩率 39%～60%。从 Flinn 参数可以看出，该断裂带的主要变形机制属于压扁拉长型，因为三件样品是由断层带中心向外侧采集，其 Flinn 参数值由内向外，由 $K<1$ 变为 $K>1$，这表明断层带的变形终期主要为压扁型，而变形早期主要为压缩拉长型。断层带中心部位的压缩率为 60%，向外其压缩率逐渐减小。其应变强度和剪变应强度，也是由断层带中心向外而逐渐减少。

表 5－7　蒋目—下查拉断层西段应变测量

编号	二维应变测量			三维应变计算							
	切面产状	轴率	长轴侧伏角	$1+e_1$	$1+e_2$	$1+e_3$	Flinn参数	应变强度	剪应变强度	罗德系数	压缩率
D2023b[1]	85°∠88°	5.33	66°	5.34	3	1	0.53	1.2	1.39	0.31	60%
	355°∠64°	1.78	87°								
	175°∠26°	3	4°								
D2023b[2]	348°∠70°	1.71	88°	1.73	1.01	0.49	0.76	0.9	1.04	0.14	48%
	78°∠87°	3.53	68°								
	168°∠20°	2.05	3°								
D2023b[3]	351°∠75°	1.73	86°	1.74	0.99	0.63	1.2	0.72	0.83	−0.09	39%
	81°∠88°	2.74	74°								
	171°∠15°	1.58	4°								

蒋目－卡查拉断层（F_3）的东段以脆性变形为主，断层带中心发育 20～40 m 的断层泥砾带，往两侧逐渐过渡为破劈理及节理破碎带。在东段其断层断距不大，由北盘的白垩系多尼组（K_1d）或郎山组一段逆冲推覆到郎山组三段或二段之上。

（3）永错－娘门嘎断层（F_5）

该断层位于调查区的北东部。由调查区东部的娘门嘎进入调查区，经阿果日，往西至根打淌到永错一带被第四系覆盖，隐伏延伸，后经调查区北部的恰格拉延出调查区，在调查区内长达 100 km，断层断面总体倾向北东 30°左右，倾角为 60°～80°。断层上盘（北盘）主要为二叠系下拉组（P_2x）和侏罗系接奴群（$J_{2-3}J$），逆冲于下盘（南盘）白垩系多尼组（K_1d）和郎山组（K_1l）之上。在断层通过处一般可见宽约 20～30 m 的断层破碎带，带中的泥质岩石劈理化明显，多为流劈理，而灰岩、砂岩等能干岩层多发育破劈理，在劈理化带外侧主要发育构造透镜体带。当断层通过砂岩或灰岩等能干岩层时，在断层带中心多发育断层泥砾带，带中的断层角砾为不规则棱角状，沿断层泥砾带有硅化现象，在断层带两侧节理破碎强烈，发育大量方解石脉或石英脉。在断层带两侧还可见有大量小型断层的滑动面，在滑动面上主要发育两组擦痕，一组擦痕的侧伏角大于 80°，代表逆冲为主；另一组擦痕的侧伏角约为 35°，侧伏向为北西，表明以逆冲右行平移。从擦痕的交切关系看，早期主要为逆冲，后期为逆冲右行平移。

三、措勤－塔若错坳褶带

此带分布于中南部的扎日南木错—塔若错一带，近东西向展布。北界以蔡几错－格嘎断层（F_{12}）与前述的可如勒－雪上勒构造带毗邻。南界为措勤－塔若错断层。该构造带主要由下白垩统则弄群、上白垩统竟柱山组、上新统—下更新统洁居纳卓组及第四系构成。至晚白垩世以来，此构造带主要以发育陆相前陆坳陷的盆地为特征，因而带内主要发育上白垩统以来的新地层，盆地呈近东西向展布，南北边界均受断层控制。根据带内地层的构造特征及接触关系，可划分为三个构造层，即早白垩世构造层、晚白垩世构造层、上新世构造层。从各构造层内的构造发育特征看，以褶皱构造为主，构造线方向为北西西或近东西向。构造变形不强，以中常－宽缓褶皱为主。其断裂构造不太发育，主要为近东西向的逆冲脆性断层。

1. 褶皱

（1）早白垩世构造层中的褶皱构造

措勤－塔若错构造带中，早白垩世构造层主要由则弄群一段中—厚层中—酸性火山岩构成，其内部发育较多规模不等的褶皱。其褶皱轴向以北西西向为主。通过其褶皱要素的统计和计算（表5－8）。其翼间角主要集中在110°～119°之间（图5－23）。即主要为中常褶皱，按里卡德分类，则主要为直立水平褶皱，部分为斜歪水平褶皱。这些斜歪水平褶皱的轴面多倾向于北北东10°左右，轴向主要为北西西－南南东（图5－24）。转折端为圆弧形，按兰姆赛分类为I_2型的典型平行褶皱。

表5－8　措勤－塔若错坳褶带中早白垩世则弄群内褶皱参数统计及计算

褶皱名称及编号	轴迹	规模/km		地层		褶皱特征				褶皱类型
		长	宽	核部	翼部	两翼代表性产状/(°)	翼间角/(°)	枢扭/(°)	轴面/(°)	
加桑勒俄马背斜Z_{57}	NWW	11	2.5	K_1Z^2	K_1Z^2	西段340∠13，172∠35	132	259∠2	349∠79	斜歪水平背斜
						东段25∠62，202∠23	95	114∠1	204∠70	斜歪水平背斜
次烈穷姑拉向斜Z_{56}	近EW	10	3	K_1Z^2	K_1Z^1	192∠12，11∠14	154	281∠0	191∠89	直立水平向斜
阿烟布背斜Z_{55}	NWW	17	2	K_1Z^1	K_1Z^1	西段7∠32，19∠17	131	278∠1	188∠82	直立水平背斜
						东段200∠74，355∠22	94	287∠9	13∠64	斜歪水平背斜
拉拿嘎日背斜Z_{49}	近EW	9.5	1.7	K_1Z^2	K_1Z^2	201∠12，7∠8	160	285∠1	15∠88	直立水平背斜
多嘎尔布向斜	近EW	14	1.5	K_1Z^2	K_1Z^2	西段7∠8，197∠19	153	284∠1	14∠84	直立水平向斜
						东段250∠24，8∠21	142	312∠12	41∠88	直立倾伏向斜
龙青拉背斜Z_{61}	NWW	15	4	K_1Z^1	K_1Z^1	西段220∠31，354∠42	113	282∠16	194∠84	直立倾伏背斜
						中段204∠46，12∠46	91	288∠6	198∠90	直立水平背斜
						东段216∠35，22∠36	110	299∠5	209∠89	直立水平背斜
嘎罗日居背斜Z_{70}	NWW	11	2	K_1Z^1	K_1Z^1	200∠44，20∠30	106	110∠0	20∠83	直立水平背斜
拉张向斜Z_{72}	NWW	13	2	K_1Z^1	K_1Z^1	西段17∠31，200∠44	105	289∠1	19∠83	直立水平向斜
						中段21∠31，198∠35	114	109∠1	19∠88	直立水平向斜
						东段30∠36，195∠47	98	111∠6	22∠84	直立水平向斜
曾红弄背斜Z_{51}	NWW	14	4.5	K_1Z^1	K_1Z^2	西段205∠23，12∠36	121	287∠3	197∠83	直立水平背斜
						东段253∠25，10∠20	142	316∠12	45∠87	直立倾伏背斜
波耳得海向斜Z_{52}	NWW	14	3.2	K_1Z^2	K_1Z^1	西段357∠27，208∠29	126	283∠8	13∠89	直立水平向斜
						东段335∠14，253∠25	153	313∠13	41∠82	直立倾伏向斜
江弄石勒背斜Z_{53}	NWW	17	5	K_1Z^1	K_1Z^2	西段189∠40，16∠31	109	102∠2	12∠85	直立水平背斜
						中段191∠20，357∠17	143	275∠2	5∠88	直立水平背斜
						东段198∠48，335∠14	121	281∠8	8∠72	斜歪水平背斜
嘎耳章向斜Z_{47}	NE转EW	13	4	K_1Z^1	K_1Z^1	170∠27，0∠25	128	85∠2	355∠89	直立水平向斜
宫莫扎拉背斜	近EW	5	1.7	K_1Z^1	K_1Z^1	182∠8，0∠25	147	270∠0	180∠81	直立水平背斜
得巴向斜	近EW	6	4	K_1Z^1	K_1Z^1	339∠30，160∠36	114	250∠0	340∠87	直立水平向斜
日阿背斜	近EW	5.5	3	K_1Z^1	K_1Z^1	160∠36，351∠31	113	75∠4	345∠87	直立水平背斜

（2）晚白垩世构造层中的褶皱构造

该构造层由竟柱山组（K_2j）构成，其岩性主要为陆相红—紫红色中—厚层状砾岩、砂岩夹中酸性火山熔岩及火山碎屑岩，靠上部夹有少量含圆笠虫的海相灰岩。此套地层在构造上表现为一大型宽缓开阔复式向斜，内部发育大量次级褶皱（图 5-25）。该复式向斜及内部次级褶皱的轴向总体近东西向，但在空间上有一定的变化，在东段措勤一带为北西西向，在洁居纳卓一带为东西向，到达瓦错一带又变化为北西西向，其轴向空间变化呈现为反“S”型，沿轴向延伸长约 120 km，西端被斜向的面布断层（F_{14}）逆断掩灭，东端被第四系覆盖。该复式向斜内部次级褶皱较多，但规模不大，一般沿轴向长约 10～20 km，以直立水平褶皱为主，翼间角一般大于 120°，剖面类型属平缓-开阔的平行褶皱（表 5-9）。

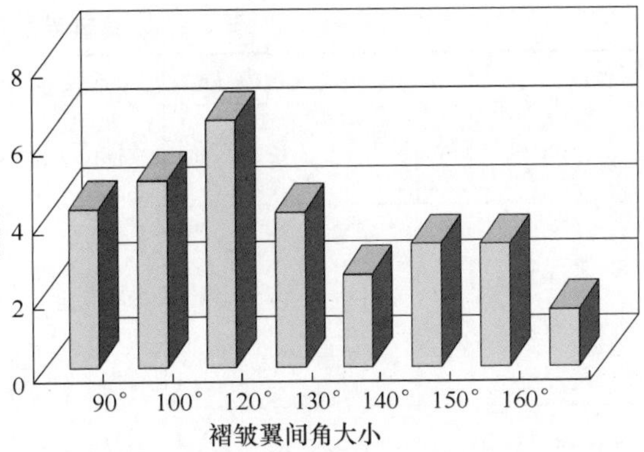

图 5-23　则弄群内部褶皱翼间角统计直方图

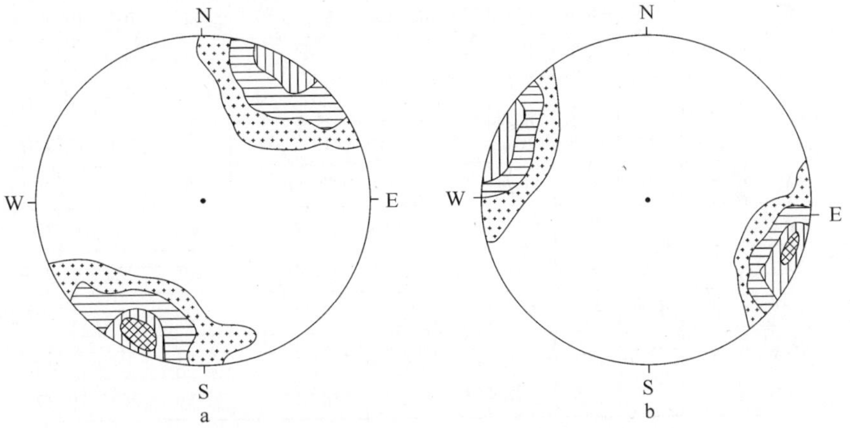

图 5-24　早白垩世构造层中褶皱要素统计

a—轴面法线；b—枢扭

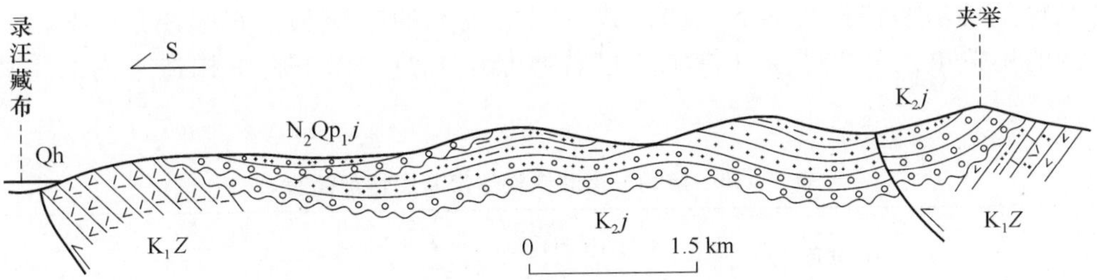

图 5-25　竟柱山组复式向斜剖面图

（3）上新世构造层中的褶皱构造

该构造层由洁居纳卓组（N_2Qp_1j）构成，其岩性主要为半固结的砾岩和砂岩，此套岩层以角度不整合覆于上白垩统竟柱山组（K_2j）和下白垩统则弄群（K_1Z）之上，洁居纳卓组内部构造简单，其总体构成一个单一的平缓向斜（Z_{77}）。其北翼产状为 175°∠10°，南翼产状为 5°∠5°，轴迹走向近于东西。枢纽产状 88°∠2°，轴面产状 358°∠88°，翼间角 165°，褶皱类型为直立水平向斜。轴面向北陡倾，枢纽向西微微扬起。扬起端在措勤西部邓文拉一带，东端在措勤县城一带被第四系覆盖。沿轴向长约 50 km。从该向斜分布特点看，基本保留了东西向原型盆地的特征。

表 5－9　晚白垩世竟柱山组（K_2j）内部褶皱统计

褶皱名称及编号	轴迹	规模/km		地层		褶皱特征				褶皱类型
		长	宽	核部	翼部	两翼代表性产状/(°)	翼间角/(°)	枢扭/(°)	轴面/(°)	
拿日弄勒向斜 Z_{63}	近 EW	38	3	K_2j	K_2j	西段 354∠70，172∠47	117	83∠2	173∠78	斜歪水平向斜
						中段 30∠40，192∠22	119	114∠5	203∠81	直立水平向斜
						中东段 350∠45，176∠30	105	262∠2	172∠82	直立水平向斜
						东段 5∠35，188∠50	95	277∠1	7∠82	直立水平向斜
作生拉背斜 Z_{64}	近 EW	19	2.6	K_2j	K_2j	西段 310∠36，192∠55	104	262∠26	347∠79	斜歪倾伏背斜
						东段 9∠35，188∠50	95	98∠0	8∠82	直立水平背斜
罗里那木切向斜 Z_{65}	近 EW	23	3.5	K_2j	K_2j	西段 347∠32，168∠28	120	257∠0	167∠88	直立水平向斜
						中段 341∠41，191∠31	111	263∠10	174∠85	直立水平向斜
						东段 31∠16，198∠21	143	114∠2	24∠87	直立水平向斜
罗勒背斜 Z_{66}	NWW	8	3	K_2j	K_2j	354∠16，191∠31	133	276∠3	5∠82	直立水平背斜
次烈勒向斜	NWW	10	2.5	K_2j	K_2j	38∠22，176∠35	127	101∠10	12∠83	直立水平向斜
扎若向斜	NWW	6.5	3	K_2j	K_2j	354∠22，191∠36	123	275∠4	4∠83	直立水平向斜
窝敌背斜 Z_{59}	NWW	8	2.5	K_2j	K_2j	西段 36∠62，201∠38	99	122∠8	210∠78	斜歪水平背斜
						东段 43∠45，197∠42	96	121∠12	210∠88	直立倾伏背斜
下穷向斜 Z_{60}	NWW	8	1	K_2j	K_2j	32∠62，195∠38	100	111∠4	200∠78	斜歪水平向斜
下穷背斜	NWW	8	1	K_2j	K_2j	195∠38，35∠46	98	116∠9	206∠86	直立水平背斜
吓青向斜	NWW	7	1.5	K_2j	K_2j	217∠38，56∠41	102	137∠8	227∠88	直立水平向斜
马割玉赤背斜	NWW	6	1.5	K_2j	K_2j	200∠33，40∠24	124	118∠5	29∠85	直立水平背斜
牙拉勒向斜	NWW	4	3	K_2j	K_2j	203∠20，342∠22	141	271∠8	182∠89	直立水平向斜
牙拉勒背斜	NWW	4	3	K_2j	K_2j	203∠20，338∠35	129	263∠10	175∠82	直立水平背斜

2. 断层

措勤－塔若错构造带内断层构造不太发育，除边界断层外，其内部多为小型逆断层（图版Ⅻ－7）。主要断层的基本特征见表 5－10，其中规模较大的断层为：查嘎断层（F_{13}）、面布断层（F_{14}）及南侧的构造单元分界断层（措勤－塔若错断层 F_{17}）。以下将本构造带内的主要断层分述如下：

表 5－10　措勤—塔若错构造带断裂特征简表

断层名称及编号	分布	调查区内长度 km	断层面产状	地层		断层性质
				上盘	下盘	
查嘎断层 F_{13}	东起热确勒南侧—桑穷拉—日阿—苏不勒	87	19°∠63°	K_1Z	K_1Z K_1l^1，K_2j	逆冲，脆性
面布断层 F_{14}	面布—塔嘎	20	340°∠70°	K_1Z	K_1Z^1，K_2j	左行逆冲，脆性
纳布扎断层 F_{15}	旧儿北—曲弄—桑目旧北侧	32	5°∠70°	K_1Z^1	K_1Z^1，K_2j	逆冲，脆性
汪勒断层 F_{16}	西起卡来垌—汪勒—阿勒—马脚浦	28	50°∠75°	K_1Z^1，K_2j	K_1Z^1，K_2j	左行平移正断层，脆性
措勤—塔若错断层 F_{17}	塔若错—阿萨勒—甲布勒—那巴错穷	80	335°∠65°	K_1Z^1， K_2j，E_1d	E_1d	逆冲，脆性

（1）查嘎断层（F_{13}）

该断层从调查区东南角的东根处延入图内，经桑穷拉、过达瓦错，经学里错后，再往西被第四系覆盖，其延伸情况不详。断层走向北西西，图内出露长度约为88 km，断层面倾向北北东，倾角大多为60°～80°。断层北盘东段为下白垩统则弄群一段火山岩，西段见有少量的则弄群二段碎屑岩、火山碎屑岩；断层南盘以达瓦错为界，东段为上白垩统竟柱山组红色碎屑岩，西段为下白垩统则弄群一段火山岩。断层带宽度一般为30 m，从中心向两侧构造分带明显，中间为破劈理带，向两侧依次为构造透镜体带、节理破碎带。用断层带中心破劈理带构造岩在垂直b轴截面上，采用Fry法进行二维应变测量得出其应变率（*R*s）为1.32（图5-26），其应变量较小，反映该断层应为浅部构造层次的脆性变形。另外在该断层的东段，其断层带中还夹有大量灰岩构成的断层夹片（图5-27），部分断层夹片的规模长达8 km，宽达1 km。这些断层夹片变形强烈，其内部发育破劈理或密集的剪切理。根据断层带构造透镜体的排列方式和劈理特征，可判定此断层为北盘向南逆冲的逆断层。

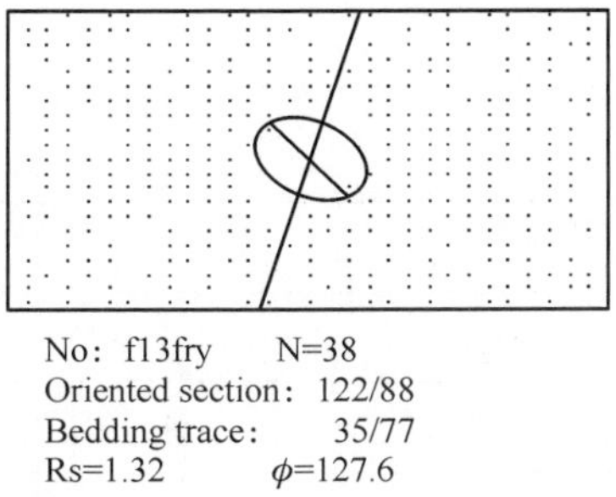

图5-26 Fry法应变测量图解

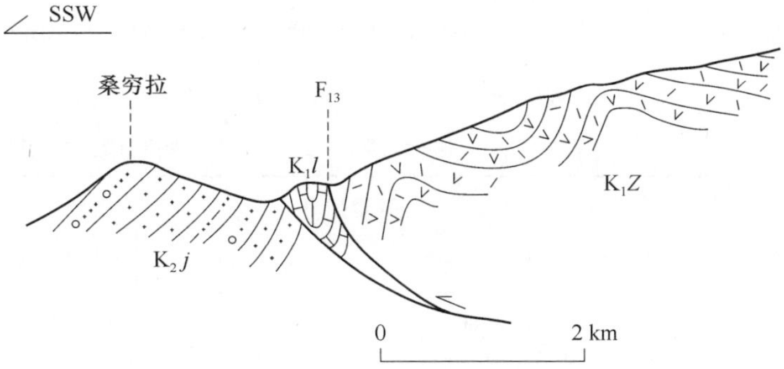

图5-27 F_{13}断层剖面图

（2）面布断层（F_{14}）

该断层位于调查区西部，塔若错北岸。断层走向北东60°，北端在塔嘎一带被第四系覆盖，南端在面布一带进入塔若错被湖淹没。其出露长约20 km。断层面总体倾向北西340°左右，倾角70°，断层上盘为下白垩统则弄群（K_1Z）中-酸性火山熔岩及火山碎屑岩；断层下盘地层除则弄群火山岩外，其上还以不整合叠覆有上白垩统竟柱山组（K_2j）碎屑岩。断层带在地貌上表现为一个线状凹槽。该断层可见有20 m宽的断层破碎带，其内发育构造碎裂岩及破劈理。在破劈理面上见擦痕，其擦痕的侧伏角和侧伏向为60°北东。根据断层带破劈理及劈理面上擦痕的表现特征，推断该断层为斜向左行平移逆断层。

（3）措勤-塔若错断层（F_{17}）

该断层是调查区规模较大的断层，为措勤-塔若错构造带南界的分界断层，也是班戈-八宿地层小区与措勤-申扎地层小区之间的分区断层。该断层在地貌上有强烈显示，调查区内表现为一巨型的坳陷带，如扎日南木错（湖）、它容错（湖）、塔若错（湖）、录汪藏布（河）、洁居曲均沿此坳陷带分布。断层带露头沿此带断续出露，另外，沿该断裂带还有大量酸性岩的脉体断续产出。从所出露的断层带露头看其断层特征明显，断层破碎带宽约100～250 m，带内主要发育破劈理（图版Ⅻ-4），局部发育流劈理。破劈理面间隔1～3 mm，微劈石呈长条状，或长透镜状，破劈理主要发育于火山角砾岩中，而流劈理主要发育于结构较细的凝灰岩中。在破劈理面上见有一组擦痕，其侧伏角和侧伏向60°西（破劈理面产状：13°∠80°）。根据擦痕推断，此断层具有右行平移逆冲特征。

在断层劈理带中还发育大量石英脉。脉体类型有两种。一类为剪裂脉，产状为：195°∠63°，27°∠40°；另一类为张裂脉，产状为160°∠72°，这类脉体中的石英晶体垂直脉壁生长，即在后期，具有近南北向的拉伸作用，造成该断层的正向滑动。另外在该断层通过的甲布勒一带，断层带中主要发育具有张性特征的构造角砾岩（图版Ⅻ-5）。这些构造角砾岩在后期还遭受强烈的硅化。从这些张性的断层角砾岩发育关系上看，明显是叠加于劈理之上，具有前挤后张的特征。断层带构造岩的显微构造变形以脆性为主，部分碎斑呈“书斜状”排列（图版ⅫI-4）。综合野外露头资料，可以推断该断层具两期主要的活动，早期为压性，表现有为右行平移逆断层，后期为张性表现为正断层，根据断层带小构造测得这两期构造活动的主应力方位（图5－28；表5－11），这与该断层控制措勤－塔若错近现代的坳陷带相吻合。

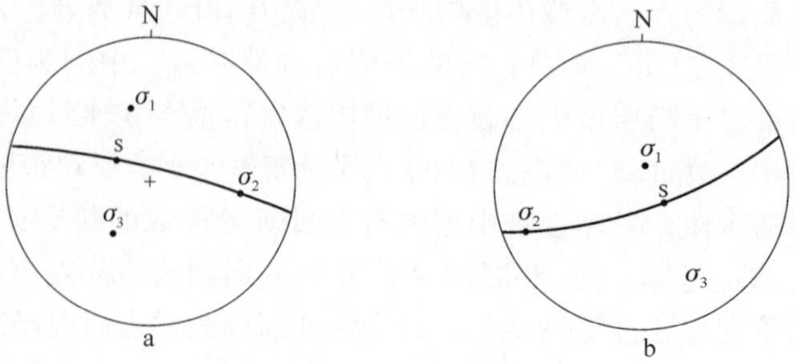

图5－28　主应力方位解析图

a—第一期构造活动；b—第二期构造活动

表5－11　措勤－塔若错断层带主应力方位

期次	计算数据		主应力		
	滑动面产状	α线理侧伏角	σ_1	σ_2	σ_3
第一期	13°∠80°	60°西	344°∠35°	97°∠27°	216°∠41°
第二期	160°∠70°	80°东	15°∠75°	247°∠10°	155°∠12°

通过对断层带系统采样，进行二维应变测量，再进行三维应变计算（表5－12），从表中可以看出，其付林（Flinn）参数值多数>1，因而断层带应变椭球体的几何特征主要为拉长型，反映该断层带具有强烈的剪切变形。罗德系数以小于零为主，也反映为剪切拉长变形。其应变强度值均大于1，反映其变形较强，并且由断层中心向断层带边部，其应变强度逐渐减小。在断层带边部样品应变测量罗德系数>0，反映在断层带边部以压扁作用为主。应变强度小，以脆性变形为主。

表5－12　措勤－塔若错断层应变测量

	二维应变测量			三维应变测量						
	切面产状/(°)	轴率	长轴侧伏角/(°)	$1+e_1$	$1+e_2$	$1+e_3$	付林参数	罗德系数	应变强度	剪应度强度
D1466－Db_1	158∠62	1.4	30	4.34	1.53	0.76	1.49	－0.19	1.46	1.43
	338∠28	3.5	7							
	68∠88	3.1	60							
D1466－Db_2	14∠78	1.3	61	3.65	1.63	0.89	1.33	－0.14	1.32	1.15
	294∠12	3.2	3							
	104∠86	2.9	59							
D1466－Db_3	12∠70	1.2	66	3.21	1.46	0.86	1.47	－0.18	1.27	1.08
	292∠20	2.9	5							
	102∠87	2.7	65							
D1466－Db_4	358∠73	1.1	63	1.04	1	0.41	0.04	0.92	1.13	0.86
	178∠17	2.6	4							
	88∠70	2.3	71							

根据断层带中的构造岩中动态重结晶石英矿物进行ESR测年，得到该断层主活动期的年龄值为22 Ma，即该断层主活动与喜马拉雅运动的主幕相当。

通过宏观构造及地层分析。该断层对白垩纪地层起着控制作用，这表明该断层是一条长期活动的多期次、多性质、多层次大型控盆断层。

四、麦穷错宽缓向斜构造带

此带分布于调查区最南缘，呈东西向展布，以措勤－塔若错断层为其北界，与北部的措勤－塔若错构造带为邻；南部在调查区外的江让幅以敌布错断裂为界与念青唐古拉弧背断隆相邻。此构造带基本上是由古近纪林子宗群典中组中—酸性火山熔岩及火山碎屑岩构成。

该构造带内部构造简单，总体上为一个宽缓的大型复式向斜构造，内部发育多个次级的褶皱。该复式向斜在调查区仅出露了向斜北翼的一部分，其南翼均在调查区外的江让幅。通过对两翼产状统计，得到其代表性产状：北翼 185°∠21°，南翼 8°∠19°。根据代表性产状求得该向斜构造的褶皱参数：轴面产状 6°∠89°；枢纽产状 96°∠1°；翼间角 140°；里卡德分类类型为直立水平向斜。

另外，对该复式向斜内的次级褶皱进行了统计，其统计及计算结果见表 5－13，从统计结果看，该复式向斜内次级褶皱的参数特征与前述主向斜的褶皱参数特征相似，应为同一构造期，同一应力场作用的结果。

表 5－13　麦穷错复向斜带中次级褶皱参数表

褶皱名称及编号	轴迹	规模/km		地层		褶皱特征				褶皱类型
		长	宽	核部	翼部	两翼代表性产状/(°)	翼间角/(°)	枢扭/(°)	轴面/(°)	
各弄背斜 Z_{73}	EW	18	9	E_1d	E_1d	西段 352∠22，170∠15	143	81∠0	171∠86	直立水平背斜
						中段 355∠10，175∠12	158	265∠0	355∠89	直立水平背斜
						东段 25∠30，170∠26	127	99∠9	189∠88	直立水平背斜
强弄向斜 Z_{76}	NEE	10	8.5	E_1d	E_1d	西段 150∠15，330∠17	148	240∠0	150∠89	直立水平向斜
						中段 170∠25，335∠15	140	255∠3	344∠85	直立水平向斜
						东段 190∠15，330∠30	138	252∠7	163∠82	直立水平向斜
梭弄背斜 Z_{75}	EW	8	6	E_1d	E_1d	10∠30，195∠48	102	283∠2	13∠81	直立水平背斜
脚布池向斜	EW	10	5	E_1d	E1d	185∠30，340∠15	135	267∠5	357∠82	直立水平向斜

五、夏康坚地垒构造带

夏康坚地垒分布于调查区中部达雄—根打淌一带，措勤—改则的公路从其东侧通过。夏康坚地垒在地貌上属高山，其山势陡峻，山顶终年积雪，山高谷深，发育壮丽的现代冰川。

该地垒呈南北走向，长约 70 km，宽约 15 km，海拔 6888 m，相对高差达 2100 m。地垒的东西两侧发育较多的正断层，其南北两端被东西向的断层所限制。地垒主体部分（上升盘）由石炭－二叠纪拉嘎组（C_2P_1l），下拉组（P_2x）构成，在这些古生代地层之上有少量白垩系郎山组不整合覆盖。地垒东西两侧下降盘主要为白垩系郎山组（K_1l）、多尼组（K_1d）及则弄群（K_1Z）。在构造上，地垒主体构造为一个宽缓向斜（图 5－29），向斜轴迹近南北向，与地垒的长轴方向一致，向斜核部地层为中二叠统下拉组（P_2x）灰岩，两翼为上石炭－下二叠统的拉嘎组（C_2P_1l）碎屑岩。两翼代表性产状：东翼 263°∠22°；西翼 86°∠20°；轴面近于直立，走向南北，枢纽在南北两端扬起，即夏康坚地垒主体为南北向构造。地垒的下降盘为东西向或北西西向构造，多为白垩组郎山组（K_1l）、多尼组（K_1d）及则弄群（K_1Z）构成的单斜构造或规模不大的褶皱构造。

夏康坚地垒东西两侧各发育一组正断层，这两组正断层在剖面上均呈阶梯状组合；平面上呈帚状展布，即在地垒的东西两侧各形成一个帚状的地堑。这些正断层不但切割了基岩，而且还切割更新世及全新世的冰碛和坡积，并表现出明显的多期活动特征。从冰碛阶地特征、测年资料分析

（图 5－30；表 5－14）及断层面特征分析，地垒两侧正断层在中更新世时期活动最为强烈，以倾滑运动为主，兼具右行走滑运动；到全新世其断层活动减弱，主要为倾滑运动。

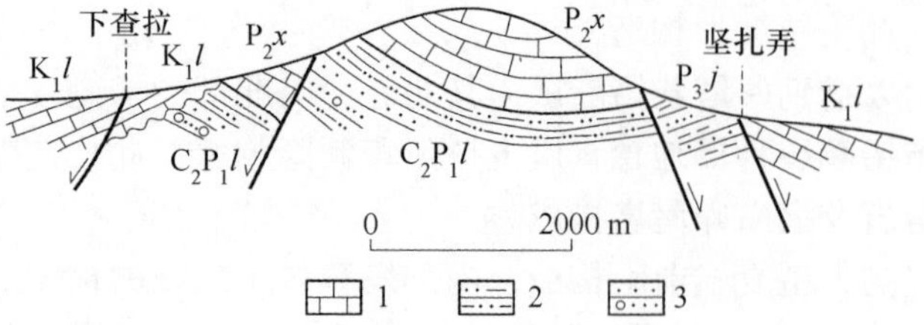

图 5－29　夏康坚地垒剖面图

1—灰岩；2—粉砂质泥岩；3—含砾砂岩。K_1l—郎山组；P_2x—下拉组；C_2P_1l—拉嘎组

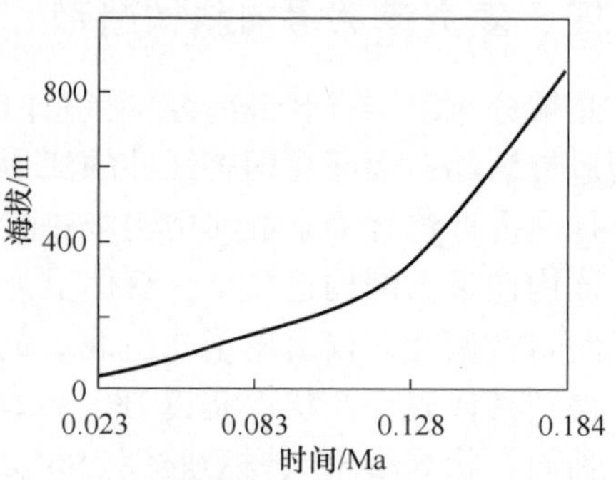

图 5－30　夏康坚地垒隆升活动变化趋势图

表 5－14　夏康坚雪山冰碛阶地年龄

特征 \ 阶地级数	Ⅰ级	Ⅱ级	Ⅲ级	Ⅳ级
ESR 测年/Ma	0.023	0.083	0.128	0.184
相对高差/m（相对现代河床）	28	147	350	850

通过对夏康坚地垒东西两侧地堑及南北两端限制断层的研究。控制夏康坚地垒东西两侧地堑的第四纪活动断层在空间上呈帚形，并且这两个地堑呈反镜向对称，具有明显的旋扭构造特征，而且南北两端限制夏康坚地垒近东西向断层又具有右行剪切活动特征。因而可以认为夏康坚地垒的成因是在白垩纪早期的古隆起基础上，在高原隆升阶段，隆升和南北两端断层的右行剪切活动的联合作用下，而形成的大型地垒构造（图 5－31）。

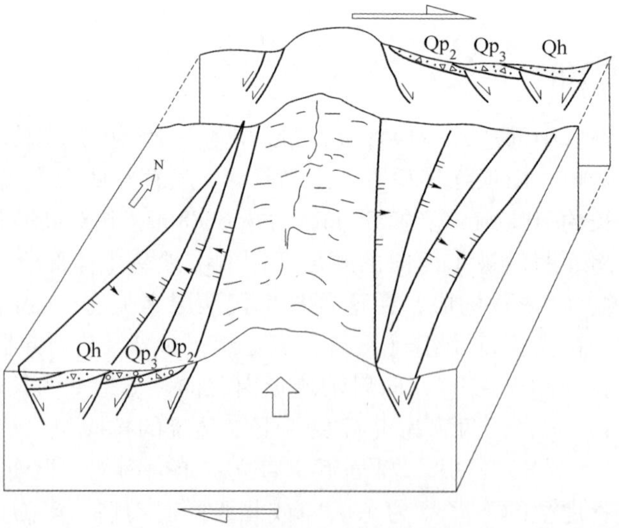

图 5－31　夏康坚地垒成因模式图

第三节　构造变形综述

综合前述的构造单元特征，总体来看调查区的主要变形构造层为早白垩世构造层，所涉及的地层单位主要为则弄群（K_1Z）、多尼组（K_1d）及郎山组（K_1l）。从其变形机制看，挤压、伸展和走滑在全调查区均有表现，但挤压收缩变形占据了主要和主导的地位，而伸展和走滑变形多是挤压应力场派生作用的产物，而在挤压应力场中又以南北向或北北东—南南西向占主导地位。其变形强度在空间上由北向南逐渐减弱（图5－32），即构造变形主要受由北向南挤压力的影响。构造线方向在空间上也有一定的变化，由北向南构造线由北西西—南东东逐渐变化为东西向。在纵向上其构造变形样式主要为两个层次。一个层次是以石炭系、二叠系构成的古生界构造层，其变形样式主要为中常等厚褶皱，断层构造岩类型主要为脆性碎裂岩系列，局部见有钙质糜棱岩，另一个层次是中—新生界所构成的构造层。其变形样式主要为中常—宽缓褶皱，断层构造岩类型为脆性碎裂岩。以变形剖面为基础，按平衡剖面原理将不同构造层次和样式构造单元进行缩短率计算，得到古生界构造层的缩短率为31%，中—新生界构造层的缩短率为25%。全调查区平均缩短率为28%。根据古生界构造层中节理统计图（图5－33a），可以看出其节理组数较多，方位零乱，优势方位不明显，表明曾经遭受多期次的构造变形。而对中—新生界内的节理统计（图5－33b）资料中可以看出，节理组数明显减少，具有明显的优势方位，其优势方位主要集中在两个方向；倾向50°左右和140°左右。

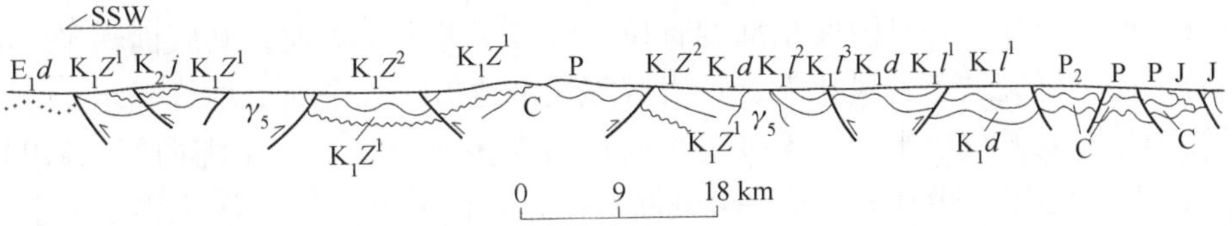

图5－32　调查区构造剖面图

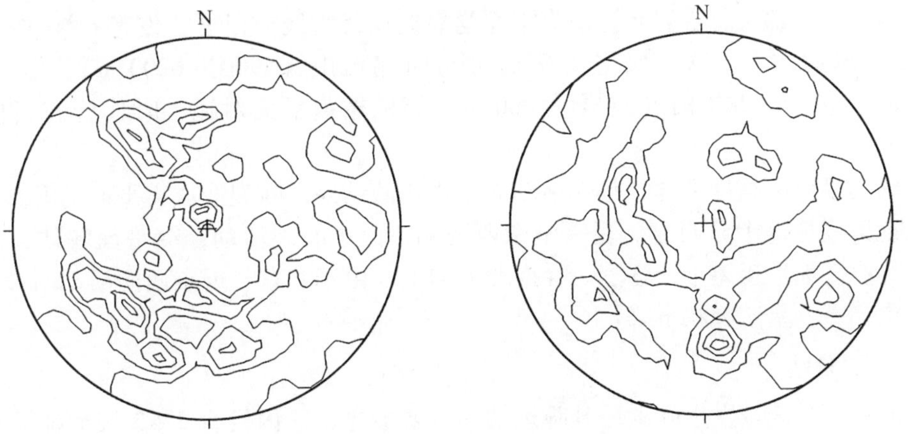

图5－33　节理优势方位统计图

a—古生界节理优势方位统计图；b—中—新生界节理优势方位统计图

根据调查区地层的组成、接触关系及构造变形样式等分析，可将调查区划分出4个大的构造变形期：①华力西构造活动期，该期构造运动造成调查区上古生界挤压变形，其挤压应力方位主要为东西向。调查区北侧靠近断裂带的古生界构造由于受后期（特别是喜马拉雅期）构造作用的改造较强，前期的构造形迹已被破坏和改造，已不能代表古生界的构造面貌；调查区中部以断块状隆起所出露的古生界，其构造形迹被后期构造作用的改造较弱，基本保持了华力西运动所形成的构造面貌。这些古生界断块内部的构造线具有南北向分布的特征，构造线方向与古生代岩相带展布的方向基本一致。均受华力西期东西方向的构造应力控制。②燕山早期运动，该期构造运动形迹分布于调查区北东部，使得侏罗系褶皱变形，使卡马弧后盆地关闭，并形成构造混杂带。该期构造应力方位主要为北东－南西向，在北部的卡马构造混杂带还伴有左行走滑。③燕山晚期构造运动，该期构造运动使下白垩统褶皱变形，并使得前期构造进一步加剧和改造，其构造应力方位为北北东－南南西。此期构造运动是调查区最为重要的运动，它使调查区构造基本定型，即为调查区构造形迹的定型期。④喜马拉雅期构造运动，该构造运动在调查区表现强烈，使调查区新生界广泛地发生褶皱运动，使前新生界地层进一步变形改造，并发生大规模的断裂活动及隆起抬升。

第四节　新构造运动及高原隆升

青藏高原的形成与新构造运动密切相关。调查区现今高原地貌、活动构造、地热显示、近代岩浆作用和地震活动，都是新构造运动的具体表现，它直观地反映了本区新构造运动的特点和规律，是我们研究新构造运动形成、演化的基础。本区新构造运动比较强烈，它和整个青藏高原新构造运动发生、发展有着密切联系。

一、新构造运动地貌标志

1. 夷平面及其变形

本区及整个青藏高原都发育两级夷平面（图5－34）。主夷平面在本区高度为5200～5400 m，大面积分布于调查区西部桑热、齐日阿及东部拥青拉、嘎拉、龙京山等地，其底面切平二叠系、白垩系及燕山期花岗岩。面上可见红色古风化壳、古岩溶等残余地形。夷平面上地势平坦，起伏甚微，浑圆状残丘与宽浅坳沟相对高差仅数十米。该级夷平面可与安多南山（安多至那曲间，5100 m）、乌丽一线（5000 m）、西大滩北山（5100 m）等地夷平面对比，时代为19～7 Ma。主夷平面上还存在一期老夷平面（山顶面），分布于夏康坚、鸭石握日、打耳根日等地，海拔5700～6200 m。该夷平面切削泥盆系—白垩系地层，局部发育古岩溶。该夷平面均靠近现代雪线或以上，发育石海或有小冰帽覆盖，局部顶部有末次冰期冰斗。这一级老夷平面可与冈底斯山（5900～6200 m）、绒布寺东西两侧（5900～6000 m）、念青唐古拉山（5700～6000 m）等地老夷平面对比，时代为渐新世至早中新世（崔之久，1996）。

区内同一级夷平面的高度差异，是受活动断裂影响的结果，断裂造成夷平面的升降及掀斜，这类现象在夏康坚地区表现得十分明显。夏康坚东西两侧，由于断裂活动，夷平面解体，落差可达数百米，形成悬崖绝壁，地形反差十分强烈。在南北方向上，由于北东、近东西向活动断裂，使该级夷平面高程逐渐向南递减，呈阶梯状下降。

2. 河流、湖泊阶地

河流阶地的发育是区域发生间歇性升降运动的重要标志，区内发育2～3级河流阶地，以措勤河发育较好，其特点见表5－15。

表5－15　措勤藏布阶地特征简表

阶地级别	海拔/m	拔河高度/m	类型	ESR测年/万年
T_1	4675	7	堆积	0.68
T_2	4684	16	堆积	0.83
T_3	4718	50	基座	4.6

区内属藏北内陆大湖区，湖积阶地同样提供调查区间歇性升降运动的线索。区内一般可见3～5级湖积阶地。湖堤环主要发育于湖滨1～3级阶地，最多可达56条。各级阶地特征见表5－16。

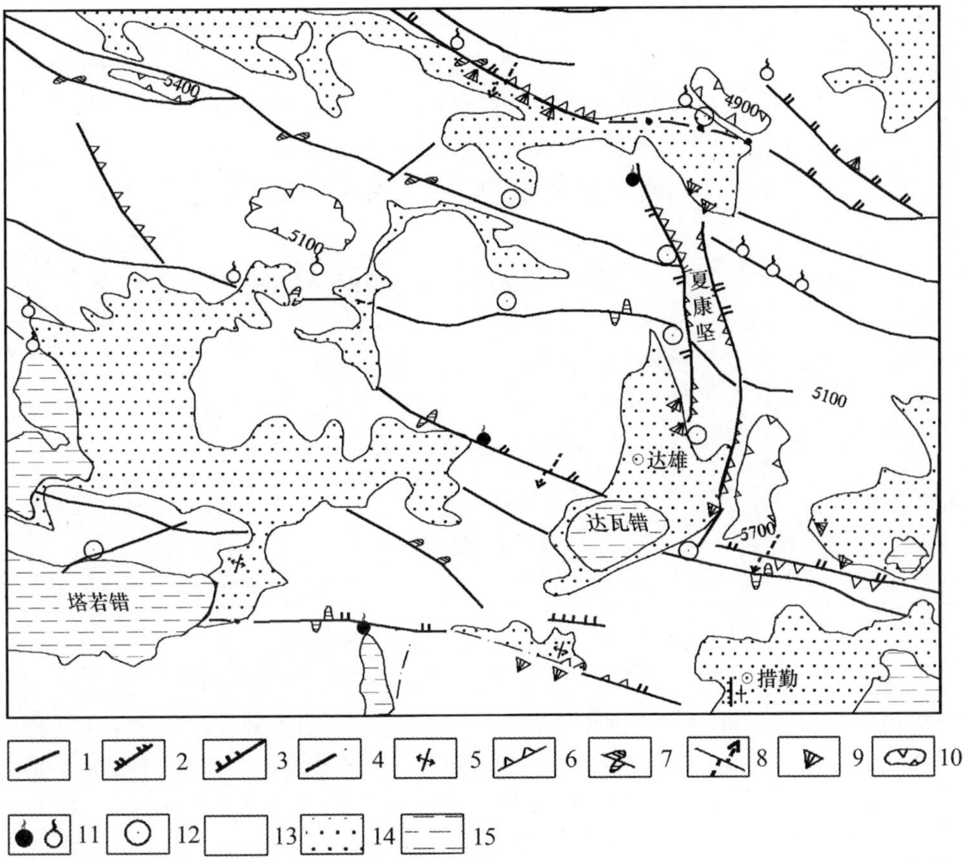

图 5－34　措勤县幅新构造图

1—古断裂；2—继承性活动断裂；3—新生代断裂；4—隐伏活动断裂；5—第四纪褶皱；6—断层崖，断层三角面；7—切错山脊；8—切错水系；9—冲积堆，洪积扇；10—夷平面及高程；11—温泉，泉；12—M＞4.7 级震中；13—基岩；14—第四系；15—湖泊

表 5－16　主要大湖湖积阶地一览表

湖泊名称	第一级阶地/m	第二级阶地/m	第三级阶地/m	第四级阶地/m	第五级阶地/m
扎布耶茶卡东	4544（32）*	4578（66）	4605（93）	4634（122）	4662（150）
扎日南木错	4677（9）	4685（17）	4719（51）	4748（80）	

* 括号前为海拔，括号内为湖拔。

据本次调查测年资料，措勤河第Ⅲ级阶地 ESR 年龄为 4.6 万年，扎布耶茶卡最高一级（五级）阶地 C_{14}测年为 27 460～25 000 年。以上事实说明区内间歇性升降运动主要开始于晚更新世晚期。

二、新构造运动的构造地质标志

调查区内，晚近活动构造主要是活动断层，其次是与之相伴生的第四纪褶皱与隆起。活动断裂主要表现为继承性活动断裂（图 5－34），如北西西向的永错－阿日果断裂、措勤断裂及近南北向的夏康坚断裂等，其特点均是控制第四纪沉积的边界断裂。遥感影像线性特征鲜明，断裂两侧地貌反差强烈，断层崖、断层三角面频频可见。沿断层还出露大量泉点及水系异常（图 5－34）。北西西向断裂以正断层为主，略显顺扭。南北向断裂多为正断层，显示高原晚近时期地壳表层处于深部挤压表层拉张的应力状态。

新生断裂是活动断裂的另一种表现形式，它明显切错第四纪地层。区内绒果列穷以东，可见近东西向正断层切错晚更新世河流阶地。在绒马藏布，可见近东西向正断层切错晚更新世砾石层，沿断层带追索，并见有大量石英脉贯入。在措勤藏布一级阶地，同样可见第四纪断层切割Ⅰ级阶地全新世地层，构成近南北向断层系（图5－35）。

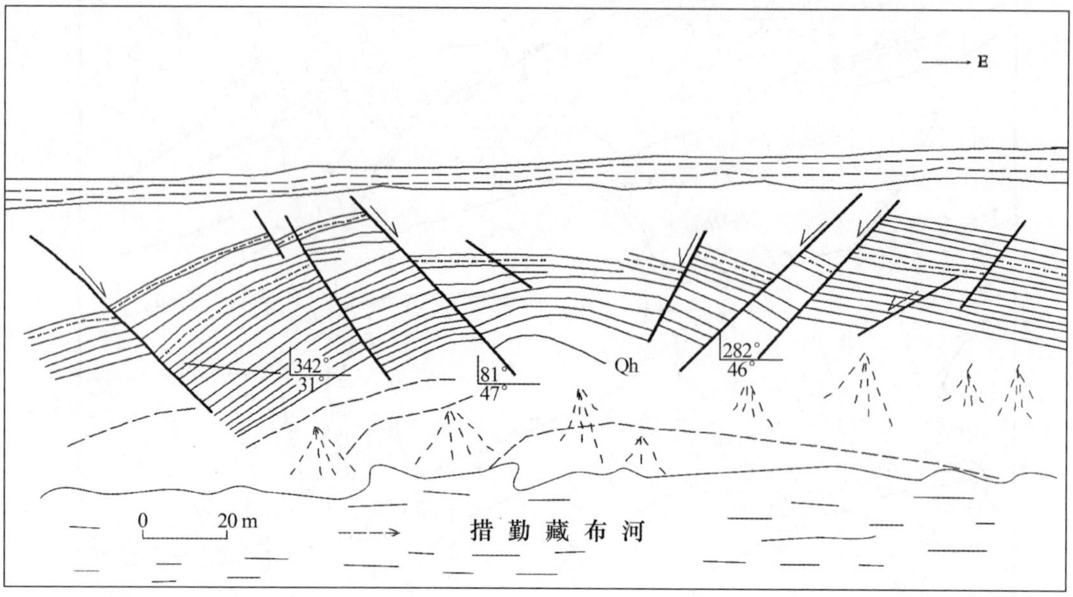

图5－35　措勤县城西全新统中的断层

与新生断裂相伴，第四纪地层产生逆牵引褶皱（图5－35，图版Ⅻ－6）；在洁居纳卓、塔若错东岸等地，均可见第四纪湖相沉积的褶皱变形。褶皱形态一般都很宽缓，两翼倾角多＜20°，轴向以近南北向为主。

三、地热显示与地震

调查区内，沿南北向、北西西向活动断裂带附近，不同程度都有地热（温泉）显示（图5－34）。在夏康坚西侧，温泉水温35℃，流量为15 L/s；在苦勒，几十平方米范围内有5个温泉点，受北东东向断裂控制，温泉水温为80℃，总流量约8.0 L/s，多为上升泉，并含 H_2S 气味，泉口附近，有泉华沉积。

与年青的活动构造相随的地震活动，在区内也强烈发育。据前人资料，区内发生6～6.9级地震1次，4.7～5.9级地震7次，主要沿夏康坚南北向活动构造带分布，以夏康坚西侧一线最为发育（图5－34）。这些地震，震源深度一般小于35 km，均属浅源地震。从震中的分布看，在活动断裂一端或多条活动断裂交汇部位，往往有地震发生，这些地段最有利于岩石圈应力集中和释放。

四、调查区新构造运动的基本特点及高原隆升问题的讨论

关于新构造运动的起始时间，不同学者的见解略有分歧。从措勤地区及邻区构造演化历史分析，新构造运动的起始时间以上新世末为宜。上新世中晚期地壳相对稳定，地面逐渐夷平趋于准平原化，形成调查区及青藏高原主夷平面，其上限年龄为3.6 Ma，（李吉均，2001），上新世唢呐湖组沉积同时结束，青藏运动开始。湖相沉积结束后的构造变动表现为唢呐湖组褶皱变形，洁居纳卓组（N_2Qp_1j）上百米厚的山间磨拉石砾石层可视为上新世末期构造运动的相关沉积，并被上覆第四纪不整合覆盖。第四纪以来，早更新世末与中更新世初，本区连同青藏高原发生了一次突变事件，即羌塘运动（或称西域运动，元谋运动），这次构造运动除表现为中更新统与下伏各地层的角度不整合以外，还表现在调查区内活动断裂的形成，控制了中更新统及以后的第四纪沉积及断陷湖盆的发育。主夷平面解体分化，被外动力作用侵蚀、下切。从古岩溶看，上新世古岩溶分布广泛，中更新世以后一般分布于山脚现代盆地面边缘。中、晚更新世，处于相对稳定期，形成藏北大湖期。

晚更新世末，区内又有一次强烈的构造运动，表现为全新统与下伏各地层的不整合，夏康坚南北

向活动断裂年龄2~10万年左右；此间，古大湖解体并快速退缩。

值得指出，全新世时期的又一期构造运动，造成晚更新世、全新世地层褶皱，断层错断Ⅰ，Ⅱ阶地。

上述现象表明，本区新构造运动可以分为4期，即N_2末与Qp_1之间，Qp_1与Qp_2之间，Qp_3与Qh之间和Qh期间，具有明显的阶段性。

本区新构造运动起始时间，与青藏高原强烈隆升的时间大体是同时的。这里的隆升是指高原大面积隆升。而以夷平面为主的各种地貌面的分布范围广泛，高度相对稳定，为计算隆升时间和幅度提供了相对可靠的根据。基于主夷平面发育上限时间（3.6 Ma）、黄土开始堆积（2.6 Ma）以及青藏高原进入冰冻圈（0.8 Ma），李吉均等提出高原分别在上述时段达到1000 m，1500 m和3000 m的数字。这样，本区自上新世末期以来，主夷平面抬升的最大高度，即本区垂直上升的最大幅度为4200~4400 m。

综观本区处于冈底斯山北麓，调查区新构造运动的基本形式为大面积掀斜运动背景下的断块差异运动。冈底斯山总体向北掀斜，在这种背景下，形成一系列北西西向和近南北向断块山和断陷盆地。这些断块差异运动以垂直运动为主，断距可达数百米乃至上千米，上升断块形成终年积雪的大雪山。

第五节　地质发展史

调查区地处冈底斯地块内部，北邻班公错-怒江结合带，南抵冈底斯岩浆弧带（图5-1），受这两个俯冲带的共同作用，成为复合弧后盆地。其地质历史发育悠久，涉及若干重大的地质问题。根据调查区地质资料，并结合邻区资料综合分析，反演推理了调查区的地质发展历史，可将调查区地质演化历史分为三个演化阶段：①措勤中—新生代盆地基地形成阶段；②复合弧后盆地演化阶段；③高原隆升盆地消亡阶段（表5-17；图5-36）。

一、措勤中—新生代盆地基地形成阶段（D-P）

根据现有调查区及邻区地质资料分析，调查区在晚古生代时期，地处冈瓦纳古陆块的北缘，主要属边缘台地及斜坡环境。调查区出露最老的地层为中晚泥盆世的查果罗玛组，主要为砂屑亮晶灰岩、砾屑亮晶灰岩，见有群体珊瑚、腹足类、腕足类化石，查果罗玛组的岩性特征充分说明水体的开放性较好，反映当时的沉积环境为开阔的碳酸盐台地。

进入石炭纪调查区由于强烈的伸展作用，在南部发育近北西向的裂谷，该裂谷可能与北侧的班公错-怒江洋相通。与伸展作用有关的岩浆活动主要为基性岩脉（主要为辉绿岩脉）的侵入及玄武岩的喷发。调查区北部主要为浅海陆棚；中部发育斜坡相；南部为半深海-深海的裂谷盆地。晚石炭世-早二叠世拉嘎组沉积期全球冰期气候，因而在拉嘎组中发育大量的冰水沉积和冰积砾岩。

表5-17　中—新生代措勤盆地演化简表

构造阶段	构造运动	构造演化	沉积演化	岩浆演化
E_2-Q 高原隆升盆地消亡	N_2-Q	冈底斯地块内部断裂活动增强，形成南北地堑和地垒带	河湖沉积体系，砾石和含砾砂质沉积及湖泊细碎屑沉积	局部发育钾玄质火山岩
	N_{1-2}	夷平作用及高原整体快速隆升	湖泊沉积体系，沉积物以陆源碎屑及湖泊内源碳酸盐沉积为主	大面积钾玄质火山岩喷发，代表高原隆升深部壳幔作用过程加剧
	E_{2-3}	南北向持续挤压，逆冲推覆，形成山前及山间盆地	河湖相沉积体系，沉积物以陆源碎屑沉积为主。发育冲积扇-洪泛平原-湖泊	Ⅰ型中—酸性岩浆侵入，后期随地壳加厚，有少量A型花岗岩-正长岩侵入

续表

构造阶段	构造运动	构造演化	沉积演化	岩浆演化
$J-E_1$ 复合弧后盆地演化	E_1	调查区完全上升为古陆，退出海洋环境。E_1后期调查区遭受了规模最大的构造运动（喜马拉雅主幕）。为主构造变形期	以发育陆相中－酸性火山喷发沉积为特征	受雅江带俯冲作用的影响，发育火山弧型大规模的钙碱性火山活动
	K_2	总体抬升为陆，发育陆相前陆盆地，局部为残留海。之后进一步褶皱抬升	以近源扇三角洲及三角洲相碎屑岩沉积为主	火山活动减弱，而中—酸性岩浆侵入活动达到高潮。岩浆作用方式发生重大转变，形成区内众多的 I 型花岗岩
	K_1^2	班公错－怒江带关闭后，并未有强烈的造山活动，紧接着地壳下降，开始大规模海侵。K_1末期褶皱抬升	火山碎屑物为主的水下扇－三角洲－浅海陆棚相碎屑岩和碳酸盐沉积（以生物碎屑灰岩为主）	
	$J-K_1^1$	调查区北侧为班公错－怒江带的弧后初始洋盆（裂谷）；$J_{末}-K_1$早期主要为班公错－怒江洋的弧后前陆盆地	主要为邻近火山环境的水下近源扇三角洲沉积。以发育碎屑岩、火山喷发沉积为特征。以接奴群和则弄群下部为代表	早期（班公错－怒江带）弧后洋盆（裂谷）中有基性火山岩及基性侵入岩发育。J_3末随班公错－怒江带俯冲关闭，该弧后小洋盆有蛇绿岩的构造侵位。同时发育火山弧型钙碱性火山活动
$D-P$ 盆地基底形成	P_3	总体抬升为古陆，局部为残留海。后期遭受强烈的褶皱运动，措勤中—新生代盆地基底形成	沼泽及三角洲相碎屑岩沉积	调查区无岩浆活动记录
	$D-P_2$	$D-P_2$措勤地区经历了由下降到抬升的完整过程。石炭纪时期具有强烈的伸展作用。P_2后期遭受了规模不大的构造运动	早期广阔的碳酸盐台地为特征；中期为浅海混积陆棚至斜坡冰水浊积；后期以台地相碳酸盐沉积为主	调查区石炭系内发育大量辉绿岩脉，在区外的石炭系中见有玄武岩夹层。表明当时地壳处于拉张环境

早—中二叠世时期，构造伸展作用减弱，调查区南侧的裂谷进入消亡期，沉积盆地南深北浅的差异格局减弱，并而气候转暖，以发育碳酸盐台地相为主的下拉组。晚二叠世时期，调查区开始整体抬升，海域缩小，发育以坚扎弄组为代表的海陆交互相沉积。二叠纪末期的华力西晚幕，使调查区遭受强烈的构造运动，古生界强烈褶皱，并抬升为陆，措勤中—新生代盆地的基地从此形成，即措勤中—新生代盆地的基地为古生界构成的褶皱基底。三叠纪至早侏罗纪，调查区一直为隆起的古陆环境，遭受了长时期的剥蚀。

二、复合弧后盆地演化阶段（J_2-E_1）

中—晚侏罗世时期调查区地处班公错—怒江洋的弧后。此时期调查区的演化历史与班公错－怒江洋的发展及消亡历史密切相关，地质演化主要受班公错－怒江带的影响。中—晚侏罗世的早期，在调查区北部卡马—中仓一带发育一套碎屑岩夹碳酸盐岩及中基性、基性火山岩地层，此套地层遭受强烈的构造混杂，其中夹有硅质岩、辉绿岩、辉长岩以及变质超基性岩的残片。由此推断燕山早期在调查区北部存在一个弧后扩张的小洋盆。其后随着班公错－怒江洋壳向南的俯冲作用加剧，由弧后扩张环境变为弧后挤压的构造背景，在调查区北部的弧后扩张小洋盆转化为弧后挤压的前陆盆地，盆地内的沉积以接奴群（$J_{2-3}J$）上部地层为代表，主要为滨海相的砾岩、砂岩、水下扇碎屑岩及钙碱性火山弧型安山岩—流纹岩组合。中—晚侏罗世时期，调查区总体古地理环境为北低南高沉积盆地，调查区南部的大部分地区处于古大陆的环境。盆地沉积体由北向南超覆于古生界褶皱基底上，盆地沉积体的

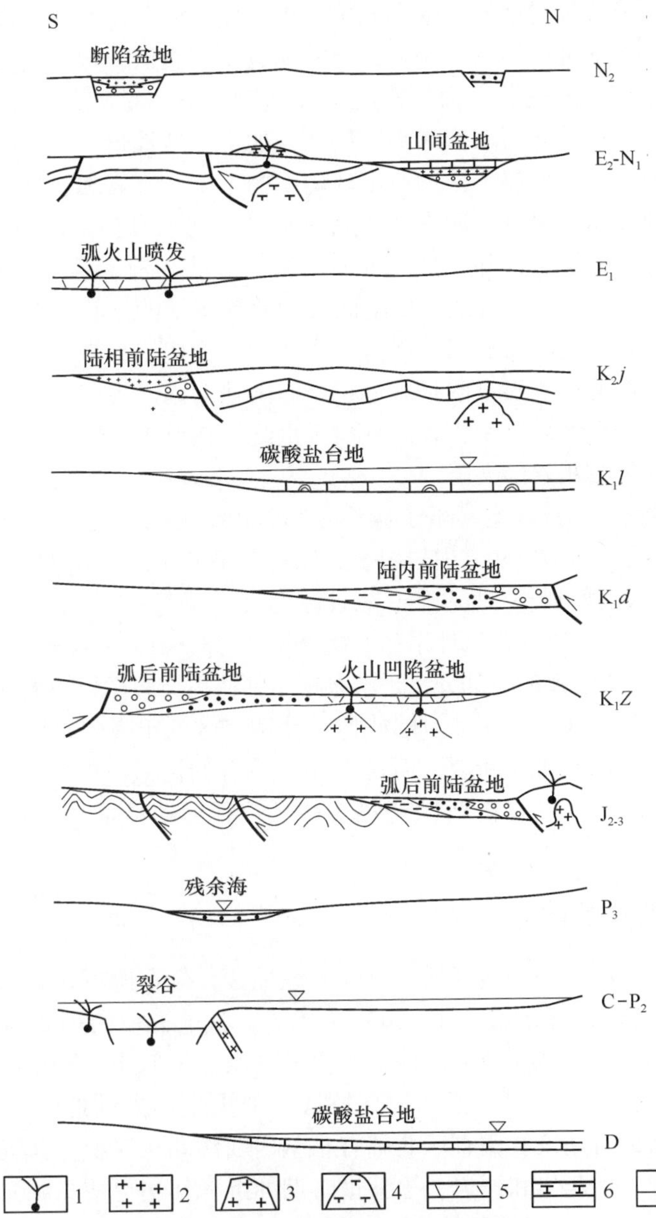

图 5-36 调查区地质演化图

1—火山喷发；2—基性岩脉；3—酸性侵入岩；4—碱性侵入岩；5—酸性火山岩；6—碱性火山岩；7—海平面

主要物源来自于北部的班公错-怒江带岩浆弧。

早白垩世早期，调查区南部雅江洋壳向北的俯冲作用加剧，以及北部班公错-怒江洋关闭后的持续作用，使调查区岩浆活动极为强烈，在调查区发育巨厚的火山岩及碎屑岩建造，此时期的沉积以则弄群（K_1Z）为代表。则弄群在垂向上分为两段，下段为火山岩沉积，火山岩有喷溢相和爆发相；上段为以火山碎屑物为主的水下扇沉积。根据则弄群内部沉积体系的空间分布，则弄群沉积期在调查区南部具有弧后前陆盆地的特征，受冈底斯岩浆弧控制，物源来自南部岩浆弧。而调查区北部盆地性质，主要表现为火山活动强烈的凹陷盆地，其火山作用受北部班公错-怒江带关闭后持续作用的影响。则弄群沉积期之后，火山作用逐渐减弱，调查区北部班公错-怒江洋关闭后的陆内碰撞挤压作用增大，在调查区北部形成陆内前陆盆地。其控盆断裂为永错-多雄罗玛错断层带（F_5），盆内沉积充填以多尼组（K_1d）为代表，主要发育水下扇沉积体系和滨浅海沉积体系。水下扇在调查区北部具有规模大、粒度粗的特点，其物源来自调查区的北侧；滨浅海沉积体系主要发育于调查区中西部的吉朗拉地区，岩性为滨海砂岩及浅海相泥岩夹生物碎屑灰岩透镜体或灰岩薄层为主。

早白垩世晚期，调查区经过长时期的夷平和充填作用，使之处于平坦—缓坡状的基底条件。以广泛发育郎山组碳酸盐缓坡—台地沉积体系为特征，此时期也是调查区海侵最广泛的时期。

早白垩世末期在调查区范围内遭受了大规模的地壳运动，下白垩统及其以前的地层普遍褶皱抬升，并伴随大规模的岩浆侵入，其岩石系列属钙碱性系列的中—酸性侵入岩，根据其化学及微量元素地球化学特征判断，其成因类型主要属于活动造山环境下的Ⅰ型花岗岩类。

早白垩世末期大规模地壳运动之后，调查区范围内几乎全部上升为陆。由于持续的南北向挤压，在调查区南部造成大规模的逆冲推覆，并在推覆带的前缘形成陆相前陆盆地（图5－36），其北侧控盆断裂为学里错－桑穷拉断层（F_{13}）。盆地在横剖面上为北深南浅的箕状；在平面上呈东西向延伸的带状，沉积相呈南北向分异。盆地内沉积以晚白垩世竟柱山组为代表，该组在盆地北部以发育扇三角洲—水下扇砾岩为主，扇体中的前积层方向指示进积方向由北向南，说明物源来自北部；盆地南部竟柱山组以湖相—三角洲相砂岩和泥岩沉积为主。晚白垩世晚期在调查区南部有短时期局部海侵，使之在竟柱山组顶部夹有海相圆笠虫灰岩的夹层。

进入古近纪的古新世时期，调查区绝大部分地区处于古陆剥蚀区，仅在调查区南部有少量的陆相火山喷发，此时期的火山活动为一套中酸性火山岩组合，以古新世典中组（E_1d）为代表，其岩性主要为安山岩、英安岩、流纹岩及火山角砾岩、凝灰岩，累计厚度大于1000 m。在古新世火山喷发之后，紧接着有较大规模的岩浆侵入，其侵入岩为钙碱性系列的Ⅰ型花岗岩类，其岩石化学特征与火山岩十分相似，它们共同构成了冈底斯钙碱性岩浆弧的一部分，是雅鲁藏布新特提斯大洋板块大规模向北俯冲的产物。

古新世末期，由于新特提斯洋闭合，陆－陆碰撞，使调查区处于强烈挤压的构造背景，使得调查区侏罗系、白垩系及古新统全面褶皱及断裂，而古生界在原有的褶皱、断裂的基础上，进一步褶皱、断裂，使原有构造被改造、叠加。经过古新世末期（喜马拉雅运动早幕）的这一次构造运动，全调查区的构造格局基本定型。

三、高原隆升盆地消亡阶段

始新世至渐新世，调查区绝大部分地区处于隆起剥蚀地区，仅在调查区北部发育小型的东西带状分布的山间盆地。盆地内充填以丁青湖组（$E_{2-3}d$）为代表，盆地充填的早期多为冲积扇相的粗碎屑岩，为典型的山间磨拉石建造。盆地充填的晚期，主要发育洪泛平原相及湖相泥岩。

由于始—渐新世长时期剥蚀－沉积作用（切高补低）的夷平，措勤地区的地势较为平坦，原始的高原面基本形成。在中新世时期仅在调查区北部有小型内陆浅湖相沉积，其沉积记录以唢呐湖组为代表，岩性主要为湖相泥灰岩、灰岩和泥岩。中新世时期的沉积作用也使高原面进一步平坦化。

中新世时期，在夷平、沉积作用的同时，调查区伴随青藏高原一起也开始了整体快速隆升，与强烈隆升作用相伴随还有大量碱性岩类的岩浆活动，在调查区广泛发育高钾质火山岩及浅成碱性正长岩。对于这些富钾火山岩的成因，普遍认为与青藏高原的隆升有关，在高原地壳和岩石圈不断加厚隆升的同时，深部地幔受到大量洋壳沉积物及陆壳物质广泛交代而形成轻度富集型地幔。由于高原岩石圈受到南北向挤压及东西向拉张的影响，使重而厚的岩石圈底部发生折沉作用，引起热而轻的软流圈上升，富集地幔因减压而发生熔融，导致超钾质及钾质岩浆的产生。热的软流圈的快速上升不仅可以抵消地壳塌陷和下降，甚至还会使高原进一步抬升。措勤地区富钾火山活动与整个高原中北部一样，可能是在这种动力学背景下产生的，是高原新生代岩石圈构造演化在特定阶段的必然结果。

上新世开始，断裂活动性增强，青藏高原在总体隆升的背景下，也存在着断块间的差异隆升，原始的高原面裂解，形成台阶状的夷平面及许多小型的断陷盆地，这些断陷盆地内的沉积记录以洁居纳卓组（N_2Qp_1j）代表，主要为一套冲积扇相砾岩夹洪泛平原相粉砂质泥岩。调查区内断层走向主要以北西西向为主，这些北西西向断层从上新世以来由早期的逆冲转变为右行—正向滑动，形成近东西向的地堑（盆地）。更新世以来冈底斯地块内部断块间的差异隆升仍在继续，特别是南北向断裂开始强烈活动，在调查区形成南北向的地堑和地垒。在差异隆升及侵蚀沉积的持续和断续作用下，最终形成现今调查区高山湖盆的地貌形态。

第六章　矿产及其他国土资源概况

新一轮国土资源大调查的区调工作，应努力面向社会，进一步拓宽调查服务领域。调查区对国土资源调查几乎属于空白，为此，我们对调查区内矿产、生物资源及旅游资源等均进行了不同程度的调查。对区内矿产及其他国土资源状况获得了较全面的系列成果。

第一节　矿产资源

一、矿产资源概况

调查区内矿产资源调查从1961年开始，先后有西藏地质局藏北地质队、区调队、地质局综合队、中国地质科学院郑绵平院士等人对调查区各种金属矿产、能源矿产、盐类矿产开展过调查。通过本队1:25万区域地质调查，到目前为止，先后已在本区发现铁、铜、金、银等矿（化）点13处（见表6－1，其中8处为本队新发现）、大型锂、盐矿1处、小型盐矿1处、小型煤矿1处。

通过实地调查，结合前人资料，可以认为本区金属矿产有如下分布规律：

（一）矽卡岩型磁铁矿

主要见于调查区西部顿勒以北地区，多沿燕山期二长花岗岩、石英闪长岩等岩体边缘与二叠系下拉组（P_2x）灰岩之接触带上分布，围岩蚀变主要有矽卡岩化、大理岩化、绿帘石化等，矿体多呈不规则状产出，以磁铁矿为主，如拉日阿、阿木宗根、安门弄勒等地，规模较小，多为矿点。

（二）热液型铜、银矿

主要分布于达瓦错南侧竟柱山组碎屑岩中，受近东西向、南北向次级断裂或裂隙控制，围岩蚀变主要为绿泥石化、硅化等。铜、银矿化多呈侵染状、脉状产出。如措勤县住浪、嘎近等矿点。这些铜银矿点，在区域上属冈底斯北缘北西向成矿带的尾端，矿化规模不大。

（三）沉积型矿产

主要有锂矿、硼砂、芒硝、石盐及煤矿。锂矿及盐类矿产主要产于扎布耶茶卡等大型盐湖中，在区内已具相当规模，可达大型矿床。煤矿主要产于川巴多尼组（K_1d）岩屑砂岩夹碳质泥岩中，煤矿规模不大，工业价值有限。

二、矿产分述

（一）金属矿产

区内金属矿产主要为铁矿，次为铜－银多金属矿。均为矿点或矿化点。

1. 铁矿

区内已发现铁矿点（矿化点）7处，多数无工业开采价值。择其代表性矿点简述于后，其余见表6－1。

改则县安门弄勒磁铁矿点（5）。位于安门弄勒沟北侧山嘴。地理坐标E84°20′00″，N 31°38′15″。海拔5040 m。矿体赋存于燕山期灰色中粒石英闪长岩与二叠系下拉组（P_1x）灰岩接触带外侧（图6－1；图版XIV－1）。下拉组灰岩多具大理岩化及重结晶现象。靠近岩体一侧。矽卡岩化带宽约

表6－1　测区矿（化）点（床）简表

编号	矿种	产地	地理坐标	主要地质特征	成因类型	规模和前景	工作程度	资料来源
1	褐铁矿－磁铁矿	仲巴县卡贡虾蚂北约1.2 km	E84°06′02″ N31°31′50″	含矿围岩为二叠系下拉组（P_2x）黄灰—深灰色薄—厚层状灰岩。磁铁矿体顺层产出。矿层厚约10 m，顺层延伸>200 m。矿石矿物主要为磁铁矿60%～65%、褐铁矿30%、赤铁矿5%、拣块分析结果：TFe 60.64%，属优质富铁矿	热液型	矿点	踏勘	笔者路线观察
2	磁铁矿	改则县拉日阿北东约2 km山崖上	E84°05′03″ N31°38′22″	矿体赋于燕山期浅肉红色二长花岗岩与下拉组（P_2x）灰岩的接触带上。近矿围岩有磁铁矿化、石榴子石化、绿帘石化。磁铁矿一般呈星点状、浸染状结构。矿化带宽约3 m，可见延伸约150 m。矿石主要由0.1～0.5 mm磁铁矿颗粒（98%）组成。黄铁矿（1%）和黄铜矿（0.5%）分别呈粒状、叶片状嵌于磁铁矿中。拣块分析：TFe 61.45%，Cu 0.02%	矽卡岩型	矿点	踏勘	笔者路线观察
3	镜铁矿	改则县达弄弄巴4783高地287°方向山坡上	图边 E83°59′45″ N31°38′30″	矿体赋于下拉组（P_2x）灰岩与燕山期浅肉红色二长花岗岩接触带，呈厚约5 m，长约12 m的不规则鸡窝状。围岩蚀变主要为绿帘石化、石榴子石化。矿物组成为镜铁矿（85%）、褐铁矿（14%）、黄铜矿（1%）。拣块分析：TFe 43.08%，Cu 0.02%	矽卡岩型	矿化点	踏勘	笔者区域地质调查
4	辉铜矿－磁铁矿	仲巴县阿木宗根西侧	E84°13′35″ N31°38′17″	矿体赋于燕山期二长花岗岩与下拉组（P_2x）灰岩接触带岩体一侧，呈0.2 m宽的脉状产出。矿石矿物主要为镜铁矿、褐铁矿，局部见铜蓝、孔雀石斑点，脉石矿物为绿帘石、方解石、拣块分析：TFe 37.05%，Cu 0.18%。	矽卡岩型	矿化点	踏勘	笔者区域地质调查
5	磁铁矿	改则县安门弄勒北侧	E84°20′00″ N31°38′15″	矿体赋于燕山期石英闪长岩与下拉组（P_2x）灰岩接触带内，可见矽卡岩化、大理岩化。矿体宽约20 m，可见延伸约50 m。磁铁矿呈致密块状。主要矿石矿物为磁铁矿、钛铁矿。拣块分析：TFe 50%	矽卡岩型	矿点	踏勘	笔者区域地质调查
6	磁铁矿	改则县剁弄巴沟中	E84°19′20″ N31°39′05″	矿化带发育于下拉组（P_2x）碳酸盐化矽卡岩层间破碎带内，其东则出露燕山期石英闪长岩。矿化带宽约1 m，长10～20 m。断续分布，矿石矿物主要为磁铁矿、褐铁矿、铜点、孔雀石等	矽卡岩型	矿化点，无工业意义	踏勘	笔者区域地质调查

续表

编号	矿种	产地	地理坐标	主要地质特征	成因类型	规模和前景	工作程度	资料来源
7	铁－铜矿	仲巴县查污纳孜5222高地南西约600 m	E84°07′36″ N31°15′22″	该点出露则弄群下段地层，岩性为紫红色安山质角砾岩、安山岩、集块岩。矿化沿裂隙呈5～10 cm宽的脉状产出，露头延伸约10 m。矿物成分主要为孔雀石（70%），次为镜铁矿、赤铁矿、磁铁矿。	热液型	矿化点	踏勘	笔者区域地质调查
8	磁铁矿	措勤县达雄乡朗普勒北东约3 km	E85°04′55″ N31°29′08″	矿体赋于喜山期角闪二长花岗岩与则弄群上段凝灰岩、流纹岩夹大理岩的接触带内。矽卡岩带宽约150 m。磁铁矿呈脉状、似层状产出，矿化带宽50～100 m，长约800 m，磁铁矿呈致密块状，含量90%以上。拣块分析：TFe 64.8%	矽卡岩型	小型矿床	踏勘	笔者区域地质调查
9	赤铁矿	措勤县于拉日洁5834高地南西约1 km	E85°19′09″ N31°20′20″	矿点位于燕山期二长花岗岩与则弄群上段大理岩化灰岩接触带上，出露大量褐铁矿、赤铁矿矿石。其中褐铁矿－赤铁矿角砾均有一定磨圆度，经搬运后被褐铁矿、蛋白石等胶结，矿石出露宽约20 m，拣块分析：TFe 54.90%	沉积－热液改造型	矿化点	踏勘	笔者区域地质调查
10	黄铜矿－磁铁矿	措勤县于拉日洁5715高地南西约600 m	E85°19′46″ N31°21′05″	该矿点位于燕山期二长花岗岩与则弄群砂岩、大理岩接触带外侧，矿体呈脉状、透镜状，一般宽0.3～0.5 m，长0.6～2 m。矿石矿物主要为磁铁矿、镜铁矿、黄铜矿、黄铁矿。拣块分析：Cu 2.86%，Ag 14.0 g/t，Au 2.18 g/t，TFe 16.22%	岩浆热液型	矿点，值得进一步工作	踏勘	1:100万区域地质调查及笔者区域地质调查复查
11	铜－银矿	措勤县嘎近325°方向约800米，距公路1 km	E85°03′26″ N31°11′42″	矿体赋于竟柱山组（K_2j）灰色砂砾岩中，受走向230°的断层破碎带控制。火山质砾岩中铜矿呈浸染状，细脉状，主要为孔雀石、铜蓝、磁铁矿。拣块分析：Cu 1.27%，Ag 184.0 g/t，Au 0.08 g/t	热液型	矿点	踏勘	1:100万区域地质调查笔者复查
12	铜－银矿	措勤县住浪145°方向约600 m	E85°03′03″ N31°12′08″	矿化带发育于竟柱山组（K_2j）火山质砾岩、砂岩破碎带内。破碎带宽1～1.5 m，延伸达400 m，孔雀石、铜蓝、辉铜矿、黝铜矿呈稠密浸染状、细脉状（宽2.5 mm）产于破碎带中。拣块分析：Cu 4.80%，Ag 405.0 g/t，Au 0.19 g/t	热液型	矿点	踏勘	1:100万区域地质调查，笔者复查
13	铜－镜铁矿	措勤县苦勒30°方向约1.2 km	E85°02′32″ N31°10′29″	赋矿地层为竟柱山组（K_2j）紫红色砂岩，含砾砂岩构成的小背斜核部沿破裂充填的石英脉中。镜铁矿呈不规则团块状，脉边部可见少量孔雀石。辉铜矿，矿化宽约2 m，延伸约500 m。拣块分析：TFe 7.37%	热液型	矿化点	踏勘	笔者区域地质调查

50 m。矿体呈黑色不规则团块状、鸡窝状产出，宽可达 20 m，可见延伸约 50 m。磁铁矿呈黑色致密块状，主要矿石矿物为磁铁矿、钛铁矿，前者约占 90%。磁铁矿呈自形—半自形粒状，粒度0.3～2 mm，广泛发育环带构造。拣块分析结果：含 TFe 50%，属矽卡岩型磁铁矿。

2. 铜铁矿

调查区有铜铁矿 4 处，或产于则弄群（K_1Z）下段火山岩中，或产于则弄群（K_1Z）与岩体接触带附近，规模较小。

措勤县于拉日吉铜铁矿（10）。位于措勤县于拉日吉 5715 高地南西约 600 m 山顶上。地理坐标：东经 85°19′46″，北纬 31°21′05″。

该矿点产于燕山期肉红色中粒二长花岗之外接触带，围岩蚀变主要为大理岩化、角岩化、蚀变带总体厚约 150 m，呈近东西向延伸，其中大理岩厚约 80 m。

该点出露含铜磁铁矿，风化后呈褐黑色。矿体呈脉状或透镜状产于接触带内，走向与岩体边缘走向一致。矿脉一般宽 2～15 m，延伸 20～60 m，透镜状矿体一般宽 0.3～0.5 m，长 0.6～2 m。规模较大的矿脉可见 3 条。最长达 60 m（图 6－2）。

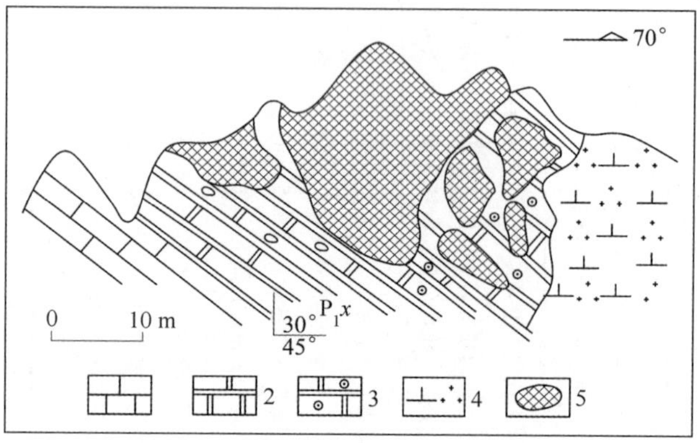

图 6－1　安门弄勒磁铁矿剖面素描图

1—灰岩；2—大理岩；3—石榴子石大理岩；4—石英闪长岩；5—矿体

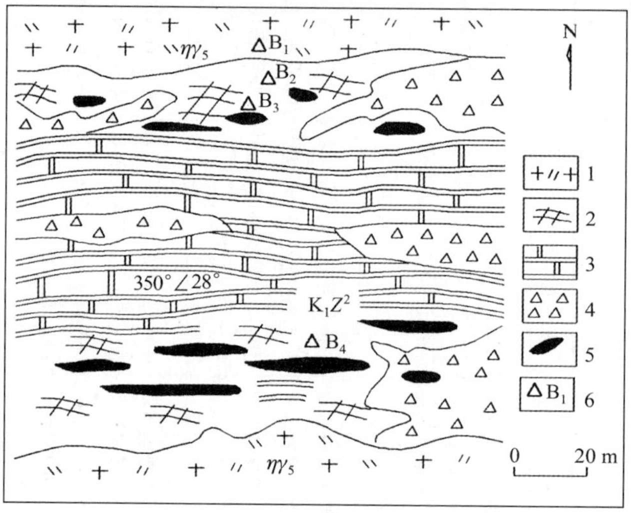

图 6－2　于拉日吉铜铁矿点平面示意图

1—二长花岗岩；2—角岩；3—大理岩；4—第四系；5—矿体；6—采样点

矿石矿物主要为磁铁矿，含少量孔雀石、方铅矿、磁铁矿等自形、半自形粒状结构，致密块状构造。

金属矿物成分：黄铁矿 10% ±、黄铜矿 30% ±、磁铁矿 35% ±、镜铁矿 25% ±。

拣块分析结果：Cu 2.86%，Ag 14.00%，Au 2.18%，TFe 16.22%。

成因类型属岩浆热液型。

3. 铜银矿

措勤县嘎近铜银矿（11）。位于措勤县达瓦错南嘎近 325°方向约 800 m，距措勤—改则公路约 1 km，交通方便。该矿产于白垩系竟柱山组（K_2j）地层中。含矿围岩为浅灰色中—厚层状火山质砾岩夹砂岩。围岩中细的石英脉较发育。

铜矿化严格受该地层内断层破碎带控制。破碎带走向 230°，长约 400 m，宽 0.8～1.1 m。倾角近直立。破碎带中见黄褐色、浅绿色矿化构造透镜体。铜银矿主要呈浸染状，局部呈细脉状，脉宽 <1 cm。矿体厚度与破碎带宽度一致（0.8～1.1 m）。可见延伸 >50 m。矿石矿物主要为孔雀石、铜蓝、磁铁矿等。脉石矿物为石英、长石、方解石等。围岩蚀变主要为绿泥石化、硅化。拣块分析：

Cu 1.27%，Au 0.08 g/t，Ag 184 g/t。

该点矿化作用主要沿构造裂隙或破碎带进行。含矿热液沿裂隙充填成矿脉，属热液交代型。

（二）煤矿

调查区内仅有煤矿一处，即川巴煤矿点。现场目前仅残留几个探槽，多已垮塌，仅据新疆地质局第二地质大队1971年工作报告将该矿点介绍如下：

川巴煤矿点*。矿点位于川巴背斜西段南西翼，背斜轴向为近东西向，于煤点附近转为北西—南东向，地层倾向220°~230°，倾角32°~46°，两侧分别被断层截切，并被第四系广泛掩盖。

含煤地层多尼组出露最大厚度为500 m，向南东因断层缺失仅有40~50 m，岩性主要为细砂岩、泥岩、粉砂质泥岩，产动、植物化石。含煤地层与南西侧白垩系郎山组石灰岩呈断层接触（图6-3）。

矿点见可采煤层四（?）层，呈透镜状产出，其中C_3与C_4可能为同一煤层，因走向不连续，难以对比，煤层特征见表6-2。各层煤质差别不大，煤岩类型为全亮型，中等变质程度。经工业分析：灰分18.57%，挥发分28.47%，硫0.87%，发热量8270 cal/g，黏结性为4级，属低硫低灰分肥煤，可作动力及炼焦用煤。

表6-2 川巴煤矿煤层特征简表

煤层编号	延伸长度 m	煤层厚度/m		煤层结构	顶底板岩性	煤层间距
		自—至	平均值			
C_4	265	0.45~0.90	0.56	夹矸较多，结构复杂	泥岩，含粉砂及碳质较高	可能为同一煤层
C_3	245	0.20~1.45	1.14	单层结构	泥岩为主	75 m
C_2	267	0.32~1.45	1.11	夹矸较多，结构复杂	泥岩为主，含粉砂及碳质较高	7 m
C_1	153	0.60~1.30	0.96	单层结构	泥岩、含粉砂质泥岩及碳质泥岩	

经详查获地质储量6.7万t，属矿点。

（三）锂、盐矿床

主要产于扎布耶茶卡、秋里南木湖等地，以前者最为著名。

1. 扎布耶茶卡锂、盐矿

矿区位于调查区西缘仲巴县隆格尔北东约17 km扎布耶茶卡南湖，有简易公路通往措勤。1961年、1974年，西藏地质局藏北地质队、区调队对该区进行过工作。1982年以来，中国地质科学院盐湖研究所郑绵平院士等陆续在该地进行详查等科研工作，经过我队考查，结合前人资料，对该矿床特征取得一些认识。

扎布耶茶卡全湖面积214.9 km²，呈狭腰“葫芦状”，以查布野岛为界，分为南北两湖。北湖湖北端出露少量二叠系下拉组灰岩、南湖南侧以白垩系则弄群火山岩为主。湖盆区第四系分布广泛，以晚更新统—全新统湖积、冲湖积砂砾石层为主，局部地方为全新统沼泽沉积、化学沉积。

据卫星图像解译，南湖绝大部分在旱季已干涸，盐类裸露地表。据钻孔揭露，南湖盐沉积最厚在其北偏西部，含盐沉积厚度7.63 m以上。北湖仅在湖湾区有数十厘米厚的盐沉积。在宽广的北湖湖水区，多以浅色或暗色灰泥为主。现以郑锦平等人（1989）南湖CK_1钻孔资料为例，介绍该矿床纵向特征。

（1）含盐沉积特征

含盐沉积可分为6层，由下而上为：

1）含碳酸盐砂质黏土层：以黄灰色为主，本层未揭穿。厚度大于0.63 m。碳酸盐矿物以方解石

* 据新疆地质二大队资料。

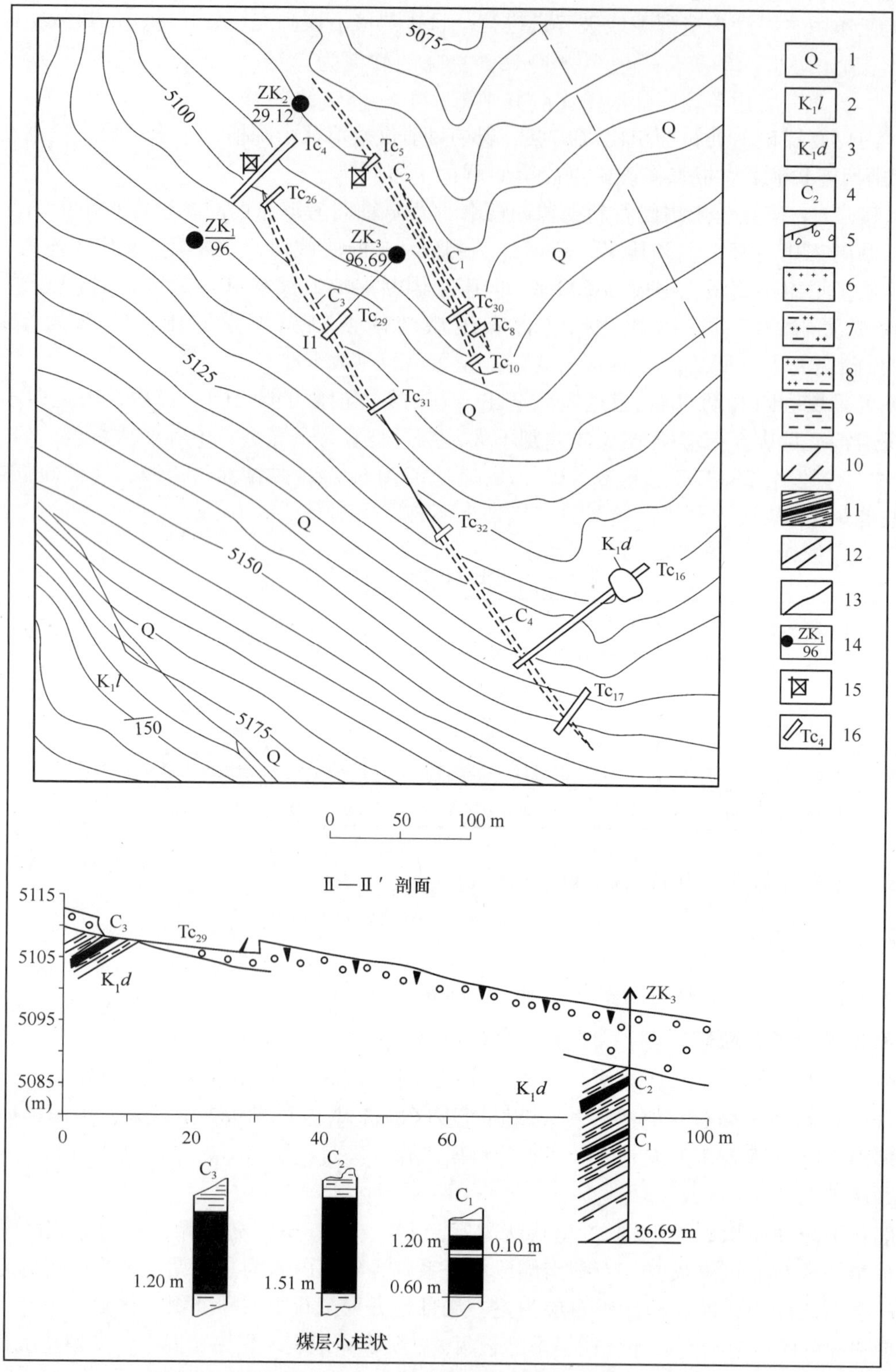

图6-3　改则县川巴煤矿地形地质图

（据新疆地质二大队）

1—第四系；2—白垩系郎山组；3—下白垩统川巴组；4—煤层编号；5—残坡积物；6—砂岩；7—泥质粉砂岩；8—粉砂质泥岩；9—泥岩；10—碳质泥岩；11—煤层及夹矸；12—实测、推测断层；13—地质界线；14—完工钻孔$\frac{编号}{孔深/m}$；15—完工浅井；16—完工探槽及编号

为多，其次为白云石，其中大致含石盐0.8%～2%，芒硝0.3%～0.7%，硼砂1.5%～2.5%，可溶硅1.6%～3.19%。

2）含芒硝泥灰层：呈灰色—黑色，具H_2S臭味的软泥为主，含数量不定的星散粒状芒硝，厚0.5～2 m。本层含可溶盐类较石盐层增多，其中石盐4%～5%，硼砂1.8%～3%、芒硝（按Na_2SO_4计）0.9%～1.3%，Li_2CO_3约0.5%～0.7%，钾石盐约2%左右。

3）含硝盐及灰泥或芒硝层：黑—灰白色。横向上不甚稳定，厚0.5～2 m。组分特征酸不溶物含量，由30%至23%，黏土矿物组合大致与下层相同。碳酸盐含量则较下层有显著增长，由下至上为36%～45%，下部以文石为主，其次为白云石，上部白云石比率减少。

本层含石盐15%～20%、芒硝4%～5%、钾石盐3%～4%、硼砂2.2%～3.7%，$Li_2CO_3$0.4%～0.7%，碱类略大于2%。可溶硅1.4%～1.8%。

4）含盐硝灰泥层：呈杂色（黄灰—蓝色）至黑色，厚数十厘米至1 m左右，分布较稳定。其中黏土矿物主要为伊利石和绿泥石，含少量高岭石。碳酸盐总含量约达60%，矿物组成以文石为主，含少量白云石。其中含石盐15%，芒硝3%，钾石盐1.2%，细棱柱状扎布耶石0.4%，可溶硅1.5%。

5）含盐黏土碳酸盐或泥灰芒硝层：本层黏土矿物以伊利石、绿泥石为主，偶含少量高岭石。碳酸盐含量较高，约45%～57%，可以分碱土、碱金属碳酸盐和复盐三类。本层厚数十厘米至1 m。

6）石盐层：白—青灰色，位于盐湖最上部。除边缘相变为含硼砂、碳酸盐黏土外，分布遍及全湖。由南往北，厚度由数十厘米至1米多。本层夹有1至多层含硼砂或钾芒硝的芒硝薄层，构成次级韵律。含NaCl 85%～87%，其他有钾石盐约2%，硼砂1.5%，含扎布耶石（Li_2CO_3）约0.1%，芒硝10%左右，并出现相对含量高的天然碱。

（2）盐类成矿的侧向变化

现代扎布耶盐湖北湖仍处于盐水湖阶段，而南湖已发展至半盐湖阶段。按照盐沉积组分分布差异性，大致可将其划分为如下6个成盐带（图6－4）：

含硼砂泥灰带（Ⅰ）：呈环带状绕湖周分布，系在周边水掺杂下形成。主要组分为碳酸盐黏土，盐类矿物除硼砂、芒硝外，并见单斜钠钙石、氯碳酸钠镁石等。

含钾芒硝石盐带（Ⅱ）：分布于南半部干盐滩，以石盐为主，含多量天然碱、芒硝、硼砂和无水芒硝及钾芒硝，并在石盐晶体中发现有星散状扎布耶石（Li_2O_3）的雏晶。后者同硼砂、钾芒硝等矿物均在此带的南北两处盐滩较为富集，形成南、北两个硼钾锂富集区（见图Ⅱ－49）。在此富集区石盐层中钾芒硝含量高达28%；硼砂含量高达52%；碳酸锂（Li_2CO_3），含量高达2.3%。此层厚十余厘米至1 m左右。

含钾石盐石盐带（Ⅲ）：以石盐为主，其次为钾石盐，含天然碱，钾芒硝、芒硝和硼砂等。亦含少量扎布耶石。钾芒硝和钾石盐在新、老盐沉积中均有发现。据少数浅坑揭露，本层K^+含量可达21%，厚度10～15 cm。目前仅发现于南湖东部，此处恰位于南湖地表卤水浓度最大的极浅水区，达到钾矿物析出阶段。

含钠、钙碳酸盐石盐带（Ⅳ）：以石盐为主，含大量复盐（单斜钠钙石、氯碳酸钠镁石等）。主要分布于东北部中深卤水区，与第Ⅲ带呈过渡关系。近北部查布野岛前缘所含复盐骤增。厚十余厘米至数十厘米。

石盐芒硝带（Ⅴ）：以芒硝为主，其次为石盐、无水芒硝、钾芒硝或单斜钠钙石，含少量氯碳酸钠镁石和扎布耶石。此处扎布耶石较为富集，可呈单独晶体出现及晶簇状集合体与单斜钠钙石和氯碳酸钠镁石共生。本层厚十余厘米至数十厘米，此带分布于南、北湖间浅水通道区。

石盐复盐带（Ⅵ）：沿通道和查布野岛地侧的中深卤水区撒开，形似扇状，以结晶完好的单斜钠钙石为主，其次为石盐，其余为氯碳酸钠镁石、含锂白云石、芒硝和硼砂等。还含少量自形晶完善的扎布耶石，局部地段其含量可达3%，此带复盐形成同该区掺杂作用有密切关系。此层厚度十余厘米至数十厘米。

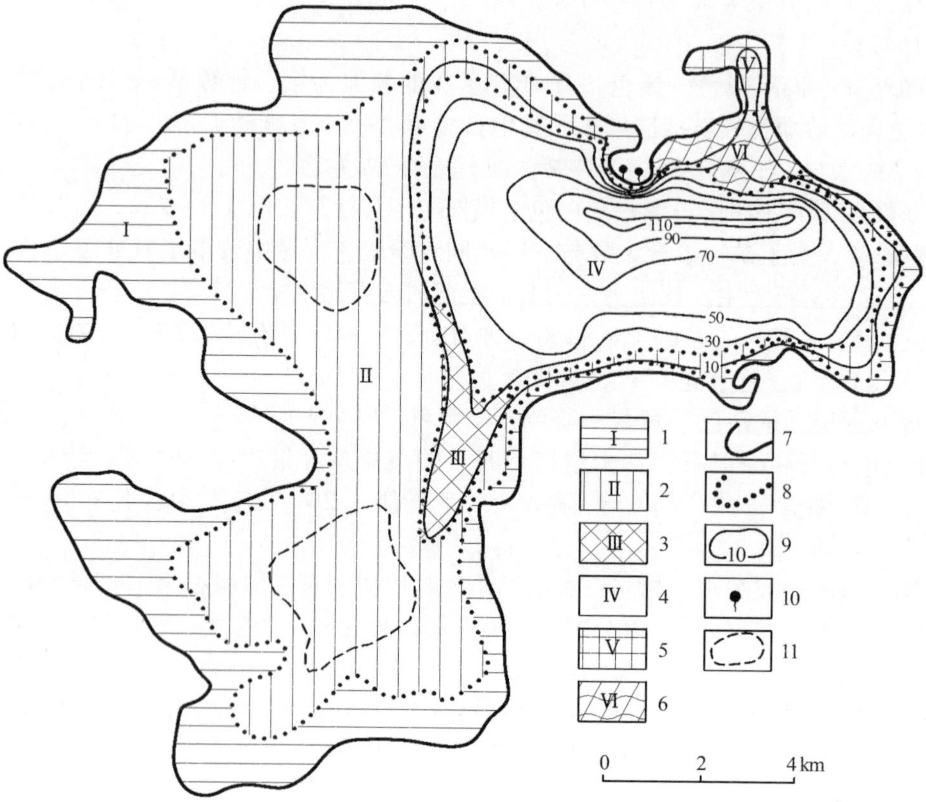

图 6 - 4　扎布耶盐湖南湖盐类沉积分带示意图

（据郑锦平，1989）

1—含硼砂泥灰带；2—含钾芒硝石盐带；3—含钾石盐石盐带；4—含钠钙碳酸盐石盐带；5—石盐芒硝带；6—复盐带；7—湖岸界线；8—概略分带界线；9—地表卤水等深线（单位 cm）；10—主要泉水带；11—硼锂钾富集区

（3）矿体特征

1）矿物组合：由于扎布耶盐湖独特的水化学特征，形成了比较复杂而独特的矿物组合，它以一套富含锂、硼、钾的碱性矿物组合为特征，除有在普通碳酸盐型盐湖中常见的天然碱、石盐、芒硝、氯碳酸钠镁石和单斜钠钙石以外，还产出大量硼砂、钾芒硝、钾石盐、含锂白云石和扎布耶石（Li_2CO_3）。

2）矿体特征：固体矿产储量圈定面积约为 17 km^2。

硼矿：主要含矿层为夹淤泥硼砂层、碳酸质黏土层及芒硝层，其余为次要含矿层。共见商品富矿及加工富矿各 6 层。各矿层平面上多由若干大小不等的透镜状矿体组成，各矿体在剖面上则由 1～3 小层硼砂组成。商品富矿矿石由硼晶组成；其余各品级矿石均以粉末状硼砂为主，硼晶次之。加工富矿及商品富矿含 B_2O_3为 10%～28.77%。

食盐矿体：呈层状产出，袒露地表。一般厚 0.3～0.5 m，最厚 1.27 m，平均厚度为 0.607 m，局部夹厚 0.3～0.58 m 之硼砂透镜体。由白色粗粒晶体组成，据化学分析其 NaCl 含量：大部分为 50%～70%，属Ⅲ级品；少部分为 71%～85%，为Ⅱ级品；个别达 85% 以上，属Ⅰ级品。食盐中 KCl 平均含量为 5.90%，LiCl 平均含量为 0.63%，均可综合利用。硼砂及芒硝含量较高，不含碘及重金属等有害组分。

芒硝矿体：呈透镜状，不稳定，一般厚 1.5～2.5 m，西北部最厚可达 4.3 m，局部夹 1～2 层厚数厘米的粉末状硼砂，偶含碳酸质黏土。顶板埋深 0.8～1.5 m。芒硝为白色粗粒状，松散，质纯，其中一般含 B_2O_3 3%～8%，最高达 10%，目估纯芒硝（Na_2SO_4）含量达 70% 以上。此外，在食盐层中亦有芒硝伴生，其 Na_2SO_4品位一般为 15.22%～33.28%，最高可达 70.97%，平均为 22.13%。

该湖液体盐类矿产也很丰富，远景可观。初步估计全湖天然卤水及晶间卤水总容量约9000万～1亿m^3，重约1亿t。其中各种盐类含量分别为：B_2O_3约1%～3%，NaCl 16.53%～22.54%，LiCl 0.32%～0.446%，K_2CO_3 3.16%～6.20%，均高于工业要求。

经西藏地矿局区调队、中科院盐湖所等单位详查，扎布耶查卡南湖盐类固（液）体储量见表6－3。是以硼、食盐、芒硝、锂为主的特大型综合性现代盐湖类矿床，其铯、锂、钾等元素含量之高，为世界所罕见。

表6－3 扎布耶茶卡南湖锂、盐矿储量简表

盐类名称	固体盐类储量/万t		液体盐类地质储量万t	合计万t	备注
	远景储量	地质储量			
硼（B_2O_3）	39.07	450.75	135	624.82	①固体B_2O_3包括加工中矿以上各品级储量
食盐（NaCl）	997.77		1440	2437.77	①
芒硝（Na_2SO_4）		3500～6300			①包括食盐层中所含Na_2SO_4储量
钾盐$\left(\frac{K_2CO_3}{KCl}\right)$		93.19	270	363.19	①
锂（Li_2CO_3）		153	25	178	②
铯		0.211		0.211	②
铷		0.538		0.538	②

①据西藏地矿局区调队；②据林晔，1996。

2. 秋里南木湖硼矿

位于调查区西缘仲巴县秋里南木湖（扎布耶茶卡湖北约1 km处）。坐标：东经84°03′17″，北纬31°31′28″。西藏地矿局藏北地质队曾对该矿作过普查。该盐湖海拔4440 m，为一干盐湖。湖盆周围山地出露下拉组。盐湖外围均为晚更新世—全新世湖相沉积，形成十多级砂砾堤。地形上该盐湖呈一洼地，面积0.64 km^2。属碳酸盐型盐根湖。其外围为芒硝沉积，湖心部分为食盐沉积。

垂向上，下部为浅灰色碳酸质黏土，厚度1.7 m，该层中含硼砂矿各两层，分别厚0.46 m和0.30 m。其中B_2O_3平均为32.95%和14.31%，矿层面积约0.32 km^2。上部芒硝层中亦含商品富矿及加工富矿各一层，分别厚0.21 m及0.30 m，平均含B_2O_3为38.83%及14.31%，该层分布面积为0.16 km^2。总计B_2O_3地质储量为8.56万t，属小型硼矿床，现正开采利用（图版XIV－2）。

第二节 生物资源

生物包括植物、动物和微生物，是生态系统的核心部分。生物与其环境的统一体就是生态系统。生物种群数目的多寡，对生态系统的调节机制起着极其重要的作用。生物不仅是生态系统的一面镜子，同时也是一种极为宝贵的自然资源。20世纪60年代以来，前人仅对东经86°以东及雅鲁藏布江流域等重点地段进行过考查，而本区资料甚少。在国土资源大调查中，对区内植物组成、分布和动物种群的调查研究（图6－7），有利于更好地认识该区的生态环境，更好地保护和利用生物资源。

一、主要植被类型

按照建群植物的生活型和群落生态外貌，可将本区植被划归为6个主要植被型，即草原、草甸、稀疏植被、灌丛、高山垫状植被、荒漠，其下还可再划分为若干类型（表6－4）。

表 6-4 措勤地区的主要植被类型

植被型	植被类型
草原	薹草-紫花针茅草原
	蒿草草原
草甸	蒿草草甸
	薹草草甸
	沼泽草甸
稀疏植被	高山流石坡稀疏植被
灌丛	锦鸡儿灌丛
高山垫状植被	点地梅垫状植被
	风毛菊、红景天垫状植被
荒漠	金露梅荒漠
	杂草荒漠

(一) 草原

1. 青藏薹草草原

调查区内草原主要是以青藏薹草（*carex moorcroftii*）为建群种的根茎苔草草原，是羌塘南部分布较广的植物群落之一。这类草原广泛分布于区内海拔 4500～5200 m 的湖盆区湖积阶地、平缓山坡及坡麓地带（图版XIV-3）。青藏薹草一般高 10～15 cm，叶尖锐如针，根茎极为发达，生长繁殖力强，表现出对寒旱生境具有较强的适应能力。群落组成一般较简单，主要为青藏薹草+紫花针茅（*stipa purpurea*），前者构成优势种。其他常见的伴生种有梭罗草、粗壮蒿草、藏齐等。群落外貌在 7～8 月多为黄绿色，盖度 15%～40%，青藏薹草分盖度 10%～30%。

2. 藏沙蒿草原

主要分布于塔若错南部山前洪积扇及湖盆外缘。分布海拔 4600 m 左右。该类草原主要以藏沙蒿（*artemisia wellbyi*）构成建群种，是西藏地区蒿属草原中的重要群落类型。它在生态上较沙生针茅耐寒但较紫花针茅喜温而具有较强抗旱特性的一种小半灌木。株高 20 cm 左右，丛状簇生。藏沙蒿草原比较稀疏，群落盖度一般为 25%～40%，群落外观呈黄绿色或灰绿色。藏沙蒿相对盖度达 60% 以上，是建群种。主要优势植物有固沙草、沙生针茅、青藏薹草等，可分别与它们组成不同的群落。伴生植物种类较多，主要有黄芪类、藏角蒿等。

(二) 草甸

草甸是以多年生草本植物为主的植物群落。其特征是具有生草层，植物地下部分发育；植被低矮，甚至伏地生长，生长期短。一般盖度较大，可达 60%～90%。区内草甸与水分条件关系密切，在河滩周缘，常形成沼泽草甸；在山地一些湿度稍大的地带，形成蒿草草甸和薹草草甸。

1. 蒿草草甸

分布于拉勒、若勒、虾格子、塔若错北岸等地区湖积、坡积及低山地带，呈不连续分布，海拔 4600～5000 m。组成该类草甸的建群种为小蒿草（*kobresia pygmaea*）。其分布地区的环境气候寒冷，湿度中等，日照强等特点，具有较广的生态适应特性，生境复杂多样。小蒿草低矮，株高一般 <15 cm。主要伴生植物有丛生蒿草属、根茎薹草属及细火绒草、茵陈蒿、山莓草、蒲公英等。群落盖度 40%～60%。

2. 青藏薹草草甸

分布于夏康坚北部夏龙河谷、边察等地山麓地带及湖滨地带（图版XIV-4），海拔 4600～

5200 m。常以狭带状或环带状出现，分布面积不大。草层一般发育较好，高约 15 ~ 20 cm，群落盖度 30% ~60% 不等，外貌黄绿色，建群种青藏薹草分盖度 20% ~40%，处于绝对优势。常见的优势植物有赖草，分盖度 8% ~18%。伴生植物见有垂穗披碱草、扁穗草、小蒿草、蒲公英、肉果草、黄芪等。

3. 沼泽草甸

沼泽草甸在区内常见于河谷地带及湖滨沼泽发育地区，一般呈不连续斑块分布，海拔 4500 ~ 5000 m 地带均有发育。主要建群种有青藏薹草或藏北蒿草（*kobresia littledalei*），株高 10 ~ 20 cm，属上亚层；下亚层植被多在 15 cm 以下。常见的伴生植物有华扁穗草、云生毛茛、海乳草、西藏粉报春、灯芯草等。群落外貌深绿色，具草丛茂密，种类丰富的特点。群落所在地地下水位较高，常有季节性积水，土壤层湿润，地表常具宽 20 ~ 40 cm 的草丘。形成密丛。群落盖度 50% ~90%。个别地段，草丛可覆盖全部地段。

（三）稀疏植被

高山流石坡稀疏植被是在高山带极端寒冷气候条件下零星生长的一些适冰雪植物片段，亦有人称为冰缘植被，主要分布于夏康坚、嘎拉等海拔 5500 m 以上地区，构成高山连续植物被覆带以上至永久雪线之间的、由地衣和耐低温的各种中生杂草类等植物组成的一些零星植物斑块。地表以碎石为主，植物赖以生长发育的生态环境十分严酷。随着海拔增高，高山流石坡植被垂向上存在差异：下部，以莎草科为主，如小蒿草，坚果薹草等，伴生毛茛、虎耳草等。中部以雪兔子类，雪莲花类为主，伴生有皱叶风毛菊、红景天属等。上部以生长粗糙碟衣、岩表黄绿衣为优势，伴有高原芥，石藓，龙胆等一些矮小草本。该地段外貌多呈灰色，仅见星星点点的绿色。

（四）灌丛

区内灌丛不发育，仅见于下东、甲不勒等河谷地段，海拔 4500 ~ 4700 m。构成灌丛的建群种为变色锦鸡儿（*caragana versicolor*），灌丛一般高 40 ~ 50 cm，直径可达 1 ~ 2 m。群落外貌以灰绿色为主，覆盖度 30% ~50%。一般可分为灌木草本二层。变色锦鸡儿是灌木层主要成分，分盖度 20% ~30%，其伴生灌木为小叶金露梅，草本植物以紫花针茅、青藏薹草为主。

（五）高山垫状植被

垫状植被是由具有垫状形态的植物为建群种而组成的群落。区内垫状植被主要分布在高山带内，在西藏高山带恶劣的生境条件下，垫状植被为有效地保持一定温度和湿度，减少蒸腾成为植物生存竞争的一个关键，紧贴地面的半圆形垫状体，成为适应严酷生境的真实写照。

调查区内的垫状植被主要有垫状点地梅（*androsace tapete*）（图版 XIV - 7）、针叶风毛菊（*saussurea subulata*）、圆齿红景天（*R. crenulata*）等几个类型。

（六）荒漠

荒漠在区内分布面积约占 60% 以上，占据着海拔 4700 m 以上的广阔山地。由于干旱低温的制约，荒漠植被以稀疏垫型小灌木或杂草为主。可分为金露梅荒漠、杂草荒漠两种类型。

需要指出，调查区内各种植被类型中，除供放牧外，还蕴藏着较丰富的野生植物资源，其中，药用植物资源非常广泛，如红景天、雪兔子、雪莲花、茵陈蒿、西藏黄芪等，均有待开发利用。

二、主要野生动物资源

调查区地属羌塘南部大湖区，由于人类活动的影响相对较小，原始的自然生态系统虽脆弱，但却维持在较好的状态，通过本次对野生动物种群和数量的实地调查得出，区内野生动物资源十分丰富（见表 6 - 5），以下仅就本次调查资料较丰富的哺乳动物、鸟类等做一简单介绍。

表6－5　调查区野生动物资源一览表

门类	中文名	拉丁名	数量（只）	门类	中文名	拉丁名	数量（只）
哺乳动物	藏野驴	*Asinthera uncia*	843	鸟类	棕头鸥	*Larus brunnicephalus*	>1100
	棕熊	*Ursus arctos*	1		斑头雁	*Anser indicus*	96
	藏原羚	*Procapra picticaudata*	181		赤麻鸭	*Tadorna ferruginea*	72
	岩羊	*Pseudois nayaur*	105		黑颈鹤	*Grus nigricollis*	26
	盘羊	*Ovis ammon*	8		藏雪鸡	*Tetraogallus tibetanus*	27
	藏狐	*Vulpes ferrilata*	9		天鹅	Cyynus	29
	高原兔	*Lepus oiostolus*	64		凤头鸊	*Podiceps cristatus*	420
	狼	*Canis lupus*	9		野鸽	*Columba rupestris*	21
	喜马拉雅旱獭	*Mormota himalayana*	28		雕	*Aquila chrysaetos*	10
	格氏鼠兔	*Ochotona gloveri*	>200		秃鹫	*Aegypius monachus*	12
				鱼类	裸鲤	*Gymnocypvis waddelli*	400
					裸裂尻鱼	*Schizopygopsis stoliczkae*	>1500

调查区鸟类，据不完全统计有15种。主要生态类群有鸣禽，如红嘴山雅、棕背雪雀；游禽，如斑头雁、赤麻鸭、棕头鸥（图版XIV－6）等；涉禽，如黑颈鹤等；陆禽如藏雪鸡；猛禽如雕、秃鹫等。这些都是青藏高原特有种。据报道，黑颈鹤在全世界仅存6000只，主要分布于中国西藏、尼泊尔、不丹等国，西藏约占4000只。

调查区鱼类，主要见于西扎错、塔若错淡水湖及措勤藏布等河流中，都是中亚高原山区复合体鱼类，有裸鲤、高原裸裂尻鱼等（图版XIV－5）。个体0.5～1 kg大小。

区内野生哺乳动物10余种，其中许多种类属野生珍贵稀有种属。属国家一级野生珍稀保护动物的有藏野驴1种；属于国家二级野生珍稀保护动物的有棕熊、藏原羚、岩羊、盘羊4种。按食性划分的生态群有草食动物、杂食动物和肉食动物，前者如藏野驴、藏原羚、岩羊、盘羊、高原兔、格氏鼠兔、喜马拉雅旱獭，它们是生态系统中的被捕食者，种群个体数量较多。肉食动物如狼、藏狐等。杂食动物仅有棕熊，以植物、小兽、小鸟、昆虫等为食。

现已查明，哺乳类动物在本区分布具有明显差异性。下东—雪上勒一线以北，藏野驴、藏原羚等种群密度远大于南部地区。在夏康坚以北草原中，藏野驴种群密度达0.4头/km^2，大于藏北羌塘盆地无人区（图版XIV－8）。

第三节　旅游资源

青藏高原以其独特的自然风光和文化遗产闻名于世。处于青藏高原西南腹地的本调查区，由于特定的自然地理位置和构造部位，造就了调查区奇特的山川地势，形成了以巍巍雪山、茫茫草原、粼粼湖水、飘飘经幡所渲染的旅游资源美景。

一、本区旅游资源类型及特点

本区以自然景观资源为主，人文景观资源占次要地位。据调查，本区旅游资源主要有山景、水景、草原生物景、人文景观等类型（图6－5）。

1. 山景景观

整个青藏高原在晚近时期的急剧隆升，造就本区海拔高亢、地势陡峻，平均海拔5000～5500 m。由于古代岩溶及现代冰川、冰蚀等作用，形成刀劈斧削、多姿多态的奇峰陡壁。古代岩溶雕刻的山景景观以打耳根日和东北部博弄巴为代表，泥盆系、白垩系灰岩远眺如石笋，近看怪石嶙峋，异石突

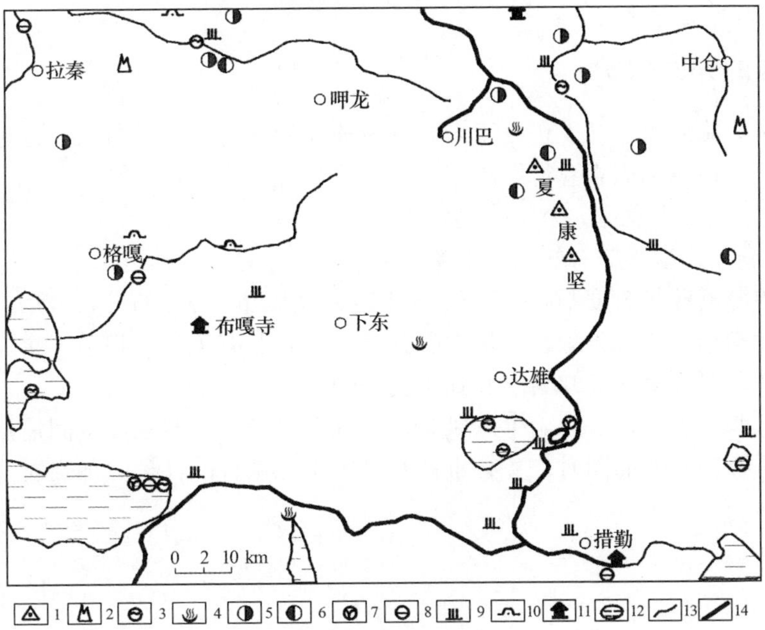

图 6－5　主要旅游景点分布图

1—雪山冰川；2—峰林石芽；3—水景；4—温泉；5—藏野驴野生动物观赏地；6—藏原羚野生动物观赏地；7—鸟岛；8—鱼类；9—植物；10—洞穴；11—寺庙；12—湖泊；13—河流；14—公路

兀，石芽、石柱高达 20 余米，如巨人，似怪兽任你想象。成为本区地壳运动历史的见证。

雪山冰川以夏康坚雪山为代表，主峰高 6882 m。由于海拔高，加上高山上有利的降水条件，成为本区山岳冰川最集中的地区。这里角峰、刃脊、冰斗、冰川、堰塞湖、巨石漂砾、冰碛垅等冰川地貌发育。终年冰雪皑皑，雪线多在 5500 m 左右。冰舌前缘，冰川厚达数十米，其上可见宽 0.3～1 m 的冰裂缝和高达 10 m 的金字塔状的冰塔林，局部可见冰蘑菇和冰帘、冰挂。

2. 水文景观

包括湖、河、泉、温泉、跌水等多种亚类。其中塔若错、达瓦错等湖光山色较有观赏价值，湖水透明度可达 3 m 以上，清澈见底，波光闪耀，并伴有多种水禽点缀。泉以扎布耶湖滨、下曲藏布沿岸较为发育。温泉以夏康坚西坡和下东两地较为突出，水温 30～40℃，可沐浴。区内河流，冬季多成冰河，夏初消融，冰凌、冰筏相互推挤，冰层垮塌，冰面折射出夕阳金辉，别有一番情趣。

3. 生物景观

本区的前述地貌特征和水热条件，决定了该区生物区系成分交错，生物景观类型组合多样。植物种类繁多，不同类型的植物组合，构成了薹草草原、蒿草草原、点地梅垫状植被，变色锦鸡儿灌丛草原、沼泽草甸等多种类型的植物景观。夏康坚北部草原地区，多见成群藏野驴、藏原羚奔跑，有时多达数十只，公路上均可看见，成为野生动物王国。

于措勤县城以北约 40 km 的清木柯湖边鸟岛，为本次考察中一大发现，极有观赏价值。该岛距湖边最近处约 200 m，人迹罕至。湖面上雪山白云倒映其中，一群群斑头雁、赤麻鸭、天鹅等在水面上悠闲游弋。天空中，棕头鸥如起舞白纱，自由翱翔。该岛宽约 100 m，长约 500 m，为沙砾垅形成的一个长条形岛屿。岛上可见针茅、藏蒿草及紫色野花，鸟群集中于岛西北部，成千的棕头鸥惊起，铺天盖地，场面极为壮观。地面上鸟窝密布，迷彩色棕头鸥蛋点缀窝中，令人流连忘返。

区内各种生物的成景作用，给人以新奇感；植物的地带性，给人以层次感；区内生态污染小，给人以洁净感，加上蓝天白云弄彩，给人以粗犷感。

4. 人文景观

初步调查，区内有人文景观 4 处，以寺庙为主。其中以布嘎寺较为出名，现已修葺一新，陆续有朝拜人群。

二、旅游资源的开发保护

从目前来看，本区旅游资源开发仍处于未开发阶段，游人每天不足百人，远远未达到其自身环境容量，欲发展旅游，下述制约因素急待解决。

1）风景区水电、通讯不发达，公路路况较差。

2）旅游配套设施差，缺乏应有的接待服务能力。

根据目前本区旅游资源知名度不高，区位条件远离大城市、客源有限的状况，必须采取分期分批，先易后难的开发措施，统筹管理，并扩大有关宣传。我队有关鸟岛报道、录像已被成都电视台等多家新闻媒体采用。这对提高鸟岛知名度起到了良好作用。

应该指出，本区基本上保持了原始生态风貌，大气、草场、水域三度空间清洁度高，生态状况良好。建议在今后旅游资源开发的同时，务必重视对区内生态系统的保护并加强对国家珍稀野生动物的保护。

第七章 结 束 语

一、取得的主要成绩及进展

措勤县幅1:25万区域地质调查，是中国地质调查局“青藏高原空白区国家填图计划”的重要组成部分。经过三年艰苦卓绝的努力探索和深入研究，并采用先进的地质理论和RS，GPS，ESR，Ar-Ar测年等一系列新技术新方法，使我们对调查区的基础地质问题及资源环境方面的认识大大向前推进了一步。通过该区新一轮国土资源大调查，明显提高了调查区的地质研究程度，拓宽了调查服务领域，在诸多方面取得了一系列具体的和综合性的研究成果和新进展，为今后在该区进行地质研究、矿产等资源开发及可持续发展规划奠定了基础。

（一）地层方面

1. 查果罗玛组时代的确定

查果罗玛组是调查区内出露的最老地层，仅以断层夹片形式局部出露于调查区北西角的那木切—扎曲一带。该组是一套普遍不同程度重结晶的碳酸盐岩性组合，1:100万日喀则幅区调在这套地层中未发现化石，其地层时代仅根据区域岩性特征推测。本次区域地质调查工作在此套地层中采集到腹足 *Euryzone delphinuloides*；珊瑚 *Cladopora suni*，*C. elegans*，*C. cylindrocellularis*，*Phacellophyllum? crassoseptatum*，*Temnophyllum*；层孔虫 *Idiostroma hunanensis*，*Actinostroma devonensis* 等化石，证实了查果罗玛组时代为中—晚泥盆世。

2. 下拉组（P_2x）沉积 期的环境差异

调查表明调查区内下拉组古生物特征大致以拉果错—扎曲—扎贡拉—雪上勒为界两侧有一定差异，反映了该组沉积时期具北深南浅的古地理特征：界线以北的下拉组化石稀少，属台地内坳陷沉积环境。界线以南的下拉组中䗴、群体珊瑚、腕足类、双壳类、腹足类等化石丰富，属台地内隆起沉积环境。

3. 坚扎弄组（P_3j）中的植物化石新发现

首次在坚扎弄组中发现的 *Glossopteris* 与 *Phyllotheca* exgr. *australis*，*Noeggerathiopsis* 等为冈瓦纳植物群代表性分子，新发现的 *Yuania* 与 *Dicranophyllum* 等为华夏大羽羊齿植物群的代表性分子，两种植物群的代表性分子的共存进一步证实了坚扎弄组所含植物群属华夏-冈瓦纳混合植物群。

4. 原达雄群的地层归属

达雄群命名剖面位于措勤县达雄朗荣嘎至雪上勒之间，岩性为砾岩、含砾砂岩、石英砂岩、火山角砾岩、凝灰岩、粉砂岩互层，夹中酸性火山岩，厚达3000 m，前人据零星的双壳类化石将其时代归为中—晚侏罗世。

在重测的达雄群命名剖面中，我们获得丰富的具早白垩世面貌的双壳类、腹足类及植物化石组合。根据此化石组合和填图证实，达雄群就是则弄群上部，原达雄群时代应为早白垩世。

5. 原乌郁群的解体

通过调查，调查区内原乌郁群（N_2Wy）下部英安岩中获得63.9 Ma的K-Ar年龄值，相当于古近系古新统下部的丹尼阶（Danian）。根据岩性组合、同位素年龄值以及与邻区地层的区域对比，调查区原划归乌郁群下部的火山岩地层应为古新统典中组。乌郁群上部的碎屑岩地层中发现大量的规模不等的灰岩夹层，含丰富的圆笠虫等化石，原乌郁群上部应为上白垩统竟柱山组。

6. 新建布嘎寺组（N_1b）

在调查区西部布嘎寺一带大面积出露的粗面质火山岩及其火山碎屑在曾被划归老第三系（古近－新近系）达多群。达多群在区域上为一套中—酸性钙碱性火山岩及火山碎屑岩为特征的岩性组合，而新命名的布嘎寺组岩性为一套钾玄系列—过碱性火山岩，并在该组中获得15.8 Ma和15.9 Ma的K－Ar年龄值，大致应为新近纪中新世的火山岩地层，因而新建了布嘎寺组。

7. 新建洁居纳卓组（N_2Qp_1j）

在调查区的扎日南木错—洁居纳卓—塔若错一带，不整合于竟柱山组（原乌郁群的下部）之上的一套半固结浅紫红色中—厚层状砾岩与浅紫红色中层状含砾粗砂岩呈韵律互层，夹砖红色厚层状粉砂质泥岩，其岩层呈近水平产出，可见平行层理和槽状交错层理，属山间磨拉石建造。本次区调在其中获得少量新生代孢粉化石 *Pinus*，*Alnus*，*Granineae* 等及2.9 Ma，3.5 Ma两个ESR年龄值（属上新统），本报告新命名为洁居纳卓组。

（二）沉积方面

1）运用沉积体系研究方法开展了系统的沉积学研究，划分出7个类型的沉积体系。对主要沉积体系类型开展了精细的解剖，研究的尺度从镜下到露头、再到宏观，并将生物构造、生物组合面貌与沉积构造、沉积旋回分析结合，分析沉积体系的时空展布。

2）开展了系统的沉积相研究。通过典型剖面的沉积相分析和沉积相剖面对比研究，建立了组一级的沉积相走廊，在此基础上，依据野外路线调查资料完成了研究区的沉积盆地岩相古地理平面演化的系列图件，在三维空间上阐述了沉积相的展布和演化。

3）运用现代层序地层理论开展了系统的层序地层研究，划分出3个构造层序和12个层序，建立了研究区的地层格架，重塑了研究区沉积盆地发展演化的历史。

（三）岩浆岩方面

1）对区内火山岩、侵入岩进行了岩石学、岩相学、矿物学、岩石化学、稀土及微量元素地球化学、稳定同位素及同位素地质年代学等方面的系统研究，新获得有地质意义的同位素年龄数据30余件。查明了主要岩石类型、岩石组合特征、岩石系列及其时空分布规律，探讨了其形成环境、物质来源。

2）调查区共圈定大小侵入体30余个，对区内规模较大的花岗岩体进行了有效解体。划为三个构造－岩浆岩带。以格嘎－蔡几错构造－岩浆岩带（Ⅱ）为主体，发育大量燕山晚期钙碱性—高钾钙碱性系列火山岩和中酸性侵入岩，区域上相当于冈底斯－念青唐古拉构造－岩浆岩带的北带；布多藏布－麦穷错构造－岩浆岩带（Ⅲ）位于调查区南部，由喜马拉雅早期钙碱性—高钾钙碱性系列中酸性火山岩和少量小型中酸性侵入体构成，属冈底斯－念青唐古拉构造－岩浆岩带中带的北部边缘；而调查区北缘的卡马－麦堆构造－岩浆岩带（Ⅰ）则是狮泉河－纳木错构造蛇绿混杂岩带的一部分，以出露燕山早期变质超基性岩和基性—中基性火山岩为特征。花岗岩岩体的就位机制以被动式的断裂扩张和顶蚀作用为主要就位方式。

3）调查区首次发现新生代碱性正长岩和面积达400 km^2的中新世钾玄岩系列火山岩，填补了冈底斯北部及西段新生代富钾质岩浆活动的空白，为进一步研究青藏高原形成演化提供了新的重要资料。

4）采用目前国际上新的花岗岩成因分类体系（Barbarin，1999），将调查区中新生代花岗岩划分为三种成因类型：壳－幔混合源的含角闪石钙碱性花岗岩类（ACG）、富钾钙碱性花岗岩类（KCG）和以幔源为主的碱性、过碱性花岗岩类（PAG）。其形成顺序大致为ACG→KCG→PAG，分别与区域构造演化的不同阶段、不同动力学环境息息相关，总体上反映了构造背景由活动向稳定的演变过程。同时，还探讨了这三种类型与Castro（1991）的H型以及Chapell和White（1974，1983）的S型、I

型、A 型花岗岩的对应关系，大大提高本区花岗岩地质研究水平。

5）根据火山岩与侵入岩的时空关系、成因联系、形成的地球动力学背景，将调查区岩浆活动划分为燕山期、喜马拉雅早期及喜马拉雅中－晚期三个岩浆旋回。基本查清了调查区岩浆活动序列与构造事件的关系，建立了本区中生代以来构造－岩浆活动的时空框架以及岩浆活动与地球动力学演化模式。

（四）构造方面

1. 查明了调查区的基本构造格局及空间展布规律

调查区在Ⅰ级大地构造单元上属冈底斯－念青唐古拉板片，次级大地构造单元属措勤－纳木错弧后盆地。以江马断裂带为界可分为南北两个构造带：北带紧邻班公错－怒江缝合带，该带地层从古生界—新生界均有分布，构造线方向以北西西向为主，构造变形较强，古生界多以断片产出，断片内部褶皱紧闭。南带分布于调查区的南部，主要出露白垩系—第三系（古近－新近系）地层，构造线方向以东西向为主，带内构造相对简单，以发育断裂构造和宽缓褶皱构造为特征。调查区总体以挤压构造为主，由北向南，构造变形由强到弱，并叠加有挽近时期南北向的伸展构造。

2. 提出夏康坚地垒的剪切成因机制的新认识

调查区夏康坚地垒是挽近时期强烈活动的南北向构造带。研究表明，控制夏康坚地垒东西两侧地堑的第四纪活动断层在空间上呈帚形，且两侧地堑呈镜向对称，具有明显的旋扭构造特征，而地垒南北两端的近东西向断层又具有右行走滑特征。夏康坚地垒的成因是在白垩纪早期的古隆起基础上，在高原隆升和南北两端断层的右行剪切活动的联合作用下，而形成的大型地垒构造。其主要形成及活动时期是中更新世，地垒的隆升速率达 2.7 mm/a。

3. 新构造运动

对调查区的高原地貌、活动构造、地热显示、近代岩浆作用和地震活动都进行了详细研究，揭示了本区新构造运动可以分为 4 期，即 N_2末与 Qp_1之间，Qp_1与 Qp_2之间，Qp_3与 Qh 之间和 Qh 期间，具有明显的阶段性。本区主夷平面形成于 3.6 Ma，主夷平面最大抬升幅度为 4200～4400 m。

4. 高原隆升的环境效应

高原隆升不仅造成大气环流的改变和气候变化，同时也造成高原植被向抗寒、抗旱方向演化。与此同时，干旱也造成荒漠化、沙化及湖泊萎缩。调查表明，扎布耶查卡、塔若错、学里错等湖泊原为一大湖，最高古湖岸线高出现今湖面达 119 m。更新世中晚期古湖发生分化并逐步萎缩。约 30 ka 以来，扎布耶查卡湖泊退缩距离竟达 32.5 km。其主要原因在于高原隆升、气候变干和冰川退缩。

（五）资源方面

1. 矿产资源

通过本轮调查，区内共有磁铁矿点 6 处，铜铁矿点 5 处。铜、银多金属矿点两处，小型煤矿 1 处，盐矿床两处。

2. 生态资源

根据生态－外貌综合分类原则，调查区内划分了高山草原、高山草甸等 7 个植被型 13 个亚型。编制了植被图，反映了高原植被以热量为主导的纬向地带性和以地形为主导的垂直地带性规律。

调查发现本区珍稀野生哺乳类动物 10 种，其中有属于国家一级野生珍稀保护动物的有藏野驴 1 种，属于国家二级野生珍稀保护动物的有棕熊、藏原羚、岩羊、盘羊等 4 种，此外，有棕头鸥、黑颈鹤、赤麻鸭、斑头雁等鸟类 13 种，鱼类 3 种。

3. 旅游资源

调查表明，本区旅游资源类以自然景观资源为主，主要有山景、水景、气象生物景观、野生动物及鸟岛等，人为景观资源占次要地位。

调查区水资源、土地资源、地貌资源调查成果，因篇幅所限已删除。

二、存在问题

1）在顿勒一带的下拉组碳酸盐岩之上还见有厚度大于419 m的一套灰黑色、深灰色薄—中层硅质岩与灰白色中—薄层细粒石英砂岩呈韵律条带状互层，夹深灰色薄—中层细晶灰岩的岩石组合，不含化石，因出露局限，暂将其划归下拉组上部。其区域对比和时代厘定有待进一步研究。

2）在调查区北部边缘的卡马、索日阿嘎布一带出露一套浅变质碎屑岩与千枚岩不等厚互层的地层，不完全厚度大于500 m，前人划归接奴群。由于这套地层顶底不全，岩石普遍浅变质并被片理化，本次区调也未从中发现化石。现暂称为接奴群上段，与区内接奴群下段区别。由于此套地层卷入构造混杂带，亦不排除属木嘎冈日群的可能。在更大范围内该段的时代属性有待今后查明。

3）微量元素中子活化分析结果显示本区部分岩浆岩样品中W含量偏高，是由于矿化引起还是分析方法本身存在系统误差，未能作进一步查证。

青藏高原空白区填图，其规模、深度和广度在我国都是空前的。我们有幸参与其中，并做出微薄的贡献是我们的光荣。正是怀着解开青藏高原地质科学奥秘的使命感，三年来全体队员情系高原，身在高原，冒着无垠荒原的八月飞雪和高寒缺氧，在措勤调查区的山山水水留下了坚实的足迹。尽管如此，我们获得的上述成果和认识肯定存在许多不足，我们诚挚地期待着各位读者的批评指正。

参 考 文 献

石油勘探开发科学研究院遥感地质所，1998．措勤盆地它日错深凹陷区域石油地质调查报告（内部）

西藏自治区地质矿产局综合普查大队．1980．西藏申扎地区古生代地层的新发现．地质论评，第26（2）：162

西藏自治区区域地质调查队．1983．中华人民共和国区域地质调查报告1:1 000 000，日喀则幅H－45、亚东幅G－45，西藏地矿局

西藏自治区区域地质调查队．1986．中华人民共和国区域地质调查报告1:1 000 000，改则幅I－45，西藏地矿局

西藏自治区区域地质调查队．1987．中华人民共和国区域地质调查报告1:1 000 000，噶大克幅H－44，西藏地矿局

西藏自治区区域地质调查队．1987．中华人民共和国区域地质调查报告1:1 000 000，日土幅I－44，西藏地矿局

西藏自治区地质矿产局．1993．西藏自治区区域地质志．北京：地质出版社

中国地质科学院，1989．西藏地层．北京：地质出版社

中国科学院，1988．西藏植被，北京：科学出版社

中国科学院南京地质古生物研究所，1981－1982．西藏古生物，1－5分册．北京：科学出版社

中国科学院青藏高原科学考察队，1984．西藏地层．北京：科学出版社

中国科学院青藏高原综合考查队，1983．西藏第四纪地质．北京：科学出版社

中国科学院青藏高原综合科学考察队（李炳元，王富葆，张青松等），1983．西藏第四纪地质．青藏高原科学考察丛书．北京：科学出版社

中国石油大学，1995．青藏地区措勤盆地（玛尔扎淌嘎—别若则错—次丁错—昂拉仁错剖面。来多强玛—阿苏躺勒—齐布雄—扎日南木错南剖面）石油天然气路线地质调查综合研究报告（内部）

常承法．潘裕生，郑锡澜等．1982．青藏高原地质构造．北京：科学出版社

陈楚震．1982．西藏晚古生代至三叠纪双壳类化石．西藏古生物，第四册，北京：科学出版社

陈楚震．1983．西藏三叠纪双壳类的分布和区系．古生物学报，22（3）：363～365

成鑫荣，陈东敬，陆培德．1993．古高度再造与集水盆地古地形．北京：海洋出版社，15～35

丛柏林，吴根耀，张旗，张儒媛等．1993．中国滇西古特提斯构造带岩石大地构造演化．中国科学，23（11）：1201～1207

邓万明，1999．青藏高原北部新生代火山岩．北京：地质出版社

邓中林，侯元才，古凤宝．2000．青海东部第三纪西宁—贵德—化隆盆地充填特征、孢粉组合方式与古气候演变．青海地质，（1）：43～53

丁林，钟大赉，潘裕生等．1995．东喜马拉雅构造结上新世以来快速抬升的裂变径迹证据．科学通报，40（16）：1497～1500

范影年．1985．中国西藏石炭－二叠纪皱纹珊瑚的地理区系．青藏高原地质文集（16），北京：地质出版社

范影年．1988．西藏石炭系．重庆出版社

方盛明，冯锐，李长法等．1997．亚洲中部地区地幔上部密度非均匀性研究．科学通报，42（6）：633～637

苟宗海．1985．西藏拉萨彭波农场地区白垩纪双壳类动物群．青藏高原地质文集17．北京：地质出版社，233～246

郭铁鹰，梁定益，张宜智等．1991．西藏阿里地区地层：西藏阿里地质．武汉：中国地质大学出版社

蒋忠惕，徐正余．1983．西藏夏岗江等地华夏植物群的地质意义．中国地质，（2）：4

李炳元．2002．青藏高原古地理环境研究．地理研究，21（1）：61～70

李才，和钟铧．1996．西藏羌塘地区几个地质构造问题．世界地质，15（3）：18～23

李才，王天武等．2001．西藏羌塘中央隆起带物质组成与构造演化，长春科技大学学报，31（1）：25～31

李吉均，方小敏，马海洲等．1996．晚新生代黄河上游地貌演化与青藏高原隆起．中国科学（D辑），26（4）：316～322

李祥辉，吴铬，王成善等．2001．西藏措勤盆地古生界－中生界岩相古地理演化．成都理工学院学报，28（4），331～339

李星学，吴一民，傅在斌．1985．西藏改则县夏岗江二叠纪混合植物群的初步研究及其古生物地理区系意义．古生物学报，24（2）．150～165

李星学等．1982．西藏昌都妥坝晚二叠世植物群．西藏古生物，第五分册，北京：科学出版社

李星学等．1982．西藏北部双湖地区晚二叠世植物群．西藏古生物，第五分册，北京：科学出版社

梁定益，聂泽同，郭铁鹰等．1983．西藏阿里喀喇昆仑南部的冈瓦纳—特提斯相石炭二叠系．地球科学，（1）：9～28

林宝玉．1981．西藏申扎地区古生代地层的新认识．地质论评，27（4）：82～86

刘登中，陶晓风，朱利东，王国芝等．1999．兰坪盆地盆山耦合．西南交通大学出版社，22～107

刘登中，王国芝，李佑国，朱利东等．1999，澜沧江结合带北段同位素地质研究新进展．中国区域地质，（18）：334～335

刘东生，郑绵平等．1998．亚洲季风系统的起源和发展及其与两极冰盖和区域构造活动的时代耦合性．第四纪研究，(3)：194~204
刘光鼎，郝天珧，刘伊克．1997．中国大地构造宏观格架及其与矿产资源的关系——根据地球物理资料的认识．科学通报，42（2）：113~118
刘鸿飞．1993．拉萨地区林子宗火山岩系的划分和时代归属．西藏地质，2：59~69
刘鸿允．1996．中国古地理图研制发展的脉络与前景．第四纪研究，3：346~352
刘嘉麒，刘强．2000．中国第四纪地层．第四纪研究，20（2）：129~141
刘善印，钟大赉，吴根耀．1998．滇西景谷—镇沅地区第三纪重力流沉积及其意义．沉积学报，16（2）：50~53
刘善印，钟大赉，吴根耀．1998，滇西景谷—镇沅地区早第三纪陆陆碰撞期走滑挤压盆地．地质科学，33（1）：1~8
刘增乾等．1990．青藏高原大地构造与形成演化．北京：地质出版社
刘志飞，王成善．2000．可可西里盆地早渐新世雅西措群沉积环境分析及古气候意义．沉积学报，18（3）：355~361
卢演俦，丁国瑜．1998．与亚洲古季风有关的中国及邻区亲新生代构造演化的几个问题．第四纪研究，(3)：205~212
罗建宁等．1996．青藏高原主体地层综合分析对比（内部）
罗建宁等．2002．青藏特提斯沉积地质演化．沉积与特提斯沉积，22（1）：7~15
马润则，刘登忠，陶晓风．2002．西藏措勤地区新发现第三纪富钾岩浆岩．地质通报，21（3）：728~731
马宗晋，李存悌，高祥林．1996．全球新—中生代构造的基本特征．地质科技情报，15（4）：21~25
莫宣学，邓晋福等．2001．西南三江造山带火山岩－构造组合及其意义．高校地质学报，7（2）：121~138
莫宣学，杨开辉．1993．滇西南晚古生代火山岩与裂谷作用及区域构造演化．岩石矿物学杂志，12（4）：297~311
莫宣学．2000．青藏高原及周边地区火山岩、侵入岩序列及对比．青藏高原1:25万国土资源调查理论培训班材料汇编（内部资料）
潘保田．1993．青藏高原地面抬升证据讨论．兰州大学学报，36（3）：100~111
潘桂棠，李兴振．1996．东特提斯多岛弧－盆系统演化模式．岩相古地理，16（2）：52~65
潘桂棠，王立全等．2001．青藏高原区域构造格局及多岛弧盆系的空间配置．沉积与特提斯地质，21（3）：1~26
潘桂棠，徐强等．2001．青藏高原多岛弧－盆格局机制．矿物岩石，21（03）：186~189
潘桂棠等．1997．东特提斯地质构造形成演化．北京：地质出版社，172~203
石和，胡新伟，马润则等．2001．西藏措勤地区中二叠世的菊石化石及地质意义．中国地质，28（10）：22~26
石和，马润则，陶晓风等．2001．西藏措勤地区大量硅化木的发现及地质意义．成都理工学院学报，28（2）：125
石和，马润则，陶晓风等．2001．西藏措勤地区地层古生物研究新进展．沉积与特提斯地质，21（2）：78~83
石和，陶晓风，胡新伟等．2002．西藏达雄群的化石新资料和再认识．地质通报，21（11）：784~786
石和，陶晓风，刘登忠等．2002．西藏坚扎弄组的植物化石新资料和再认识．地质通报，21（7）：428~430
孙鸿烈．1998．青藏高原形成演化与发展．北京：科学出版社
谭富文，潘桂棠等．2001．滇西泥盆系－三叠系盆－山转换过程与特提斯构造演化．矿物岩石，21（03）：179~185
汤懋苍．1997．青藏高原的抬升和夷平过程对气候与环境的影响．高原气象，16（1）：23~29
陶晓风，刘登忠等．2001．浅析构造混杂带的类型及组成特征．中国区域地质，20（2）：137~140
陶晓风，刘登忠等．2001．西藏措勤地区达雄群时代质疑．中国地质，28（11）：10~12
王成善，刘志飞，王国芝等．2000．新生代青藏高原三维古地形再造．成都理工学院学报，27（1）：1~7
王成善等．1999．西藏日喀则弧前盆地于雅鲁藏布江缝合带．北京：地质出版社，170~200
王国灿．1995．隆升幅度与隆升速率研究方法综述．地质科技情报，14（2）：17~22
王国芝，王成善，刘登中，刘树根．1999．滇西高原第四纪以来的隆升和剥蚀．海洋地质和第四纪地质，19（4）：67~74
王国芝，王成善，曾允孚．1999．中新世以来滇西高原隆升的沉积学证据．矿物岩石地球化学通报，18（3）：167~170
王鸿祯主编．1983．中国古地理图集．北京：地图出版社，121~138
王建力，李吉均，方小敏．1998．临夏盆地早更新世东山古湖沉积的高分辨气候记录．地理科学，18（4）：349~354
王增吉等．1990．中国的石炭系．北京：地质出版社
吴一民，1985．西藏早白垩世含煤地层及其植物群．青藏高原地质文集（16），北京：地质出版社
吴一民，傅在斌．1986．西藏改则县夏岗江石炭、二叠纪冈瓦纳相地层．地层学杂志，10（4）：283~28
夏代祥，刘世坤．1997．西藏自治区岩石地层．武汉：中国地质大学出版社
夏代祥，徐仲勋．1983．藏北湖区申扎一带的古生代地层，青藏高原地质文集（2），北京：地质出版社
夏代祥．1983．藏北湖区申扎一带的古生代地层．青藏高原地质文集（2），北京：地质出版社
徐仁．1976．藏南舌羊齿植物群的发现和其在地质学及古地理学上的意义，地质科学，11（4）：323~331
徐宪等．1982．青藏高原地层简表．北京：地质出版社
徐钰林，万晓樵，苟宗海，张启华．1990．西藏侏罗、白垩、第三纪生物地层．武汉：中国地质大学出版社
徐钰林，万晓樵，苟宗海．1989．西藏侏罗、白垩、第三纪生物地层．武汉：中国地质大学出版社，58~113

许红，蔡峰. 1989. 莺歌海盆地崖13－1气田成烃地震相及有机相. 海洋地质与第四纪地质，9（4）：59～66
许志琴，姜枚，杨经绥. 1996. 青藏高原北部隆升的深部构造物理作用——以格尔木－唐古拉山地质地球物理综合剖面为例，地质学报，70（3）：195～206
许志琴，侯立伟，王宗秀等. 1992. 中国松潘—甘孜造山带的造山过程. 北京：地质出版社
许志琴，卢一伦，汤耀庆等. 1988. 东秦岭复合山链的形成、变形、演化及板块动力学. 北京：中国环境科学出版社，1～193
许志琴. 1988. 韧性剪切带及喜马拉雅山链的变形机制. 喜马拉雅岩石圈构造演化总论，北京：地质出版社
杨德明，李才等. 2001. 西藏冈底斯东段南北向构造特征与成因. 中国区域地质，20（4）：392～397
杨式溥，范影年. 1982. 西藏申扎地区石炭系及生物群特征. 青藏高原地质文集（10），北京：地质出版社
杨式溥，范影年. 1983. 西藏石炭纪腕足动物及其古地理区系特征. 青藏高原地质文集（11），北京：地质出版社
杨遵仪等. 1990. 阿里古生物. 武汉：中国地质大学出版社
尹安. 2001. 喜马拉雅—青藏高原造山带地质演化. 地球学报，22（3）：193～230
尹集祥，徐均涛，刘成杰等. 1990. 拉萨至格尔木的区域地层. 见：中英青藏高原综合地质考察队. 青藏高原地质演化. 北京：科学出版社，1～48.
尹集祥，闻传芬. 1988. 西藏石炭系和下二叠统杂砾岩及其地层特征和成因讨论. 地质研究所集刊，北京：地质出版社，26～54.
尹集祥. 1997. 青藏高原及邻区冈瓦纳相地层地质学. 北京：地质出版社，60～62
尹集祥等，1994. 西藏申扎县永珠地区石炭系浊积岩的发现. 青藏高原学术论文年刊
尹集祥等. 1997. 青藏高原及邻区冈瓦纳相地层地质学. 北京：地质出版社
詹立培，吴让荣. 1982. 西藏申扎地区早二叠世腕足动物群. 青藏高原地质文集（7），北京：地质出版社
张正贵，陈继荣，喻洪津. 1985. 西藏申扎早二叠世地层及生物群特征. 青藏高原地质文集（16），北京：地质出版社
赵政璋，李永铁等. 2001. 青藏高原大地构造特征及盆地演化. 北京：科学出版社
郑绵平等. 1989. 青藏高原盐湖. 北京：科学技术出版社
周祥等. 1991. 西藏板块构造－建造图. 北京：地质出版社
朱炳泉，张玉泉，谢应雯. 1992. 滇西洱海东第三纪超K质火成岩系的Nd－Sr－Pb同位素特征与西南大陆地幔演化. 地球化学，（3）：201～212
朱俊杰. 1995. 兰州地区最高阶地与最老黄土沉积的发现及其古地磁年代学研究. 青藏高原形成演化、环境变迁与生态系统研究学术论文年刊（1994），北京，科学出版社
朱夏，徐旺. 中国中新生代沉积盆地. 北京：石油工业出版社
朱秀芳. 1982. 西藏申扎地区早二叠世的䗴。青藏高原地质文集（7），北京：地质出版社
朱耀文，程宗颐，熊永清等. 1997. 利用GPS技术监测青藏高原地壳运动的初步结果. 中国科学（D），27（5）：385～359
Achache J, Courtillot V, Besse J. 1983. Paleomagnetic constrains on the late Cretaceous and Cenozoic tectonics of southeastern Asia. Earth Planet. Sci. Lett., 63: 123～136
Anderson D L, Tanimoto T, Zhang Y, 1992. Plate tectonics and hotspots, Science, 256: 1645～1651
Armijo R, Tapponier P, Han T. 1989. Late Cenozoic right lateral strike－slip faulting in southernTibet. J. Geophys. Res., 94: 2787～2828
Barbarin B. 1999. A review of the relationships between granitoid types, their origins and their geodynamic environments. Lithos, 46: 605～626
Barbarin B. 1990. Granitoids: main petrogenetic classifications in relation to origin and tectonic setting. Geol. J. 25: 227～238
Beaumount C. 1981. Forlandbasins. Geophys. J. Roy. Astron. Soc., 65: 291～329
Bhattacharjee C C. 1991. The ophiolites of northeast India － a subduction zone ophiolite complex of the India － Burman orogenic belt. Tectonophysics, 191: 213～222
Bidddle K T and Christie－Blick N, eds. Strike－slip deformation, basin formation and sedimentation; Society of Economic Paleontologists and Mineralogists. Spe. Pub., 37: 386
Burbank D W. 1992. Causes of recent Himalayan uplift deduced from deposit patterns in the Ganges basin. Nature, 357（25）: 680～682
Burchfiel B C, Steward J H. 1966. "pull－apart" origin of the central segment of Death Valley, California. Geol. Soc. America Bull, 77: 439～442
Burchfiel et al. 1992. The South Tibetan Detachment System, Himalayan orogen: extension contemporaneous with and parallel to shortening in a collisional mountain belt, Geol. Soc. Am. Spec. Pap., 269, 1～41
Castro et al. 1991. H－type (Hybrid) granitoids: A proposed revision of the granite－type classification and nomenclature. Earth－Science Reviews, 31: 237～253
Chamberlain C P, Zeitler P K, Erikson E. 1991. Constraints on the tectonic evolution of the northwestern Himalayan from geochronology and petrologic studies of Babusar Pass, Pakistan. J. Geol., 99（6）: 829～849
Chappell B W, White A J R. 1974. Two contrasting granite types. Pacific Geol., 8: 173～174

Chen H, Dobson J, Heller F et al. 1995. Paleomagnetic evidence for clockwise rotation of the Simao region since the Cretaceous: A consequence of India – Asia collision. Earth Planet. Sci. Lett. , 134: 203 ~ 217

Chinnery M A. 1965. The vertical displacements associated with transcurrent faulting. J. Geophys. Res, 70 (18): 4 627 ~ 4 632

Sun D L. 1993. On the Permian biogeographic boundary between Gondwana and Eurasia in Tibet, China as the eastern section of the Tethys. Palaeo – geography, – climatology, – ecology. , 100: 59 ~ 77.

Taner I, Meyerhoff A A. 1992. Geologic evolution and Oil – gas perspective of Qinghai – Xizang Plateau. Journal of Petroleum Geology, 13 (2): 157 ~ 178

Turner S et al. 1993. Timing of Tibetan uplift constrained by analysis of vocanic rocks. Nature, 364: 50 ~ 54

图版及图版说明

图版 I

1. *Cyathophyllum normale* Wang　x2；样品号：D1996F_3。产地层位：改则县那木切乡拉果错南查果罗玛组
2. *Amplexus* cf. *attenuatus* Zeng　x1；样品号：P04019f_1。产地层位：申扎县剥康巴央得勒拉嘎组
3. *Amplexus* cf. *intermedius* Zeng　x1；样品号：P04024f。产地层位：申扎县剥康巴央得勒拉嘎组
4. *Sychnoelasma*（?）sp.　x2.1；样品号：P04004f_1。产地层位：申扎县剥康巴央得勒永珠组
5. *Lophocarinophyllum yakovleviforma minuta* Fomitschev　x2.8；样品号：P05027f。产地层位：申扎县剥康巴织日阿弄下拉组
6. *Ipciphyllum timoricum regulare* Wu　x1.6；样品号：P15008f_1。产地层位：仲巴县阿多嘎布下拉组
7. *Iranophyllum zhongguoense* Zhang　x1；样品号：P15011f_1。产地层位：仲巴县阿多嘎布下拉组
8. *Carinotachylasma shimenense* Xu　x2；样品号：P15014f。产地层位：仲巴县阿多嘎布下拉组
9a. *Waagenophyllum virgalense*（W. et W.）横切面 x2；样品号：P15019f。产地层位：仲巴县阿多嘎布下拉组
9b. *Waagenophyllum virgalense*（W. et W.）纵切面 x2；样品号：P15019f。产地层位：仲巴县阿多嘎布下拉组
10. *Waagenophyllum hunanense* Jiang　x1.6；样品号：P15019f_1。产地层位：仲巴县阿多嘎布下拉组
11. *Lonsdaleiastraea rosiformis* Wu et Zhao　x1.6；样品号：P15021f_1。产地层位：仲巴县阿多嘎布下拉组
12. *Iranophyllum splendens* Douglas　x1.8；样品号：P15028f_2。产地层位：仲巴县阿多嘎布下拉组
13. *Tibetophyllum sinense* He　x2；样品号：P15032f_1。产地层位：仲巴县阿多嘎布下拉组
14. *Lophphyllidium pendulum*（Grubau）x1；样品号：P07003f_2。产地层位：改则县那木切乡拉果错下拉组
15. *Zaphrentites* sp.　x1.6；样品号：P07004f。产地层位：改则县那木切乡拉果错下拉组
16. *Sakamotosawanella xizangensis* Lin　x1.6；样品号：P07004f_1。产地层位：改则县那木切乡拉果错下拉组
17. *Thomasphyllum multiseptatum* Wu et Zhao　x1；样品号：P07007f。产地层位：改则县那木切乡拉果错下拉组
18. *Praewentzelella polyseptatum*（Minato）　x1；样品号：D570f_1。产地层位：措勤县夏东乡扎我约下拉组
19. *Parabudaia xizangensis*　x1；样品号：P34033f_2。产地层位：措勤县郭龙则弄群上段
20. *Calamophlliopsis* sp.　x1；样品号：P34069f。产地层位：措勤县郭龙多尼组

图版 II

1. *Gorgonisphaeridum* sp.　样品号：P10001w。产地层位：改则县夏龙永错拉嘎组
2. *Granulatisporites granulatus* Ibrahim　样品号：P10001w。产地层位：改则县夏龙永错拉嘎组
3. *Granulatisporites granulatus* Ibrahim　样品号：P10001w。产地层位：改则县夏龙永错拉嘎组
4. *Waltzispora* sp.　样品号：P10001w。产地层位：改则县夏龙永错拉嘎组
5. *Gulisporites* sp.　样品号：P04001w。产地层位：申扎县剥康巴央得勒永珠组
6. *Triparites* sp.　样品号：P10001w。产地层位：改则县夏龙永错拉嘎组
7. *Cyclogramisporites* sp.　样品号：P10001w。产地层位：改则县夏龙永错拉嘎组
8. *Abiculiretusispora micrgranulata* Gao　样品号：P10001w。产地层位：改则县夏龙永错拉嘎组
9. *Vallatisporites* sp.　样品号：P10009w。产地层位：改则县夏龙永错拉嘎组
10. *Vallatisporites* sp.　样品号：P10001w。产地层位：改则县夏龙永错拉嘎组
11. *Vallatisporites* sp.　样品号：P04001w。产地层位：申扎县剥康巴央得勒永珠组
12. *Apiculiretusispora* sp.　样品号：P10001w。产地层位：改则县夏龙永错拉嘎组
13. *Acanthotriletes* sp.　样品号：P10001w。产地层位：改则县夏龙永错拉嘎组
14. *Acanthotriletes* sp.　样品号：P10001w。产地层位：改则县夏龙永错拉嘎组
15. *Dictyotriletes* sp.　样品号：P10001w。产地层位：改则县夏龙永错拉嘎组
16. *Acanthotriletes* sp.　样品号：P04001w。产地层位：申扎县剥康巴央得勒永珠组
17. *Acanthotriletes* sp.　样品号：P04001w。产地层位：申扎县剥康巴央得勒永珠组

18. *Lundbladispora* sp.　样品号：P04001w。产地层位：申扎县剥康巴央得勒永珠组
19. *Punctatisporites* sp.　样品号：P04001w。产地层位：申扎县剥康巴央得勒永珠组
20. *Foveolatisporites triangulatus* Gao　样品号：P04001w。产地层位：申扎县剥康巴央得勒永珠组
21. *Vallatisporites* sp. 4　样品号：P04001w。产地层位：申扎县剥康巴央得勒永珠组
22. *Vallatisporites* sp. 5　样品号：P04001w。产地层位：申扎县剥康巴央得勒永珠组
23. *Acanthotriletes* sp. 3　样品号：P04001w。产地层位：申扎县剥康巴央得勒永珠组
24. *Pilasporites reticularis* Chen　样品号：P10001w。产地层位：改则县夏龙永错拉嘎组
25. *Punctatisporites* sp.　样品号：P04001w。产地层位：申扎县剥康巴央得勒永珠组
26. *Punctatisporites lacunosus maximus* Gao　样品号：P10001w。产地层位：改则县夏龙永错拉嘎组
27. *Cordaitina* sp.　样品号：P07017w。产地层位：改则县那木切乡拉果错下拉组

图版Ⅲ

1. *Nankinella minor* Sheng　x12.5；样品号：P07001f_1^{2}。产地层位：改则县那木切乡拉果错南下拉组
2. *Pseudodoliolina* sp.　x4.3；样品号：P07002f_1^{1}。产地层位：改则县那木切乡拉果错南下拉组
3. *Neoshwagerina haydani* Dutkevidz et Khabakov　x4.3；样品号：P07009f_1^{2}。产地层位：改则县那木切乡拉果错南下拉组
4. *Yangchienia* sp.　x13；样品号：P07004f_1^{5}。产地层位：改则县那木切乡拉果错南下拉组
5. *Neoschwagerina* sp.　x4.3；样品号：P07004f_1^{1}。产地层位：改则县那木切乡拉果错南下拉组
6. *Parafusulina skaksgamensis* Reichel　x4.3；样品号：P07006f_1^{2}。产地层位：改则县那木切乡拉果错南下拉组
7. *Nankinella* sp.　x9；样品号：P15032f_1^{3}。产地层位：仲巴县阿多嘎布下拉组
8. *Nankinella inflata*（Colani）　x8；样品号：P15010f_1^{3}。产地层位：仲巴县阿多嘎布下拉组
9. *Rugososhwagerina* sp. x4.4；样品号：P15022f_2^{2}。产地层位：仲巴县阿多嘎布下拉组
10. *Rugososhwagerina* sp.　x4.9；样品号：P15032f_1^{1}。产地层位：仲巴县阿多嘎布下拉组
11. *Euryzone delphinuloides*（Schlotheim）　x1；样品号：D2031f_1。产地层位：改则县那木切乡拉耳根拉弄查果罗玛组
12. *Haustator* sp. x1；样品号：P17022f_5。产地层位：措勤县达雄区亚角弄则弄群上段
13. *Biplica obliqua*（Gabb）x1；样品号：P17022f_6。产地层位：措勤县达雄区亚角弄则弄群上段
14. ？*Pleurotomaria* sp.　x1；样品号：P34035f_2。产地层位：措勤县郭龙则弄群上段
15. *Timorites curvicostatus* Haniel x0.6；样品号：P11009f。产地层位：改则县次热邦嘎下拉组
16. *Paragastrioceras jossae*（Verneuil）　x1；样品号：P05015f。产地层位：申扎县剥康巴织日阿弄下拉组
17. *Popanoceras bowmani*（Bose）　x1；样品号：D291f。产地层位：仲巴县汤德勒昂杰组

图版Ⅳ

1. *Limipecten cf. multistriatus*（Chao）　x0.7；样品号：P04016f_2。产地层位：申扎县剥康巴央得勒永珠组
2. *Ludbrookia daxungensis* Gou　x1；样品号：P17022f_2。产地层位：措勤县达雄区亚角弄则弄群上段
3. *Rasatrix cf. suzukii Hayami* x1；样品号：P17014f_4。产地层位：措勤县达雄区亚角弄则弄群上段
4. *Lopha*（*s. l.*）*trigona* Gou　x1；样品号：P17022f_{11}。产地层位：措勤县达雄区亚角弄则弄群上段
5. *Goshoraia laevigata* Gou x1；样品号：P34035f_2。产地层位：措勤县郭龙则弄群上段
6. *Solemya nyalamensis* Gou　x1；样品号：P34035f_3。产地层位：措勤县郭龙则弄群上段
7. *Phoiadomya miyamotoi* Nagao x1；样品号：P34035f_5。产地层位：措勤县郭龙则弄群上段
8. *Corbuia coqenensis* Gou x1；样品号：P34035f_7。产地层位：措勤县郭龙则弄群上段
9. *Cuspidaria tibetica* Wen x1；样品号：P34035f_9。产地层位：措勤县郭龙则弄群上段
10. *Crassatella* cf. *macrodonta* Sow　x0.5；样品号：P34035f_{10}。产地层位：措勤县郭龙则弄群上段
11. *Praeradiolites* cf. *ngariensis* Yang，Nie et Wu　x0.9；样品号：P18031f_1^{2}。产地层位：仲巴县吉郎勒郎山组
12. *Heteraster oblongus* d' Orbigny　x1；样品号：P34035f_1。产地层位：措勤县郭龙则弄群上段
13. *Rugosochonetes* sp.　x1；样品号：P04007f_1。产地层位：申扎县剥康巴央得勒永珠组
14. *Eochoristites* sp.　x1；样品号：P04016f_6。产地层位：申扎县剥康巴央得勒永珠组
15. *Choristites xainzaensis*?　x0.8；样品号：P04024f_5。产地层位：申扎县剥康巴央得勒拉嘎组
16. *Podozamites* cf. *distantinerris* Fontaine　x0.75；样品号：P34002f_2。产地层位：措勤县郭龙则弄群上段

17. *Sphenopteris obliqua* Li x1；样品号：P34002f_5。产地层位：措勤县郭龙则弄群上段

18. *Ptilophyllum* cf. *boreale*（Heer）Seward x1；样品号：P34015f_1^2。产地层位：措勤县郭龙则弄群上段

图版Ⅴ

1. *Orbitolina*（*Columnorbitolina*）*alticonica* Zhang x10；样品号：P02015f_1。产地层位：改则县阿章郎山组
2. *Orbitolina*（*Palorbitolina*）*umbellata* Zhang x6；样品号：P02019f_7。产地层位：改则县阿章郎山组
3. *Orbitolina*（*Columnorbitolina*）*minuscula* Zhang x17；样品号：P02019f_7。产地层位：改则县阿章郎山组
4. *Orbitoline*（*Palorbitolina*）*megasphaerica* Zhang x17；样品号：P02020$_f$。产地层位：改则县阿章郎山组
5. *Orbitoline*（*Columnorbitolina*）*rutogensis* Zhang x10；样品号：P02021f_2。产地层位：改则县阿章郎山组
6. *Orbitolina*（*Columnorbitolina*）*pengboensis* Zhang x10；样品号：P02021f_2。产地层位：改则县阿章郎山组
7. *Orbitolina*（*Columnorbitolina*）*scitula* Zhang x10；样品号：P02046f_1。产地层位：改则县阿章郎山组
8. *Orbitolina*（*Orbitolina*）*aperta* Erman x8；样品号：P02046f_4。产地层位：改则县阿章郎山组
9. *Orbitolina*（*Columnorbitolina*）*lepida* Zhang x10；样品号：P02046f_4。产地层位：改则县阿章郎山组
10. *Orbitolina*（*Eorbitolina*）*prisca* Zhang x25；样品号：P02048f_3。产地层位：改则县阿章郎山组
11. *Orbitolina*（*Columnorbitolina*）cf. *lhünzhuensis* Zhang x25；样品号：P02049f_2。产地层位：改则县阿章郎山组
12. *Orbitolina*（*Orbitolina*）*cancava*（Larmarck） x17；样品号：P02051f_4。产地层位：改则县阿章郎山组
13. *Orbitolina*（*Orbitolina*）*birmanica* Sahni x17；样品号：P02051f_4。产地层位：改则县阿章郎山组
14. *Orbitolina*（*Eorbitolina*）*robasta* Zhang x10；样品号：P12007f_2。产地层位：改则县那木切乡扎曲郎山组
15. *Orbitolina*（*Palorbitoline*）*discoidea* Gras x25；样品号：P12009f_2。产地层位：改则县那木切乡扎曲郎山组
16. *Orbitolina*（*Palorbitolina*）*lenticularia*（Blumenbach） x10；样品号：P12015f_1。产地层位：改则县那木切乡扎曲郎山组
17. *Orbitolina*（*Orbitolina*）*aliensis* Zhang x10；样品号：P34033f。产地层位：措勤县郭龙则弄群上段
18. *Orbitolina*（*Orbitolina*）*deltoidea* Zhang x17；样品号：P34033f_6。产地层位：措勤县郭龙则弄群上段
19. *Orbitolina*（*Orbitolina*）*parva* Douglas x25；样品号：P34034f_1。产地层位：措勤县郭龙则弄群上段
20. *Orbitolina*（*Orbitolina*）*bangoinica* Zhang x3；样品号：P34056f_4。产地层位：措勤县郭龙多尼组
21. *Daxia cenomana* Cuviller et Szakall x25；样品号：P23004f_1。产地层位：仲巴县巴日将乡次列勒竞柱山组
22. *Pseudocyclamina lobata* He x17；样品号：P02051f_6。产地层位：改则县阿章郎山组
23. *Cuneolina immatura* He x25；样品号：P02015f_1。产地层位：改则县阿章郎山组
24. *Cuneolina pavonia parva* Henson x25；样品号：P02046f_{10}。产地层位：改则县阿章郎山组
25. *Cuneolina camposaurii* Sartoni et Crescenti x35；样品号：P23004f_2。产地层位：仲巴县巴日将乡次列勒竞柱山组
26. *Pseudomillestroma reticulata* Deng x6；样品号：P02022f_6。产地层位：改则县阿章郎山组
27. *Spongiomorpha asiatica xianzaensis* Dong x3；样品号：P34069f_6。产地层位：措勤县郭龙多尼组

图版Ⅵ

1. 中晚侏罗世接奴群下部滨海沉积体系沉积构造：冲洗交错层理砂砾岩
2. 中晚侏罗世接奴群下部滨海沉积体系沉积构造：平行层理砂岩
3. 中晚侏罗世接奴群下部滨海沉积体系沉积构造：小型底冲刷构造
4. 中晚侏罗世接奴群下部滨海沉积体系沉积构造：交错层理砂岩
5. 下东中石炭世下拉组冰海沉积岩：块状冰碛砾岩
6. 下东中石炭世下拉组冰海沉积岩："砂枕"构造
7. 下东中石炭世下拉组冰海沉积岩：纹泥沉积中的生物遗迹
8. 下东中石炭世下拉组冰海沉积岩：冰碛砾石与冰海水下扇水道沉积

图版Ⅶ

1. 措勤县洁居纳卓竟柱山组扇三角洲沉积体系：前积砂体
2. 措勤县洁居纳卓竟柱山组扇三角洲沉积体系：颗粒流
3. 措勤县洁居纳卓竟柱山组扇三角洲沉积体系：水下分流河道

4. 措勤县洁居纳卓竟柱山组扇三角洲沉积体系：水下滑塌沉积
5. 措勤县洁居纳卓竟柱山组扇三角洲沉积体系：颗粒流中的砾石
6. 措勤县洁居纳卓竟柱山组扇三角洲沉积体系：水下泥石流中的泥质角砾
7. 措勤县洁居纳卓竟柱山组扇三角洲沉积体系：水下泥石流沉积序列
8. 措勤县下冬二叠纪昂杰组（P_1a）与下拉组（P_2x）碳酸盐台地沉积灰岩宏观特征

图版Ⅷ

1. 流纹岩。斑状结构，基质为微晶质结构。斑晶为石英（Q）、碱性长石（Af）、酸性斜长石（Pl），具熔蚀结构。层位：K_1Z^1；产地：巴日桑，D1675；镜向：正北，对角线长度L=5 mm
2. 流纹状英安岩。示流纹构造。层位：K_1Z^1；拍摄地：吉勒，P16；镜向：南西
3. 玄武安山岩。斑状结构，基质为玻晶交织结构。斑晶为基性斜长石（Pl），具不均匀绢云母化现象。层位：K_1Z^1；产地：塔若错北，D1125；镜向：正北，L=5 mm
4. 蚀变英安岩。斑状结构，基质微晶质结构，显微潜晶结构。斑晶主要为中更长石（Pl）及少量石英（Q），见溶蚀现象，斜长石斑晶具绢云母化，部分显示简单环带。层位：E_1d；产地：洁居纳卓南，P33；镜向：正北，L=5 mm
5. 流纹质岩屑晶屑凝灰岩。岩屑晶屑凝灰结构，见不规则石英（Q）、碱性长石（Af）、酸性斜长石（Pl）晶屑及酸性火山岩岩屑。层位：E_1d；产地：洁居纳卓南、D842；镜向：正北；L=5 mm
6. 英安质火山集块角砾岩。火山集块角砾结构，块状构造，由大小不等的棱角状集块级、角砾级英安质火山岩碎块及少量凝灰物组成，成分单一。层位：E_1d，拍摄地：洁居纳卓南，P33；镜向：南东
7. 布嘎寺组（N_1b）火山岩风化地貌。由熔岩、火山碎屑岩及少量火山碎屑沉积岩层相间交替构成，成层良好，产状平缓。拍摄地：郎青勒；镜向：东
8. 粗安质火山集块岩。示火山集块结构，主要由不同粒径、不同颜色、不同结构的粗安质集块级火山碎屑组成。层位：N_1b；拍摄地：勒日阿果；镜向：东

图版Ⅸ

1. 布嘎寺组（N_1b）粗安岩中的中细粒正长岩捕虏体。拍摄地：曲下耳弄巴沟口，D351附近转石
2. 黑云母辉石粗安岩。斑状结构，基质为玻晶交织结构，斑晶成分为自形板状透长石（San）、普通辉石（Aug）、黑云母（Bi）及少量中更长石（Pl）。层位：N_1b；产地：苦穷勒，D347；镜向：正北，L=5 mm
3. 辉石黑云母粗面岩。斑状结构，基质为粗面结构，斑晶为黑云母（Bi）、普通辉石（Aug）及少量透长石。层位：N_1b；产地：曲下耳弄巴沟口，D351；镜向：正北，L=5 mm
4. 辉石白榴石响岩质碱玄岩。显微斑状结构，基质微晶质结构。斑晶为普通辉石（Aug）、白榴石（Lc）及少量黑云母（Bi），基质由微细条状长石、粒柱状辉石、金属氧化物等组成。层位：N_1b；产地：郎青勒，P33；镜向：正北，L=1.25 mm
5. 碎裂硅化白云石化超基性岩。显示斑杂状及条带状构造。层位：$J_{2-3}J$中构造残片；拍摄地：麦堆；镜向：北
6. 灰红色碎裂硅质岩。层位：$J_{2-3}J$中构造残片；拍摄地：麦堆；镜向：北西
7. 蛇纹石化白云石化及碎裂纯橄榄岩。可见早期蛇纹石（Sep）化形成的网环结构残余，白云石（Do）化略晚，沿碎裂面或滑动面发育，并见有铬尖晶（Chr）残余。层位：$J_{2-3}J$中构造残片；产地：扎得吉里，D1517；镜向：正北，L=5 mm
8. 强硅化及碎裂超基性岩。主要由变质交代作用形成的不等粒石英及粉尘状金属氧化物组成，铬尖晶石（Chr）呈交代残余状。层位：$J_{2-3}J$中构造残片；产地：麦堆，D1520；L=1.25 mm；镜向：北

图版Ⅹ

1. 中细粒石英闪长岩。半自形粒状结构，由中性斜长石（Pl）及少量普通角闪石（Hb）、填隙状石英（Q）组成，斜长石弱绢云母化，部分可显环带构造。单元：δoK_1，产地：顿勒，D241；镜向：正北，L=5 mm
2. 中粒角闪苏长辉长岩。半自形粒状结构，辉长结构，由基性斜长石（Pl）、普通辉石（Aug）及少量紫苏辉石（Hy）、普通角闪石（Hb）、磁铁矿组成。单元：υK_1，产地：顿勒，P21；镜向：正北，L=5 mm
3. 辉长岩中的条带状（或微韵律层状）构造。浅色、暗色矿物比例的不同构成浅、暗相间条带，之间呈渐变或突变，暗色矿物减少方向一般指示固结方向。单元υK_1；拍摄地：顿勒，P21；镜向：东
4. 中粒黑云母角闪英云闪长岩。花岗结构，由中性斜长石（Pl）、正长岩（Or）、石英（Q）、黑云母（Bi）、普通角闪石（Hb）

组成；斜长石明显多于碱性长石，具隐约环带构造。单元：$\delta\gamma o^1K_1$；产地：蔡几错北西，P25；镜向：正北，L=5 mm

5. 花岗闪长斑岩。斑状结构，基质为花斑结构。斑晶为石英（Q）和更长石（Pl），基质多由碱性长石与石英的文象交生体组成。单元：$\gamma\delta K_1$；产地：蔡几错西，P25；镜向：正北，L=5 mm
6. 中粒黑云母二长花岗岩。花岗结构，由半自形中更长石（Pl）、不规则正长石（Or）、石英（Q）及少量黑云母组成。单元：$\eta\delta K_1$；产地：蔡几错北西，D2679；镜向：正北，L= mm
7. 中粒花岗闪长岩中的闪长质暗色包体。包体呈次圆、次棱角状无定向分布。单元：$\gamma\delta K_1$；拍摄地：蔡几错北西，P25；镜向：北东
8. 中粒二长花岗岩（$\eta\gamma K_1$）与中粒英云闪长岩（$\delta\gamma o^1K_1$）单元之间的脉动接触界线，后者含较多闪长质暗色包体。拍摄地：蔡几错北，D2666；镜向：北

图版XI

1. 中粒角闪黑云母花岗闪长岩。花岗结构，由自形—半自形环带状中性斜长石（Pl）、不规则正长石（Or）、石英（Q）及少量黑云母（Bi）、普通角闪石（Hb）组成。单元：$\gamma\delta K_2$；产地：龙勒，D1693；镜向：正北，L=5 mm
2. 石英闪长玢岩。斑状结构，斑晶为环带状中性斜长石（Pl），具熔蚀现象及不均匀绢云母化。基质由微粒状斜长石、角闪石及少量石英、碱性长石、黑云母构成。单元：$\delta o\mu K_2$；产地：可如勒南西，D1701，镜向：正北；L=5 mm
3. 细粒黑云母钾长花岗岩。细粒花岗结构，主要由条纹长石（Per）、石英（Q）及少量酸性斜长石（Pl）、黑云母（Bi）构成，单元：$\xi\gamma^4K_2$；产地：蔡几错北西，P25；镜向：正北，L=5 mm
4. 中粒似斑状黑云母钾长花岗岩。示正长条纹长石似斑晶（Per）的卡氏双晶和条纹结构，并包含少量细小斜长石颗粒。单元：$\xi\gamma^2K_2$；产地：甲布，P20；镜向：正北，L=5 mm
5. 甲布花岗岩体中的细粒钾长花岗岩脉沿节理成群或呈网脉状分布。拍摄地：桑穷藏布，P20；镜向：北
6. 中粒黑云母二长花岗岩。花岗结构，由半自形更长石（Pl）、不规则条纹长石（Per）、它形石英（Q）及少量黑云母（Bi）组成。单元：$\eta\gamma E_2$；产地：雪上勒北西西，D2374；镜向：正北，L=5 mm
7. 不等粒角闪霓辉正长岩。由自形板状正长石（Or）、少量半自形普通辉石（Aug）、反应边状或充填状霓辉石（Aea）、它形钠透闪石（Tr）等定向、半定向组成，显示似粗面结构及流动构造。单元：ξE_3；产地：布嘎寺北西，D311；镜向：正北，L=5 mm
8. 似斑状方钠石霓辉正长岩。基质由自形板状正长石（Or）、少量普通辉石（Aug）、充填状或反应边状霓辉石（Aea）组成，正长石之间充填有少量均质体矿物——方钠石（中部全消光者）。单元：ξE_3；产地：布嘎寺北西，D309；镜向：正北，L=1.25 mm

图版XII

1. 卡马构造混杂带变超基性岩中的破劈理
2. 卡马构造混杂带碎裂状变超基性岩
3. 卡马构造混杂带中的劈理化基质（基质的原岩为侏罗系接奴群）
4. 措勤-塔若错断层带（F_{17}）中的密集剪节理
5. 措勤-塔若错断层带（F_{17}）中的断层角砾岩
6. 措勤县城西二级阶地中的活动断层（正断层及逆牵引）
7. 曲依错北西竟柱山组中的小型逆断层（断层面倾向南）
8. 蒋目-下查拉断层带（F_3）中的钙质糜棱岩条带

图版XIII

1. 蔡几错-格嘎断层带（F_{12}）花岗质糜棱岩中的“δ型”拖尾
2. 蔡几错-格嘎断层带（F_{12}）花岗质糜棱岩中的核幔构造
3. 蔡几错-格嘎断层带（F_{12}）千糜岩面理的膝折状弯曲
4. 措勤-塔若错断层带（F_{17}）构造岩中的书斜构造
5. 蒋目-下查拉断层带（F_3）钙质糜棱岩中的拖尾及书斜构造
6. 蒋目-下查拉断层带（F_3）钙质糜棱岩中的定向重结晶颗粒

7. 蔡几错－格嘎断层带（F_{12}）花岗质糜棱岩中条带构造
8. 蔡几错－格嘎断层带（F_{12}）花岗质糜棱岩中条带构造及残斑

图版XIV

1. 改则县拉日阿矽卡岩型磁铁矿点
2. 仲巴县秋里南木湖硼砂矿床
3. 措勤县洁居纳卓青藏薹草草原
4. 扎布耶茶卡盐湖边缘生态景观
5. 措勤藏布河中的高原裂腹鱼类
6. 措勤县清木柯鸟岛
7. 夏康坚东坡星点状地等垫状植被
8. 剥康巴地区地藏野驴

图版 I

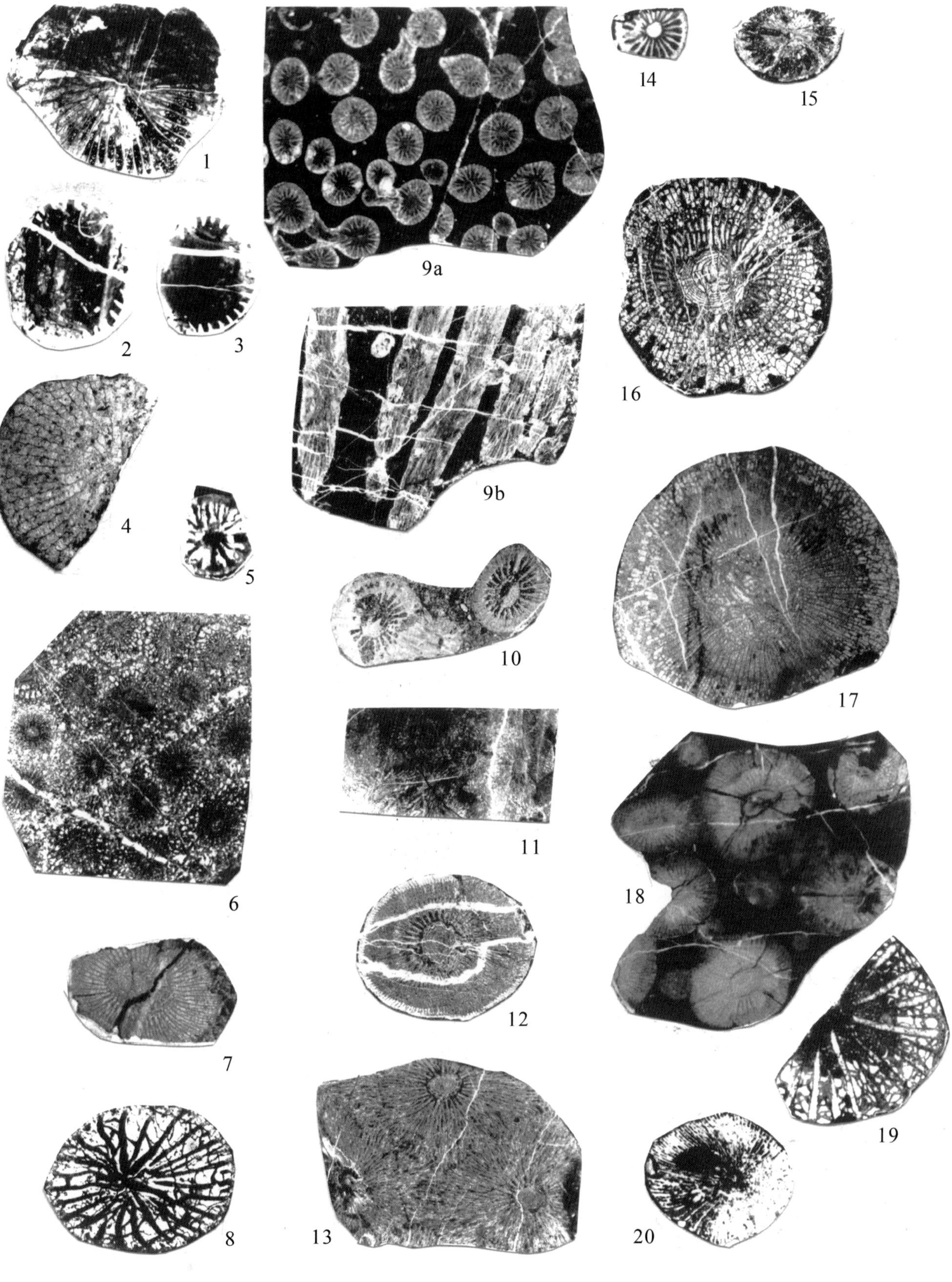

图版Ⅱ

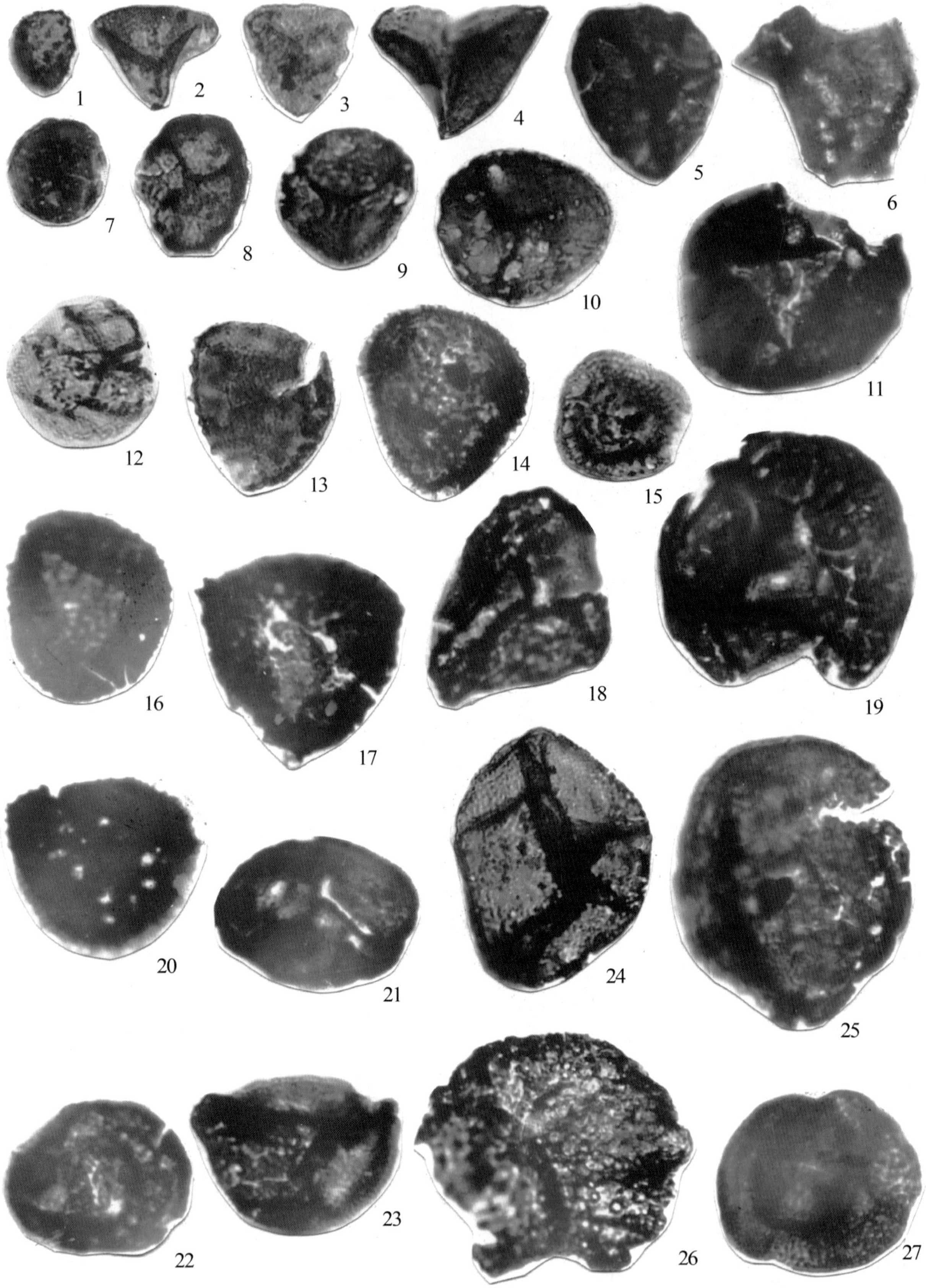

图版Ⅲ

图版Ⅳ

图版V

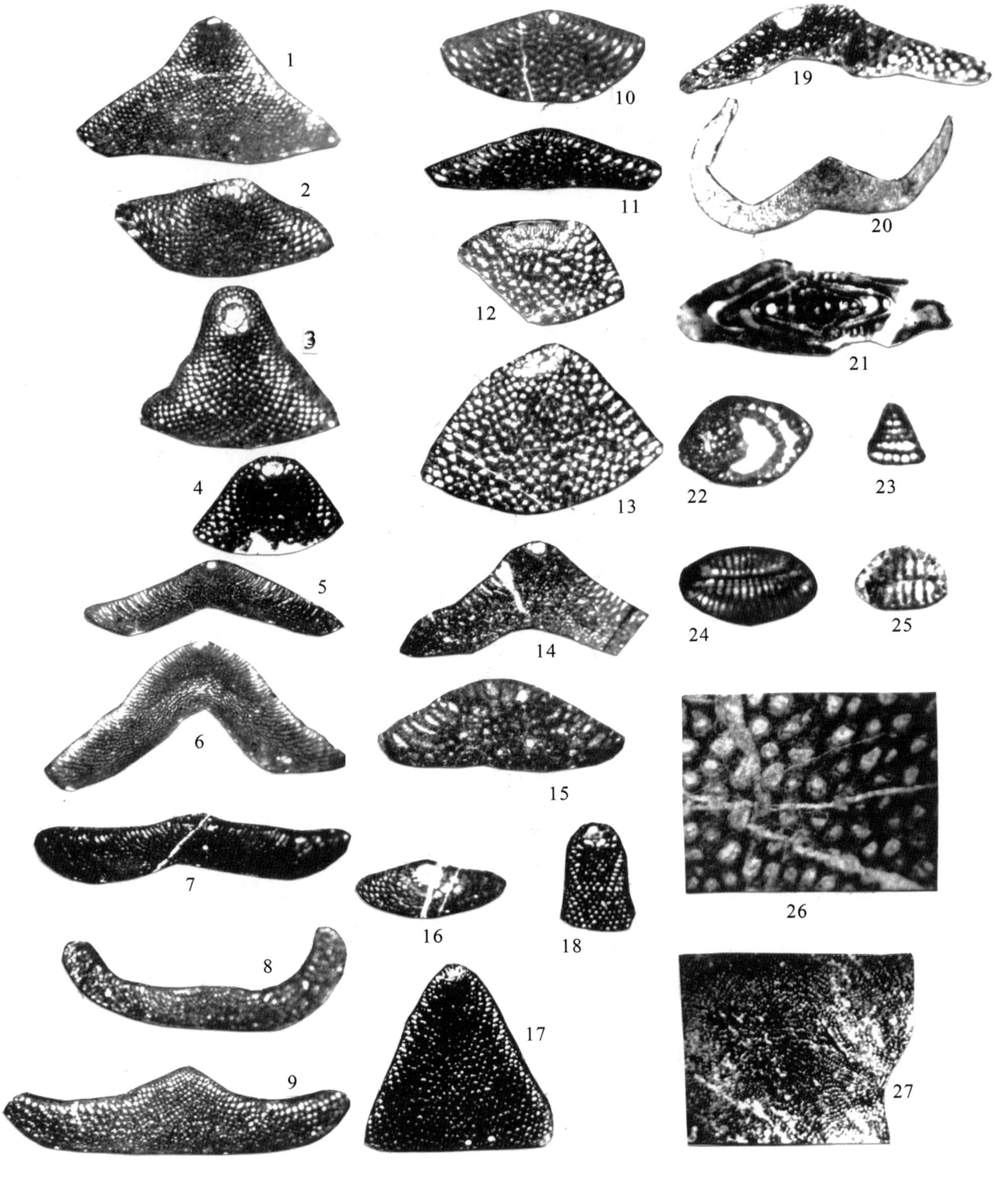

图版Ⅵ

1
2
3
4
5
6
7
8
P_2x
P_1a

图版Ⅷ

1

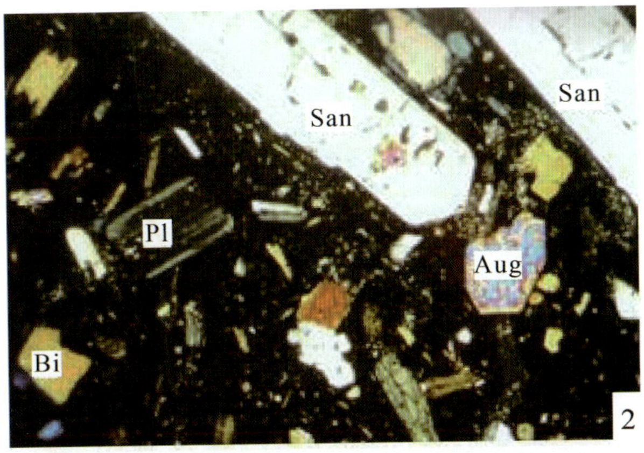
San
San
Pl
Aug
Bi
2

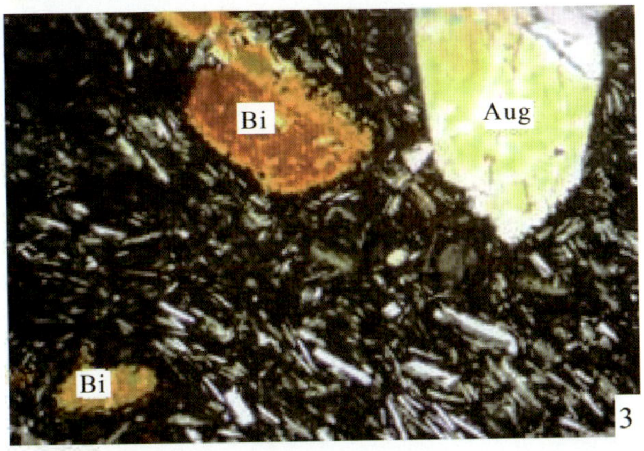
Bi
Aug
Bi
3

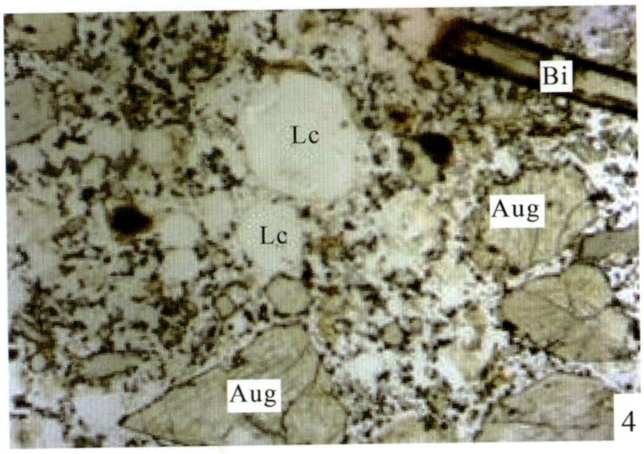
Bi
Lc
Lc
Aug
Aug
4

5

6

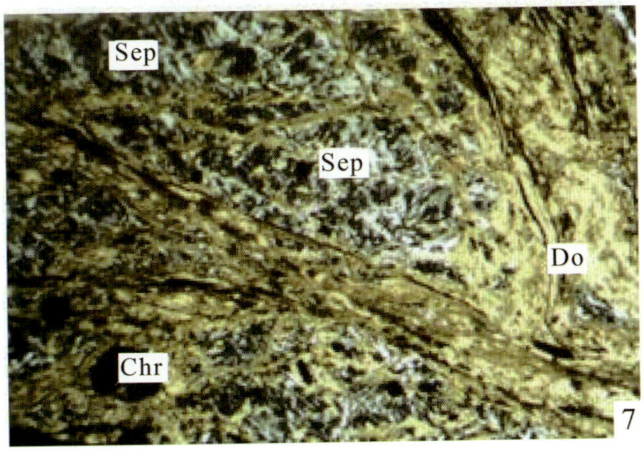
Sep
Sep
Do
Chr
7

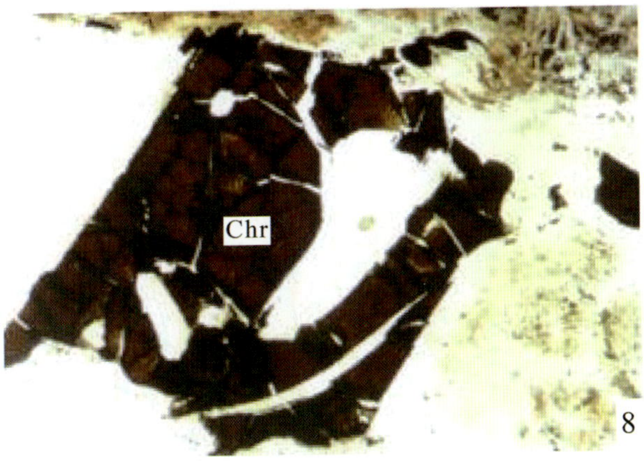
Chr
8

图版 X

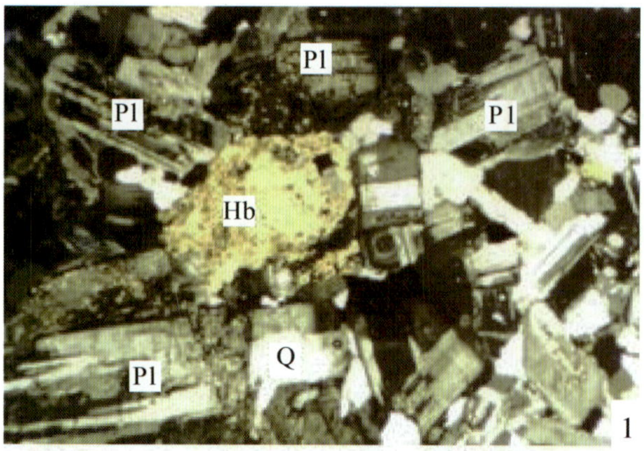
Pl
Pl
Pl
Hb
Pl
Q
1

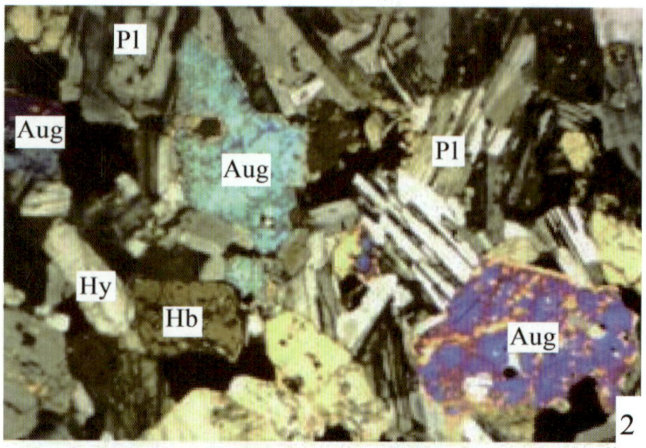
Pl
Aug
Aug
Pl
Hy
Hb
Aug
2

3

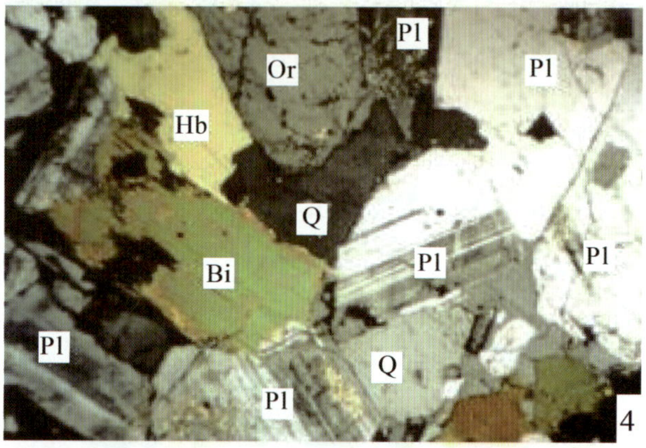
Pl
Or
Pl
Hb
Q
Pl
Pl
Bi
Pl
Q
Pl
4

Pl
Q
5

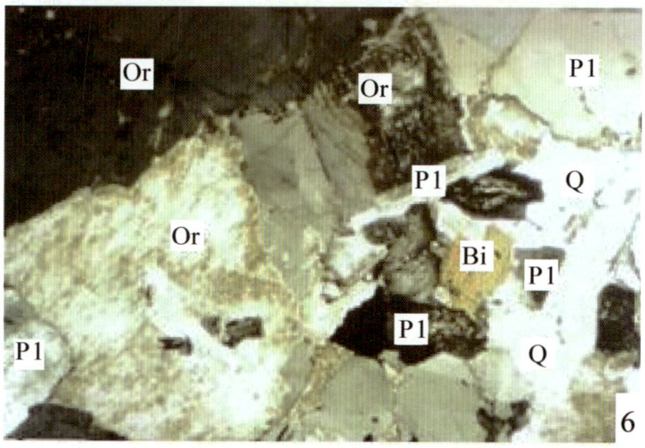
Or
Or
Pl
Pl
Q
Or
Bi
Pl
Pl
Pl
Q
6

7

$\eta\gamma K_1$
$\delta\gamma_0/K_1$
8

Pl
Am
Pl
Bi
Pl
Q
Pl
Q
1
Pl
Pl
2
Pl
Bi
Per
Q
Per
Per
Q
Per
Q
3
Per
4
5
Q
Q
Or
Bi
Q
Pl
Q
6
Or
Ri
Or
Or
Aug
Or
7
Aea
Or
Or
Aug
Aea
Or
8

图版XII

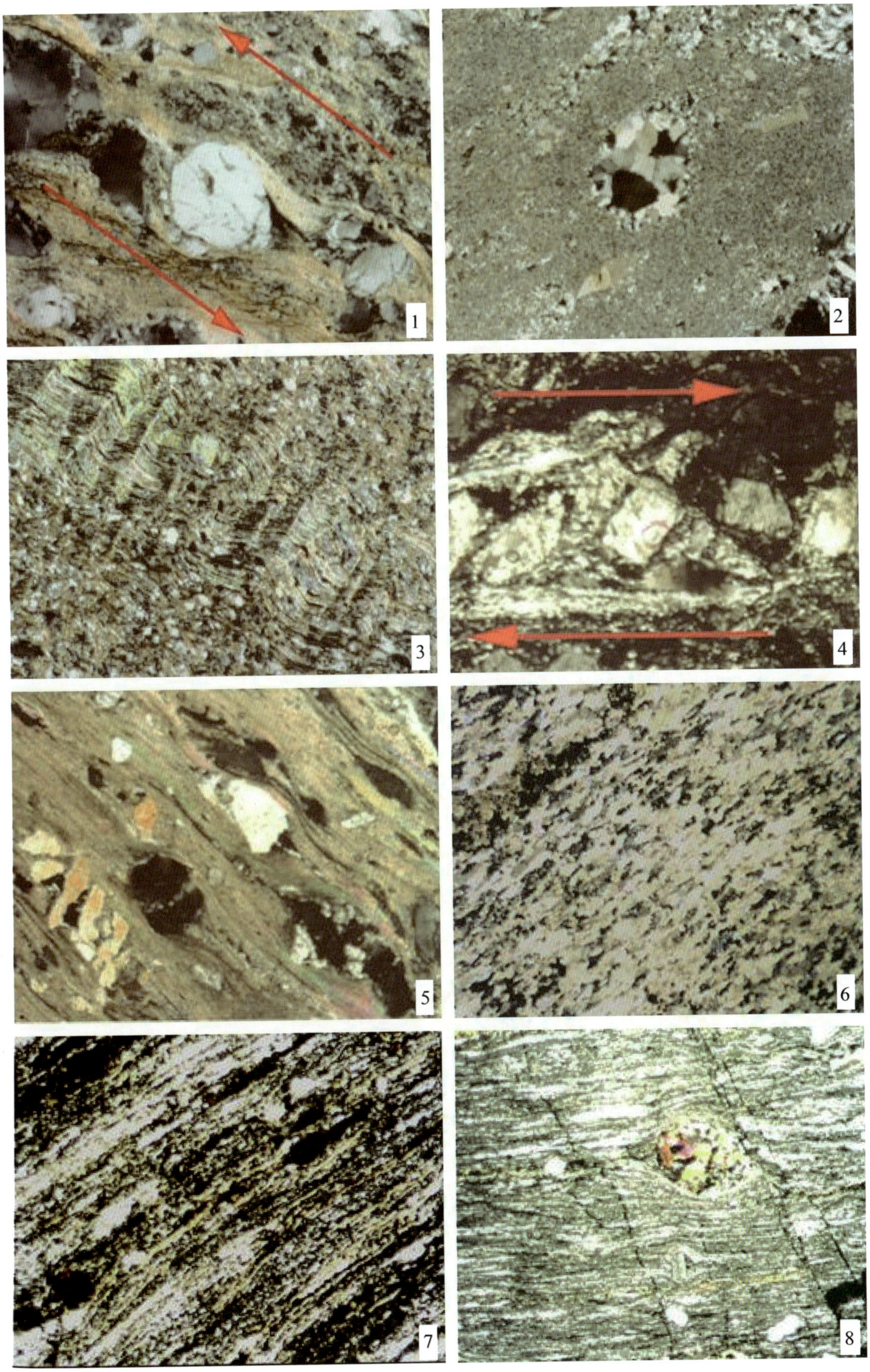
1
2
3
4
5
6
7
8

图版XIV